"十三五"全国高等院校民航服务专业规划教材

民航危险品运输

主　编◎李芙蓉
副主编◎李艳伟　王爱娥　王慧然　王　魁
编　委◎温　俊　钟　科　邢　静　梁　良　李振清

Transportation of Aviation Dangerous Goods

清华大学出版社
北京

内 容 简 介

本教材以培养职业能力为核心,以工作实践为主线,以项目为导向,以民航危险品运输工作过程为框架,根据工作岗位设置课程内容,突出实用性、适用性和先进性,内容丰富、结构清晰、图文并茂,项目案例有详细的讲解,易于教学和自学。

本教材根据知识的层次性、技能培养的渐进性,遵循难点分散的原则,合理安排各章内容。全书在系统、全面阐述民航危险品运输的基本知识、理论和操作规范的同时,还配插了大量的图片和教学案例;通过丰富的教学实例,引导学习者学习和掌握民航危险品运输的基本知识和操作技能,每一章后面均配有来自航空货运企业一线的习题和仿真案例。

本书封面贴有清华大学出版社防伪标签,无标签者不得销售。

版权所有,侵权必究。举报: 010-62782989, beiqinquan@tup.tsinghua.edu.cn。

图书在版编目(CIP)数据

民航危险品运输 / 李芙蓉主编. —北京:清华大学出版社,2017(2024.8重印)
("十三五"全国高等院校民航服务专业规划教材)
ISBN 978-7-302-47858-4

Ⅰ.①民… Ⅱ.①李… Ⅲ.①民用航空－危险货物运输－高等学校－教材 Ⅳ.①V353

中国版本图书馆 CIP 数据核字(2017)第 181051 号

责任编辑:杜春杰
封面设计:刘 超
版式设计:楠竹文化
责任校对:赵丽杰
责任印制:沈 露

出版发行:清华大学出版社
    网　　址:https://www.tup.com.cn,https://www.wqxuetang.com
    地　　址:北京清华大学学研大厦 A 座 邮　编:100084
    社 总 机:010-83470000 邮　购:010-62786544
    投稿与读者服务:010-62776969,c-service@tup.tsinghua.edu.cn
    质量反馈:010-62772015,zhiliang@tup.tsinghua.edu.cn
    课件下载:https://www.tup.com.cn,010-62788903
印 装 者:三河市东方印刷有限公司
经　　销:全国新华书店
开　　本:185mm×260mm 印　张:28.25 字　数:665千字
版　　次:2017年9月第1版   印　次:2024年8月第11次印刷
定　　价:69.80元

产品编号:073878-03

"十三五"全国高等院校民航服务专业规划教材
丛书主编及专家指导委员会

丛 书 总 主 编　　刘永(北京中航未来科技集团有限公司董事长兼总裁)

丛 书 副 总 主 编　　马晓伟(北京中航未来科技集团有限公司常务副总裁)

丛 书 副 总 主 编　　郑大地(北京中航未来科技集团有限公司教学副总裁)

丛 书 总 主 审　　朱益民(原海南航空公司总裁、原中国货运航空公司总裁、原上海航空公司总裁)

丛 书 总 顾 问　　沈泽江(原中国民用航空华东管理局局长)

丛 书 总 执 行 主 编　　王益友[江苏民航职业技术学院(筹)院长、教授]

丛书总航空法律顾问　　程颖(荷兰莱顿大学国际法研究生、全国高职高专"十二五"规划教材《航空法规》主审)

丛书专家指导委员会主任

关云飞(长沙航空职业技术学院教授)

张树生(国务院津贴获得者,山东交通学院教授)

刘岩松(沈阳航空航天大学教授)

姚宝(上海外国语大学教授)

李剑峰(山东大学教授)

张威(沈阳师范大学教授)

成积春(曲阜师范大学教授)

万峻池(美术评论家、著名美术品收藏家)

"十三五"全国高等院校民航服务专业规划教材编委会

主　任　高宏(沈阳航空航天大学教授)　　杨静(中原工学院教授)
　　　　　李勤(南昌航空大学教授)　　　　李广春(郑州航空工业管理学院教授)
　　　　　安萍(沈阳师范大学)

副主任　彭圣文(长沙航空职业技术学院)　陈文华(上海民航职业技术学院)
　　　　　郑越(长沙航空职业技术学院)　　郑大莉(中原工学院)
　　　　　徐爱梅(山东大学)　　　　　　　黄敏(南昌航空大学)
　　　　　兰琳(长沙航空职业技术学院)　　韩黎[江苏民航职业技术学院(筹)]
　　　　　胡明良(江南影视艺术职业学院)　李楠楠(江南影视艺术职业学院)
　　　　　王昌沛(曲阜师范大学)　　　　　何蔓莉(湖南艺术职业学院)
　　　　　孙东海(江苏新东方艺先锋传媒学校)

委　员　(以姓氏笔画为序)
　　　　　于海亮(沈阳师范大学)　　　　　王丽蓉(南昌航空大学)
　　　　　王建惠(陕西职业技术学院)　　　王莹(沈阳师范大学)
　　　　　王晶(沈阳航空航天大学)　　　　车树国(沈阳师范大学)
　　　　　邓丽君(西安航空职业技术学院)　石慧(南昌航空大学)
　　　　　龙美华(岳阳市湘北女子职业学校)　付砚然(湖北襄阳汽车职业技术学院,原海南航空公司乘务员)
　　　　　朱茫茫(潍坊职业学院)　　　　　刘洋(濮阳工学院)
　　　　　刘舒(江西青年职业学院)　　　　许赞(南京旅游职业学院)
　　　　　杨志慧(长沙航空职业技术学院)　杨莲(马鞍山职业技术学院)
　　　　　李长亮(张家界航空工业职业技术学院)　李仟(天津中德应用技术大学,原中国南方航空公司乘务员)
　　　　　李乐(桂林航天工业学院)　　　　李芙蓉(长沙航空职业技术学院)
　　　　　李姝(沈阳师范大学)　　　　　　李雯艳(沈阳师范大学)
　　　　　李霏雨(北京壹号门航空技术培训中心,原中国国际航空公司乘务员)
　　　　　狄娟(上海民航职业技术学院)　　邹昊(南昌航空大学)
　　　　　邹莎(湖南信息学院)　　　　　　宋晓宇(湖南艺术职业学院)
　　　　　张驰(沈阳航空航天大学)　　　　张进(三峡旅游职业技术学院)
　　　　　张利(北京中航未来科技集团有限公司)　张琳(北京中航未来科技集团有限公司)
　　　　　张程垚(湖南民族职业学院)　　　张媛媛(山东信息职业技术学院)
　　　　　陈卓(长沙航空职业技术学院)　　陈烜华(上海民航职业技术学院)
　　　　　金恒(西安航空职业技术学院)　　周佳楠(上海应用技术大学)
　　　　　周茗慧(山东外事翻译职业学院)　郑菲菲(南京旅游职业学院)
　　　　　赵红倩(上饶职业技术学院)　　　胡妮(南昌航空大学)
　　　　　柳武(湖南流通创软科技有限公司)　钟科(长沙航空职业技术学院)
　　　　　柴郁(江西航空职业技术学院)　　倪欣雨(云南工商学院)
　　　　　高青(山西旅游职业学院)　　　　高琳(济宁职业技术学院)
　　　　　郭雅萌(江西青年职业学院)　　　黄春新(沈阳航空航天大学)
　　　　　黄晨(天津交通职业学院)　　　　黄婵芸(原中国东方航空公司乘务员)
　　　　　黄紫薇(抚州职业技术学院)　　　曹璐璐(中原工学院)
　　　　　崔祥建(沈阳航空航天大学)　　　崔媛(张家界航空工业职业技术学院)
　　　　　梁向兵(上海民航职业技术学院)　梁燕(郴州技师学院)
　　　　　彭志雄(湖南艺术职业学院)　　　蒋焕新(长沙航空职业技术学院)
　　　　　操小霞(重庆财经职业学院)

出 版 说 明

随着我国经济进入新常态，我国经济已经进入稳步发展的阶段，作为国民经济支柱产业之一的民用航空业得到了巨大的发展空间。特别是"十三五"期间，国家高度重视民航业的发展，将民航业作为推动我国经济社会发展的重要战略产业，预示着我国民航业将会有更好、更快的发展。从国产化飞机C919的试飞，到宽体飞机规划的出台，以及民航发展战略的实施，标志着我国民航业已经步入崭新的发展阶段，这一阶段的特点是以人才为核心，而这一发展模式必将进一步对民航人才质量提出更高的要求。面对民航业发展对人才培养提出的挑战，培养服务于民航业发展的高质量人才，不仅需要转变人才培养观念，创新教育模式，更需要加强人才培养过程中基本环节的建设，而教材建设就是其首要的任务。

我国民航服务专业的学历教育，经过18年的探索与发展，其办学水平、办学结构、办学规模、办学条件和师资队伍等方面都发生了巨大的变化，专业建设水平稳步提高，适应民航发展的人才培养体系初步形成。但我们应该清醒地看到，目前我国民航服务类专业的人才培养仍存在着诸多问题，特别是专业人才培养质量仍不能适应民航发展对人才的需求，人才培养的规模与高质量人才短缺的矛盾仍很突出。而目前相关专业教材的开发，处于探索阶段，缺乏系统性与规范性。已出版的民航服务类专业教材，在吸收民航服务类专业研究成果方面做出了有益的尝试，涌现出不同层次的系列教材，推动了民航服务的专业建设与人才培养，但从总体来看，民航服务类教材的建设仍落后于民航业对专业人才培养的实践要求，教材建设已成为相关人才培养的瓶颈。这就需要以引领和服务专业发展为宗旨，系统总结民航服务实践经验与教学研究成果，开发全面反映民航服务职业特点、符合人才培养规律和满足教学需要的系统性专业教材，以积极、有效地推进民航服务专业人才的培养工作。

基于上述思考，编委会经过两年多的实际调研与反复论证，在广泛征询民航业内专家的意见与建议、总结我国民航服务类专业教育的研究成果后，结合我国民航服务业的发展趋势，致力于编写出一套系统的、具有一定权威性和实用性的民航服务类系列教材，为推进我国民航服务人才的培养尽微薄之力。

本系列教材由沈阳航空航天大学、南昌航空大学、郑州航空工业管理学院、上海民航职业技术学院、长沙航空职业技术学院、西安航空职业技术学院、中原工学院、上海外国语大学、山东大学、大连外国语大学、沈阳师范大学、曲阜师范大学、湖南艺术职业学院、陕西师范大学、兰州大学、云南大学、四川大学、湖南民族职业学院、江西青年职业学院、天津交通职业学院、潍坊职业学院、南京旅游职业学院等多所高校的众多资深专家、学者共同打造，还邀请了多名原中国东方航空公司、原中国南方航空公司、原中国国际航空公司和原海南航空公司中多年从事乘务工作的乘务长和乘务员参与教材的编写。

目前，我国民航服务类的专业教育呈现着多元化、多层次的办学格局，各类学校的办学模式也呈现出个性化的特点,在人才培养体系、课程设置以及课程内容等方面,各学校之间存在着一定的差异,对教材也有不同的需求。为了能够更好地满足不同办学层次、教学模式对教材的需要,本套教材主要突出以下特点。

第一,兼顾本、专科不同培养层次的教学需要。鉴于近些年我国本科层次民航服务专业办学规模的不断扩大,在教材需求方面显得十分迫切,同时,专科层面的办学已经到了规模化的阶段,完善与更新教材体系和内容迫在眉睫,本套教材充分考虑了各类办学层次的需要,本着"求同存异、个性单列、内容升级"的原则,通过教材体系的科学架构和教材内容的层次化,以达到兼顾民航服务类本、专科不同层次教学之需要。

第二,将最新实践经验和专业研究成果融入教材。服务类人才培养是系统性问题,具有很强的内在规定性,民航服务的实践经验和专业建设成果是教材的基础,本套教材以丰富理论、培养技能为主,力求夯实服务基础、培养服务职业素质,将实践层面行之有效的经验与民航服务类人才培养规律的研究成果有效融合,以提高教材对人才培养的有效性。

第三,引进素质教育理念,打造教材特色。越来越多的研究表明,素质是人才培养的基础,也是职业发展的基石,但在传统的民航服务教材体系中,素质教育板块的教材较为少见。本套教材的编写考虑到素质教育与专业能力培养的关系,以及素质对职业生涯的潜在影响,首次在我国民航服务专业教学中提出增加对学生人文素质培养的理念,精心打造素质教育教材板块,使教材体系更加系统。

第四,必要的服务理论与专业能力培养并重。调研分析表明,忽视服务理论与人文素质所培养出的人才很难有宽阔的职业胸怀与职业精神,其未来的职业生涯发展就会乏力。因此,教材不应仅是对单纯技能的阐述与训练指导,更应该是不淡化专业能力培养的同时,强化行业知识、职业情感、服务机理、职业道德等关系到职业发展潜力的要素的培养,以期培养出高层次和高质量的民航服务人才。

第五,架构适合未来发展需要的课程体系与内容。民航服务具有很强的国际化特点,而我国民航服务的思想、模式与方法也正处于不断创新的阶段,紧紧把握未来民航服务的发展趋势,提出面向未来的解决问题的方案,是本套教材的基本出发点和应该承担的责任。我们力图将未来民航服务的发展趋势、服务思想、服务模式创新、服务理论体系以及服务管理等内容进行重新架构,以期能对我国民航服务人才培养,乃至整个民航服务业的发展起到引领作用。

第六,扩大教材的种类,使教材的选择更加宽泛。鉴于我国目前尚缺乏民航服务专业更高层次办学模式的规范,各学校的人才培养方案各具特点,差异明显,为了使教材更适合于办学的需要,本套教材打破传统教材的格局,通过课程分割、内容优化和课外外延化等方式,增加教材体系的课程覆盖面,使不同办学层次、关联专业,可以通过教材合理组合获得完整的专业教材选择机会。

本套教材规划出版品种大约为四十种,分为:(1)人文素养类教材,包括《大学语文》《艺术素养》《跨文化沟通》等。(2)语言类教材,包括《民航客舱服务英语教程》《民航客舱实用英语口语教程》《民航实用英语听力教程》《民航播音训练》《机上广播英语》《民航服务与沟通技巧》等。(3)专业类教材,包括《民航概论》《民航服务概论》《中国民航常飞客源国概况》《民航危险品运输》《客舱安全管理与应急处置》《民航安全检查技术》《民航心理学》《民航运输地理》《民航服务法律实务与案例教程》等。(4)职业形象类教材,包括《空乘人员形体与仪态》《空乘人员职业形象设计与化妆》《民航体能训练》等。(5)专业特色类教材,包括《民航服务手语训练》《空乘服务专业导论》《空乘人员求职应聘面试指南》《民航面试英语教程》等。

  为了开发职业能力,编者联合有关AR开发公司开发了一些与教材配套的手机移动端AR互动资源,学生可以利用这些资源体验真实场景。

  本套教材是迄今为止民航服务类专业较为完整的教材系列之一,希望能借此为我国民航服务人才的培养,乃至我国民航服务水平的提高贡献力量。民航发展方兴未艾,民航教育任重道远,为民航服务事业发展培养高质量的人才是各类人才培养部门的共同责任,相信集民航教育的业内学者、专家之共同智慧,凝聚有识之士心血的这套教材的出版,对加速我国民航服务专业建设、完善人才培养模式、优化课程体系、丰富教学内容,以及加强师资队伍建设能起到一定的推动作用。在教材使用的过程中,我们真诚地希望听到业内专家、学者批评的声音,收到广大师生的反馈意见,以利于进一步提高教材的水平。

  客服信箱:thjdservice@126.com。

丛 书 序

《礼记·学记》曰:"古之王者,建国君民,教学为先。"教育是兴国安邦之本,决定着人类的今天,也决定着人类的未来,企业发展也大同小异,重视人才是企业的成功之道,别无二选。航空经济是现代经济发展的新趋势,是当今世界经济发展的新引擎,民航是经济全球化的主流形态和主导模式,是区域经济发展和产业升级的驱动力。作为发展中的中国民航业,有巨大的发展潜力,其民航发展战略的实施必将成为我国未来经济发展的增长点。

"十三五"期间正值实现我国民航强国战略构想的关键时期,"一带一路"倡议方兴未艾,"空中丝路"越来越宽阔。面对高速发展的民航运输,需要推动持续的创新与变革;同时,基于民航运输的安全性和规范性的特点,其对人才有着近乎苛刻的要求,只有人才培养先行,夯实人才基础,才能抓住国家战略转型与产业升级的巨大机遇,实现民航运输发展的战略目标。经历多年民航服务人才发展的积累,我国建立了较为完善的民航服务人才培养体系,培养了大量服务民航发展的各类人才,保证了我国民航运输业的高速持续发展。与此同时,我国民航人才培养正面临新的挑战,既要通过教育创新,提升人才品质,又需要在人才培养过程中精细化,把人才培养目标落实到人才培养的过程中,而教材作为专业人才培养的基础,需要先行,从而发挥引领作用。教材建设发挥的作用并不局限于专业教育本身,其对行业发展的引领,专业人才的培养方向,人才素质、知识、能力结构的塑造以及职业发展潜力的培养具有不可替代的作用。

我国民航运输发展的实践表明,人才培养决定着民航发展的水平,而民航人才的培养需要社会各方面的共同努力。我们惊喜地看到,清华大学出版社秉承"自强不息,厚德载物"的人文精神,发挥强势的品牌优势,投身到民航服务专业系列教材的开发行列,改变了民航服务教材研发的格局,体现了其对社会责任的担当。

本套教材体系组织严谨,精心策划,高屋建瓴,深入浅出,具有突出的特色。第一,从民航服务人才培养的全局出发,关注了民航服务产业的未来发展趋势,架构了以培养目标为导向的教材体系与内容结构,比较全面地反映了服务人才培养趋势,具有良好的统领性;第二,很好地回归了教材的本质——适用性,体现在每本教材均有独特的视角和编写立意,既有高度的提升、理论的升华,也注重教育要素在课程体系中的细化,具有较强的可用性;第三,引入了职业素质教育的理念,补齐了服务人才素质教育缺少教材的短板,可谓是对传统服务人才培养理念的一次冲击;第四,教材编写人员参与面非常广泛。这反映出本套教材充分体现了当今民航服务专业教育的教学成果和编写者的思考,形成了相互交流的良性机制,势必对全国民航服务类专业的发展起到推动作用。

教材建设是专业人才培养的基础,与其服务的行业的发展交互作用,共同实现人才培养—社会检验的良性循环是助推民航服务人才的动力。希望这套教材能够在民航服务类专业人才培养的实践中,发挥更广泛的积极作用。相信通过不断总结与完善,这套教材一定会成为具有自身特色的、适应我国民航业发展要求的,以及深受读者喜欢的规范教材。

此为序。

原海南航空公司总裁、原中国货运航空公司总裁、原上海航空公司总裁

朱益民

2017 年 9 月

前　　言

"民航危险品运输"是一门实用性、专业性和实践性都很强的课程,是从事航空运输相关工作的人员的必修课。本教材根据《中国民用航空危险品运输管理规定》《国际民用航空公约》附件18、《危险物品安全航空运输技术细则》以及《危险品规则》等资料,并结合我国民航危险品运输的实际情况进行编写,较为系统地介绍了航空危险品的分类、识别、包装、标记与标签、运输文件、操作、锂电池运输及危险品航材的运输等内容。本教材系统构建了危险品航空运输的内容模块,突出教学的逻辑性和实用性,提供的项目训练内容多,同时还有方便读者查阅的完整附件资料。本教材具有以下几个特色:案例分析多,项目训练内容多,突出行业操作标准,做到理论联系实际。

编者不仅有高校一线的教师,还有来自航空货运一线的有丰富实践经验的企业专家。全书共分十一章,李芙蓉编写了第四、六、八章,其中第四章由李芙蓉和湖南空港实业股份有限公司的李振清先生合编,李艳伟编写了第七、十和十一章,王爱娥编写了第一章和第九章,王慧然编写了第二章,王魁编写了第五章,第三章由温俊编写。李芙蓉负责全书的统稿。王益友先生担任本教材的主审,从教材的结构到内容的安排,王益友先生都提出了宝贵的意见。同时,编写组与湖南流通创软科技有限公司联合开发了与本书配套的手机移动端AR互动资源,读者使用手机等移动设备下载登录"智学VR"APP,扫描书中带有标识的图片,即可通过AR立体的方式学习相关知识。

本教材适用于各大院校民航运输、交通运输、航空物流、空中乘务、机场运行、民航安全技术管理等专业的学生,同时对与危险品运输有关的货主、包装人、航空公司、机场、地面操作代理和航空货运代理等相关人员也有一定的参考价值,也可作为各公司的内部培训教材。读者既可以将其作为学习用书,又可将其作为民航危险品运输的业务查询手册,是一本体现教与学的良性互动教材。

编者

2017年3月

CONTENTS 目录

第一章 危险品概述 ... 1

第一节 危险品的概念 ... 2
一、危险品的概念及特征 ... 3
二、危险品的分类 ... 3

第二节 危险品航空运输的法律法规 ... 4
一、国际危险品运输相关机构及其法规 ... 5
二、国内危险品运输相关法规、标准及规范文件 ... 10

第三节 危险品进入航空器的途径 ... 13
一、航空器途径 ... 13
二、货运途径 ... 14
三、客运途径 ... 15
四、客舱服务途径 ... 15

第四节 危险品航空运输流程 ... 16
一、航空客运中的危险品运输流程 ... 16
二、航空货运中的危险品运输流程 ... 17

第五节 责任 ... 19
一、托运人的责任 ... 19
二、经营人的责任 ... 20
三、经营人的代理人的责任 ... 21

第六节 培训 ... 22
一、培训对象 ... 22
二、危险品培训大纲 ... 23
三、培训课程 ... 24
四、培训要求 ... 24

第二章 危险品分类 ... 33

第一节 危险品分类概述 ... 34

一、危险品分类与分项 ··· 34
　　二、危险品包装等级 ··· 36
　　三、危险品识别与分类责任 ·· 37
第二节　第 1 类——爆炸品 ·· 37
　　一、爆炸现象及衡量 ··· 37
　　二、爆炸品的定义 ··· 37
　　三、爆炸品的分项 ··· 38
　　四、爆炸品配装组 ··· 38
　　五、爆炸品的运输限制 ··· 39
　　六、爆炸品运输注意事项 ·· 40
　　七、常见的爆炸品 ··· 40
　　八、爆炸品事故案例 ··· 43
　　九、爆炸品总结例表 ··· 44
第三节　第 2 类——气体 ·· 45
　　一、气体的定义及运输状态 ·· 45
　　二、气体项别 ·· 46
　　三、气体的例外 ·· 48
　　四、气溶胶制品 ·· 49
　　五、气体的危险性及主次顺序 ·· 49
　　六、常运气体 ·· 50
　　七、气体类事故案例 ··· 51
　　八、气体总结例表 ··· 52
第四节　第 3 类——易燃液体 ·· 53
　　一、关于易燃液体的常识 ·· 53
　　二、易燃液体的定义 ··· 54
　　三、易燃液体主要特性 ··· 54
　　四、易燃液体灌装时的膨胀余位 ·· 55
　　五、易燃液体包装等级标准 ·· 55
　　六、黏稠物质 ·· 56
　　七、常见易燃液体 ··· 56
　　八、易燃液体事故案例 ··· 58
　　九、易燃液体总结例表 ··· 59
第五节　第 4 类——易燃固体、易自燃物质和遇水释放易燃气体的物质 ········ 59
　　一、关于燃烧的常识 ··· 59
　　二、第 4 类分项 ·· 60
　　三、第 4 类事故案例 ··· 68
　　四、第 4 类总结例表 ··· 69

第六节　第5类——氧化性物质和有机过氧化物 ··· 69
一、第5类分项 ·· 69
二、常见氧化剂和有机过氧化物 ·· 73
三、第5类危险物品事故案例 ·· 76
四、第5类总结例表 ·· 77

第七节　第6类——毒性物质和感染性物质 ··· 77
一、第6类分项 ·· 77
二、毒性物质与感染性物质事故案例 ·· 84
三、毒性物质与感染性物质总结例表 ·· 85

第八节　第7类——放射性物质 ·· 85
一、放射性及射线种类 ··· 85
二、放射性物质的定义、分类和包装 ·· 86
三、放射性物质的辐射危害 ·· 87
四、放射性物质的辐射防护 ·· 87
五、放射性污染的清除 ··· 88
六、放射性物质事故案例 ·· 89
七、放射性物质总结例表 ·· 89

第九节　第8类——腐蚀性物质 ·· 90
一、腐蚀现象及危害 ··· 90
二、腐蚀性物质的定义及性质 ·· 91
三、腐蚀性物质的包装等级划分 ··· 91
四、常见腐蚀性物质 ··· 92
五、腐蚀品事故案例 ··· 94
六、腐蚀性物质总结例表 ·· 94

第十节　第9类——杂项危险品 ·· 95
一、杂项危险品的定义 ··· 95
二、杂项危险品的范围 ··· 95
三、第9类危险品事故案例 ··· 97
四、杂项危险品总结例表 ·· 97

第十一节　多重危险性的物质与物品 ·· 98
一、多重危险性物质与物品 ·· 98
二、危险性主次顺序表 ··· 98
三、包装等级和运输专用名称 ·· 99
四、例外 ··· 100
五、放射性物质 ·· 100
六、磁性物质 ··· 101
七、感染性物质 ·· 101

第三章 危险品识别 ... 105

第一节 危险品"品名表"介绍 ... 107
一、品名表介绍 ... 107
二、品名表各栏介绍 ... 109

第二节 危险品"品名表"的使用 ... 119
一、运输专用名称的分类 ... 119
二、运输专用名称的选用方法 ... 121

第四章 危险品包装 ... 129

第一节 危险品包装概述 ... 130
一、托运人对包装的责任 ... 130
二、航空运输的正常条件 ... 131
三、包装及包装容器的术语 ... 132
四、包装的分类 ... 136
五、包装说明表 ... 139

第二节 危险品包装的基本要求 ... 142
一、包装等级 ... 143
二、包装质量 ... 143
三、包装方法 ... 145

第三节 UN 规格包装标记 ... 147
一、包装代码 ... 147
二、联合国(UN)包装性能测试 ... 150
三、UN 规格包装标记 ... 151

第四节 包装检查 ... 157
一、相同内包装装入同一外包装的包装检查 ... 157
二、不同危险品装在同一外包装内的包装检查 ... 160

第五章 危险品标记与标签 ... 177

第一节 危险品包装的标记 ... 178
一、包装标志 ... 178
二、航空运输标记 ... 179

三、航空危险货物标记 ·· 180
　　四、包装标记的使用责任与要求 ······································ 182
第二节　航空危险货物标签 ·· 183
　　一、航空运输中常见的货运标签介绍 ······························ 183
　　二、航空危险货物运输标签分类 ······································ 188
　　三、危险性标签 ·· 188
　　四、航空危险货物运输操作性标签 ··································· 193
　　五、危险货物标签的使用要求 ··· 197
　　六、标签粘贴要求 ·· 199
第三节　合成包装的标记与标签 ··· 201
　　一、危险品合成包装件的包装要求 ··································· 201
　　二、合成包装件的标记 ·· 202
　　三、合成包装件的标签 ·· 203
　　四、合成包装件标记与标签实例 ······································ 203

第六章　放射性物质 ·· 209

第一节　放射性物质的基本概念和分类 ·································· 211
　　一、有关放射性的基本概念 ·· 211
　　二、分类 ·· 213
　　三、活度的确定 ··· 215
第二节　放射性物质的包装 ··· 215
　　一、包装标准及一般包装要求 ··· 215
　　二、包装类型 ·· 217
　　三、运输指数和临界安全指数的确定 ································ 220
第三节　放射性物质的标记和标签 ·· 222
　　一、放射性物质包装件的标记 ··· 222
　　二、放射性物质包装件的标签 ··· 223

第七章　危险品操作 ·· 229

第一节　危险品操作原则 ·· 231
　　一、预先检查原则 ·· 231
　　二、请勿倒置原则 ·· 231
　　三、轻拿轻放原则 ·· 231
　　四、隔离原则 ·· 231

五、可接近性原则 ……………………………………………………… 233
　　　六、固定原则 …………………………………………………………… 234
　第二节　危险品收运 …………………………………………………………… 235
　　　一、收运的原则 ………………………………………………………… 235
　　　二、危险物品收运的一般要求 ………………………………………… 235
　　　三、运营人危险品收运的限制 ………………………………………… 236
　　　四、危险品收运的特殊要求 …………………………………………… 236
　　　五、收运程序 …………………………………………………………… 237
　第三节　危险品存储 …………………………………………………………… 239
　　　一、危险品仓库设施 …………………………………………………… 239
　　　二、危险品的存储 ……………………………………………………… 240
　　　三、危险品出入库管理 ………………………………………………… 241
　　　四、几种危险物品存放的特殊要求 …………………………………… 241
　　　五、仓库管理人员的注意事项 ………………………………………… 242
　　　六、仓库防火安全员的职责 …………………………………………… 242
　第四节　危险品装载 …………………………………………………………… 242
　　　一、货舱的分类 ………………………………………………………… 242
　　　二、装载的基本要求 …………………………………………………… 244
　　　三、几种特殊危险品的装载 …………………………………………… 245
　第五节　信息提供 ……………………………………………………………… 253
　　　一、机长 ………………………………………………………………… 253
　　　二、给旅客的信息 ……………………………………………………… 255
　　　三、货物收运地点提供信息 …………………………………………… 255
　第六节　危险品事故应急处置 ………………………………………………… 255
　　　一、危险品事故和事件 ………………………………………………… 256
　　　二、危险品事故和事件的报告 ………………………………………… 256
　　　三、各类危险品事故和事件的处理 …………………………………… 258
　　　四、空中事故的处理 …………………………………………………… 266
　　　五、地面人员应急措施 ………………………………………………… 271
　　　六、灭火措施 …………………………………………………………… 271
　第七节　危险品事故报告单 …………………………………………………… 273

第八章　危险品运输文件 ……………………………………………………… 279

　第一节　托运人危险物品申报单 ……………………………………………… 280
　　　一、申报单的规格 ……………………………………………………… 281

二、申报单填写的一般原则 ··· 281
　　三、申报单例外情况 ··· 284
　　四、申报单的填写方法 ··· 284
　　五、申报单的填写方法实例 ·· 289
　第二节　货物托运书 ··· 295
　第三节　航空货运单 ··· 296
　　一、货运单上"操作说明"栏的填写 ···································· 296
　　二、货运单上"货物种类和数量"栏的填写 ························· 298
　　三、其他填写说明 ·· 298
　第四节　危险品收运检查单 ·· 299
　　一、使用说明 ··· 299
　　二、对检查出问题的处理方法 ·· 299
　　三、危险品收运检查单类型 ·· 300
　第五节　特种货物机长通知单 ·· 310
　　一、特种货物机长通知单的填写 ··· 310
　　二、签收与存档 ··· 311
　　三、特种货物机长通知单样例 ·· 312

第九章　危险品运输限制 ·· 325

　第一节　禁止航空运输的危险品 ·· 326
　　一、在任何情况下都禁止航空器运输的危险品 ·················· 326
　　二、经豁免可以航空器运输的禁运危险品 ························· 327
　第二节　隐含的危险品 ··· 328
　第三节　旅客和机组人员携带的危险品 ···································· 335
　　一、禁运的危险品 ·· 338
　　二、经运营人批准仅作为交运行李接收的物品 ·················· 338
　　三、经运营人批准仅作为随身携带的物品 ························· 339
　　四、经运营人批准允许作为行李运输的物品（交运行李和随身携带） ··· 340
　　五、无须运营人批准可接收的物品 ····································· 340
　第四节　其他形式的危险品 ·· 341
　　一、航空邮件中的危险品 ··· 341
　　二、运营人资产中的危险品 ·· 342
　　三、限制数量的危险品 ··· 342
　　四、例外数量的危险品 ··· 344
　第五节　国家和运营人差异 ·· 347

一、已申报差异条款的国家和地区 348
　　二、已申报差异条款的运营人 348

第十章 锂电池的航空运输 357

第一节 锂电池运输的基础知识 359
　　一、锂电池的定义 359
　　二、锂和锂电池的危险性 361
　　三、锂电池的特点 362
　　四、锂电池的能量 362

第二节 锂电池航空运输限制要求 363
　　一、空运限制要求 363
　　二、锂电池航空运输的 UN 38.3 测试 364
　　三、1.2m 跌落测试 367
　　四、特殊规定 367
　　五、禁止航空运输的锂电池 370

第三节 锂电池航空运输方式 371
　　一、锂电池作为货物运输 372
　　二、锂电池作为旅客行李进行运输的要求 383

第四节 锂电池航空运输的标记和标签 387
　　一、锂电池常用标记和标签 387
　　二、包装标记标签图例 389

第五节 锂电池航空运输事故应急处置 390
　　一、潜在危险 390
　　二、应急措施 391

第十一章 航空承运人危险品类航材的运输 393

第一节 危险品航材的基础知识 394
　　一、危险品航材的定义 394
　　二、危险品类航材的特点 395

第二节 危险品航材的分类 395
　　一、第2.2项——非易燃无毒气体 396
　　二、第3类——易燃液体 397
　　三、第5类——氧化剂 397
　　四、第8类——腐蚀性物品 398

五、第 9 类——杂项危险品 ··· 400
第三节　危险品航材的运输管理 ··· 401
　　一、危险品航材的储存 ·· 402
　　二、危险品航材出入库的管理 ··· 403
　　三、危险品航材的托运 ·· 407
第四节　MSDS 介绍 ··· 408
　　一、法律责任 ··· 408
　　二、化学品安全技术说明书的内容 ······································ 409
　　三、获得化学品安全说明书的途径 ······································ 416

参考文献 ·· 419
附录 A　品名表（部分） ··· 420
附录 B　"智学 VR"AR 教学内容互动指南 ·································· 423

第一章
危险品概述

本章学习目标

- 掌握危险品的概念。
- 了解危险品航空运输的法律法规。
- 熟悉危险品进入航空器的途径。
- 掌握危险品航空运输流程。
- 了解托运人、经营人和经营人的代理人危险品运输责任。
- 掌握危险品运输培训相关知识。

 适用人员类别

1~12 类的所有人员

 **导引案例**

违规托运危险品，快递公司受到中南局处罚

深圳市德邦物流有限公司在未制定危险品培训大纲并报民航地区管理局备案的情况下，于 2016 年 3 月 13 日托运了航空运输危险品喷漆（票号：479-45062765，承运人：深圳航空公司），托运的货物未正确地分类、包装、加标记、贴标且未填写危险品运输文件，涉嫌违规托运危险品。2016 年 6 月 2 日民航中南局在其官网公布民用航空行政处罚决定书，依据《中国民用航空危险品运输管理规定》(CCAR-276-R1)中的相关条款规定，对该公司做出下列行政处罚：罚款人民币 45 000 元。同时，按照《中华人民共和国行政处罚法》第 23 条的规定，责令该公司立即改正上述违法行为。另外，该公司员工未接受《中国民用航空危险品运输管理规定》(CCAR-276-R1)要求的危险品培训，不满足培训相关要求。依据《中国民用航空危险品运输管理规定》(CCAR-276-R1)第 137 条的规定，对该公司做出下列行政处罚：罚款人民币 10 000 元。

危险品航空运输风险高，出现事故危害大。世界各国对危险品航空运输的管理相当严格。因此，了解危险品航空运输的相关法律法规，熟悉危险品进入航空器的途径，掌握危险品航空运输流程，了解托运人、经营人和经营人的代理人危险品运输责任及掌握危险品运输培训相关知识对于危险品航空运输的安全管理尤为重要。

第一节 危险品的概念

随着经济的不断发展，我国物流基础设施规模不断扩大，全社会的货物运输量不断增加，每天都在不断地生产、仓储、销售、运输着各种各样的物品。其中，部分物品如果处理不当就会带来火灾、爆炸、中毒、腐蚀、辐射等危害,将不同程度地造成人员伤亡、财产损失和环境污染。

一、危险品的概念及特征

对于危险品的概念,不同国家、行业有不同的称法和界定,如化学行业称其为危险化学品,民航业称其为危险品。民航业中的危险品是指列在相关法规危险品清单中或根据该法规归类的,能危害健康、危及安全、造成财产损失或环境破坏的物品或物质。这里的相关法规主要是指国际民航组织制定的《危险物品安全航空运输技术细则》、国际航空运输协会的《危险品规则》及我国的民航规章——《中国民用航空危险品运输管理规定》。

根据该定义,危险品具有以下几个特征:

(1) 具有爆炸性、易燃、毒害、腐蚀、放射性等性质。这些性质是造成运输中发生火灾、爆炸、中毒等安全事故的内在因素。

(2) 易造成人员伤亡和财产损毁。当受到摩擦、撞击、震动、接触火源、日光曝晒、遇水受潮、温度变化或遇到性能相抵触的其他物品等外界因素的影响时,危险品容易发生化学变化,而引起燃烧、爆炸、中毒、灼伤等人员伤亡或使财产损毁的危险。

(3) 需要特别防护。特别防护是指除了轻拿轻放外,特别要针对各类危险品本身的特性采取一些"特别"的防护措施。比如,避光、温度控制、湿度控制等。

同时满足以上三个特征的物品或物质才可以称为危险品。

二、危险品的分类

危险品的种类纷繁、特性各异,危险性也各有所不同,部分危险品还相互抵触。为了便于仓储、运输和管理,国际航空运输协会的《危险品规则》将危险品分为9类20项。

第1类 爆炸品(Explosives)

第2类 气体(Gases)

第3类 易燃液体(Flammable Liquids)

第4类 易燃固体、易自燃物质和遇水释放易燃气体的物质(Flammable Solids, Substances Liable to Spontaneous Combustion, and Substances Which, in Contact with Water, Emit Flammable Gases)

第5类 氧化性物质和有机过氧化物(Oxidizing Substances and Organic Peroxides)

第6类 毒性物质和感染性物质(Toxic and Infectious Substances)

第7类 放射性物质(Radioactive Substances)

第8类 腐蚀性物质(Corrosives)

第9类 杂项危险品(Miscellaneous Dangerous Goods)

其中,第1、2、4、5、6类因包含范围较广,又被细分为多个项别。

有关以上9类危险品的细分项别名称详见表1-1,其中类和项的编号顺序及内容仅是便于使用,并非相应的危险等级顺序及内容。

表1-1 危险品的类项细分

类 别	项 别
第1类 爆炸品	1.1项 有整体爆炸危险的物质和物品 1.2项 有喷射危险但无整体爆炸危险的物质和物品 1.3项 有燃烧危险并有局部爆炸危险或局部喷射危险或这两种危险都有,但无整体爆炸危险的物质和物品 1.4项 在运输中被引燃或引发时无显著危险性(仅有轻微危险性)的物质和物品 1.5项 有整体爆炸危险但敏感度极低的物质 1.6项 无整体爆炸危险且敏感度极低的物品
第2类 气体	2.1项 易燃气体 2.2项 非易燃无毒气体 2.3项 毒性气体
第3类 易燃液体	
第4类 易燃固体、易自燃物质和遇水释放易燃气体的物质	4.1项 易燃固体、自身反应物质和减敏固态爆炸物 4.2项 易自燃的物质 4.3项 遇水释放易燃气体的物质
第5类 氧化性物质和有机过氧化物	5.1项 氧化性物质 5.2项 有机过氧化物
第6类 毒性物质和感染性物质	6.1项 毒性物质 6.2项 感染性物质
第7类 放射性物质	Ⅰ级白色 Ⅱ级黄色 Ⅲ级黄色 裂变物质
第8类 腐蚀性物质	
第9类 杂项危险品	杂项危险品 磁性材料 固体二氧化碳(干冰) 聚合物颗粒

第二节 危险品航空运输的法律法规

航空运输业的发展离不开良好的法律环境支持,航空危险品的运输更需要严格的法律、法规来保障。正确地对危险品进行分类、识别、包装、标记、标签等是确保危险品安全运输的关键。而这些工作的依据则是明确、完整的与危险品航空运输有关的法律法规。在众多的危险品航空运输法律法规中,联合国危险品运输专家委员会制定的《关于危险品运输的建议书》及国际原子能机构制定的《放射性物质安全运输规则》是最基础和最根本的法规。在此基础上,各个国家根据本国实际情况,分别制定了各自的危险品安全运输相关法律和规则。下面将从国际和国内两个层面来具体介绍危险品运输的相关机构及其法律法规和规范文件。

一、国际危险品运输相关机构及其法规

从国际来看,危险品航空运输的法规体系主要由联合国危险品运输专家委员会颁布的建议书、国际原子能机构颁布的运输规则、国际民用航空组织颁布的国际公约和技术细则、国际航空运输协会发布的具体规则等文件构成(详见图1-1),以下将分而论之。

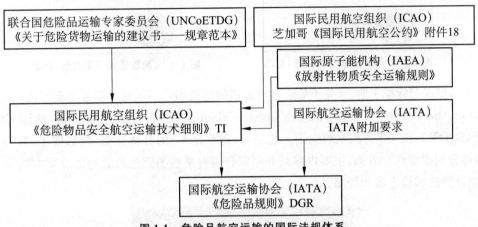

图1-1　危险品航空运输的国际法规体系

1. 联合国危险品运输专家委员会

联合国危险品运输专家委员会(United Nation Subcommittee of Experts on the Transport of Dangerous Goods, UNCoETDG)是联合国经济与社会理事会下属的专门从事危险品运输、等级分类、包装、标志和危险等级划分试验方法、判据研究并提出建议的一个专门组织。后经重组,委员会更名为"危险货物运输和全球化学品统一分类标签制度问题专家委员会"。该委员会对于非放射性的危险品运输制定了规章范本、试验与标准手册两个重要文件。

第一,规章范本。《关于危险货物运输的建议书——规章范本》(Recommendations on the Transport of Dangerous Goods—Model Regulation),简称《规章范本》。由于该规则的封面是橘黄色,所以又称为橙皮书或橘皮书,该书于1956年首次公开出版。其主要内容包括危险品货物的分类、危险货物一览表、包件和便携式罐体的使用、制造、试验和批准,以及托运程序,如标识、标签和单据等。为适应技术的发展、新物质和材料的出现、现代运输系统的要求和使用者不断变化的需要及管理部门对安全的要求,SCoETDG对《规章范本》进行定期修订和增补。图1-2和图1-3分别为《规章范本》2015年第十九修订版的英文版和中文版封面。

图1-2 《规章范本》(英文版)封面　　　图1-3 《规章范本》(中文版)封面

第二,试验与标准手册。《关于危险货物运输的建议书——试验与标准手册》(Recommendations on the Transport of Dangerous Goods—Manual of Tests and Criteria),简称UN《试验与标准手册》,图1-4为英文版封面。它是对《规章范本》的具体补充,包括概述,第一、二、三、四部分和附录六个方面,主要内容是介绍联合国对某些类别危险货物的分类方法及其做出适当分类的试验方法和程序。

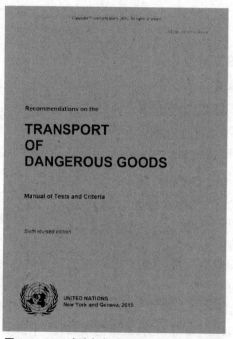

图1-4 UN《试验与标准手册》(英文版)封面

2. 国际原子能机构

国际原子能机构(International Atomic Energy Agency,IAEA)是国际原子能领域的政

府间科学技术合作组织,同时兼管地区原子安全及测量检查,并由世界各国政府在原子能领域进行科学技术合作的机构。成立于1957年,总部设在奥地利的维也纳。

IAEA根据放射性物品运输的有关安全要求,对其运输制定了建议性规则——《放射性物质安全运输规则》(Regulation for the Safe Transport of Radioactive Material of Dangerous Goods)。该规则的主要内容有:包装箱的设计、制造、维护和修理,放射性物质和包装箱货包的准备、托运、装载,在运和贮存的车辆及最终目的地的卸货和接收等。制定本规则的目的是确保安全以及保护人员、财产和环境免受放射性物质运输过程中产生的辐射影响而必须达到的各项要求。旨在建立一套安全标准,把与放射性物质运输有关的人员、财产和环境受到的辐射危害、临界危害和热危害控制在可接受水平。

IAEA应联合国经济和社会委员会请求,1961年以来一直定期颁布咨询性《放射性物质安全运输规则》,并以IAEA"安全丛书"NO.6形式出版。这些规则已被世界公认为该领域内国家和国际运输安全要求的统一基础。为保持这些规则不落伍于最新的辐射防护原则和不断发展的运输技术,IAEA大约每隔10年对这些运输规则进行修订并颁布修订结果,最近一次修订结果是2012年10月发布的IAEA NO. SSR-6:2012《放射性物质安全运输规则》(特定安全要求),如图1-5和图1-6所示。

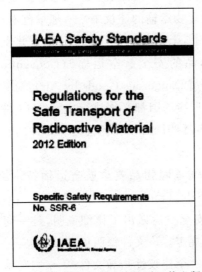

图1-5 《放射性物质安全运输规则》(英文版)封面　　图1-6 《放射性物质安全运输规则》(中文版)封面

3. 国际民用航空组织

国际民用航空组织(International Civil Aviation Organization,ICAO)的前身是根据1919年《巴黎公约》成立的空中航行国际委员会(ICAN)。由于第二次世界大战对航空器技术发展起到了巨大的推动作用,使得世界上已经形成了一个包括客货运输在内的航线网络,但随之也引起了一系列急需国际社会协商解决的政治上和技术上的问题。因此,在美国政府的邀请下,52个国家于1944年11月1日至12月7日参加了在芝加哥召开的国际会议,签订了《国际民用航空公约》(通称《芝加哥公约》)。按照公约规定成立了临时国际民航组织(PICAO)。1947年4月4日,《芝加哥公约》正式生效,国际民航组织也因此正式成立,并成为联合国系统中负责处理国际民航事务的专门机构,简称国际民航组织,总部设在加拿大蒙特利尔。其主要活动是研究国际民用航空问题,制定民用航空的国际标准和规章,鼓励使用安全措施、统一业务规章和简化国际边界手续等。其标识如图 1-7 所示。

图 1-7　国际民航组织标识

为确保安全承运危险品,同时也为了便于各缔约国统一危险品航空运输管理规定,国际民航组织在联合国危险品运输专家委员会《关于危险货物运输的建议书——规章范本》和国际原子能机构《放射性物质安全运输规则》的基础之上,于 1981 年 6 月 26 日拟定并发布了芝加哥《国际民用航空公约》附件 18——《危险物品的安全航空运输》(Convention on International Civil Aviation—on the Safe Transport of Dangerous Goods by Air),简称附件 18。其中,《国际民用航空公约》属于国际性公约,所有缔约国都必须执行。附件 18 是纲领性文件,是管理危险品国际航空运输的概括性规定,各缔约国可以在此公约和附件的基础上制定适合本国情况的更加严格的法律法规。

国际民航组织会定期发布一个国际性文件——《危险物品安全航空运输技术细则》(Doc9284-AN/905)(Technical Instructions for the Safe Transport of Dangerous Goods by Air,简称《技术细则》或 TI,如图 1-8 所示)。TI 对安全空运做出了详细说明,是一套详细的、完备的国际技术资料,用以支持附件 18 中的各项规定。该文件每两年发布一次。

除《技术细则》外,国际民航组织还会定期发布另一个建议性指导文件——《与危险品有关的航空器事故征候应急响应指南》(Doc9282-AN/928)(Emergency Response Guidance for Aircraft Incidents Involving Dangerous Goods)。由于该文件的封面是红色,所以又简称为红皮书。编制该文件的依据是 ICAO 附件 18 和 TI 中有关向机组成员提供危险物品运输紧急情况下的应急行动指南的要求,目的是指导各国和经营人员制定处理航空器上危险品事故征候的政策和程序。该文件每两年发布一次。

4. 国际航空运输协会

国际航空运输协会的前身是国际航空业务协会(International Air Traffic Association)。1945 年 4 月 16 日,在哈瓦那会议上修改并通过草案章程后,国际航空运输协会(International Air Transportation Association,IATA)正式成立,简称国际航协。总部设在加拿大的蒙特利尔,执行机构设在日内瓦。国际航协是一个国际性的航空企业的行业联盟,是全世界航空运输企业自愿联合组织的非政府性的国际组织,其标识如图1-9所示。与监管航空安全和航行规则的国际民航组织相比较,国际航协更像是一个由承运人(航空公司)组成的国际协调组织,管理在民航运输中出现的诸如票价、危险品运输等问题,主要作用是通过航空运输企业来协调和沟通政府间的政策,并解决实际运作的问题。其基本职能包括:国际航空运输规则的统一,业务代理,空运企业间的财务结算,技术上合作,参与机场活动,协调国际航空客货运价,航空法律工作,帮助发展中国家航空公司培训高级和专门人员。

国际民用航空组织

危险物品安全航空运输技术细则

2015年—2016年版

第3号增编

所附的增编应纳入《技术细则》(Doc 9284号文件)2015年—2016年版。

图1-8 《技术细则》(中文版)封面

图1-9 国际航空运输协会标识

IATA出版发行的《危险品规则》(Dangerous Goods Regulation,DGR),如图1-10所示。它是在国际民航组织ICAO-TI的基础上,以国际航空运输协会的附加要求和有关文件的细节作为补充,基于运营和行业标准实践方面的考虑,制定的比《技术细则》更具约束力和操作性的危险品航空运输参考程序手册。由于《危险品规则》使用方便,可操作性强,且与IATA《危险品规则》保持一致,则自动满足ICAO《技术细则》的要求。因而,该规则在世界航空运输领域中作为操作性文件被广泛使用,且每年更新发行一次,新版本于每年的1月1日生效。

图1-10 《危险品规则》(中文版)封面

此外,ICAO和IATA共同编制了一套涉及装卸与航空运输危险品各个方面的培训文件,以支持《国际民用航空公约》附件18中的规定,同时也为各国制定培训大纲提供参考。该套文件由5本独立的培训手册构成,分别是:1册——托运人/包装人(营运人和货运代理)/危险物品收运人员;2册——机组人员/配载人员;3册——客舱服务人员/旅客服务人员/安检人员;4册——机坪与仓库作业人员;5册——普通货物收运人员。

二、国内危险品运输相关法规、标准及规范文件

从国内来看,国内危险品航空运输的法规体系主要由相关法律、法规、规章、标准、规范性文件等构成,下面将分别对其进行讨论。

(一)相关法律

危险品航空运输应当遵守的相关法律主要有:
(1)《中华人民共和国安全生产法》(修正),自2014年12月1日起施行。
(2)《中华人民共和国治安管理处罚法》。
(3)《中华人民共和国刑法》(1997年修订)。
(4)《中华人民共和国放射性污染防治法》。
(5)《中华人民共和国民用航空法》。

其中,《中华人民共和国民用航空法》是一部旨在规范民用航空领域活动的国家法律,于1995年10月30日第八届全国人民代表大会常务委员会第十六次会议通过,自1996年3月1日起施行,后又经2009年和2015年两次修正。其第101条规定:公共航空运输企业运输危险品,应当遵守国家有关规定。禁止以非危险品品名托运危险品。禁止旅客随身携带危险品乘坐民用航空器。除因执行公务并按照国家规定经过批准外,禁止旅客携带枪支、管制刀具乘坐民用航空器。禁止违反国务院民用航空主管部门的规定将危险品作为行李托运。第117条规定:托运人应当对航空货运单上所填关于货物的说明和声明的正确性负责。因航空货运单上所填的说明和声明不符合规定、不正确或者不完全,给承运人或者承运人对之负责的其他人造成损失的,托运人应当承担赔偿责任。

(二)相关法规

与危险品有关的国家法规主要有:

1. 《危险化学品安全管理条例》

该条例是为加强危险化学品的安全管理,预防和减少危险化学品事故,保障人民群众生命财产安全,保护环境制定的国家法规。由中华人民共和国国务院于2002年1月26日发布,又于2011年修订。修订后的《危险化学品安全管理条例》自2011年12月1日起施行。其第65条指出,通过航空运输危险化学品的安全管理,依照有关航空运输的法律、行政法规、规章的规定执行。

2. 《民用爆炸物品安全管理条例》

该条例是为了加强对民用爆炸物品的安全管理,预防爆炸事故发生,保障公民生命、财产安全和公共安全制定的条例法规,自2006年9月1日起施行,又于2014年进行修正。其对运输民用爆炸物品做出了相关规定。

3. 《中华人民共和国民用航空安全保卫条例》(以下简称《民用航空安全保卫条例》)

该条例是为了防止对民用航空活动的非法干扰,维护民用航空秩序,保障民用航空安全而制定的条例法规,自1996年7月6日起施行,若违反《民用航空安全保卫条例》,机场公安机关负责对其进行处罚。

4. 《民用机场管理条例》

该条例是为了规范民用机场的建设与管理,积极、稳步推进民用机场发展,保障民用机场安全和有序运营,维护有关当事人的合法权益。于2009年4月1日国务院第55次常务会议通过,自2009年7月1日起施行。

(三)相关规章

危险品航空运输还应当遵守我国民航局及其他部分国家管理职能部门所制定的相关规章,它们主要是:

(1)《民用航空危险品运输管理规定》(CCAR-276-R1)。

(2)《民用航空器事故和飞行事故征候调查规定》(CCAR-395-R1)。

(3)《民用航空安全检查规则》(CCAR-339SB)。

其中,《民用航空危险品运输管理规定》(CCAR-276-R1)(交通运输部令 2016 年第 42 号),由交通运输部部务会议通过,并于 2016 年 5 月 14 日起施行。该法规是为了加强危险品航空运输管理,促进危险品航空运输发展,保证航空运输安全,根据《中华人民共和国民用航空法》和有关法律、行政法规而制定的部门规章。其内容包括总则、危险品航空运输的限制和豁免、危险品航空运输许可程序、危险品航空运输手册、危险品航空运输的准备、托运人的责任、经营人及其代理人的责任、危险品航空运输信息、培训、其他要求、监督管理、法律责任、附则共 13 章 145 条规定。

(四)相关标准

为了确保危险品的安全运输,在运输危险品时还应该参照相关的国家和行业标准,它们主要包括:

1. 国家标准

(1)《危险货物分类和品名编号》(GB 6944—2012)。

(2)《危险货物品名表》(GB 12268—2012)。

(3)《危险货物运输包装通用技术条件》(GB 12463—2009)。

(4)《感染性物质航空运输规范》(GB 23240—2009)。

2. 行业标准

(1)《民航航空危险品运输文件》(MH/T 1019—2005)。

(2)《危险品类运营人物资包装及运输规范》(MH/T 1024—2008)。

(3)《旅客和机组携带危险品的航空运输规范》(MH/T 1030—2010)。

(4)《锂电池邮件航空运输管理办法》。

锂电池航空运输一直是当前危险品航空运输管理的重点和难点。为加强锂电池邮件航空运输安全管理,保障锂电池邮件航空运输的安全和顺畅,民航局与国家邮政局于 2014 年 6 月联合制定并实施该办法。

(5)《航空运输锂电池测试规范》(MH/T 1052—2013)。

(6)《限制数量危险品组合包装及包装件试验规范》(MH/T 1057—2014)。

(五)中国民航局其他规范性文件

为了全面指导民用航空危险品运输,民航局运输司相继下发了一系列规范性文件,它们主要有:

1.《公共航空运输经营人危险品航空运输许可管理程序》(AP-276-TR-2016-01)

它是为规范公共航空运输经营人危险品航空运输许可管理,依据《民用航空危险品运输管理规定》而制定的管理程序。国内经营人危险品航空运输许可管理由其公共航空运输企业经营许可证载明的基地机场所在地民航地区管理局负责。欧洲地区、独联体国家和蒙古国经营人危险品航空运输许可管理由民航华北地区管理局负责。美洲地区、韩国、日本和朝鲜经营人危险品航空运输许可管理由民航华东地区管理局负责。其他地区经营人的危险品航空运输许可管理由民航中南地区管理局负责。

2.《地面服务代理人危险品航空运输备案管理办法》（AC-276-TR-2016-04）

它是为规范地面服务代理人危险品航空运输相关活动，明确地面服务代理人危险品航空运输备案管理要求，保证危险品航空运输安全，根据《民用航空危险品运输管理规定》而制定的管理办法。民航地区管理局负责辖区内地面服务代理人的备案管理工作，依据职责对辖区内经备案的地面服务代理人从事的与危险品航空运输相关的活动实施监督管理。

3.《危险品航空运输培训管理办法》（AC-276-TR-2016-02）

它是为规范危险品航空运输培训活动，加强危险品航空运输从业人员资质管理，保证危险品航空运输安全，依据《民用航空危险品运输管理规定》而制定的管理办法。中国民用航空局依据职责对全国危险品航空运输培训活动实施管理，民航地区管理局依据职责对辖区内的危险品航空运输培训活动实施监督管理。持有危险品培训大纲的企业和组织及危险品培训机构，应当制定危险品培训管理制度，按照《民用航空危险品运输管理规定》和本办法开展培训工作。

4.《货物航空运输条件鉴定机构管理办法》（AC-276-TR-2016-03）

它是为规范货物航空运输条件鉴定机构（以下简称"鉴定机构"）的鉴定活动，加强危险品航空运输安全管理，依据《民用航空危险品运输管理规定》而制定的办法。经营人认为必要时可要求托运人提供物品安全数据说明书或者经营人认可的鉴定机构出具的符合航空运输条件的鉴定报告。

第三节 危险品进入航空器的途径

全面了解危险品进入航空器的途径对于把好安全运输的关口，杜绝事故的发生具有非常重要的作用。众所周知，危险品进入航空器的途径多种多样，如作为航材的机载设备、承运公司、公司货运接收人、装运人员、公司承运的危险物品、航空邮件、承接的危险品货物、承接的普通货物、旅客行李、经过安检的旅客托运行李、旅客随身携带的行李、客舱服务人员及其所售物品等。归纳起来，它们大致可分为航空器途径、货运途径、客运途径和客舱服务途径四个方面。

一、航空器途径

通过航空器带入的危险品也称航材危险品，是指航空器在设计、制造时，一些机载设备自身就属于危险品。它们分布在航空器的不同位置上，并起着至关重要的作用。但若它们在外站发生故障需要更换时，将不可避免需要面对航材危险品的仓储运输问题。做好航材危险品的仓储运输工作,不仅关系到航材的安全,还关系到航材从业人员自身的安全。因此,有关部门必须切实根据各项法规,确保航材危险品的安全仓储和运输。具体来说,航材危险品主要包括以下十七项:

（1）飞机电池;（2）发动机滑油（仅作为危险性废物）;（3）逃生滑梯/救生筏（所有登机门/选装的救生阀）;（4）灭火瓶(APU,发动机,低部货舱,卫生间废品容器);（5）灭火器(乘务员位,储藏室,厨房等);（6）燃油;（7）储压器里的液压油（仅作为废物）;（8）铀（贫化,用于配平）;（9）爆破装置（翼上逃生出口）;（10）便携式气体氧气瓶;（11）机组系统气体氧气瓶;（12）旅客系统气体氧气瓶（标准配置）;（13）氧气发生器（选装:每个PSU;标准配置:每一乘务员位和厕所）;（14）排雨剂;（15）制冷剂（位于每个厨房）;（16）防烟面罩;（17）氘指示标（过道和应急出口）。

二、货运途径

通过货运带入的危险品是指货运部门按照危险品运输相关规定,接收并安排托运人、货运代理人等交运的危险品。通常情况下,这些危险品以货物、邮件、运营人物资、紧急航材、代理人集运货等形式被装载在航空器的货舱当中。具体如图1-11～图1-16所示。

图1-11 承接的普通货物

图1-12 承接的危险品货物

图1-13 航空邮件

图1-14 公司承接的危险物品

图 1-15　作为航材的机载设备 1

图 1-16　作为航材的机载设备 2

三、客运途径

通过客运带入的危险品是指由旅客、机组人员按照相关规定和要求以交运行李、手提行李或者随身携带等方式带入的危险品。其中，交运行李中的危险品被装载在航空器的货舱当中，手提行李或随身携带的危险品被装载在航空器的客舱当中。具体如图 1-17 和图 1-18 所示。

图 1-17　交运行李中的危险品

图 1-18　随身携带的危险品

四、客舱服务途径

通过客舱服务带入的危险品是指在部分航班，尤其是国际航班上提供免税品客舱服务项目中的诸如香水、酒等危险品。另外，免费供应的酒精饮料和给餐食做制冷剂的干冰也属于危险品。具体如图 1-19～图 1-22 所示。

图 1-19　土耳其航空的 TK1933 香水

图 1-20　用作餐食制冷剂的干冰

图 1-21 飞机上免费供应的酒精饮料 1

图 1-22 飞机上免费供应的酒精饮料 2

第四节　危险品航空运输流程

通常而言,航空运输可以分为航空旅客运输、航空旅客行李运输和航空货物运输三大类。其中,航空旅客行李运输既可视为独立的运输过程,也可附属于航空旅客运输中。因此,也可以说,航空运输分为航空旅客运输和航空货物运输两大类。而危险品则完全有可能通过以上两类运输方式被带入航空器。据此,可从航空客运和航空货物两个方面来探讨危险品航空运输流程。

一、航空客运中的危险品运输流程

在航空旅客运输中,部分危险品有可能通过旅客、机组人员手提、随身携带的行李或交运的行李被带入航空器。因而,航空客运中的危险品运输流程具体可按图 1-23 进行操作。

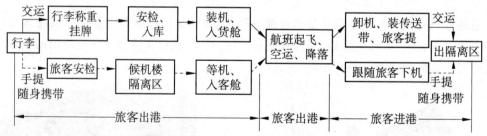
图 1-23 航空客运中的危险品运输流程

如图 1-23 所示,在旅客出港阶段,因其手提、随身携带的行李或交运的行李中可能含有危险品,所以需要分别进行旅客安检和行李安检。其中,旅客被允许手提或随身携带进入航空器客舱的物品限制,详见本教材第九章危险品运输限制的内容。在空中运输阶段,旅客如若随身携带有锂电池或含有锂电池的电子设备等危险物品,一定要听从客舱机组人员的安排和指导,以确保其在空中运输阶段的安全性。

二、航空货运中的危险品运输流程

危险品航空运输是一项高利润的运输活动,但同时高风险也与之相伴。因此,全面了解危险品航空运输的流程及其具体要求尤为重要。

从航空货运的角度来看,危险品运输大致可经过出港、空中运输和进港三个阶段,如表1-2所示。其中,出港阶段分别需要经由托运人对危险品进行识别、包装、标记、粘贴标签、填写各运输文件,经由货运销售代理人对危险品进行检查、收货和订舱,经由地面服务代理人对危险品进行安检、储存和装载;空中运输阶段主要是由经营人对危险品进行空中运输;进港阶段主要是经由机场对危险品进行卸载、存储,经由收货人进行收货。

表1-2 危险品航空运输过程简表

出 港 阶 段			空中运输阶段	进 港 阶 段	
托运人	货运销售代理人	地面服务代理人	经营人	机场	收货人
识别/包装/标签/运输文件	检查/收货/订舱	安检/储存/装载	空中运输	卸载/存储	收货

这里对危险品航空运输过程中涉及的有关主体进行简单介绍。"托运人"是指为货物运输与承运人订立合同,并在航空货运单或者货物记录上署名的人。"货运销售代理人"是指经经营人授权,代表经营人从事货物航空运输销售活动的企业。"地面服务代理人"是指经经营人授权,代表经营人从事各项航空运输地面服务的企业。"经营人"是指以营利为目的使用民用航空器从事旅客、行李、货物、邮件运输的公共航空运输企业,包括国内经营人和外国经营人。"托运物"是经营人一次在一个地址,从一个托运人处接收的,按一批和一个目的地地址的一个收货人出具收据的一个或者多个危险品包装件。"包装件"是指包装作业的完整产品,包括包装物和准备运输的内装物。

危险品航空运输的具体流程详见图1-24。在货物出港阶段,托运人需要对危险品进行识别,确定其是否为危险品。若有必要,还应出具由鉴定机构开具的危险品鉴定报告。如果确定为危险品,首先,托运人或其代理人应该根据相关法规填写危险品申报单等运输文件,并对其进行正确的包装、标记和粘贴标签。其次,货运销售代理人对危险品进行包装件的检查、接受并填写检查单等货运文件。最后,地面代理人或机场对危险品包装件进行计重、安检、入库、拼装、装机、填写货运单、预订舱位等。在货物进港阶段,主要由地面代理人或机场对危险品包装件进行卸机、核对货物、入库等,最后货物交付,由收货人提取货物。

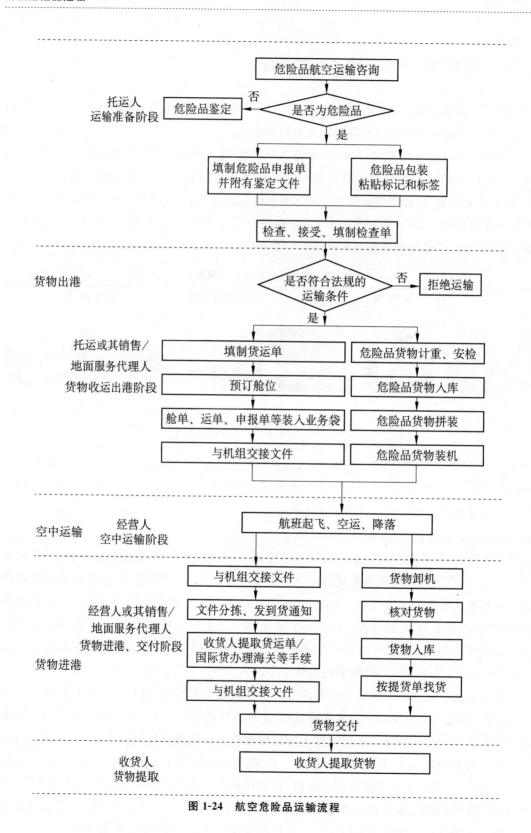

图 1-24 航空危险品运输流程

第五节 责 任

由上一节内容我们知道,在危险品航空运输过程中,涉及的运输主体主要有托运人、经营人、货运销售代理人和地面服务代理人等。其中货运销售代理人和地面服务代理人可统称为经营人的代理人。基于此,以下将从托运人、经营人和经营人的代理人三个角度来分别介绍其在危险品航空运输过程中所应承担的责任。责任相关规定主要来源于 TI、DGR 和 CCAR-276-R1 文件。

一、托运人的责任

在危险品航空运输过程中,托运人在交运货物时所应承担的责任主要有:

(1) 托运人应当确保所有办理托运手续和签署危险品运输文件的人员已按相关法规要求接受相关危险品知识的培训并合格。

(2) 托运人将危险品的包装件或者集合包装件提交航空运输前,应按相关法规的规定,保证该危险品不是航空运输禁运的危险品,并正确地进行分类、包装、加标记、贴标签、提供真实准确的危险品运输相关文件。托运国家法律、法规限制运输的危险品,应当符合相关法律、法规的要求。

(3) 禁止在普通货物中夹带危险品或者将危险品匿报、谎报为普通货物进行托运。

(4) 凡将危险品提交航空运输的托运人应当向经营人提供正确填写并签字的危险品运输文件。

① 文件中应当包括相关法规所要求的内容。

② 文件中应当有经危险品托运人签字的声明,表明按运输专用名称对危险品进行完整、准确地描述和该危险品是按照相关法规的规定进行分类、包装、加标记和贴标签,并符合航空运输的条件。

③ 必要时,托运人应当提供物品安全数据说明书或者经营人认可的鉴定机构出具的符合航空运输条件的鉴定书。托运人应当确保危险品运输文件、物品安全数据说明书或者鉴定书所列货物与其实际托运的货物保持一致。

(5) 国际航空运输时,除始发国要求的文字外,危险品运输文件应当加英文。

(6) 托运人必须保留一份危险品运输相关文件至少 24 个月。这些相关文件包括危险品运输文件、航空货运单以及相关法规要求的补充资料和文件。

(7) 托运人委托的代理人的人员应当按照相关法规的要求接受相关危险品知识的培训并合格。

(8) 托运人的代理人代表托运人从事危险品航空运输活动的,适用本规定有关托运人责任的规定。

二、经营人的责任

经营人应当在民航地区管理局颁发的危险品航空运输许可所载明的范围和有效期内开展危险品航空运输活动。其所应承担的责任主要有：

（一）危险品接收方面

(1) 经营人应当制定措施防止行李、货物、邮件及供应品中隐含危险品。

(2) 所接收的危险品至少应符合以下要求：

① 附有完整的危险品运输文件，《技术细则》另有要求的除外。

② 按照《技术细则》的接收程序对包装件、集合包装件或者装有危险品的专用货箱进行检查。

③ 确认危险品运输文件的签字人已按本规定及《技术细则》的要求培训并合格。

(3) 经营人应当制定和使用收运检查单以遵守以上两条规定。

（二）危险品装载方面

(1) 装有危险品的包装件和集合包装件以及装有放射性物质的专用货箱应当按照《技术细则》的规定在航空器上装载。

(2) 在危险品装载之前，应当检查其是否有泄漏和破损的迹象。若有泄漏或者破损，不得装上航空器。未经检查并证实其内装的危险品无泄漏或者无破损迹象之前不得装上航空器。

(3) 装上航空器的任何危险品包装件出现破损或者泄漏，经营人应当将此包装件从航空器上卸下，或者安排由有关机构从航空器上卸下。在此之后应当保证该托运物的其余部分符合航空运输的条件，并保证其他包装件未受污染。

(4) 从航空器上卸下包装件时，应检查其是否有破损或者泄漏迹象。如有破损或者泄漏的迹象，应对相应部位进行破损或者污染检查。若检查发现有害污染的，应立即清除。

(5) 装载位置和隔离情况。

① 危险品不得装在航空器驾驶舱或者有旅客乘坐的航空器客舱内，《技术细则》另有规定的除外。

② 装有可能产生相互危险反应的危险品包装件，不得在航空器上相邻放置或者装在发生泄漏时包装件可产生相互作用的位置上。

③ 毒性物质和感染性物质的包装件应当根据《技术细则》的规定装在航空器上。

④ 装在航空器上的放射性物质的包装件，应当按照《技术细则》的规定将其与人员、活动物和未冲洗的胶卷进行分离。

(6) 装载时的固定。经营人应当保护危险品不受损坏，应当将这些物品在航空器内加以固定以免在飞行时出现任何移动而改变包装件的指定方向。

(7) 贴有"仅限货机"标签的危险品包装件，按照《技术细则》的规定只能装载在货机上。

（三）危险品储存方面

经营人应当确保危险品的存储符合《技术细则》中有关危险品存储、分离与隔离的要求。

（四）危险品鉴定方面

(1) 如果经营人要求托运人提供货物符合航空运输条件的鉴定书，应告知托运人其认可的鉴定机构，并确保其所认可的鉴定机构满足民航局关于货物航空运输条件鉴定机构的相关规定，同时将认可的鉴定机构报民航局备案。

(2) 民航局自收到备案申请之日起20日内，应当将鉴定机构予以备案，并对外公布。

（五）危险品运输文件及其保存时间方面

经营人应当在载运危险品的飞行终止后，将危险品航空运输的相关文件至少保存24个月。上述文件至少包括收运检查单、危险品运输文件、航空货运单和机长通知单。

（六）当经营人需要委托时的处理

1. 经营人委托地面服务代理人的情况

经营人委托地面服务代理人代表其从事危险品航空运输地面服务，应当同地面服务代理人签订涉及危险品航空运输的地面服务代理协议。所委托的中国境内的地面服务代理人应当符合本规定有关地面服务代理人的要求，所委托的中国境外的地面服务代理人应当符合所在地国家的相关法律、法规。经营人应当自危险品航空运输地面服务代理协议签订之日起7日内将所签订协议报民航地区管理局备案。

2. 经营人委托货运销售代理人的情况

经营人委托货运销售代理人代表其从事货物航空运输销售活动，应当同货运销售代理人签订包括危险品安全航空运输内容的航空货物运输销售代理协议，并确保所委托的货运销售代理人满足相关法规对其的要求。

3. 经营人委托货运销售代理人和地面服务代理人的情况

经营人委托货运销售代理人和地面服务代理人从事货物航空运输相关业务，应当在代理协议中要求代理人对收运货物进行查验或者采取有效措施防止货物中隐含危险品。经营人应当对代理人的货物查验及相关措施进行认可并定期检查。

三、经营人的代理人的责任

经营人的代理人是指位于中国境内的代表经营人从事危险品航空运输活动的企业，包括货运销售代理人、地面服务代理人及其他代表经营人从事危险品航空运输活动。在危险品航空运输过程中，货运销售代理人和地面服务代理人所应承担的责任主要如下：

（一）货运销售代理人

（1）货运销售代理人不得作为托运人或者代表托运人托运危险品。

（2）货运销售代理人从事货物航空运输销售代理活动，应当同经营人签订包括危险品安全航空运输内容的航空货物运输销售代理协议。

（二）地面服务代理人

（1）地面服务代理人无论是否从事危险品航空运输活动，均应满足以下条件：
① 拥有企业法人营业执照；
② 制定危险品培训大纲并报民航地区管理局备案；
③ 确保其人员已按本规定和《技术细则》的要求接受相关危险品知识的培训并合格；
④ 与经营人签订包括危险品航空运输在内的地面服务代理协议；
⑤ 制定危险品航空运输管理程序，其中应当包括地面应急程序和措施；
⑥ 拥有经营人提供或者认可的危险品航空运输手册；
⑦ 制定符合《技术细则》要求的危险品保安措施；
⑧ 危险品的储存管理符合《技术细则》中有关危险品存储、分离与隔离要求；
⑨ 确保其人员在履行相关职责时，充分了解危险品运输手册中与其职责相关的内容，并确保危险品的操作和运输按照其危险品航空运输手册中规定的程序和要求。

（2）地面服务代理人应当报所在地民航地区管理局备案。自收到备案申请之日起20日内，民航地区管理局应当将地面服务代理人予以备案，并对外公布。

（3）地面服务代理人代表经营人从事危险品航空运输活动，适用本规定有关经营人责任的规定。

第六节 培 训

在航空运输过程中，危险品可能通过航空器、货运、客运、客舱服务等多种途径被带上航空器。那么，哪些人须接受培训？相关文件规定，从事危险品航空运输活动的人员和无论是否持有危险品航空运输许可的经营人都应当按照相关规定的要求经过培训并合格，且该培训应当由符合相关规定要求的危险品培训机构实施。

一、培训对象

ICAO 和 IATA 将危险品培训对象分为 12 类人员，详见表 1-3。《危险品航空运输培训管理办法》（AC-276-TR-2016-02）指出，需要接受危险品培训的人员范围应当与国际民航组织《技术细则》的要求保持一致。其中第 9 类旅客服务人员，包括但不限于办理乘机手续的人员、贵宾（VIP）服务人员、行李查询人员、问询人员、航空公司派驻机场的旅客运输保障人员。需要接受危险品培训的人员还应包括与危险品航空运输有关的客货预订、工程维修、应急处置等其他人员。

表 1-3　危险品培训对象类别表

类别	人员名称	类别	人员名称
1类	托运人及承担托运人责任的人员,还包括危险品航材运输机务人员	7类	负责收运货物、邮件或供应品(危险品除外)的经营人及其地面操作代理机构的人员
2类	包装人	8类	负责货物、邮件或供应品的操作、存储和装载的经营人及其地面操作代理机构的人员
3类	负责处理危险品收运工作的货运代理人员	9类	旅客服务人员
4类	负责处理货物、邮件或供应品(危险品除外)的货运代理人员	10类	经营人飞行机组和配载人员
5类	负责货物、邮件或供应品的操作、存储和装载的货运代理人员	11类	客舱机组成员(飞行机组除外)
6类	经营人及其地面操作代理收运危险品的人员	12类	安全检查人员

二、危险品培训大纲

危险品培训大纲是编制危险品培训教学资料和开展培训活动的依据,作为危险品航空运输托运人或托运人代理人的企业或者其他组织、国内经营人、货运销售代理人、地面服务代理人、从事民航安全检查工作的企业均应当持有危险品培训大纲。危险品培训机构可以代表相关企业或组织制定危险品培训大纲,但在实施前应当得到委托方认可。

危险品培训大纲应当根据各类人员的职责制定,每种培训大纲应当包括初始培训和定期复训两个类别,且至少应包括以下内容:

(1) 符合相关规定的声明;
(2) 培训课程设置及考核要求;
(3) 受训人员的进入条件及培训后应当达到的质量要求;
(4) 将使用的设施、设备的清单;
(5) 教员的资格要求;
(6) 培训教材;
(7) 考核试卷制定的原则和要求;
(8) 国家法律法规的相关要求;
(9) 培训记录的要求;
(10) 危险品培训大纲修订、分发和保存的程序及责任部门;
(11) 颁发危险品培训合格证的,还应包括证书的管理要求;
(12) 其他相关内容。

仅从事专项危险品运输的托运人及托运人代理人、国内经营人、货运销售代理人和地面服务代理人和仅交运感染性物质的托运人及仅运输锂电池及含锂电池设备货物的国内经营人等,可制定危险品专项培训大纲,大纲除包括以上12项内容外,还应包括专项培训的课程设置和实施要求。

三、培训课程

制定和持有危险品培训大纲的企业或者组织应当根据其培训大纲设置培训课程。培训课程主要分为三类：

（一）一般知识培训

一般知识培训课程旨在熟悉一般性规定的培训，包括《民用航空危险品运输管理规定》及配套文件、危险品的标记标签、未申报危险品的识别、旅客和机组成员携带危险品的规定等内容培训。

（二）专门职责培训

专门职责培训课程主要是针对人员所承担的职责要求，如第 6 类人员需接受的危险品收运程序，第 8 类人员需接受的机长通知单等内容的培训。

（三）安全培训

安全培训课程是以危险品所具有的危险性、安全操作及应急处置程序为培训内容的培训。

四、培训要求

危险品培训大纲中应当明确各类人员初训、复训课程的总课时和课程中每项内容的课时要求，以及课堂教学的学员数量限制。各类人员培训课程最低总课时（含考试时间）及课堂教学时学员数量限制如表 1-4 所示。

表 1-4　培训要求

人 员 类 别	初训最低总课时（小时）	复训最低总课时（小时）	课堂教学学员数量限制（人）
第 1、2、3、6 类	30	18	30
第 4、5、7、8、9、10、11、12 类	12	6	100

危险品专项培训课程的最低总课时和课堂教学学员人数可参照以上要求适当调整，但初训总课时不得低于 12 小时，复训总课时不得低于 6 小时，课堂教学学员人数不得超过 100 人。

为了保证知识更新，应当在前一次培训后的 24 个月内进行复训。但也可以在培训到期前的 3 个月内进行复训，培训周期不变。培训记录应当保存 3 年以上并随时接受民航局或者民航地区管理局的检查。培训记录应当载明：受训人员姓名；最近一次完成培训的日期；所使用培训教材的说明；培训机构的名称和地址；培训教员的姓名；考核成绩；表明已通过培训考核的证据。

本章小结

- 重点掌握内容：危险品的概念、危险品航空运输流程、危险品进入航空器的途径等；
- 一般掌握内容：危险品航空运输的法律法规、危险品运输培训相关知识等；
- 一般了解内容：托运人、经营人和经营人的代理人危险品运输责任等。

综合练习

一、单选题

1. 以下物品中,属于危险品的是(　　)。
   A. 贵重物品　　　B. 精密仪器　　　C. 氢气　　　D. 易碎器皿
2. 以下不属于危险品的是(　　)。
   A. 氢气　　　　　B. 甲烷　　　　　C. 氮气　　　D. 空气
3. 在危险品的分类中4.2项是指(　　)。
   A. 自燃物质　　　　　　　　　　　B. 遇水释放易燃气体的物质
   C. 非易燃无毒气体　　　　　　　　D. 感染性物质
4. 在危险品的分类中2.2项是指(　　)。
   A. 易燃气体　　B. 非易燃无毒气体　C. 毒性气体　D. 自燃气体
5. 下列属于毒性物质的危险品是(　　)。
   A. 6.1项　　　　B. 2.3项　　　　　C. 2.1项　　D. 4.1项
6. 下列对航空法定义描述正确的是(　　)。
   A. 专指《国际民用航空公约》　　　B. 调整所有航空活动
   C. 专指《中华人民共和国民用航空法》　D. 调整民用航空和与民用航空有关的活动
7. 我国制定航空法的首要原则是(　　)。
   A. 空中畅通有序原则　　　　　　　B. 安全第一原则
   C. 领空主权原则　　　　　　　　　D. 经济效益效率原则
8. 《芝加哥公约》体系包括的文件有(　　)。
   A.《国际民用航空公约》
   B.《芝加哥公约》
   C.《国际民用航空公约》及其附件
   D.《国际民用航空公约》及其附件和《国际航班过境协定》《国际航空运输协定》
9. 在正常的运输状态下,易爆炸、易发生危险反应、易起火或易放出导致危险的热量、易释放毒性、腐蚀性或易燃性气体或蒸气的物质,(　　)。
   A. 经运营人批准,可以作为普货运输
   B. 托运人填写危险品申报单,可作为危险品运输
   C. 在任何情况下都禁止用航空器运输
   D. 托运人与运营人达成共识,可按危险品运输
10. 被国际民航界公认为"宪章"的是(　　)。

A. 国际航空运输协会　　　　　　　B. 国际标准和建议措施
C. 国际民用航空公约　　　　　　　D. 中华人民共和国民用航空安全保卫条例

11. 《中华人民共和国民用航空法》于_____第八届全国人民代表大会常务委员会第_____次会议通过。（　　）
    A. 1995年10月30日，16　　　　B. 1996年3月1日，16
    C. 1973年1月26日，18　　　　　D. 1971年10月4日，15

12. 违反《民用航空安全保卫条例》的处罚机关是（　　）。
    A. 民航局公安局　　　　　　　　B. 机场公安机关
    C. 国务院民用航空主管部门　　　D. 安检部门

13. 为机组人员提供了危险品处理信息的应急指导程序的是（　　）。
    A.《危险货物运输建议书》
    B.《民用航空危险品运输管理规定》
    C.《危险品的安全航空运输》
    D.《与危险品有关的航空器事故征候应急响应指南》

14. 《民用航空危险品运输管理规定》共有（　　）。
    A. 13章节，140条　　　　　　　B. 13章节，145条
    C. 12章节，214条　　　　　　　D. 16章节，240条

15. 公共航空运输企业运输危险品，应当遵守（　　）。
    A. 国务院规定　　　　　　　　　B. 民航局规定
    C. 国家有关规定　　　　　　　　D. 地方公安局规定

16. 国际航空运输协会在（　　）设有总办事处。
    A. 蒙特利尔　　B. 曼谷　　C. 内罗毕　　D. 里约热内卢

17. 公共航空运输企业从事国际航空运输的民用航空器及其所载（　　）应当接受边防、海关、检疫等主管部门的检查；但是，检查是应当避免不必要的延误。
    A. 人员　　　　B. 行李　　C. 货物　　　D. 以上都对

18. （　　）是联合国系统中负责处理国际民航事务的专门机构。
    A. 联合国专家委员会　　　　　　B. 国际航空运输协会
    C. 国际原子能机构　　　　　　　D. 国际民用航空组织

19. （　　）是协调各国有关民航经济和法律义务，并制定各种民航技术和航行规则的国际组织。
    A. 国际民用航空组织　　　　　　B. 国际航空运输协会
    C. 国际原子能机构　　　　　　　D. 联合国专家委员会

20. （　　）的宗旨和目的在于发展国际航行的原则和技术，并促进国际运输的规划与发展。
    A. 国际民用航空组织　　　　　　B. 国际航空运输协会
    C. 国际原子能机构　　　　　　　D. 联合国专家委员会

21. （　　）是全世界航空运输企业自愿联合组织的非政府性的国际组织。

A. 国际民用航空组织　　　　　　　　B. 国际航空运输协会
C. 国际原子能机构　　　　　　　　　D. 联合国专家委员会

22. 国际民用航空组织的缩写为(　　)。
　　A. ICAO　　　　B. IATA　　　　C. WTO　　　D. CCAR

23. 国际航空运输协会的缩写为(　　)。
　　A. ICAO　　　　B. IATA　　　　C. WTO　　　D. CCAR

24.《国际民用航空公约》通称(　　)。
　　A.《芝加哥公约》　　　　　　　　B.《东京公约》
　　C.《海牙公约》　　　　　　　　　D.《蒙特利尔公约》

25. (　　)是国际民航界公认的"宪章"。
　　A.《芝加哥公约》　　　　　　　　B.《东京公约》
　　C.《海牙公约》　　　　　　　　　D.《蒙特利尔公约》

26. (　　)是现行航空法的基本文件。
　　A.《芝加哥公约》　　　　　　　　B.《东京公约》
　　C.《海牙公约》　　　　　　　　　D.《蒙特利尔公约》

27. 目前《芝加哥公约》已制定了(　　)个附件。
　　A. 16　　　　B. 18　　　　C. 20　　　　D. 19

28. 以下危险品中,有可能通过客舱服务途径带入航空器的是(　　)。
　　A. 酒精饮料　　B. 航空邮件　　C. 装运人员　　D. 旅客行李

29. 在危险品出港阶段,应由(　　)对危险品进行识别、包装、标记、粘贴标签、填写各运输文件。
　　A. 托运人　　B. 货运销售代理人　　C. 经营人　　D. 地面服务代理人

30. 在危险品出港阶段,应由(　　)对危险品进行检查、收货和订舱。
　　A. 托运人　　B. 货运销售代理人　　C. 经营人　　D. 地面服务代理人

31. 在危险品出港阶段,应由(　　)对危险品进行安检、收货和装载。
　　A. 托运人　　B. 货运销售代理人　　C. 经营人　　D. 地面服务代理人

32. 经营人应当在载运危险品的飞行终止后,将危险品航空运输的相关文件至少保存(　　)个月。
　　A. 12　　　　B. 24　　　　C. 18　　　　D. 36

33. 每种训练大纲应包括_____和_____两个类别,其中包含课程设置和考试要求。(　　)
　　A. 初训,复训　　B. 复训,培训　　C. 培训,复训　　D. 训练,复训

34. 为保证危险品知识更新,应在_____内完成复训;在要求进行训练的那个月之前_____中完成了复训的人员,都被视为在所要求的那个月中完成了训练。(　　)
　　A. 24个月,1个月　　　　　　　　B. 36个月,1个月
　　C. 24个月,3个月　　　　　　　　D. 12个月,3个月

35. 按规定要求进行训练的人员应将训练记录保存(　　),并随时供局方查阅。

A. 1年 B. 2年 C. 3年 D. 4年

36. 某人在2014年5月29日接受了危险品培训,其有效期应该是在( )。

A. 2016年5月29日 B. 2017年5月29日

C. 2018年5月29日 D. 2015年5月29日

37. 危险品专项培训课程的初训总课时不得低于( )小时。

A. 6 B. 12 C. 14 D. 20

38. 第2类危险品分为( )个项别。

A. 0 B. 1 C. 2 D. 3

39. 磁性物质属于( )危险品。

A. 第9类 B. 第8类 C. 第7类 D. 第3类

40. 下列属于2.2项的是( )。

A. 氧气 B. 氢气 C. 氨气 D. 氯气

41. 下列不属于9类危险品的是( )。

A. 湿电池 B. 锂电池 C. 撤离滑梯 D. 磁性物质

二、多选题

1. 以下属于危险品的有( )。

A. 天然气 B. 汽油 C. 乙醇 D. 空气

2. 以下属于危险品航空运输国际法规体系的有( )。

A.《规章范本》

B.《国际民用航空公约》附件18

C.《危险物品安全航空运输技术细则》

D.《危险品规则》

3. 以下说法正确的有( )。

A. 航空公司承运危险品必须取得民航局颁发的危险品运输许可

B. 托运人有对货物经行正确申报和包装的责任

C. 运营人有对货物检查的责任

D. 无论是否运输商业危险品,航空公司都应编写《危险品手册》和《危险品训练大纲》,建立危险品操作程序,对员工进行培训

4. 国际民用航空组织是( )。

A. 联合国系统中负责处理国际民航事务的专门机构

B.《芝加哥公约》的产物

C. 协调各国有关民航经济和法律义务

D. 制定各种民航技术和航行规则的国际组织

5. 国际民用航空组织( )。

A. 宗旨和目的在于发展国际航行的原则和技术

B. 促进国际运输的规划与发展

C. 是政府间的国际组织

D. 是联合国组织的专门机构

6. 国际航空运输协会（　　）。

A. 是全世界航空运输企业自愿联合组织的非政府性的国际组织

B. 缩写为 IATA

C. 出版发行了《技术细则》

D. 协会总部设在加拿大的蒙特利尔

7. 《国际民用航空公约》（　　）。

A. 通称《芝加哥公约》　　　　B. 是现行航空法的基本文件

C. 是国际民航组织拟定的　　　D. 目前已制定了18个附件

8. 危险品进入航空器的途径有（　　）。

A. 机载设备　　B. 航空邮件　　C. 装运人员　　D. 旅客行李

9. 通过航空器途径带入的危险品有（　　）。

A. 飞机电池　　B. 发动机滑油　　C. 灭火器　　D. 燃油

10. 在危险品出港阶段，涉及的有关主体主要有（　　）。

A. 托运人　　B. 货运销售代理人　　C. 经营人　　D. 地面服务代理人

11. 运营人接收危险品进行航空运输应当符合的要求有（　　）。

A. 除《技术细则》另有要求外，附有完整的危险品航空运输文件

B. 按照《技术细则》的接收程序对包装件、合成包装件或盛装危险品的专用货箱进行过检查

C. 确认危险品航空运输文件由托运人签字，并且签字人已按本规定的要求训练合格

D. 应当制定措施防止行李、货物、邮件及供应品中隐含危险品

12. 危险品航空运输相关文件至少应包括（　　）。

A. 收运检查单　　　　　　　　B. 托运人危险品申报单

C. 航空货运单　　　　　　　　D. 特种货物机长通知单

13. 地面服务代理人无论是否从事危险品航空运输活动，均应满足的条件有（　　）。

A. 制定危险品培训大纲并报民航地区管理局备案

B. 确保其人员已按本规定和《技术细则》的要求接受相关危险品知识的培训并合格

C. 与经营人签订包括危险品航空运输在内的地面服务代理协议

D. 危险品的储存管理符合《技术细则》中有关危险品存储、分离与隔离要求

14. 经营人的代理人包括（　　）。

A. 地面服务代理人　　B. 其他代表经营人　　C. 机场　　D. 货运销售代理人

15. 凡将危险品提交航空运输的托运人向经营人所提供的危险品运输文件应该满足的条件有（　　）。

A. 包括相关法规所要求的内容

B. 应当有经危险品托运人签字的声明，表明按运输专用名称对危险品进行完整、准确地描述和该危险品是按照相关法规的规定进行分类、包装、加标记和贴标签

C. 必要时，托运人应当提供物品安全数据说明书或者经营人认可的鉴定机构出具的符

合航空运输条件的鉴定书

D. 托运人应当确保危险品运输文件、物品安全数据说明书或者鉴定书所列货物与其实际托运的货物保持一致

16. 危险品培训对象中第九类旅客服务人员包括（　　）。

A. 贵宾服务人员　　B. 行李查询人员　　C. 问询人员　　D. 办理乘机手续的人员

17. 下列（　　）应该持有危险品培训大纲。

A. 作为危险品航空运输托运人或托运人代理人的企业

B. 国内经营人

C. 货运销售代理人

D. 地面服务代理人

18. 危险品培训课程可分为（　　）三类。

A. 一般知识培训　　B. 专门职责培训　　C. 安全培训　　D. 职业道德培训

19. 4.1项中含有（　　）。

A. 易燃固体　　　　　　　　　　B. 自反应物质

C. 减敏的固态爆炸品　　　　　　D. 自燃物质

三、判断题

1. 具有爆炸性、易燃、毒害、腐蚀、放射性等性质的物品属于危险品。（　　）

2. 危险品较易造成人员伤亡和财产损毁。（　　）

3. 天然气属于危险品。（　　）

4. 汽油属于危险品。（　　）

5. 《危险物品安全航空运输技术细则》简称为DGR。（　　）

6. 国际航空运输协会是全世界航空运输企业自愿联合组织的非政府性的国际组织。（　　）

7. 《中华人民共和国民用航空安全保卫条例》的立法目的是防止对民用航空活动的非法干扰,维护民用航空秩序,保障民用航空安全。（　　）

8. 国际民用航空组织是《芝加哥公约》的产物。（　　）

9. 国际民用航空组织是协调各国有关民航经济和法律义务,并制定各种民航技术和航行规则的国际组织。（　　）

10. 中国民用航空局和民航地区管理局负责我国危险品航空运输活动的监督管理。（　　）

11. 《民用航空危险品运输管理规定》适用于在中华人民共和国登记的民用航空器及在中华人民共和国境内运行的外国民用航空器。（　　）

12. 全面了解危险品进入航空器的途径对于把好安全运输的关口,杜绝事故的发生起到非常重要的作用。（　　）

13. 危险品有可能通过危险品承运公司、公司承运的危险物品、经过安检的旅客托运行李和客舱服务人员等渠道进入航空器。（　　）

14. 通过客运带入的危险品是指由旅客、机组人员按照相关规定和要求以交运行李、手提行李或者随身携带等方式带入的危险品。（   ）

15. 危险品航空运输是一项高利润和高风险的活动。（   ）

16. 航空旅客行李运输可以看作一个独立的运输过程，也可附属于航空旅客运输中。（   ）

17. 在旅客出港阶段，因其手提、随身携带的行李或交运的行李中可能含有危险品，所以需要分别进行旅客安检和行李安检。（   ）

18. 在空中运输阶段，旅客如若随身携带有锂电池或含有锂电池的电子设备等危险物品，一定要听从客舱机组的安排和指导，以确保其在空中运输阶段的安全性。（   ）

19. 在货物进港阶段，主要由地面代理人或机场对危险品包装件进行卸机、核对货物、入库等。（   ）

20. 经营人确保其人员在履行相关职责时，充分了解危险品运输手册中与其职责相关的内容，并确保危险品的操作和运输按照其危险品航空运输手册中规定的程序和要求。（   ）

21. 地面服务代理人应当报所在地民航地区管理局备案。自收到备案申请之日起 20 日内，民航地区管理局应当将地面服务代理人予以备案，并对外公布。（   ）

22. 贴有"仅限货机"标签的危险品包装件，可以装载在客机的货船里。（   ）

23. 经营人应当保护危险品不受损坏，应当将这些物品在航空器内加以固定，在航空器飞行时，可出现移动而改变包装件的指定方向。（   ）

24. 从航空器上卸下包装件时，应检查其是否有破损或者泄漏迹象。如有破损或者泄漏的迹象，应对相应部位进行检查。（   ）

25. 装上航空器的任何危险品包装件出现破损或者泄漏，经营人应当将此包装件从航空器上卸下，或者安排由有关机构从航空器上卸下。（   ）

26. 集装器虽未经检查，但并无泄漏或破损迹象，该情况下允许装上航空器。（   ）

27. 经营人委托地面服务代理人代表其从事与危险品航空运输地面服务的，应当同地面服务代理人签订涉及危险品航空运输的地面服务代理协议。（   ）

28. 可以在普通货物中夹带危险品进行托运。（   ）

29. 危险品国内运输时，运输文件和包装上的标记应加用英文。（   ）

30. 除《技术细则》规定允许的情况之外，危险品不得装载在驾驶舱或有旅客乘坐的航空器客舱内。（   ）

31. 装有放射性物质的包装件装载在航空器上时，不必和未冲洗的胶卷分隔开。（   ）

32. 《民用航空危险品运输管理规定》将危险品培训对象分为 12 类人员。（   ）

33. 需要接受危险品培训的人员还应包括与危险品航空运输有关的客货预订、工程维修、应急处置等其他人员。（   ）

34. 危险品培训大纲是编制危险品培训教学资料和开展培训活动的依据。（   ）

35. 从事民航安全检查工作的企业危险品培训机构不可以代表相关企业或组织制定危险品培训大纲。（   ）

36. 专门职责培训课程主要包括《民用航空危险品运输管理规定》及配套文件、危险品的标记标签、未申报危险品的识别、旅客和机组成员携带危险品的规定等。（   ）

37. 危险品就是能对健康、安全、财产或环境构成危险，并在《技术细则》的危险品清单中列明和分类的物品或物质。（   ）

第二章

危险品分类

本章学习目标

- 了解并掌握危险品的 9 大分类。
- 了解各类/项别危险品的危险特性和常见危险品。
- 正确识别危险性标签和掌握危险品包装等级划分。
- 了解具有多重危险性的危险品的分类方法。

 适用人员类别

1~3、6、10 类人员

 **导引案例**

邮包泄漏粉末入眼致短暂失明

2007年11月8日,某航空公司浦东至法兰克福航班,到达目的站卸机时发现一件邮包泄漏,有白色粉末溢出,粉末误入搬运工眼睛,造成暂时失明,在该区域活动的其他人员也出现嗓子不适、咳嗽症状,伤者接受医护治疗。

经调查,寄件人交给邮局的邮件中装有三氯苯乙酮的化工品,三氯苯乙酮具有腐蚀性和毒性。

危险品具有易燃、易爆、腐蚀、毒性、放射性等性质。如果对危险品认识不清,对危险品分类及品名运输工作发生疏忽,就极易造成火灾、灼伤、中毒、辐射等事故,从而危及周围环境,引起人身伤亡或财产损失。另外,危险品种类繁多,性质各异,危险程度参差不齐,大多数具有多重危险性。因此,为了在运输、装卸、保管危险品过程中有针对性地采取特别防护措施,有必要根据各种危险品主要特性进行分类和正确识别,危险物品的分类是危险货物运输规则的重要组成部分。

第一节 危险品分类概述

一、危险品分类与分项

根据危险品所具有的不同危险性,国际航空运输协会(International Air Transport Association,IATA)《危险品规则》将危险品分为九个不同的类别,第1、2、4、5、6 类危险品因其包含危险性范围较宽而进一步细分为若干项来说明其特定危险性。危险品的类别与危险性的种类有关,而包装等级与该类危险性程度有关。

以下 9 大类危险品类及其项别的编号顺序仅为了使用方便,与相应的危险性大小没有任何关联。其中,危险品类别通过一个数字表示,例如第 5 类。项别用两个数字表示,第一个数字是类别,第二个数字是项别。每一类或其项的危险品都具有明确的标准来确定一种物品的危险性属性。

第 1 类　爆炸品（Explosives）

1.1 项——具有整体爆炸危险性的物品和物质

1.2 项——具有喷射危险性而无整体爆炸危险性的物品和物质

1.3 项——具有起火危险性和轻微的爆炸危险性或轻微的喷射危险性,或两者兼而有之,但无整体爆炸危险性的物品和物质

1.4 项——不存在显著危险性的物品和物质

1.5 项——具有整体爆炸危险性的非常不敏感物质

1.6 项——无整体爆炸危险性的极不敏感物质

第 2 类　气体（Gases）

2.1 项——易燃气体

2.2 项——非易燃无毒气体

2.3 项——有毒气体

第 3 类　易燃液体（Flammable Liquids）

第 4 类　易燃固体、易自燃物质和遇水释放易燃气体的物质（Flammable Solids；Substances Liable to Spontaneous Combustion；Substances Which, in Contact with Water, Emit Flammable Gases）

4.1 项——易燃固体

4.2 项——易自燃物质

4.3 项——遇水释放易燃气体的物质

第 5 类　氧化性物质

5.1 项——氧化性物质

5.2 项——有机过氧化物

第 6 类　毒性物质和感染性物质（Toxic and Infectious Substances）

6.1 项——毒性物质

6.2 项——感染性物质

第 7 类　放射性物质（Radioactive Material）

第 8 类　腐蚀性物质（Corrosives）

第 9 类　杂项危险品（Miscellaneous Dangerous Goods）

关于 9 类危险品,国际航协联运电文代号（CARGO IMP）给予每一类/项的危险品一个货运 IMP 代码,以便于在不同的运输文件中使用,如货邮舱单和机长通知单,详见表 2-1。

表 2-1 危险品货运 IMP 代码

类　　别	项　　别	货运 IMP 代码
第 1 类　爆炸品	1.1 项　具有整体爆炸危险性的物品和物质 1.2 项　具有喷射危险性而无整体爆炸危险性的物品和物质 1.3 项　具有起火危险性和轻微的爆炸危险性或轻微的喷射危险性，或两者兼而有之，但无整体爆炸危险性的物品和物质 1.4 项　不存在显著危险性的物品和物质。 1.5 项　具有整体爆炸危险性的非常不敏感物质 1.6 项　无整体爆炸危险性的极不敏感物质	REX RXB RXC RXD RXE RXG RXS
第 2 类　气体	2.1 项　易燃气体 2.2 项　非易燃无毒气体 2.3 项　毒性气体	RFG RNG RPG
第 3 类　易燃液体		RFL
第 4 类　易燃固体、易自燃物质、遇水释放易燃气体物质	4.1 项　易燃固体 4.2 项　易自燃物质 4.3 项　遇水释放易燃气体物质	RFS RSC RSW
第 5 类　氧化性物质	5.1 项　氧化性物质 5.2 项　有机过氧化物	ROX ROP
第 6 类　毒性物质和感染性物质	6.1 项　毒性物质 6.2 项　感染性物质	RPB RIS
第 7 类　放射性物质	Ⅰ级白色 Ⅱ级黄色 Ⅲ级黄色 裂变物质	RRW RRY RRY
第 8 类　腐蚀性物质		RCM
第 9 类　杂项危险品	杂项危险品 磁性材料 固体二氧化碳 颗粒状聚合物	RMD MAG ICE RSB

二、危险品包装等级

包装等级（Packing Groups）是对交运的同一类别或项别的物品或物质按其危险程度进行区分的一种表示方法。危险物品根据其具有的危险程度大小划分为三个包装等级，分别用罗马数字表示，如表 2-2 所示。

表 2-2 危险物品的三个包装等级

包 装 等 级	危 险 程 度
Ⅰ级包装（Packing Groups Ⅰ）	较大危险性（High Danger）
Ⅱ级包装（Packing Groups Ⅱ）	中等危险性（Medium Danger）
Ⅲ级包装（Packing Groups Ⅲ）	较小危险性（Low Danger）

第 3 类、第 4 类、第 5.1 项(液体氧化物质除外)、第 6.1 项和第 8 类危险品的危险程度使用包装等级进行划分。第 9 类的某些物质和第 5.1 项的液体物质的"包装等级"需根据该物质或物品的有关知识和经验确定,而不是任何技术标准。除非另有规定,在包装说明中列举的 UN 规格包装,必须满足指定物质和物品相应包装等级的性能测试要求。第 1 类、第 2 类、第 5.2 项、第 6.2 项和第 7 类危险品的危险程度,不使用"包装等级"来衡量。

对于多重危险性的物品和物质,在不同危险性所对应的包装等级中,必须选择一个最严格的包装等级来作为该物品或物质的包装等级。

三、危险品识别与分类责任

按照《危险品规则》对准备空运的全部危险品进行识别和分类是托运人的责任,特别是对任何需要空运的危险品进行包装之前,托运人必须做到:

(1) 正确并全面地识别货物中所有满足危险品标准的物品和物质;
(2) 确定每一个危险品在 9 类之中究竟属于哪一类,需要时还要确定其次要危险性;
(3) 如果必要,在确定危险品的类别或项别之后,还要划定其相应的包装等级。

第二节　第 1 类——爆炸品

一、爆炸现象及衡量

爆炸是指物质在一定条件下发生剧烈的变化,在极短时间内发出大量能量的现象。根据爆炸时发生的变化性质不同,爆炸分为三种形式,分别为物理爆炸、化学爆炸和核爆炸。第 1 类危险品的爆炸现象属于化学爆炸。

爆炸品在外界作用下(受热、撞击),能发生剧烈的化学反应,瞬间产生大量的气体和热量,使周围压力急剧上升,发生爆炸,对周围环境造成破坏;部分爆炸品虽然无整体爆炸危险,但仍具有燃烧、抛射及较小爆炸危险,或仅产生热、光、音响或烟雾现象。

对运输而言,确定货物是否容易爆炸以及衡量万一爆炸后所产生的破坏效应是运输中最重要的两个问题,常用敏感度和爆速来衡量。

(1) 敏感度简称感度,是指爆炸品在外界的作用下,发生爆炸的难易程度,敏感度越高,危险性越大。敏感度及爆炸能力过强的物品,不能运输。所以这类物品在生产厂中制造出来后,要经过处理,注入水、酒精等钝感剂,以降低其敏感度,使其能安全地进行运输。

(2) 爆速是指爆轰波沿炸药传播出去的速度。在药量相当的情况下,爆速的大小能在一定程度上反映出炸药的爆炸功率和破坏能力。

二、爆炸品的定义

(1) 爆炸性物质(物质本身不是爆炸品,但能形成气体、蒸气或粉尘爆炸的不包括在第 1

类内)不包括那些危险性极大以致不能运输或根据其主要危险性应归于其他类别的物质。

(2) 爆炸性物品,不包括以下装置:其中含有爆炸性的物质,但由于其含量或性质的缘故,在运输过程中偶然或意外被点燃或引发后,该装置的外部不出现抛射、发火、冒烟、发热或巨响等情况。

(3) 上述未提到的,为产生爆炸或烟火效果而制造的物质或物品,也定义为爆炸品。

三、爆炸品的分项

(1) 1.1项:系指具有整体爆炸危险性的物品和物质。(整体爆炸性是指实际上瞬间影响到几乎全部载荷的爆炸)

(2) 1.2项:系指具有喷射危险性而无整体爆炸危险性的物品和物质。

(3) 1.3项:具有起火危险性和轻微的爆炸危险性或轻微的喷射危险性,或两者兼而有之的物质和物品。该项包括下列物品和物质:

① 产生大量辐射热的物品和物质;

② 相继燃烧,产生轻度的爆炸和(或)喷射危险性较小的物品和物质。

(4) 1.4项:系指不存在显著危险性的物质和物品。本项包括运输中万一点燃或引发时仅出现较小危险的物品和物质。其影响主要限于包装件本身,并预计射出的碎片不大,射程也不远。外部火烧不会引起包装件全部内装物的瞬间爆炸。

(5) 1.5项:具有整体爆炸危险性的非常不敏感物质。

(6) 1.6项:无整体爆炸危险性的极不敏感物质。本项包括仅含有极不敏感起爆物质,并且其意外引发或传播的概率可忽略不计的物品。

四、爆炸品配装组

配装组(Compatibility Group)是指出于运输经济或其他需要,在安全的前提下,不同项的爆炸品可以混装的组别。因此不同的爆炸品能否混装在一起进行安全运输,取决于其配装组是否相同。属于同一配装组的爆炸品可以放在一起运输,属于不同配装组的爆炸品一般不能放在一起运输。

爆炸品可划分为13个配装组,配装组划分说明如表2-3所示。

表2-3 爆炸品配装组的划分

配装组	危险项别	拟分类物品或物质说明
A	1.1	初级爆炸性物质
B	1.1;1.2;1.4	含有初级爆炸性物质且未安装两个或两个以上有效保险装置的物品。某些物品,例如雷管、雷管组件、底火以及火帽,即使不含初级爆炸性物质,也包括在其中
C	1.1;1.2;1.3;1.4	发射药或爆燃性物质或其他含有这种爆炸性物质的物品
D	1.1;1.2;1.3;1.5	次级爆轰炸药或黑火药,或含次级爆轰炸药的物品,它们均无引发装置和发射药或包括含初级炸药并配置两个或两个以上有效保险装置的物品

续表

配装组	危险项别	拟分类物品或物质说明
E	1.1;1.2;1.4	含有次级爆轰炸药,无引发装置,含发射药的物品(装有易燃液体或凝胶或自燃液体的物品除外)
F	1.1;1.2;1.3;1.4	含有次级爆轰炸药,配有自身引发装置,含发射药(装有易燃液体或凝胶或自燃液体的物品除外)或不含发射药的物品
G	1.1;1.2;1.3;1.4	烟火药或烟火物品,或装有炸药和照明剂、燃烧剂、催泪剂或烟雾剂的制品(遇火活化制品或含白磷、磷化物、自燃物质、易燃液体或凝胶或自燃液体的物品除外)
H	1.2;1.3	含有炸药和白磷的物品
J	1.1;1.2;1.3	含有炸药和易燃液体或凝胶的物品
K	1.2;1.3	含有炸药和化学毒剂的物品
L	1.1;1.2;1.3	炸药或含炸药并具有特殊危险性(例如遇水活化制品,或自燃液体、磷化物或自燃物质)且各类型需隔离的爆炸性物质或物品
N	1.6	只含有敏感度极低的爆轰炸药的制品
S	1.4	包装与设计具备如下条件的物质或制品,即该爆炸品发生事故时只要包装件未被烧坏就可以把任何危险都限制在包装件内,其爆炸与喷射的影响范围很小,不会严重妨碍在附近采取消防或其他应急措施

注:① D、E 配装组的物品可以与其起爆装置安装或包装在一起,前提是其起爆装置有至少两种有效保险,此保险被设计用来防止起爆装置的意外起爆。此类物品和包装件必须划为 D 或者 E 配装组。

② D、E 配装组的物品可以与不具有两种有效保险的起爆装置包装在一起。起爆装置的意外起爆不会引起物品的爆炸,前提是经始发国有关当局的批准。此类包装件必须划为 D 或者 E 配装组。

第 1 类爆炸品按其所表现出的危险性类型归入 6 个项别中的一个,并按其适合的爆炸物品和物质类别归入 13 个配装组中的一个。同一项爆炸品可能被划分为不同的配装组,同一配装组也可能含有不同项别的爆炸品,但不是所有项中能找到所有的配装组。与各配装组有关的可能危险项别及相应的分类代码如表 2-4 所示。

表 2-4 配装组与危险项别的组合

配装组 危险项别	A	B	C	D	E	F	G	H	J	K	L	N	S	A—S∑
1.1	1.1A	1.1B	1.1C	1.1D	1.1E	1.1F	1.1G		1.1J		1.1L			9
1.2		1.2B	1.2C	1.2D	1.2E	1.2F	1.2G	1.2H	1.2J	1.2K	1.2L			10
1.3			1.3C			1.3F	1.3G	1.3H	1.3J	1.3K	1.3L			7
1.4		1.4B	1.4C	1.4D	1.4E	1.4F	1.4G						1.4S	7
1.5				1.5D										1
1.6												1.6N		1
1.1—1.6∑	1	3	4	4	3	4	4	2	3	2	3	1	1	35

五、爆炸品的运输限制

根据爆炸品项别与配装组的不同,爆炸品能否进行客货机运输也是不同的。如 1.1、

1.2、1.3(部分 1.3C 和 1.3G 除外)、1.4F、1.5、1.6 的爆炸品是禁止空运的,只有 1.4S(RXS)的爆炸品可以在客机航班运输,其他只能用货机装载。其次,运营人在收运第 1 类爆炸品时,应检查试验报告(Test Report)和批准证书(Approved)。爆炸品的客货机运输如表 2-5 所示。

表 2-5　爆炸品的客货机运输

禁止空运	1.1、1.2、1.3(部分 1.3C 和 1.3G 除外)、1.4F、1.5、1.6
客机运输	1.4S
货机运输	1.3C、1.3G 1.4B、1.4C、1.4D、1.4E、1.4G、1.4S

六、爆炸品运输注意事项

(1) 许多爆炸物具有一定毒性,因此运输中要注意防止中毒。

(2) 爆炸物与某些酸、碱、盐容易发生化学反应,因此装运危险品的车辆、库房、容器要保持清洁,避免与残余物反应。

(3) 某些爆炸物能与金属反应,因此不得让这些爆炸物与金属物品接触。

(4) 某些爆炸物(如 TNT)受光分解,故要避免日光照射。

(5) 注意控制爆炸物存放、运输的温度。

(6) 爆炸物宜尽快运输,避免在存放过程中分解爆炸,例如硝化纤维棉。

(7) 运输中要注意防潮防湿,避免爆炸物受潮分解,例如硝铵炸药。

七、常见的爆炸品

1. 硝化甘油

硝化甘油是一种黄色的油状透明液体,这种液体可因震动而爆炸,属化学危险品。同时,硝化甘油也可用作心绞痛的缓解药物。

少量吸收硝化甘油即可引起剧烈的搏动性头痛,常有恶心、心悸,有时有呕吐和腹痛,面部发热、潮红;较大量吸收硝化甘油可产生低血压、抑郁、精神错乱,偶见高铁血红蛋白血症。饮酒后,上述症状加剧,并可发生躁狂。本品易经皮肤吸收,应防止皮肤接触。慢性影响可有头痛、疲乏等不适。

若皮肤接触,应立即脱去污染的衣着,用肥皂水和清水彻底冲洗皮肤并就医。

若眼睛接触,应提起眼睑,用流动清水或生理盐水冲洗并就医。

若吸入该物质,应迅速脱离现场至空气新鲜处,保持呼吸道通畅。若呼吸困难,给输氧气;若呼吸停止,立即进行人工呼吸并就医。

若食入该物质,应饮足量温水并催吐或者洗胃、导泄和就医。

2. TNT 炸药

2,4,6-三硝基甲苯(TNT)是一种无色或淡黄色晶体,熔点为 354K(80.9℃)。它带有爆炸性,是常用炸药成分之一,例如混合硝酸铵可成为阿马托炸药。它由甲苯经过硝化而制成。它的IUPAC命名是2,4,6-三硝基甲苯,由于本身为黄色晶体,所以与苦味酸同时称为"黄色炸药"。

精炼的三硝基甲苯十分稳定。与硝酸甘油不同,它对于摩擦、震动等都不敏感。即使是受到枪击,也不容易爆炸。因此它需要雷管起动。它也不会与金属起化学作用或者吸收水分。因此它可以存放多年。但它与碱强烈反应,生成不稳定的化合物。

TNT是有毒性的。有些军事试验基地被TNT所污染,军火所产生的污水会污染地面水和地下水。这些被污染的水会呈粉红色,这是因为水被TNT和黑索金污染。这些污染物被称为"粉红水",要清理它十分困难和昂贵。人长期暴露于三硝基甲苯中会增加患贫血症和肝功能不正常的机会。注射了或吸入三硝基甲苯的动物亦发现会影响血液和肝脏、脾脏发大和其他有关免疫系统的坏影响。亦有证据证明了TNT对男性的生殖功能有不良影响,而TNT也被列为一种可能致癌物。进食TNT会使尿液变黑。能引起亚急性中毒、慢性中毒。例如引起白内障、中毒性肝炎,还损坏造血系统,疑有致癌性。

3. 黑索金

黑索金,无色结晶,不溶于水,微溶于乙醚和乙醇,在丙酮和热苯中略高,在加热的环乙酮、硝基苯和乙三醇中较易溶解。熔点:209℃;爆燃点:230℃;爆速:8 750m/s;爆轰气体体积:910L/kg;爆热:6 025kJ/kg;生成能:417kJ/kg。化学性质比较稳定,在110℃加热152h,化学稳定性不变。50℃长期储存不分解,遇稀酸、稀碱无变化,遇浓硫酸分解。遇明火、高温、震动、撞击、摩擦能引起燃烧爆炸。它是一种爆炸力极强大的烈性炸药,比TNT猛烈1.5倍。

黑索金的操作注意事项:密闭操作,局部排风。操作人员必须经过专门培训,严格遵守操作规程。建议操作人员佩戴自吸过滤式防尘口罩,戴化学安全防护眼镜,穿防毒物渗透工作服,戴乳胶手套。远离火种、热源,工作场所严禁吸烟。使用防爆型的通风系统和设备。避免产生粉尘。避免与酸类、碱类接触。搬运时要轻装轻卸,防止包装及容器损坏。禁止震动、撞击和摩擦。配备相应品种和数量的消防器材及泄漏应急处理设备。

黑索金储存注意事项:储存于阴凉、干燥、通风的爆炸品专用库房。远离火种、热源。库温不超过32℃,相对湿度不超过80%。若含有水作稳定剂,库温不低于1℃,相对湿度小于80%。保持容器密封。应与酸类、碱类、食用化学品分开存放,切忌混储。配备相应品种和数量的消防器材。储区应备有合适的材料收容泄漏物。禁止震动、撞击和摩擦。

4. 苦味酸

苦味酸,即2,4,6-三硝基苯酚,有机化合物,黄色针状或块结晶,无臭,味极苦,不易吸湿。难溶于冷水。易溶于热水。极易溶于沸水。溶于乙醇、乙醚、苯和氯仿。用于炸药、火柴、染料、制药和皮革等工业,如图2-1所示。

5. 硝铵炸药

硝铵炸药是硝酸铵、TNT和少量木粉的混合物。常用硝铵炸药配合比例为85:11:4,具有中等威力和一定的敏感性。在8号雷管的作用下可充分起爆,是安全的炸药。它具有吸湿性与结块性,受潮后敏感性和威力显著降低,同时产生毒气。硝酸铵,无色无臭的透明结晶或呈白色的小颗粒,有潮解性化学物品,如图2-2所示。

图 2-1 苦味酸

图 2-2 硝铵炸药

6. 电雷管和导火索

电雷管是经过电流发作热量引发爆破的工业雷管,广泛用于国防建设和民用工业。一般电雷管是由火雷管和电火发件构成。电火发件通常由脚线、电桥丝、发火药和绝缘塞组成。这种结构常称电点火头。有的为满足战术技术条件的某种特殊需要,将能量大小不同的电能不仅转换为热能,也可转换成电火花、冲击波、高速撞击的冲击片等多种形式的激发能,这种结构也称电发火装置。随着科学技术的发展,为满足高安全性、高可靠性、高瞬发和高同步的需求,爆炸桥丝(或膜)式电雷管、半导体桥电雷管、微电子雷管、三防(防静电、防射频、防杂散电流)电雷管、冲击片雷管和飞片雷管等相继研制成功。

导火索是利用黑火药、延期药等药剂作药芯,用于传递燃烧火焰,达到延期点火目的的索类火工品。按用途不同分为军用导火索及民用导火索。军用导火索中包括手榴弹导火索及金属管延期索。典型金属管延期索的燃烧时间精度要求高、可靠性高。民用导火索包括普通导火索、石炭导火索、塑料导火索、秒延期导火索、速燃导火索和缓燃导火索等,它由药芯、芯线、包缠层及防潮层构成。导火索可用香火、点火索、点火器具、拉火管或其他明火点燃,可在兵器、航天器、导弹战斗部及引信、手榴弹中作延时传火组件,也可在无爆炸性气体和可燃性粉尘情况下引爆火焰雷管。雷管导火索如图 2-3 所示。

7. 雷酸汞

雷酸汞,粗制品为灰色至暗褐色的晶体或粉末;精制品为白色、有光泽的针状结晶。有毒,能溶于温水、乙醇及氨水中,不溶于冷水。干燥时对震动、撞击和摩擦极敏感,而且容易被火星儿和火焰引起爆轰。可以加入油、脂肪或石蜡使雷酸汞钝化,或在很高的压力下加压模铸。与铜作用生成碱性雷汞铜,具有更大的敏感度。遇盐酸或硝酸能分解,遇硫酸则爆炸。爆热:1 486kJ/kg,生成能:+958kJ/kg,撞击感度:1～2N,相对密度:4.42,爆燃点:165℃,爆速:5 400m/s,爆轰气体体积:304L/kg。雷酸汞如图 2-4 所示。

图 2-3 雷管导火索

图 2-4 雷酸汞

8. 烟花爆竹

烟花爆竹统称为花炮,是我国传统的工艺品,历史悠久,品种繁多。有欢庆节日的大型商业礼花,有应用于航海、渔业的求救信号弹,有体育、军事训练用的发令纸炮、纸壳手榴弹,还有农业、气象用的土火箭等。

烟花爆竹大都是以氧化剂(如氯酸钾、硝酸钾、硝酸钡等)与可燃物质(如木炭、硫黄、赤磷、镁粉、铝粉等)再加以着火剂(如钠盐、锶盐、钡盐、铜盐等)、黏合剂(如酚醛树脂、虫胶、松香、糯糊等)为主体的物质,按不同用途,装填于泥、纸、绸质的壳体内。其组成成分虽然与爆炸品相同,而且还有氧化剂成分,应该是很敏感、很危险的,但大部分烟花爆竹类产品用药量很少,这就决定了它具有较好的安全性。但如对其包装不妥或对其爆炸危险性认识不足,同样也会造成爆炸事故。逢年过节,由于旅客的行李中夹带烟花爆竹而酿成的事故屡见不鲜。因此,各种运输方式都绝对禁止旅客夹带烟花爆竹(如图 2-5 所示)。

图 2-5 烟花爆竹

八、爆炸品事故案例

2004 年 8 月 24 日晚,俄罗斯两架客机几乎同时发生意外。一架 E-134 客机在莫斯科以南的图拉州坠毁,机上人员全部遇难。另一架 E-154 客机在俄南部的罗斯托夫州附近坠毁。两架客机的残骸中都发现了爆炸物黑索金炸药的痕迹,疑似车臣恐怖分子将黑索金炸药带上客机,高度怀疑这是一起自杀式恐怖行动。

坠毁的两架飞机上都至少有一名车臣妇女,而且她们是目前唯一没有人来辨认和认领尸体的两名乘客。E-134 客机上的是阿曼塔·纳加耶娃,E-154 客机上的是斯·杰比尔汉诺娃。这两名车臣女乘客留下了三大疑点。

首先,她们的遗体目前无亲属认领,而车臣非法武装经常使用妇女作为"肉弹"发动恐怖攻击。其次,她们的尸体都被炸得很厉害,而其他旅客的尸体相对来说还比较完整,这显示她们身上带有爆炸装置。最后,她们都坐在客舱的后面,靠近飞机发动机舱,这样只要少量的炸药就能使整个飞机爆炸。爆炸专家说,如果放置位置合适,200g 炸药就能做到这一点。

俄罗斯国家调查委员会一位人士27日透露，他们已致函车臣共和国内务部，请他们协查杰比尔汉诺娃和纳加耶娃的有关情况。这位人士说，空难发生后，她们的亲属一直没有探询她们的下落，这不能不引起调查委员会、内务部和联邦安全局人员的怀疑。但当局暂时没有掌握她们可能参与恐怖活动的信息。

俄罗斯联邦安全局发言人伊格纳琴科28日说，调查人员已经在坠毁于图拉地区的E-134客机残骸上发现了爆炸物痕迹。前一天，伊格纳琴科表示，客机残骸中发现了爆炸物的痕迹。发现的爆炸物是环三亚甲基三硝胺，又名黑索金。

九、爆炸品总结例表

爆炸品总结例表如表2-6所示。

表2-6 爆炸品总结例表

危险性标签	名称/项别/IMP	描 述	标 签 注 释
	爆炸品 1.1项 REX	具有整体爆炸危险性的物品和物质	
	爆炸品 1.2项 REX	具有喷射危险性而无整体爆炸危险性的物品和物质	符号（爆炸的炸弹）：黑色；底色：橙色；数字"1"写在底角尺寸至少：100mm×100mm **处填写项别和配装组，如1.1C
	爆炸品 1.3项 REX RCX 当允许时 RGX	具有起火危险性和轻微的爆炸危险性或轻微的喷射危险性或两者兼而有之的物质和物品	

危险性标签	名称/项别/IMP	描 述	标签注释
1.4 项 Explosives	爆炸品 1.4 项 REX	不存在显著危险性的物质和物品	
1.5 项	爆炸品 1.5 项 REX	具有整体爆炸危险性的非常不敏感物质	底色:橙色 数字:黑色 数字高约30mm,宽约5mm 尺寸至少:100mm×100mm, 数字"1"写在底角 *** 处填写配装组
1.6 项	爆炸品 1.6 项 REX	无整体爆炸危险性的极不敏感物品	

第三节 第 2 类——气体

一、气体的定义及运输状态

1. 定义

本类危险物质是指在 50℃(122℉)下,蒸气压高于 300kPa 的物质;或在 20℃(68℉)[①],101.3kPa 标准大气压下,完全处于气态的物质。第 2 类危险品包括压缩气体、液化气体、溶

---

① ℃=(℉−32)/1.8。

解气体、深冷液化气体、一种或几种气体与一种或多种气体类别物质的蒸汽的混合物、充有气体的物品和气溶胶。

2. 运输状态

根据其物理状态，气体的运输状态如下。

(1) 压缩气体：气体被包装在压力容器内运输时，在-50℃(-58℉)时完全呈现气态的气体。此范围包括临界温度低于或等于-50℃(-58℉)的所有气体。

(2) 液化气体：气体被包装在压力容器内运输时，在温度高于-50℃(-58℉)时部分呈现气态的气体。分为：

① 高压液化气体——临界温度在-50℃(-58℉)与+65℃(149℉)之间的气体。

② 低压液化气体——临界温度高于+65℃(149℉)的气体。

(3) 深冷液化气体：包装供运输时由于其温度低而部分呈液态的气体，此类气体也可称为"低温液体"，如液氮。

(4) 溶解气体：在运输包装内溶解于某种溶剂中的压缩气体。

气体只有将温度降低到一定程度时，再增加压强才能被液化。若温度超过此值，则无论怎样增大压强都不能使气体液化，即加压使气体液化所允许的最高温度，这个温度叫作临界温度。在临界温度时，使气体液化所需的最小压强叫作临界压强。不同的物质，其临界温度不同，临界压强也不同，如表2-7所示。

表2-7 不同气体的临界温度和临界压强

气体名称（分子式）	临界温度（℃）	临界压强（atm）
氦气（He）	-267.9	2.3
氢气（H_2）	-239.9	12.8
氖气（N_e）	-228.7	25.9
氮气（N_2）	-147.1	33.5
一氧化碳（CO）	-138.7	34.6
乙烷（C_2H_6）	32.1	48.8
氯气（Cl_2）	143.9	76.1

二、气体项别

根据气体在运输中的主要危险性，将气体划分为三项：

1. 2.1项——易燃气体（Flammable Gas）

① 定义：系指在20℃(68℉)和101.3kPa标准大气压下，在与空气的混合物中按体积含量不超过13%时可燃烧；或与空气混合，无论燃烧下限是多少，燃烧范围至少为12个百分点的气体，如氢气、乙炔，如图2-6、图2-7所示。

图 2-6 氢气

图 2-7 乙炔

注：气体的易燃性必须由试验确定或按照国际标准化组织采用的方法（见 ISO 标准 10156:1996）计算确定，如果缺少此方法数据，必须采用国家主管当局所承认的等效方法进行试验并加以确定。

② 2.1 项判断标准：

如果气体的爆炸下限≤13%或燃烧范围不低于12%，不管其爆炸下限如何，必须定为2.1 项，如图 2-8 所示。

燃烧范围＝爆炸上限－爆炸下限

Flammable Range＝U. E. L－L. E. L

L. E. L—Lower Explosion Level

U. E. L—Upper Explosion Level

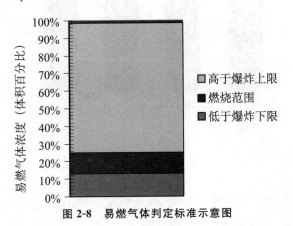

图 2-8 易燃气体判定标准示意图

2. 2.2 项——非易燃无毒气体（Non-flammable/Non-toxic Gas）

非易燃无毒气体是指温度在20℃下，压力不低于280kPa 运输的气体或深冷冻液化气体。该气体具有窒息性，稀释或取代空气中正常含量的氧气；或者有氧化性，该气体一般能够提供氧，助燃能力高于空气；或者不符合本类其他项的定义。如二氧化碳、液态氮，如图 2-9、图 2-10 所示。

图 2-9 二氧化碳灭火器

图 2-10 液态氮

3.2.3 项——毒性气体（Toxic Gas）

毒性气体包括已知其毒性或腐蚀性足以对人体健康产生危害的气体；或者根据实验 LC_{50} 数据等于或小于 5 000mL/m³（ppm），其毒性或腐蚀性可能危害人类的气体。如催泪装置（见图 2-11）、氯气等。

注：

因其腐蚀性而符合上述标准的气体划分为主要危险性毒性气体和次要危险性腐蚀性气体。

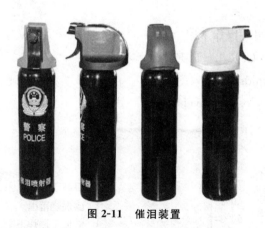
图 2-11 催泪装置

三、气体的例外

（1）2.2 项气体，如果在温度为 20℃时，压力低于 200kPa 的条件下运输，并且不为液化气体或深冷液化气体时，则不受 DGR 规则限制。

注：

相对压力（表压）+大气压力=绝对压力。

（2）下述物品中的 2.2 项气体不受 DGR 规则限制：

① 食品，包括碳酸饮料（除 UN1950 气溶胶）。

② 体育用球。

③ 符合 A59 的轮胎(A59 指不能使用的或损坏的轮胎组件,要全部放气;可用轮胎充气未超过最大额定压力,运输中防止轮胎损坏,可以使用保护罩)。

④ 灯泡,前提是其包装将灯泡的破裂碎片限制在包装件内。

四、气溶胶制品

气溶胶制品(Aerosol)是指装有压缩气体、液化气体或加压溶解气体的一次性使用的金属、玻璃或塑料制成的容器。无论里面是否装入液体、粉末或糊状物,这样的容器都有严密的闸阀,当闸阀开启时,可以喷出悬浮着的固体小颗粒的气体或喷出泡沫、糊状物、粉末、液体或气体。日常生活中常见的气溶胶包括罐装杀虫剂、喷发胶、摩丝等(如图 2-12、图 2-13 所示)。

图 2-12　杀虫剂

图 2-13　摩丝、发胶

对于气溶胶制品,其项别和次要危险性取决于气溶胶喷雾器中内装物的性质,归类如下:

(1) 如果内装物包含按重量计 85% 或以上的易燃成分且燃烧时的化学反应放热为 30kJ/g 或以上,则该气溶胶必须归入 2.1 项。

(2) 如果内装物包含按重量计 1% 或以下的易燃且燃烧时的化学反应放热少于 20kJ/g,则该气溶胶必须归入 2.2 项。

(3) 极度易燃与易燃的气溶胶必须归入 2.1 项;不可燃的气溶胶归入 2.2 项。

(4) 2.3 项的气体不可用作气溶胶喷雾器中的喷剂。

从运输来说,含有 2.3 项气体的气溶胶禁止运输,内装物的毒性或腐蚀性达到 I 级包装标准的气溶胶禁止运输,内装物含有 II 级毒性或腐蚀性的气溶胶禁止运输,除非得到豁免。

五、气体的危险性及主次顺序

1. 气体的危险性

(1) 物理爆炸。运输中的气体以压缩、液化、溶解气体的形式灌装于耐压容器中,由于受热、撞击或容器被腐蚀、容器材料疲劳等原因,会引起容器的破裂甚至爆炸。

(2) 化学毒害。气体有的易燃易爆,有的有毒,有的具有腐蚀性或氧化性、窒息性等,泄漏或物理爆炸后,气体的这些性质都会危及人畜和飞机的安全。

2. 气体危险性的主次顺序

具有两个项别以上危险性的气体和气体混合物,其危险性的主次顺序如下:

(1) 2.3 项优先于所有其他项。

(2) 2.1 项优先于 2.2 项。

六、常运气体

1. 氢气

氢气是最轻的气体,无色、无臭,极难溶于水,临界温度为 −239.9℃,临界压力为 1 297kPa。纯净的氢气在空气中极易燃烧,火焰为无色或淡蓝色,燃烧温度可达 2 500~3 000℃,可作焊接用。液氢可作火箭和航天飞机的燃料。

氢气的爆炸极限为 4.1%~74.2%,与卤素、硫等会剧烈反应;极易扩散和渗透,液氢与皮肤接触能引起严重的冻伤或烧伤。1986 年,美国"挑战号"航天飞机起飞时爆炸,其原因即燃料箱渗漏,液氢和液氧在机体外相遇混合,当时航天飞机外壳的温度能够点燃氢氧的混合气,于是酿成了美国航天史上最惨重的悲剧,7 名宇航员罹难。

2. 乙炔

俗名电石气。纯净的乙炔是无色、无味、无臭的气体,工业乙炔因含有杂质磷化氢而具有特殊的刺激性气味。乙炔非常易燃,也极易爆炸,当空气中含乙炔 7%~13% 或纯氧中含乙炔 30% 时,压力超过 1.5 个大气压,不需明火也会爆炸,所以乙炔气体的最大储存压力为 1.5 个大气压。但乙炔溶解在丙酮或二甲基甲酰胺溶液中能保持稳定,所以乙炔可在较高的压力下储存,室温下为 15~20 个大气压,故在储运中乙炔常溶解在丙酮中。乙炔钢瓶除了有乙炔气的危险性外,还有丙酮溶剂的危险性。

3. 氧气

氧气无色、无臭、微溶于水。空气中氧气占 21%。生命离不开氧气。氧气本身不燃,但能助燃。与有机物或其他易氧化物质能形成爆炸性混合物,如与油脂接触则反应生热,蓄积到一定程度可自燃,所以氧气瓶绝对禁油。储氧钢瓶不得与油脂、酸、还原剂、可燃物、易燃易爆物品配装。钢瓶装压缩氧气,用肥皂水检查是否漏气。

4. 氯气

氯气是一种黄绿色的剧毒气体,有强烈的刺激气味。氯气液化成液氯,溶于水成氯水。常用作自来水消毒剂。

氯气的氧化性很强,能与许多化学品(如乙炔、松节油、乙醚、氨、燃料气、烃类、氢气、金属粉末等)猛烈反应发生爆炸。

氯气对眼睛和呼吸系统的黏膜有很强的刺激性。人体吸入含氯气超过 0.1～0.5g/L 的空气,会发生咽喉、鼻、支气管痉挛、眼睛失明,并导致肺炎、肺气肿、肺出血而死亡;人体吸入含氯气超过 2.5g/L 的空气,会立即窒息而死。氯气溶于水,常温下 1 体积可溶解 2.5 体积氯气,故氯气泄漏时,可大量浇水,或迅速将其推入水池,或用潮湿的毛巾捂住口鼻,以减轻危害。

5. 硫化氢

硫化氢是具有刺激性和窒息性的无色气体,有剧毒,低浓度时有臭鸡蛋气味,但极高浓度很快引起嗅觉疲劳而不觉其味。硫化氢低浓度接触仅有呼吸道及眼的局部刺激作用,高浓度时全身作用较明显,表现为中枢神经系统症状和窒息症状。

硫化氢是一种重要的化学原料,易溶于水,也易溶于醇类、石油溶剂和原油。硫化氢燃点为 292℃,与空气混合能形成爆炸性混合物,遇明火、高热能引起燃烧爆炸。一旦发生硫化氢泄漏应迅速撤离泄漏区,人员至上风处,并立即进行隔离,可使用喷雾状水稀释、溶解并构筑围堤或挖坑收容产生的大量废水,严格限制出入,切断火源。应急处理人员应戴空气呼吸器,穿防化服。

6. 烃类气体（含烷、烯、炔）

这类气体一般都易燃,有爆炸危险性。

七、气体类事故案例

1. 案例一

2004 年 3 月中旬,重庆天原化工总厂发生氯冷凝器穿孔溢出氯气事故。3 月 15 日 19 时左右,工人在操作中发现 2 号氯冷凝器的列管出现穿孔,有氯气泄漏,工厂随即进行紧急处置。16 日凌晨零时 48 分,排污罐发生爆炸。3 月 16 日 17 时 57 分,在抢险过程中,5 个液氯贮槽罐突然发生爆炸,初步确定,事故造成 1 人死亡、8 人失踪、3 人受伤。(如图 2-14、图 2-15 所示)

图 2-14　液氯罐爆炸

图 2-15　抢救伤亡人员

2. 案例二

2008 年 3 月 19 日,北京宅急送快运股份有限公司在托运的普通货物中,夹带了 20 箱一次性打火机,由南航 CZ6218 航班从北京空运至哈尔滨,造成一次严重危及飞行安全的事件。经民航华北地区管理局查实,北京双臣快运有限公司将票证(货运单)转移给非资质认可的货运代理人北京宅急送快运股份有限公司收运及交运该票货物,申报的运输货物品名为资料、电子主板 9 000,纸箱 32,共计 448 千克。由于货物破损,在哈尔滨被发现在 32 箱货物中有 20 箱是一次性打火机(共计 20 000 只),属二类危险品。

经中国航协核查,北京宅急送快运股份有限公司不是中国航协认可的销售代理企业,北京双臣快运有限公司为民航华北地区管理局移交的二类货运销售代理企业。北京双臣快运有限公司违反《中国民用航空销售代理资质认可办法》第 47 条,擅自将票证转移给非资质认可企业北京宅急送快运股份有限公司,因该非资质认可企业的收运及交运人员并未经过本协会根据 CCAR276 部的有关规定进行的危险品常识的培训[特别是对隐含的危险品(Hidden Dangerous Goods)],且其收运人员在接收及操作货物时未认真检查和辨识货物中是否夹带危险品,便为其填写运单并进行交运,故造成了安全隐患及不良影响。

八、气体总结例表

气体总结例表如表 2-8 所示。

表 2-8 气体总结例表

危险性标签	名称/项别/IMP	描　　述	举例与注释
(易燃气体标签 Flammable gas 2)	易燃气体 2.1 项 RFG	任何压缩气体,当与空气中的氧气以一定的比例混合后,能形成可燃性混合气体	丁烷、氢、丙烷、乙炔、打火机
(非易燃无毒气体标签 Non-flammable non-toxic gas 2)	非易燃、无毒气体 2.2 项 RNG RCL	所有既不属于 2.1 项又不属于 2.3 项的压缩气体	二氧化碳、氧气、氮气、液氮、液氢等

续表

危险性标签	名称/项别/IMP	描　　述	举例与注释
![Toxic gas 2]	毒性气体 2.3项 RPG	已知对人体有毒或有腐蚀性和已知对人的健康产生危害的气体	氯气、硫化氢气体、一氧化碳气体、氯化氢气体，其中大多数毒性气体禁运，但低毒性的气溶胶、催泪装置可以运输

第四节　第3类——易燃液体

一、关于易燃液体的常识

一般易燃液体呈液态时是不会燃烧的，但易燃液体也极易引起火灾、爆炸（包括易燃液体的蒸气爆炸或盛装易燃液体的容器炸裂）、毒害以及环境污染。衡量其危险程度的参数有闪点、沸点、燃点、爆炸极限、蒸气压力等，其中最主要的是闪点和沸点。

闪点是指当实验容器内的液体产生的易燃性蒸气在空气中达到某种浓度而遇火源被点燃时的最低温度。液体在闪点温度下不能连续燃烧。若使液体持续燃烧，则温度还需上升到一定量值（一般比闪点高 1～5℃），该温度值称为燃点。闪点根据测定方法[①]分为开杯实验闪点和闭杯实验闪点，在开杯型闪点测试仪中测定的闪点叫开杯实验闪点，在闭杯型闪点测试仪中测定的闪点叫闭杯实验闪点。但在世界各国的危险品规则中，除特别说明外，闪点均为闭杯闪点。闪点测试仪如图 2-16 所示。

图 2-16　闪点测试仪

---

① 测定闪点有开杯实验和闭杯实验，一般前者用于测定高闪点液体，后者用于测定低闪点液体。闭杯实验是在密闭容器中加热液体，而开杯实验中的液体蒸气可以自由扩散到周围空气中，因而同一液体用两种仪器测得的闪点值不同，液体的闪点越高，两者的差别越大。

各种易燃液体的闪点各不相同,可分为三项,如下:

低闪点液体:闪点＜－18℃,如汽油、乙醚(－45℃)等。

中闪点液体:－18℃≤闪点≤23℃,如乙醇(12℃)、甲基苯(4℃)等。

高闪点液体:23℃≤闪点≤61℃,如丁醇(35℃)、氯苯(28℃)等。

闪点越低的液体,易燃性越大。不同物质的闪点如表2-9所示。

表2-9 不同物质的闪点

品　名	闪点(℃)	品　名	闪点(℃)
二乙醚	－40	甲酸戊酯	27
甲酸乙酯	－34	丁醇	29
二硫化碳	－30	吗啡啉	38
乙醛	－27	硝基甲烷	44
丙酮	－20	乙基己醛	52
羰基铁	－15	二氯乙醚	55
苯	－11	松香油	61
甲基三氯硅烷	8	乙醇	12

初始沸点是指液体开始沸腾时的温度。初始沸点低的液体很容易气化,因此其液面的蒸气压和蒸气浓度易达到爆炸极限的范围,与空气形成爆炸混合物。初始沸点低的易燃液体,其闪点也低,反之亦然。

二、易燃液体的定义

1. 易燃液体

易燃液体是指在其闪点温度(其闭杯实验闪点不高于60.0℃,或其开杯实验闪点不高于65.6℃)时放出易燃蒸气的液体或液体混合物,或是在溶液或悬浮液中含有固体的液体。

本项还包括:在温度等于或高于其闪点的条件下提交运输的液体;以液态在高温条件下运输或提交运输,并在温度达到或低于最高运输温度下放出易燃蒸气的物质。

2. 减敏的液态爆炸品

减敏的液态爆炸品是指溶解或悬浮在水中或其他液态物质中形成一种均匀的液体混合物,以抑制其爆炸性质的爆炸性物质。如国际航协《危险品规则》中减敏的液态爆炸品条目:UN1204、UN2059、UN3064、UN3343、UN3357、UN3379。

联合国《规章范本》还规定:符合上述定义,闪点高于35℃,但不持续燃烧的液体,不视为易燃液体。

三、易燃液体主要特性

1. 高度易挥发性（如乙醚、乙醇、丙酮）

易燃液体由于沸点较低,很容易变成蒸气挥发到空气中。沸点越低,挥发性越强。

2. 高度易燃性

易燃液体呈液态时实际上并不会燃烧，当挥发蒸气达到一定浓度时，才易于燃烧。易燃液体储备场所严禁烟火，甚至铁制工具。

3. 高度流动扩散性

易燃液体一般黏度小，易于流动，甚至因为浸润作用扩大表面积，加速蒸发，提高燃烧的危险性。发生泄漏时，尽快采取措施补救。

4. 较大的蒸气压

易燃液体有较大的蒸气压，受热后压力会急剧增大，会造成"鼓桶"和容器胀裂的现象。易燃液体装运过程中要远离热源，液体不可装满，要留一定空余空间——包装的膨胀余位。

5. 毒性

易燃液体易挥发，且很多具有毒性，应加强通风。

6. 比重小，不溶于水

发生火灾不能用水灭火，最好用沙土。

四、易燃液体灌装时的膨胀余位

物质都有热胀冷缩的物理特性，液体物质的受热膨胀系数较大，有的液体还易挥发，因此，装满液体的容器往往会因受热造成胀裂而酿成事故。因此液体货物在充装时，在包装容器内必须留有一定的空余空间，以适应温度变化所造成的货物体积的膨胀，这个空余空间就叫包装的膨胀余位。

易燃液体受热膨胀系数较大，加上易燃液体具有挥发性，装满易燃液体的容器受热后蒸气压增大，往往会造成容器胀裂而引起液体外溢。因此，易燃液体灌装时容器内也应留有足够的膨胀余位。我国一般规定膨胀余位为5%，对个别膨胀系数大的易燃液体或个别温差大的航程，应充分估计易燃液体的膨胀体积，留足膨胀余位。

五、易燃液体包装等级标准

易燃液体的包装等级是依据其闪点和初始沸点来进行划分的，具体划分标准如表2-10所示。

表2-10 易燃液体的包装等级划分

包 装 等 级	闪点（闭杯）	初 始 沸 点
Ⅰ	—	低于或等于35℃
Ⅱ	低于23℃	高于35℃
Ⅲ	高于或等于23℃但是低于或等于60℃	高于35℃

注：由于在高温下运输或交运而被划为易燃液体的物质归入包装等级Ⅲ级，而且高温液体通常禁止空运。

六、黏稠物质

闪点低于23℃的易燃黏稠物质,如油漆、清漆(见图2-17)、瓷漆、真漆、黏合剂(见图2-18)和上光剂,根据联合国《试验和标准手册》第Ⅲ部分第32.3节中所规定的程序并考虑下列因素,也可划归为包装等级Ⅲ级。

(1) 黏度和闪点与表2-11中的数据一致。

(2) 在溶剂分离实验中,分层后的澄清溶剂层在3%以下。

(3) 该混合物或任何分离出的溶剂不符合6.1项或第8类标准。

(4) 划归为包装等级Ⅲ级的易燃液体,每个包装件的净数量在客机上运输时不超过30L或在货机上运输时不超过100L。当按本条规定运输时,必须在托运人申报单上标注。

图2-17 油漆、清漆

图2-18 黏合剂

表2-11 黏稠物质包装等级Ⅲ级的标准

流动时间 t(秒)	开口直径(mm)	闪点(℃,闭杯)
$20 < t \leqslant 60$	4	高于17
$60 < t \leqslant 100$	4	高于10
$20 < t \leqslant 32$	6	高于5
$32 < t \leqslant 44$	6	高于-1
$44 < t \leqslant 100$	6	高于-5
$100 < t$	6	低于等于-5

七、常见易燃液体

1. 乙醇(CH_3CH_2OH)

乙醇是一种无色透明、易挥发的易燃液体,纯乙醇沸点为78.5℃,闪点为13℃。乙醇与水可以共溶,并能溶于乙醚,如图2-19所示。含其他物质的非纯乙醇有相应的名称,其危险特性与纯乙醇不完全相同,所以托运时必须按正确名称办理。食用酒不属于危险物品,但不能任意携带。

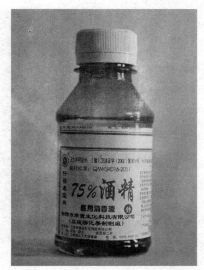

图 2-19 酒精

工业酒精往往在酒精中加入毒性或带异味的物质,如甲醇、吡啶甚至航空煤油等变性剂。由于不同用途的乙醇含量不同,在运输时,应加以区别对待。国际民航组织和国际航协关于乙醇溶液的规定:在货物运输时,体积百分含量小于或等于24%,属于普通货物;体积百分含量大于24%,属于空运危险品。在旅客运输时,旅客或机组行李中的酒精饮料含乙醇为24%~70%,可携带总数量不超过5L,中国民航局限2瓶为1kg。

2. 二硫化碳(CS_2)

二硫化碳为纯净的无色液体,沸点为46℃,比重为1.26,不溶于水,闪点为-30℃,对热量高度敏感,特别易燃,燃烧时生成剧毒的SO_2和CO两种气体,危险性较大。

3. 苯

苯在常温下是一种无色透明、易挥发的液体,具有强烈的芳香气味;比重为0.879,不溶于水,不能用水扑救苯引起的火灾,但苯易溶于有机溶剂,苯本身也可以作为有机溶剂;苯可燃,毒性较高,是一种致癌物质,可通过皮肤和呼吸道进入人体,体内极其难降解,能产生眩晕、头痛、兴奋等症状。因为其有毒,常用甲苯代替。苯是一种碳氢化合物,是一种石油化工基本原料,也是最简单的芳烃。

4. 汽油

汽油是轻质石油产品中的一大类,主要成分是低碳(7~12)烃类混合物。汽油是水白色芳香味挥发性液体,不溶于水、比水轻,闪点为-43℃(指航空汽油)。蒸气能与空气形成爆炸性混合物。遇明火、高热、强氧化剂有引起燃烧的危险。含四乙基铅的汽油的毒性大。甲醇汽油如图2-20所示。

5. 丙酮(CH_3COCH_3)

丙酮为无色透明、易流动液体,有芳香味,闪点为-17.8℃,沸点为56.1℃,遇高热、明火、氧化剂有燃烧爆炸的危险。毒性近似乙醇的毒性。

图 2-20 甲醇汽油

6. 松节油

松节油(见图 2-21)为无色至淡黄色,有松香气味的有机溶剂,大量用于油漆工业作为稀释剂;不溶于水;闪点为 35℃,遇热、明火、强氧化剂有燃烧危险;有轻度刺激;纯化的松节油是用于扭伤、碰伤等外部擦拭剂的主要成分。

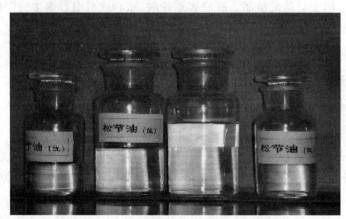

图 2-21 松节油

八、易燃液体事故案例

2002 年 5 月 7 日,中国北方航空公司(China Northern Airlines)一架客机坠毁,机上 112 名乘客全部身亡。据官方的新华社报道,调查人员得出的结论是,一名 37 岁的乘客点火导致这架客机坠入了黄海。中国官方媒体随后的报道称,这名乘客此前购买了 7 份航空意外险,保额总计高达 17 万美元,据怀疑,他在这架 MD-82 飞机上点燃了一瓶汽油或其他易燃液体。在 2003 年 2 月 2 日,有人又将易燃液体用于劫机。新华社报道,一名 39 岁的失业人员在中国国际航空公司(Air China)的 CA1505 航班上将装在饮料罐内的燃料洒在机舱内。

他随后要求这架从北京飞往福州的飞机改道飞往台湾。这名劫机者后来被机上人员制伏，这架飞机也在福州安全着陆。

九、易燃液体总结例表

易燃液体总结例表如表 2-12 所示。

表 2-12　易燃液体总结例表

危险性标签	名称/项别/IMP	描　　述	举例与注解
（易燃液体标签 Flammable liquid 3）	易燃液体 第 3 类 RFL	闭杯闪点不超过 60℃ 的任何液体和减敏的液体爆炸品	汽油、酒精、丙酮、油漆、黏合剂等

第五节　第 4 类——易燃固体、易自燃物质和遇水释放易燃气体的物质

一、关于燃烧的常识

1. 燃烧的本质

燃烧是一种放热的、发光的剧烈氧化反应。

可燃物质的燃烧一般不是物质本身直接在燃烧，而是物质受热分解出的气体或液体蒸气在空气中燃烧，因此气体物质比固体和液体更容易燃烧，气体燃烧不需要经过熔化、分解和蒸发等准备过程。一般把固体的燃烧称为分解燃烧，液体的燃烧称为蒸发燃烧，气体的燃烧称为扩散燃烧。

可燃物遇火源而发生的持续燃烧现象，叫作着火。可燃物遇火源开始持续燃烧所需要的最低温度叫作燃点。燃点越低，说明越容易着火，火灾的危险性也越大。

燃烧的速度取决于可燃物本质的组成、性质和供氧条件，如果可燃物含碳量高、还原性强，供氧充分，那么燃烧就快，反之亦然。燃烧速度越快，火灾危险性越大，越难控制。

2. 燃烧的条件

物质的燃烧必须具备三个条件：

(1) 可燃物或燃料：可以燃烧的物质。

(2) 助燃剂：能帮助和支持燃烧的物质都称为助燃剂。主要是氧，还包括空气、氯以及氯酸钾、高锰酸钾、过氧化钠等列入第5类危险货物的物质。

(3) 热量：燃烧是放热反应，只要有最初的热量触发燃烧，可燃物质燃烧时生成的热量就可以使燃烧持续下去。

以上三个条件必须同时具备，相互结合，相互作用，燃烧才能发生。

二、第4类分项

(一) 4.1项：易燃固体(Flammable Solid)

4.1项以易燃固体为代表名称，但事实上并不仅仅包括易燃固体，还包括自身反应物质和减敏固态爆炸物。

1. 易燃固体

(1) 定义

易燃固体是指在正常运输条件下，易于燃烧的固体和摩擦可能起火的固体。以后提到"易燃固体"应当注意区分是指的4.1项全体还是4.1项中的一部分。

(2) 危险性

易燃固体的状态一般为粉末、颗粒或糊状。这些物质一旦与燃烧的火柴等火源短暂接触就能很容易地起火，并且火焰会迅速蔓延。火焰燃烧可能导致毒性燃烧产物。另外，金属粉末特别危险，一旦着火就难以扑灭，因为常用的灭火剂如 CO_2、H_2O 只能增加危险性。

(3) 主要特性

① 燃点低，明火点燃。

② 高温下，遇火星儿即燃。

③ 粉尘有爆炸性。

④ 与氧化剂、强酸剧烈反应——燃烧、爆炸。

⑤ 遇水分解。

⑥ 其他，如毒性。

(4) 分类

易燃固体包括以下三个部分：

① 金属粉末。金属或金属合金粉如果可以点燃，并且在10min以内蔓延到试样的全部长度时，必须划归为4.1项。

② 除金属粉末以外的粉状、颗粒状或糊状物质。根据联合国关于危险物品运输的建议措施《试验和标准手册》第Ⅲ部分的规定进行试验，如果在试验中有一次或多次燃烧时间不到45s或燃烧速率大于2.2mm/s，必须划归为4.1项的易于燃烧固体。

③ 摩擦可能起火的固体。在制定明确的标准之前，摩擦可能起火的固体(如火柴)必须根据现有条目以类推方法划归为4.1项。

(5) 包装等级划分

易燃固体包装等级划分如表 2-13 所示。

表 2-13 易燃固体包装等级划分

物 质 名 称	划分包装等级标准
易燃性的粉状、颗粒状或糊状物质（不含金属粉末）	燃烧时间小于 45s，并且火焰通过湿润段，必须划入Ⅱ级包装
	燃烧时间小于 45s，并且湿润段阻止火焰的传播时间至少达 4min，必须划入Ⅲ级包装
金属粉末或合金	反应段在 5min 以内蔓延到试样全部长度，必须划入Ⅱ级包装
	反应段在超过 5min 而不超过 10min 的时间内蔓延到试样的全部长度，必须划入Ⅲ级包装

2. 自身反应物质

(1) 定义

自身反应物质是即使没有氧气(空气)也容易发生激烈放热分解的不稳定物质。但是，若其满足下列条件之一，则不被视为 4.1 项的自身反应物质：

① 符合第 1 类标准的爆炸品。

② 符合 DGR 划定程序的氧化剂。

③ 符合 5.2 项标准的有机过氧化物。

④ 分解热小于 300J/g 的物质。

⑤ 50kg 的包装件自分解温度大于 75℃。

(2) 性质

自身反应物质的分解可因热、与催化剂杂质(如酸、重金属、碱)接触、摩擦或碰撞而发生。分解速度随温度而增加，并且不同物质分解速度不同。分解，特别是在没有着火的情况下，可能放出毒性气体或蒸气。因此对某些自身反应物质，必须控制温度，有些自身反应物质可能以爆炸方式进行分解，特别是在被封闭的条件下。这些特性可以通过加入稀释物质或采用合适的包装来改变。除非得到豁免，在运输中要求控制温度的自身反应物质禁止航空运输。

自身反应物质主要包括下列类型的化合物：

① 脂族偶氮化合物($-CN=N-C$)。

② 有机重氮化合物($-C-N_3$)。

③ 重氮盐($-CN+Z-$)。

④ N-亚硝基化合物($-N-N=O$)。

⑤ 芳族硫代酰肼($-SO_2-NH-NH_2$)。

(3) 运输

装有 4.1 项自身反应物质的包装件在运输中必须防止阳光直射，储藏时远离热源。放置在通风良好的地方，并且其他货物不得堆放其上。自身反应物质的运输标签及实名包装如图 2-22 所示。

图 2-22 自身反应物质的运输标签及实物包装

为了确保运输安全,自身反应物质可以通过稀释的方法做减敏处理,使用某种稀释剂时,必须采用与实际运输中含量与状态完全相同的稀释剂进行自身反应物质的试验。

3. 减敏固态爆炸物

减敏固态爆炸物是指用水或醇类或其他物质稀释,形成均匀固态混合物以抑制货物的爆炸性。国际航空运输协会《危险品规则》危险品表中所列明的减敏爆炸品有 UN 系列的 1310、1320、1321、1322、1336、1337、1344、1347、1348、1349、1354、1355、1356、1357、1517、1571、2555、2556、2557、2852、2907、3317、3319、3344、3364、3365、3366、3367、3368、3369、3370、3380 和 3474。

4. 常见易燃固体

(1) 红磷(见图 2-23):又叫赤磷,为紫红色粉末,无毒、无臭,不溶于水和有机溶剂,略溶于无水酒精。红磷摩擦极易燃烧,但不自燃;在空气中与氧能发生缓慢氧化,氧化产物易潮解;与大多数氧化剂如氯酸盐、硝酸盐、高氯酸盐等接触都会组成爆炸性十分敏感的混合物而立即爆炸。

图 2-23 红磷

(2) 硫黄(见图 2-24)：又叫硫。纯硫在室温下为无臭的淡黄色晶体，质脆，很容易被研成粉末，不溶于水；当将其加热到 110~119℃时，会熔化为易流动的黄色液体，温度再升高时变为黏稠的暗棕色硫；当温度升到 300℃时又恢复为易流动的液体，当温度升到 444.4℃时沸腾，生成橙黄色的硫蒸气。硫蒸气被急剧冷却时就得到硫的粉末。硫的粉末与空气混合能产生粉尘爆炸；与卤素、金属粉末接触剧烈反应，与氧化剂接触能形成爆炸性混合物；遇明火、高温易发生燃烧，燃烧时散发有毒、有刺激性气体。

图 2-24 硫黄

(3) 萘：为白色块状结晶。不纯的粗萘呈灰棕色，具有一种类似樟脑的特殊气味，不溶于水，易溶于醚和热的醇中，在高温下可升华；燃烧时光弱，烟多。萘是重要的工业原料，用于制备染料、溶剂等，也可直接用来做防虫剂(即卫生球)。

除以上物质外，易燃固体中的金属如镁粉、镁合金、钛粒、金属铝粉，以及安全火柴(见图 2-25)、赛璐珞(见图 2-26)也属于 4.1 项易燃固体。

图 2-25 安全火柴

图 2-26 赛璐珞

（二）4.2项：易自燃物质（Spontaneously Combustible）

1. 定义

易自燃物质是指在正常运输条件下能自发放热或接触空气后能够放热，并随后起火的物质。自发放热物质发生自燃现象，是由于与氧发生反应并且热量不能及时散发的缘故。当放热速度和散热速度而达到自燃温度时，就会发生自燃。

以下类型的物质被列入4.2项。

(1) 发火物质（自动燃烧物质）：包括混合物和溶液在内的物质（固态或液态），即使在数量极少时，如与空气接触仍可在5min内起火。这些物质最容易自动燃烧。

(2) 自发放热物质：是指无外部能量的补给情况下，与空气接触可以放热的固体物质。它们只有在数量大（数千克）且时间长（数小时或数天）的情况下才能被点燃。

2. 性质与特征

(1) 不需受热和明火就会自行燃烧。
(2) 自燃点低。
(3) 受潮后危险性增加。
(4) 与水剧烈反应。
(5) 与氧化剂接触爆炸。

3. 分类

(1) 发火固体：固体如按照联合国《试验和标准手册》第Ⅲ部分的规定进行试验，试样在一样试验中点燃，即被视为发火固体，必须划入4.2项。

(2) 发火液体：液体如按照联合国《试验和标准手册》第Ⅲ部分的规定进行试验，在第一部分试验中点燃，或者使过滤纸点燃或变成炭黑，即被视为发火液体，应划入4.2项。

(3) 自发放热物质：一种物质如按照联合国《试验和标准手册》第Ⅲ部分的规定进行试验中取得如下结果（见表2-14），必须划为4.2项自身放热物质。

表2-14 自发放热物质的试验结果标准

划归物质名称	试验结果标准
4.2项自身放热物质	用25mm^3试样在140℃（284℉）下做试验时取得肯定结果
	用100mm^3试样在140℃（284℉）下做试验时取得肯定结果，用100mm^3试样在120℃（248℉）下做试验时取得否定结果，该物质须装在体积大于3m^3（106ft^3）的包装件内运输
	用100mm^3试样在140℃（284℉）下做试验时取得肯定结果，用100mm^3试样在100℃（212℉）下做试验时取得否定结果，该物质须装在体积大于450L（475qt）的包装件内运输
	用100mm^3试样在140℃（284℉）下做试验时取得肯定结果，并且用100mm^3试样在100℃（212℉）下做试验时取得肯定结果

4. 包装等级标准

易自燃物质的包装等级划分，必须依据相关法规的试验方法和标准进行测定，如

表 2-15 所示。

表 2-15 易自燃物质的包装等级划分标准

物质名称	包装等级	试验标准
发火物质	Ⅰ级包装	4.2 项中的所有发火液体和发火固体
自发放热物质	Ⅱ级包装	用 25mm³ 试样在 140℃（284℉）下做试验时取得肯定结果的自发放热物质
		用 100mm³ 试样在 140℃（284℉）下做试验时取得肯定结果，用 25mm³ 试样在 140℃（284℉）下做试验时取得否定结果，该物质须装在体积大于 3m³（106ft³）的包装件内运输
	Ⅲ级包装	用 100mm³ 试样在 140℃（284℉）下做试验时取得肯定结果，用 25mm³ 试样在 140℃（284℉）下做试验时取得否定结果，用 100mm³ 试样在 120℃（248℉）下做试验时取得肯定结果，该物质须装在体积大于 450L（475qt）的包装内运输
		用 100mm³ 试样在 140℃（284℉）下做试验时取得肯定结果，用 25mm³ 试样在 140℃（284℉）下做试验时取得否定结果，用 100mm³ 试样在 100℃（212℉）下做试验时取得肯定结果

5. 常见易自燃物质

常见的易自燃物质有黄磷、活性炭、硝化纤维胶片、浸油的麻、棉、纸及其制品。

黄磷：又称白磷，呈白色或淡黄色，半透明蜡状固体，不溶于水，自燃点为 30℃，在空气中暴露 1～2min 即会自燃，称为鬼火现象，如图 2-27 所示。所以一般情况下都把它浸没在水中保存。黄磷发生火灾时应用雾状水扑救，以防止飞溅，也可用沙土覆盖，并用水浸湿沙土以防止复燃。

图 2-27 鬼火现象——黄磷自燃

黄磷的存储和应急处置：白磷是磷的同素异形体，因为白磷燃点低（30℃），在空气中 1～2min 就会自燃，所以一般采用低温或隔绝空气的方法储存和运输，如用水进行液封储存。而且黄磷有剧毒，成人服 60mg 可致死，不能暴露在空气中储存和运输。发生火灾时应用雾状水灭火，但必须注意防止飞溅，也可用沙土或泥土覆盖，为了防止中毒，施救人员必须穿橡胶衣裤、胶靴,并戴防毒口罩。

(三) 4.3项:遇水释放易燃气体的物质(In Contact With Water Flammable Gases)

1. 定义

遇水释放易燃气体的物质是指与水反应,容易自燃或放出危险数量的易燃气体的物质。一般根据单位时间内放出易燃气体的数量来决定此类物质的危险性大小。

某些物质与水接触可以放出易燃气体,这些气体与空气可以形成爆炸性的混合物。这样的混合物极易被一般的火源引燃,例如没罩的灯,发火花的手工工具或未知保险装置的灯泡。产生的爆炸冲击波和火焰会危及人的生命,又会破坏环境。

2. 危险特性

(1) 遇水燃烧性。

(2) 爆炸性。

(3) 毒害性。

(4) 自燃性。

3. 包装等级划分

遇水释放易燃气体的物质按受潮或遇水后发生反应的剧烈程度及危险性大小,分为Ⅰ、Ⅱ、Ⅲ三种包装等级,如下:

(1) Ⅰ类包装:环境温度下与水发生剧烈反应,并且气体产物通常都显示出自燃的趋势,或在环境温度下容易与水发生反应并在任一分钟内产生的易燃气体大于等于10L/kg的任何物质,必须划为包装Ⅰ级。

(2) Ⅱ类包装:在环境温度下容易与水发生反应,每小时产生的易燃气体的最大速度大于等于20L/kg,并且未达到Ⅰ级标准的任何物质必须划为包装Ⅱ级。

(3) Ⅲ类包装:在环境温度下缓慢与水发生反应,每小时产生的易燃气体的最大速度大于等于1L/kg,并且未达到Ⅰ或Ⅱ级标准的任何物质必须划为包装Ⅲ级。

4. 常见遇水释放易燃气体的物质

常见的遇水释放易燃气体的物质有碱金属、连二亚硫酸钠和碳化钙等。

(1) 碱金属

常见的有锂、钠、钾等,都是银白色的金属,密度小,熔点和沸点都比较低,标准状况下有很高的反应活性;质地软,可以用刀切开,露出银白色的切面。由于碱金属化学性质很活泼,一般将它们放在矿物油中或密封在稀有气体中保存,以防止与空气或水发生反应。碱金属都能和水发生剧烈的反应,生产强碱性的氢氧化物,并随相对原子质量增大,反应能力越强。

钠(见图 2-28)为银白色柔软的轻金属,在低温时脆硬,常温时质软如蜡,可用刀割。化学性质极活泼(活泼金属),在空气中易氧化,燃烧时呈黄色火焰,遇酸、水剧烈反应,极易引起燃烧爆炸,不溶于煤油。钠存放应浸泡于煤油,事故处置方法采用干砂、干粉,切忌用水和泡沫。

(2) 连二亚硫酸钠

连二亚硫酸钠,也称为保险粉,是一种白色砂状结晶或淡黄色粉末化学用品,不溶于乙醇,溶于氢氧化钠溶液。遇水发生强烈反应并燃烧,与水接触能放出大量热的二氧化硫气体和易燃的硫黄蒸气而引起剧烈燃烧;遇氧化剂,少量水或吸收潮湿空气能发热,引起冒黄烟燃烧,甚至爆炸。连二亚硫酸钠有毒,对眼睛、呼吸道黏膜有刺激性。它广泛用于纺织工业、食品加工等的漂白。

(3) 碳化钙

碳化钙(见图2-29)俗称电石,是无机化合物,白色晶体,工业品为灰黑色块状物,断面为紫色或灰色,遇水立即发生剧烈反应,生成乙炔,并放出热量。如果使用水来扑火,会产生可燃气体导致爆炸,所以使用干粉灭火器、水泥、沙土控制明火火势。碳化钙是重要的基本化工原料,主要用于产生乙炔气,也用于有机合成、氧炔焊接等。电石桶要密封冲氮或设放气孔。如图2-30所示为电石遇水起火引起的事故。

图2-28 金属钠

图2-29 碳化钙

图2-30 遇水导致运送电石的货车起火

三、第 4 类事故案例

1. 案例一

2003 年 7 月 13 日,湖南某铁合金厂堆满硫黄的仓库发生爆炸,仓库被烧得一干二净,空气中弥漫着刺鼻的二氧化硫气味。爆炸产生的冲击将屋顶完全掀翻,仓库对面的墙壁已经完全倒塌。地上散落着燃烧后产生的废渣,屋子一角的水泥也在冒烟,其中参与扑火的消防官兵发生轻微中毒现象。据调查了解,此次事故是由硫黄自燃起火并引发四次爆炸造成的,事故现场如图 2-31 所示。

图 2-31　硫黄自燃引起爆炸事故现场

2. 案例二

2006 年 8 月 13 日 14 时,云南马龙产业集团有限公司安宁分公司内工地厂房内发生爆炸声,黄磷车间蹿出 20 多米高的火舌,公司紧急撤离 200 余名工人,但由于磷蒸气压力过大,致使管道破裂爆炸。事故现场磷蒸气发生喷射,黄磷颗粒自燃形成火苗和烟雾。事故现场如图 2-32 所示。

图 2-32　黄磷自燃引起爆炸事故现场

四、第 4 类总结例表

第 4 类危险品总结例表如表 2-16 所示。

表 2-16　第 4 类危险物品总结例表

危险性标签	名称/项别/IMP	描述	举例与注解
	易燃固体 4.1 项 RFS	在正常运输条件下,易于燃烧的固体和摩擦可能起火的固体	安全火柴、乒乓球(含赛璐珞)、硫黄、赛璐珞、硝基萘
	自燃物品 4.2 项 RCS	在正常运输条件下能自发放热,或接触空气后能够放热,并随后起火的物质	白磷(黄磷)、二胺基镁、硝化纤维胶片、椰肉干、鱼粉(椰肉干、鱼粉属于自燃物品)
	遇水释放出易燃气体的物品 4.3 项 RFW	与水反应,容易自燃或放出危险数量的易燃气体的物质	碳化钙、金属钠、氢化钠、甲基二氯硅烷

第六节　第 5 类——氧化性物质和有机过氧化物

一、第 5 类分项

1. 5.1 项：氧化性物质

(1) 定义

氧化性物质(Oxidizer)是指自身不一定可燃,但可以放出氧气而引起其他物质燃烧的物质。氧化性物质分为固体氧化性物质与液体氧化性物质。对于氧化性物质,应根据国际航空运输协会《危险品规则》中有关的标准试验进行判定。

① 固体氧化性物质:如果固体物质试样与纤维素之比为按质量4∶1或1∶1的混合物进行试验时,显示的平均燃烧时间等于或小于溴酸钾与纤维素之比为按质量3∶7的混合物的平均燃烧时间,该固体物质划入5.1项。

② 液体氧化性物质:如果一液体物质与纤维素之比为按质量1∶1的混合物进行试验时,显示的平均压力上升时间小于或等于65%硝酸水溶液与纤维素之比为按质量1∶1的混合物的平均压力上升时间,该液体物质划入5.1项。

(2) 危险性

氧化剂在遇酸、受热、受潮或接触有机物、还原剂后即分解放出原子氧和热量,引起燃烧或形成爆炸性混合物的危险。

(3) 特性

① 化学性质活泼,易发生危险反应。可与多种物质如酸、木炭粉、硫黄、淀粉、糖等可燃物发生氧化还原反应,反应中产生大量的热量,足以引起可燃物的燃烧或爆炸。

② 不稳定,受热易分解。不少氧化剂的分解温度小于500℃(见表2-17)。这些物质经摩擦、撞击或接触明火,局部温度升高就会分解出氧,促使可燃物燃烧。

表2-17 几种无机氧化剂的分解

氧化剂	分解反应式	分解温度(℃)
硝酸铵	$2NH_4NO_3 = 2N_2\uparrow + 4H_2O + O_2\uparrow$	210
高锰酸钾	$2KMnO_4 = MnO_2\uparrow + O_2\uparrow + K_2MnO_4\uparrow$	<240
硝酸钾	$2KNO_3 = 2KNO_2 + O_2\uparrow$	400
氯酸钾	$2KClO_3 = 2KCl + 3O_2\uparrow$	400
过氧化钠	$Na_2O_2 = Na_2O + [O]$	460

③ 吸水性、毒性、腐蚀性。硝酸盐在潮湿环境里很容易从空气中吸收水分,甚至溶化、流失。有的还容易吸水变质,如过氧化钠、过氧化钾遇水则猛烈分解放氧,若遇有机物、易燃物即引起燃烧。三氧化铬迅速吸水变成铬酸。高猛酸锌吸水后的液体接触有机物,如纸、棉布等,能立即燃烧。漂粉精遇水后,不仅能放出氧,同时还产生大量剧毒和腐蚀性的氯气等。氧化剂一般都具有不同程度的毒性,有的还有腐蚀性。

(4) 包装等级划分

氧化性物质可通过试验以测定氧化性物质在与一种可燃物完全混合时,增加该可燃物的燃烧速度或燃烧的潜力来确定其包装等级,具体如表2-18所示。

表 2-18 氧化性物质包装等级划分

物质分类	包装等级	试 验 标 准
固体氧化性物质	Ⅰ级包装	任何物质以其样品与纤维素之比为按质量4∶1或1∶1的混合物进行试验时,显示的平均燃烧时间小于溴酸钾与纤维素之比为按质量3∶2的混合物的平均燃烧时间
	Ⅱ级包装	任何物质以其样品与纤维素之比为按质量4∶1或1∶1的混合物进行试验时,显示的平均燃烧时间等于或小于溴酸钾与纤维素之比为按质量2∶3混合物的平均燃烧时间,并且未满足Ⅰ级包装的标准
	Ⅲ级包装	任何物质以其样品与纤维素之比为按质量4∶1或1∶1的混合物进行试验时,显示的平均燃烧时间等于或小于溴酸钾与纤维素之比为按质量3∶7的混合物的平均燃烧时间,并且未满足Ⅰ级包装和Ⅱ级包装的标准
液体氧化性物质	Ⅰ级包装	任何物质以该物质与纤维素之比为按质量1∶1的混合物进行试验时,自发着火,或该物质与纤维素之比为按质量1∶1的混合物的平均压力上升时间小于50%高氯酸与纤维素之比为按质量1∶1的混合物的平均压力上升时间
	Ⅱ级包装	任何物质以该物质与纤维素之比为按质量1∶1的混合物进行试验时,显示的平均压力上升时间小于或等于40%氯酸钠水溶液与纤维素之比为按质量1∶1的混合物的平均压力上升时间,并且未满足Ⅰ级包装的标准
	Ⅲ级包装	任何物质以该物质与纤维素之比为按质量1∶1的混合物进行试验时,显示的平均压力上升时间小于或等于65%硝酸水溶液与纤维素之比为按质量1∶1的混合物的平均压力上升时间,并且未满足Ⅰ级包装和Ⅱ级包装的标准

2.5.2 项:有机过氧化物

(1) 定义

含有二价过氧基-O-O-的有机物称为有机过氧化物(Organic Peroxide)。也可以将它看作一个或两个氢原子被有机原子团取代的过氧化氢的衍生物。过氧化氢由两个氢原子和两个氧原子构成,即 H-O-O-H。

有机过氧化物根据其表现的危险程度进行分类,任何有机过氧化物都必须划入5.2项,当有机过氧化物成分属于以下情况时为例外:

① 当过氧化氢的含量不超过1.0%时,有机过氧化物中的有效氧含量不超过1.0%;

② 过氧化氢的含量超过1.0%而不超过7.0%时,有机过氧化物中的有效氧含量不超过0.5%。

(2) 特性

有机过氧化物遇热不稳定,它可以放热并加速自身的分解。此外,它还具有下列特性中的一种或几种:

① 易于爆炸分解;

② 速燃;

③ 对碰撞和摩擦敏感;

④ 与其他物质发生危险的反应;

⑤ 损伤眼睛。

（3）特殊危险性

有机过氧化物的特殊危险性表现在：

① 有机过氧化物遇热，与杂质（如酸、重金属化合物和胺类）接触，经受摩擦或碰撞，容易引起热分解。分解的速度随温度升高而加快，并因其成分而异。分解时可能放出有害的或易燃的气体或蒸气。某些有机过氧化物可以发生爆炸分解，在封闭状态下尤为剧烈。许多有机过氧化物可以猛烈地燃烧。

② 眼睛应避免接触有机过氧化物。即使与某些有机过氧化物作短暂接触也会严重损伤角膜。此外，它们还会腐蚀皮肤。

（4）温度控制

有机过氧化物成分在试验中易爆炸，快速燃烧或在封闭条件下加热表现出猛烈效应，因此在运输过程中需要温度控制的有机过氧化物禁止空运，除非经豁免。

以下有机过氧化物在运输过程中必须进行温度控制：

① 自身加速分解温度（SADT）≤50℃（122℉）的 B 型和 C 型有机过氧化物；

② 自身加速分解温度（SADT）≤50℃（122℉），在封闭条件下加热表现中度效应的 D 型有机过氧化物，或自身加速分解温度（SADT）≤45℃（113℉），在封闭条件下加热表现微弱效应或无效应的有机过氧化物；

③ 自身加速分解温度（SADT）≤45℃（113℉）的 E 型和 F 型有机过氧化物。

有机过氧化物的温度包括三种，解释如下：

控制温度：有机过氧化物可以安全运输的最高温度。

应急温度：万一失去温度控制，必须实施应急措施，应实施应急措施时的最高温度。

自加速分解温度（Self-accelerating Decomposition Temperature，SADT）：是指用于运输包件中的自反应物质或有机过氧化物可能发生自加速分解的最低温度。确定有机过氧化物自加速分解温度的方法是根据环境温度、分解动力学、包装尺寸及物质与包装的热传递性能诸多因素测定的。

（5）运输

5.2 项的所有有机过氧化物，必须按危险品表列出相应有机过氧化物的属性条目 UN3101 至 UN3120 来运输。包括不同种类：

① 有机过氧化物的类型（B 型至 F 型），B 型自身反应物质在任何情况下禁止在航空运输；

② 有机过氧化物的物理状态（固体或液体）；

③ 是否需要温度控制（要求温度控制的有机过氧化物在航空运输中一律禁运）。

在运输过程中，含有机过氧化物的包装件或集装器必须避免阳光直射，远离各种热源，放置在通风良好的地方，不得将其他货物堆放其上。

为了确保运输与操作的安全，在很多情况下，有机过氧化物可以用有机液体或固体、无机固体或水进行减敏处理。通常，减敏处理应做到在泄漏或着火情况下，有机过氧化物不会浓缩到危险程度。

二、常见氧化剂和有机过氧化物

1. 硝酸钾

硝酸钾（KNO_3）俗称火硝或土硝。无色透明晶体或粉末，比重为 2.109，易溶于水，受热分解放出氧：

$$2KNO_3 = 2KNO_2 + O_2 \uparrow$$

当硝酸钾与易燃物质混合后受热甚至轻微的摩擦冲击都会迅速地燃烧或爆炸。黑火药的主要成分就是硝酸钾、碳粉、硫粉等。因此，硝酸钾是黑火药的重要原料和复合化肥。

制取硝酸钾可以用硝土和草木灰做原料。土壤里的有机物腐败后，经亚硝酸细菌和硝酸细菌的作用，生成硝酸。硝酸根跟土壤里的钾、钠、镁等离子结合，形成硝酸盐。硝土中的硝酸盐就是这样来的。硝土一般存在于厕所，猪、牛栏屋，庭院的老墙脚，崖边，岩洞以及不易被雨水冲洗的地面。硝土潮湿，不易晒干，经太阳曝晒后略变紫红色。好的硝土放在灼红的木炭上会爆出火花。

2. 高锰酸钾

高锰酸钾（$KMnO_4$）（见图 2-33），无机化合物，深紫色细长斜方柱状结晶，有金属光泽。正交晶系。1659 年被西方人发现。中文俗称：灰锰氧。高锰酸钾是最强的氧化剂之一，作为氧化剂受 pH 值影响很大，在酸性溶液中氧化能力最强。

图 2-33 高锰酸钾

在化学生产中，高锰酸钾广泛用作氧化剂，例如用作制糖精、维生素 C 及安息香酸的氧化剂；在医药上用作防腐剂、消毒剂、除臭剂及解毒剂；在水质净化及废水处理中，做水处理剂，以氧化硫化氢、酚、铁、锰和有机、无机等多种污染物，控制臭味和脱色；在气体净化中，可除去痕量硫、砷、磷、硅烷、硼烷及硫化物；在采矿冶金方面，用于从铜中分离钼，从锌和镉中除杂，以及化合物浮选的氧化剂；还用于做特殊织物、蜡、油脂及树脂的漂白剂，防毒面具的吸附剂。

3. 氯酸钾

氯酸钾为白色晶体或粉末。味咸而凉、强氧化剂,有毒,比重为 2.32。常温下稳定,在 400℃时能分解放出氧:

$$2KClO_3 = 2KCl + 3O_2 \uparrow$$

因包装破损,氯酸钾撒漏在地后被践踏发生火灾的事故时有发生。

氯酸钾与硫、碳、磷或有机物(如糖、面粉)等混合后,经摩擦、撞击即爆炸。热敏度和撞击感度都比黑火药灵敏得多。因此,氯酸钾是一种敏感度很高的炸响剂,有时候甚至会在日光照射下自爆。近几年,由于烟花爆竹引发的重大安全事故中有70%就是因为氯酸钾爆炸引起的,所以我国现在严禁在烟花爆竹中使用氯酸钾。

$$2KClO_3 + 3S = 2KCl + 3SO_2 \uparrow$$

4. 过氧化钠

过氧化钠(Na_2O_2)(见图2-34)和过氧化氢均含有-O-O-过氧基,易放出氧原子,未结合生产氧气的氧原子具有极强的氧化性。

图 2-34 过氧化钠

过氧化钠与水、酸、空气中的二氧化碳等能反应,均有氧生成。所有 Na_2O_2 包装必须非常严格。

$$2Na_2O_2 + 2H_2O = 4NaOH + O_2 \uparrow$$
$$Na_2O_2 + H_2SO_4 = Na_2SO_4 + H_2O + 1/2 O_2$$
$$2Na_2O_2 + 2CO_2 = 2Na_2CO_3 + O_2 \uparrow$$

5. 过氧化氢

过氧化氢(H_2O_2)俗称双氧水(见图2-35),纯净的 H_2O_2 为无色浆状液体。20℃时比重为1.438,熔点为-89℃,沸点为151.4℃。与水容易混溶。3%的双氧水溶液在医药上做消毒用。市售及运输的浓度为20%~60%,高浓度的 H_2O_2 溶液中需加入稳定剂。运输过程中应避免受热、震动,包装容器必须耐压。

此外,过氧化氢是一种爆炸强氧化剂,它本身不燃,但能与可燃物反应放出大量热量和氧气而引起着火爆炸。过氧化氢在pH值为3.5~4.5时最稳定,在碱性溶液中极易分解,在遇强光,特别是短波射线照射时也能发生分解。当加热到100℃以上时,开始急剧分解。它与许多有机物如糖、淀粉、醇类、石油产品等形成爆炸性混合物,在撞击、受热或电火花作用下能发生爆炸。过氧化氢与许多无机化合物或杂质接触后会迅速分解而导致爆炸,放出大量的热量、氧和水蒸气。大多数重金属(如铁、铜、银、铅、汞、锌、钴、镍、铬、锰等)及其氧化物和盐类都是活性催化剂,尘土、香烟灰、碳粉、铁锈等也能加速分解。浓度超过74%的过氧化氢,在具有适当的点火源或温度的密闭容器中能产生气相爆炸。

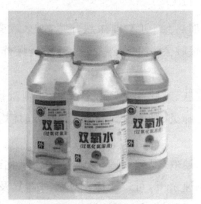

图 2-35 双氧水

6. 漂白粉

漂白粉(见图 2-36),英文名称为 Calcium Hypochlorite,中文别名为次氯酸钙,白色粉末,具有类似氯气的臭味。漂白粉属于一种强氧化剂,遇水或潮湿空气会引起燃烧爆炸,与碱性物质混合能引起爆炸,接触有机物有引起燃烧的危险。在受热、遇酸或日光照射时会分解放出剧毒的氯气。漂白粉一般用作棉、麻、纸浆、丝纤维织物的漂白,饮用水、游泳池水等的杀菌和消毒,乙炔的净化等。

图 2-36 漂白粉

7. 过氧化二苯甲酰

白色粉末或结晶,气味难闻,微溶于水。干燥时易燃烧,在受撞击、受热、摩擦时会敏感性爆炸。遇硫酸能发生剧烈反应引起燃烧,放出大量有毒气体。运输中的过氧化二苯甲酰一般是糊状物(保持30%以上的水分);过氧化二苯甲酰一般用于面粉的漂白;油脂的精制;

塑料单体的聚合引发；氯化产品的催化，也做聚酯、环氧、离子交换、丙烯酸树脂生产的催化剂；硅、氟橡胶制品的交联剂等。

8. 过氧化乙基甲基酮

无色液体，对热、震动极为敏感，100℃自动爆炸。一般用苯二甲酸二乙酯溶液稀释，溶剂量不低于45％方可运输。

9. 过氧乙酸（$C_2H_4O_3$）

易燃，具爆炸性，加热至100℃即猛烈分解，遇火或受热、受震都可起爆。与还原剂、促进剂、有机物、可燃物等接触会发生剧烈反应，有燃烧爆炸的危险。有强腐蚀性、强刺激性，可致人体灼伤。

本物质对眼睛、皮肤、黏膜和上呼吸道有强烈刺激作用。吸入后可引起喉、支气管的炎症、水肿、痉挛、化学性肺炎、肺水肿。接触后可引起烧灼感、咳嗽、喘息、喉炎、气短、头痛、恶心和呕吐。

过氧乙酸系广谱、速效、高效灭菌剂，本品是强氧化剂，可以杀灭一切微生物，对病毒、细菌、真菌及芽孢均能迅速杀灭，可广泛应用于各种器具及环境消毒。0.2％溶液接触10分钟基本可达到灭菌目的。用于空气、环境消毒、预防消毒。

三、第5类危险物品事故案例

1. 案例一

1996年5月11日，美国VALUJET航空公司一架从MIA飞往ATL的DC-9客机，起飞10分钟后坠毁，105名乘客和5名机组人员全部遇难。

起火原因：货舱内有119个隐瞒申报的危险物品"氧气发生器"，该"氧气发生器"放置不当，起飞后由于震动而升温爆炸并引起火灾。

2000年8月，美国联邦法官做出判决，要求Sabre科技维修公司（托运人）对此事故赔偿1 100万美元。

2. 案例二

2003年8月3日9时50分左右，巴拿马籍集装箱船"意实"轮在深圳港盐田4号锚地锚泊期间，装载在主甲板面左舷中部BAY311482的集装箱内货物起火，并引起周围集装箱内可燃货物燃烧。

事故发生后，在深圳海救分中心的协调指挥下，经过深圳海事局、深圳市公安消防局、广州救捞局等单位以及"意实"轮船员的共同努力，火灾于8月6日被完全控制，未造成人员伤亡，着火货物和危险品货物被安全转移，船舶安全靠盐田集装箱码头。

事故造成10个20英尺集装箱和35个40英尺集装箱全损，以及49个集装箱内货物全损，同时产生了救助费用，直接经济损失约合人民币1 000万元，属重大事故。

经调查，火灾的原因是BAY311482集装箱内桶装过氧化乙基甲基酮泄漏后发生化学反应燃烧所致。

四、第 5 类总结例表

表 2-19 为氧化性物质和有机过氧化物总结例表。

表 2-19　氧化性物质和有机过氧化物总结例表

危险性标签	名称/项别/IMP	描　　述	举例与注释
	氧化性物质 5.1 项 ROX	自身不一定可燃,但可以放出氧气而引起其他物质燃烧的物质	硝酸铵肥料、氯酸钙、漂白粉、高锰酸钾、双氧水、三氧化铬
	有机过氧化物 5.2 项 ROX	分子组成中含有二价氧基-O-O-的有机物	叔丁基过氧化氢、过氧乙酸

第七节　第 6 类——毒性物质和感染性物质

一、第 6 类分项

(一) 6.1 项:毒性物质

1. 定义

毒性物质是指在口食、吸入或与皮肤接触后,进入人体可导致死亡或伤害或危害人类健康的物质。毒性物质的物理形态有固体和液体或它们挥发出来的气体、蒸气、雾、烟雾和粉尘。有的毒性物质还具有易燃性、腐蚀性和污染性。

来源于植物、动物或其他菌源的毒素,如不含感染性物质或微生物,应分类为 6.1 项,并划归 UN3172。

2. 毒性物质的毒性指标

(1) 口服 LD_{50}（口服毒性的致死中量）：通过口服使一群实验动物发生 50% 死亡率时每千克体重的毒物用量，单位 mg/kg。

(2) 皮肤接触 LD_{50}（皮肤接触毒性的致死中量）：通过皮肤接触使一群实验动物发生 50% 死亡率时每千克体重的毒物用量，单位 mg/kg。

(3) 吸入 LC_{50}（吸入毒性的半数致死浓度）：通过吸入接触使一群实验动物发生 50% 死亡率时有毒物在空气中的浓度，单位 mg/L（粉尘、烟雾）或 mL/m^3（蒸气）。

3. 毒性物质进入人体的途径

(1) 消化道：经消化道吸收的毒物先经过肝脏，转化后进入血液中。

(2) 皮肤：许多毒物能通过皮肤吸收（通过表皮屏障、毛囊，极少数通过汗腺）进入皮下血管中，吸收的数量与毒物的溶解性、浓度、皮肤的温度、出汗等有关。

(3) 呼吸道：整个呼吸道都能吸收毒物，其中以肺泡的吸收能力最大；其吸收毒物的速度取决于空气中毒物的浓度、理化性质和肺活量等。

因此在运输过程中，需要保护工作人员的安全，特别需要防护呼吸道的中毒途径。

4. 包装等级的划分及标准

(1) 包括农药在内的 6.1 项毒性物质，必须根据它们在运输中的毒性危险程度划入如下包装等级：

① 包装等级Ⅰ级——具有非常剧烈毒性危险的物质。
② 包装等级Ⅱ级——具有严重毒性危险的物质及制剂。
③ 包装等级Ⅲ级——具有较低毒性危险的物质及制剂。

(2) 在人类缺乏经验的时候，必须以动物实验所得的数据为根据来划定包装等级，如根据动物实验中得出的 LD_{50} 或 LC_{50} 毒性数据来划定包装等级。表 2-20 和 2-21 列出了 6.1 项包装等级标准。

表 2-20 口服、皮肤接触及吸入尘/雾的毒性

包 装 等 级	口服毒性 LD_{50}（mg/kg）	皮肤接触毒性 LD_{50}（mg/kg）	吸入尘、雾毒性 LC_{50}（mg/L）
Ⅰ	小于或等于 5	小于或等于 40	小于或等于 0.5
Ⅱ	大于 5，但小于或等于 50	大于 40 但小于或等于 200	大于 0.5 但小于或等于 2
Ⅲ	大于 50，但小于或等于 300	大于 200 但小于或等于 1 000	大于 2 但小于或等于 4

注：符合第 8 类标准，并且吸入粉尘和烟雾毒性（LC_{50}）属于Ⅰ级包装的物质，只有在口服摄入或皮肤接触毒性至少是Ⅰ级或Ⅱ级包装时才被认为可划入 6.1 项，否则划入第 8 类。

表 2-21 吸入蒸气的毒性

包 装 等 级	吸入蒸气毒性
Ⅰ	$LC_{50} \leq 1\ 000 ml/m^3$ 并且 $V \geq 10 \times LC_{50}$
Ⅱ	$LC_{50} \leq 3\ 000 ml/m^3$ 并且 $V \geq LC_{50}$，同时未能达到包装等级Ⅰ级标准
Ⅲ	$LC_{50} \leq 5\ 000 ml/m^3$ 并且 $V \geq 0.2 \times LC_{50}$，同时未能达到包装等级Ⅰ级和Ⅱ级标准

注：V 是指在 20℃ 和标准大气压下空气中饱和蒸气的浓度，单位 mL/m^3。

催泪性气体物质即使毒性数据为包装等级Ⅲ级要求,也必须归为包装等级Ⅱ级,吸入蒸气可导致中毒的Ⅰ级包装的液体毒性物质,禁止用客机和货机运输。

如果某一毒性物质在通过不同途径侵入人体时表现出不同程度的毒性,则必须根据其中最高的毒性划定包装等级。就某一毒性物质而言,如果吸入其蒸气与烟雾所产生的毒性大小不同,则必须按两者中的最高毒性确定其包装。

5. 常见的毒性物质

(1) 四乙基铅

分子式为 $Pb(C_2H_5)_4$,无色油状液体,比重为 1.64,有苹果香味,不溶于水,易溶于有机溶剂和脂肪,易挥发,易进入呼吸道,易为皮肤接触吸收。急性四乙基铅中毒是以神经精神症状为主要临床表现的全身性疾病,重者可昏迷致死。四乙基铅常用作汽油抗爆剂,防止发动机内发生爆震,从而能够使用更高的压缩比率,提高汽车发动机效率和功率。

(2) 氢氰酸及其盐

氢氰酸有苦杏仁味,极易扩散,如通过呼吸进入体内,毒性很大。氰化钾若被误食,50mg 可致人死亡。KCN 遇 H_2O_2 分解很快,故小量的 KCN 中毒可用 H_2O_2 做解毒剂:

$$H_2O + KCN + H_2O_2 = KHCO_3 + NH_3$$

氰化钾(见图 2-37)为白色圆球形硬块,粒状或结晶性粉末,剧毒。在湿空气中潮解并放出微量的氰化氢气体。易溶于水,微溶于醇,水溶液呈强碱性,并很快水解。无论人还是动物,一旦吸入或皮肤的伤口接触到微量粉末,都会即刻中毒死亡。它与酸接触分解能放出剧毒的氰化氢气体,与氯酸盐或亚硝酸钠混合能发生爆炸。氰化钾是一种重要的基本化工原料,用于基本化学合成、电镀、冶金和有机合成医药、农药及金属处理等方面。可以作为化学试剂、络合剂、掩蔽剂,也可以用于金、银等贵重金属提炼和电镀等。

(3) 苯胺

苯胺又称阿尼林、阿尼林油、氨基苯,无色透明油状液体,有特殊气味,极易挥发,易溶于有机溶剂,所以很容易经皮肤和呼吸道吸收。它有很强的污染性,稍溶于水,经冲洗不易彻底清洗。苯胺毒性比较高,仅少量就能引起中毒。主要是通过皮肤、呼吸道和消化道进入人体。急性中毒主要引起高铁血红蛋白血症和肝、肾及皮肤损害。短期内皮肤吸收或吸入大量苯胺者先出现高铁血红蛋白血症,表现为舌、唇、指(趾)甲、面颊、耳郭呈蓝褐色,严重时皮肤、黏膜呈铅灰色,并有头晕、头痛、乏力、胸闷、心悸、气急、食欲不振、恶心、呕吐,甚至意识障碍;眼睛接触可出现结膜角膜炎;皮肤接触可引起皮炎。长期低浓度接触可引起慢性中毒性肝病。

(4) 砷及其化合物

砷的俗名为砒,呈灰色、黄色或黑色的金属状晶体,纯的未被氧化的砷是无毒的,不纯的砷俗称砒霜,有剧毒。砷的氧化物及对应酸和盐、氢化物大都具有毒性,不少是极毒物质。

砷及其化合物可用作药物或杀虫剂(见图 2-38)等。

图 2-37　氰化钾

图 2-38　杀虫剂

（二）6.2 项：感染性物质

1. 感染性物质的定义

感染性物质(Infections Substances)是指那些包括已知含有或有理由认为含有病原体的物质。病原体指会使人类和动物引起传染性疾病的微生物(包括细菌、病毒、立克次氏病原体、寄生虫、真菌)或重组微生物(杂交体或突变体)。如果对人类和动物无致病性，不受本细则该项条款的限制。只有接触能引起疾病传播的感染性物质受本细则限制。

感染性物质还包括：

（1）生物制品

生物制品(Biological Products)是从活生物体中取得的，具有特别许可证发放要求的，且按照国家政府当局的要求制造或销售的，并用于预防、治疗或诊断人类或动物的疾病，或用于与此类活动有关的开发、试验或调查目的的产品。生物制品包括但不限于诸如疫苗和诊断制品等成品或半成品。

（2）培养物

培养物(Culture)是病原体被有意繁殖处理的结果。该定义不包含人类或动物的病患标本。

（3）病患标本

病患标本(Patient Specimens)是指为了研究、诊断、调查活动和疾病治疗与预防等目的运输的直接从人或动物身上采集的人体或动物体物质，包括但不限于人体或动物的血液、排泄物、分泌物及其成分、组织。

（4）医疗或临床废弃物

医疗或临床废弃物(Medical or Clinical Wastes)是指来源于人体、动物医疗或生物研究而产生的废弃物。

2. 感染性物质的分级

感染性物质必须归为 6.2 项,并划归到适用的 UN2814①、UN2900②、UN3291③或 UN3373④。

感染性物质分为以下两种级别:

(1) A级(A Category)是指在运输中与之接触能对本来健康的人或动物造成永久性残疾,危及生命或致命疾病的感染性物质。符合该标准的物质请见表2-22。

表2-22 A级感染性物质示例

UN编号和运输专用名称	微 生 物
UN2814 危害人类的感染性物质	Bacillus anthraces(culture only)炭疽杆菌(仅培养物) Brucella abortus(culture only)流产布鲁氏菌(仅培养物) Brucellamelitensis(culture only)牛羊布鲁氏菌(仅培养物) Brucella suis(culture only)布氏杆菌(仅培养物) Burkholderiamallei-Pseudomonasmallei-Glanders(culture only)鼻疽伯克霍尔德氏菌(仅培养物) Burkholderia pseudomallei-Pseudomonas pseud-omallei(culture only)类鼻疽伯克霍尔德氏菌(仅培养物) Chlamydia psittaci-avian strains(culture only)鹦鹉热衣原体—鸟类(仅培养物) Clostridium botulinum(culture only)肉毒杆菌(仅培养物) Coccidioides immitis(culture only)厌酷球孢子菌(仅培养物) Coxiella burnetii(culture only)伯氏考克斯氏体(仅培养物) Crimean-Congo hemorrhagic fever virus 克里米亚—刚果出血热病毒 Dengue virus(culture only)登革热病毒(仅培养物) Eastern equine encephalitis virus(culture only)东方马脑炎病毒(仅培养物) Escherichia coli,verotoxigenic(culture only)埃希氏大肠杆菌(仅培养物) Ebola virus 埃博拉病毒 Flexal virus 屈挠病毒 Francisella tularen(culture only)兔热病病原体(仅培养物) Guanarito virus 委内瑞拉出血热病毒 Hantaan virus 汉坦病毒 Hanatavirus causing hemorrhagic fever with renal syndrome 引起出血热及肾综合征的汉塔病毒 Hendra virus 亨的拉病毒 Hepatitis B virus(culture only)乙肝病毒(仅培养物) Herpes B virus(culture only)B型疱疹病毒(仅培养物) Human immunodeficiency virus(culture only)人类免疫缺陷病毒(艾滋病病毒)(仅培养物) Highly pathogenic avian influenza virus(culture only)高致病禽流感病毒(仅培养物) Japanese Encephalitis virus(culture only)日本脑炎病毒(仅培养物)

---

① UN2814 的运输专用名称为危害人的感染性物质。
② UN2900 的运输专用名称为仅危害动物的感染性物质。
③ UN3291 的运输专用名称是生物医疗废弃物。
④ UN3373 的运输专用名称为生物物质B类。

续表

UN编号和运输专用名称	微 生 物
UN2814 危害人类的感染性物质	Junin virus 胡宁病毒 Kyasanur Forest disease virus(culture only)科萨努尔森林病病毒 Lassa virus 拉沙热病毒 Machupo virus 马丘皮病毒 Marburg virus 马尔堡病毒 Monkey pox virus 猴天花病毒 Mycobacterium tuberculosis(culture only)结核分枝杆菌(仅培养物) Nipah virus 尼帕病毒 Omsk hemorrhagic fever virus 鄂木斯克出血热病毒 Poliovirus(culture only)脊髓灰质炎病毒(仅培养物) Rabies virus(culture only)狂犬病毒(仅培养物) Rickettsia prowazekii(culture only)斑疹伤寒普氏立克次体(仅培养物) Rickettsia rickettsii(culture only)斑疹伤寒立氏立克次体(仅培养物) Rift Valley fever virus(culture only)裂谷热病毒(仅培养物) Russian spring-summer encephalitis virus(culture only)俄罗斯春夏脑炎病毒(仅培养物) Saba virus 巴西出血热病毒 Shigella dysenteriae type I(culture only)I 型痢疾志贺菌(仅培养物) Tick-borne encephalitis virus(culture only)蜱媒脑炎病毒(仅培养物) Variola virus 天花病毒 Venezuelan equine encephalitis virus(culture only)委内瑞拉马脑炎病毒(仅培养物) West Nile virus(culture only)西尼罗河病毒(仅培养物) Yellow fever virus(culture only)黄热病毒(仅培养物) Yersinia pestis(culture only)鼠疫杆菌(仅培养物)
UN2900 仅危险动物的感染性物质	Afican swine fever virus 非洲猪热病毒 Avian paramyxovirus Type I-Velogenic newcastle disease virus I 型禽副伤寒病毒—新城疫病毒 Classical swine fever virus 典型猪瘟病毒 Foot and Mouth disease virus 口蹄疫病毒 Lumpy skin disease virus 结节性皮炎病毒 Mycoplasmamycoides-Contagious bovine pleuropneumonia 丝状支原体—传染性牛胸膜肺炎 Peste des petits ruminants virus 小反刍兽疫病毒 Rinder pest virus 牛疫病毒 Sheep-Pox virus 绵羊痘病毒 Goat pox virus 山羊痘病毒 Swine vesicular disease virus 猪水疱病病毒 Vesicular stomatitis virus 水疱性口炎病毒

注:此表中并没有全部把感染性物质列出。表中没有出现但符合同样标准的感染性物质,包括新的或正在出现的病菌必须划为 A 级。另外,如果对一物质是否符合标准有疑问,也必须将该物质列入 A 级。

① 符合此标准的感染性物质使人感染或使人和动物共同感染的必须划入 UN2814,仅使动物感染的必须划入 UN2900;

② 划入 UN2814 或 UN2900 的必须基于病源人或动物的已知病史和症状,当地的地方性特征或对病源人或动物的个体情况的职业判断。

(2) B级(B Category)是指不符合 A 类标准的感染性物质。B 级中的感染性物质必须划入 UN3373,其运输专用名称为"生物物质,B 级"(Biological Substance,Category B)。

3. 感染性物质的例外情况

满足下列条件之一的,不属于具有感染性的危险品,可按普货处理。

(1) 不含感染性物质或所含物质不会轻易造成人类或动物疾病的物质。

(2) 含有微生物、对人体或动物没有致病性的物质。

(3) 经处理后病原体无效或已经被灭活的,不再具有危害健康的物质。

(4) 被认为并不会带来重大感染危险的环境样品(包括食物和水样)。

(5) 从吸附材料上的血滴里采集的干血斑点,用来检测的排泄物中的微量成分的血及为输血或制备血液制品而收集的血液及其组分,用于移植的血液制品,组织或器官。

(6) 存在可能性很低的病患标本,如果该标本包装在防泄漏的并且标有"感染排除的人体标本"或"感染排除的动物体标本"字样的包装容器内,容器及包装须符合 DGR 3.6.2.2.3.6 的规定。

(7) 运输作为消毒、清洁、杀菌、维护或装备评估,可能被感染的或含有感染性物质的医疗设备或容器,如包装在正常运输时,不破损、不被穿刺或泄漏。但该例外不适用于 UN3291;被 A 级感染或 A 级的医疗设备;污染或含有另一种危险品的医疗设备。

4. 感染性物质的危险等级

感染性物质共分为四个危险等级,划分标准由世界卫生组织制定。

(1) Ⅳ级危险(个体与团体均易感染)

指能引起人类或动物严重疾病的微生物。传播的危险性很大,通常没有有效的预防和治疗办法。

(2) Ⅲ级危险(个体易感染,团体感染性小)

指能引起人类或动物严重疾病的微生物。传播的危险性很大,但通常可采取有效的预防和治疗方法。

(3) Ⅱ级危险(对个体的传染性一般,对团体的危害性有限)

指能引起人类或动物发病的微生物。没有传播的可能性,通常可采取有效的预防和治疗办法。

(4) Ⅰ级危险(个体与团体感染性均小)

指不能引起人类或动物发病的微生物。

5. 常见感染性物质与物品

(1) 生物制品

① 按照国家的有关要求制造和包装,并为了最后包装或销售而运输。这些制品一般来说绝大部分用于人类及动物的预防、治疗、诊断疾病等方面(例如疫苗,如图 2-39 所示);以及供医务人员或个人自身保健而使用的生物制品,都不受国际航空运输协会《危险品规则》的限制。

② 不属于以上情况,且已知或有理由相信含有感染性物质和符合 A 类或 B 类标准物质

的生物制品，必须酌情划归为 UN2814、UN2900 或 UN3373。

（2）转基因微生物和生物

不符合感染性物质定义的转基因微生物和生物必须按照国际航空运输协会《危险品规则》划为第 9 类危险品。

（3）医疗或临床废弃物

① 培养物中含有 A 类感染性物质的医疗或临床废弃物必须视情况划入 UN2814 或 UN2900；

② 培养物中含有 B 类感染性物质的医学或临床废弃物必须划入 UN3291；

③ 有理由相信含有低可能性的感染性物质的医学或临床废弃物必须划入 UN3291；

④ 曾含有感染性物质的医学或临床废弃物，经消毒后不受本规则的限制，除非符合其他类别危险品标准。

（4）感染性活体动物

有意使其感染和已知或怀疑带有感染性物质的活体动物，不得空运，除非所含有的感染性物质无法以其他方式进行托运。受感染的动物只可以依照有关国家批准的限制条件进行运输。

除非感染性物质没有其他方式托运，否则不得使用已感染的活体动物来运输感染性物质。

动物材料被 A 级或将要划为 A 级仅限培养菌种的病毒感染，必须划入 UN2814 或 UN2900。

（5）病患标本

除符合国际航运感染性物质的例外的病源标本不受《危险品规则》限制，其他必须视情况划入 UN2814、UN2900 或 UN3373。病患标本如图 2-40 所示。

图 2-39　疫苗

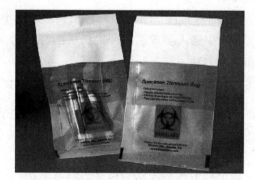

图 2-40　病患标本

二、毒性物质与感染性物质事故案例

1. 案例一

1968 年夏，上海某运输公司装运苯胺，其中一名装卸工因天气炎热，坐在苯胺桶上休息，遭到苯胺蒸气的侵害。当天任务完成以后便感到不适，嘴唇出现黑紫状，公司医务室当即将其送往医院治疗,在急诊和治疗过程中,全身换了三次新鲜血液。虽然抢救及时,保全了生命,但还是得了痴呆症。

2. 案例二

1999 年 4 月,青岛至广州的航班在广州落地后,装卸工人打开舱门卸货,闻到一股浓烈的刺鼻味。一件货物破损并流出液体,此货为间氟苯酚(第 6.1 项毒性物质),未申报,且使用的是饮水机的旧包装。该起事故造成 17 名工作人员不同程度的中毒。局方对托运货物的代理人处以 10 万元罚款。

三、毒性物质与感染性物质总结例表

毒性物质与感染性物质总结例表如表 2-23 所示。

表 2-23　毒性物质与感染物质总结例表

危险性标签	名称/项别/IMP	描述	举例与注释
Toxic 6	毒性物质 6.1 项 RPB	在口食、吸入或与皮肤接触后,进入人体可导致死亡、伤害或危害人类健康的物质	砒霜、尼古丁、氰化物、农药或杀虫剂
Infectious substance 6	感染性物质 6.2 项 RIS	那些包括已知含有或有理由认为含有病原体的物质	病毒、病菌,例如 HIV、AIDS、狂犬病毒、诊断标本、医疗或临床废弃物

第八节　第 7 类——放射性物质

一、放射性及射线种类

凡物质能自发地(即不受外界温度、压力等影响)、不断地向外界放射出穿透力很强,人的感觉器官不能察觉到的射线,这种放射出射线的性质叫放射性。一些元素的原子和它们的化合物能够自原子核内部自行放出穿透力很强而人的感觉器官不能察觉的粒子流(射

线)。射线通常有四种：α射线、β射线、γ射线和中子流。各种不同的放射性元素或化合物，有的只有放出一种射线，有的可以同时放出几种射线，每种射线的性质、射线强度和对人体的危害性都不同，如图 2-41 所示。

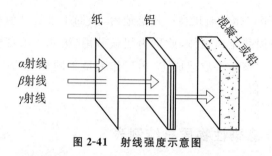

图 2-41　射线强度示意图

具有放射性的元素叫放射性元素。放射性物质放射的射线对人体辐射超过一定的剂量会造成人体各种疾病或造成遗传复发，甚至死亡。

二、放射性物质的定义、分类和包装

1. 定义

放射性物质是指能自发和连续地放射出某种类型的辐射（电离辐射）的物质或物品，放射性物质是指所含放射性元素的材料。放射性物质及包装如图 2-42 所示。

图 2-42　放射性物质及包装

此种辐射可使照相底片或 X 光片感光。这种辐射不能被人体的任何感官（视觉、听觉、嗅觉、触觉）觉察到，但可用合适的仪器鉴别和测量。要强调的是，特定的仪器能够检测和测量到远低于能显著影响健康的辐射水平。

对《危险品规则》而言，第 7 类不包括如下内容：

（1）诊断或治疗而植入或装入人体或活的动物体内的放射性物品；

（2）受放射性物质意外或故意辐射或污染后将要搭乘航空器前去治疗的人，但此人要在经营人的要求下采取一些防护措施，以避免影响其他乘客和机组人员；

（3）已获得主管部门批准并已出售给最终用户的消费品种的放射性物品；

（4）自身包含处于其自然状态的，或仅为非提取放射性核素而进行过处理的，和不是为

使用放射性核素而进行加工的含天然放射性核素的天然物质和矿石;

(5) 其任何表面上存在的放射性物品未超过《危险品规则》10.3.6 污染定义中规定的限量的非放射性固体物质。

2. 分类

放射性物品按其放射性比活度或安全程度分为 5 类:
- 特殊形式放射性物品(Special Form Radioactive Material)
- 低比活度放射性物品(LSA)(Low Specific Activity Radioactive Material)
- 表面污染物体(SCO)(Surface Contaminated Object)
- 裂变物质(Fissle Material)
- 其他形式放射性物品(Other Form Radioactive Material)

3. 包装

不管放射性物质本身的辐射水平多么高,经过屏蔽包装,在放射性物质的包装表面,其辐射水平可以控制在一定的水平。按包装件或集装箱的运输指数,可以将放射性物质分为三个等级,运输指数大于 10 的包装件,一般禁止运输。

放射性物质的分类及包装等详细内容请见后面第六章。

三、放射性物质的辐射危害

放射性物质对人体的伤害,所受剂量不同,所引起的反应也不同,主要分为急性和慢性两种效应。

(1) 急性效应:当人体在短时间内受到 50 伦琴以上大剂量体外照射时,会产生急性放射性躯体效应,即出现红细胞突然减少、血压突然降低、出血、腹泻、呕吐、失水、生理失调、神经部分瘫痪、脱发、抽筋、休克等症状。但急性效应在运输中不易出现,除非发生意外事故而毫无防护。

(2) 慢性效应:在实际工作中如果长期不注意防护,可能会发生慢性效应,出现白细胞、红细胞减少,头痛恶心,精神不振,食欲减退,睡眠不好,消化不良,疲劳乏力等症状。

四、放射性物质的辐射防护

射线对人体的照射有两种,一是人体处在空间辐射场中所受到的外照射;二是摄入放射性物质对人体或人体的某器官所形成的内照射。对两种照射都要进行防护。

1. 外照射防护

(1) 屏蔽防护:将辐射源或人员进行屏蔽。要求按规定对放射性货物进行包装,并使之牢固无损,处在辐射场的工作人员必须穿戴必要的防护用品,如铅手套、铅围裙和防护目镜等。

(2) 时间防护:人体所受到外照射的总量越大,危险性越大,而人体所受到外照射的总剂量与剂量率和时间成正比。因此,必须尽量减少照射的时间,对作业时间要进行严格限制。

(3) 距离防护:空气对射线有一定的吸收作用,人体与放射源距离越大,所受到的外照射的剂量就越小,增大与辐射源的距离,能大大减少操作者所受到的剂量率。所以,在没有屏蔽防护的情况下必须遵守安全距离(见表2-24)(指在这个距离以外人员与放射性货包相处或作业,可以不受时间的限制)的规定。

表2-24 人员与放射性货包之间的安全距离表

货包运输指数	0.3	0.4	0.5	0.7	1	2	5	10	20	50
安全距离(m)	1	1.2	1.3	1.5	1.7	2.6	4	5.6	8	13

2. 内照射防护

放射性物质进入人体内才产生内照射,要防止内照射的发生,主要措施有:

(1) 防止放射性物质由消化系统进入体内。作业时严禁饮食、饮水及吸烟,必须穿工作服、戴手套和口罩。作业完毕后应立即脱下穿戴清洗并换上清洁衣服。对手以及任何可能污染的部位进行检查,必须在容许程度以下时才可进食或与他人接触。

(2) 放射性物质由呼吸系统进入体内。作业时,环境要保持良好的通风,杜绝放射性物质粉末由于过分干燥而飘浮于空气中。

(3) 防止放射性物质由皮肤进入体内。作业时要注意防止损伤皮肤,严禁皮肤有伤口、孕妇或哺乳妇女等人员参加作业。

五、放射性污染的清除

在运输保管过程中,及时清除放射性物质,是内外照射防护的共同要求。清除放射性污染,并不能消除放射性,而是将污染物质转移到安全场所。因此,清除放射性污染中所产生的废液、废物也有放射性,要按照放射性废物处理办法妥善处理,不能随意排放、倾倒。清除污染要及时并防止污染面扩大。对于严重污染,清除后应作辐射测定,保证清除效果达到安全水平。

由于放射性物质的性质各异,被污染物体的表面性质也不同,所以放射性物质与被污染物体表面的结合方式不同,采用的除污染剂和方法也不同,对于一般的污染,主要方法有:

(1) 金属性的车辆、货舱和作业工具,一般用肥皂水或洗涤剂浸泡刷洗,再用清水冲净。也可用9%~18%的盐酸或3%~6%的硫酸溶液浸泡刷洗后,再用清水冲净。

(2) 橡胶制品,用肥皂水或稀硝酸溶液浸泡后,再用清水冲净。

(3) 布质用品,一般可用肥皂水洗涤后,再用清水冲净。如污染较严重,可用0.02mol/L盐酸、1%草酸和1%偏磷酸钠的混合溶液浸泡,然后再清洗。如污染严重,且放射性核素半衰期又较长的,宜作废物处理。

(4) 正常皮肤及黏膜除污染时,首先应在辐射仪检查下确定污染范围及程度,先保护好未被污染的皮肤,然后再用温肥皂水轻拭污染区,继而用温清水洗涤,这样可以去除绝大部分的污染。如还未达到要求,可用10%的二乙胺四醋酸(EDTA)溶液或6.5%的高锰酸钾(P.P.)溶液清洗,再用清水冲洗。最后用辐射仪监测,直至达到要求。

(5) 病态或破损皮肤及黏膜被污染后,要立即送往医院。

六、放射性物质事故案例

2001年4月15日18时50分,浦东国际机场货运部向浦东新区民防办报警,称该部放射性危险品仓库内刚放进医用同位素时,报警器发生鸣叫,有泄漏预警,要求调查处置。经查,该货物是当日下午由瑞士托运来的医用同位素,共有4箱,其中2个是铁箱,2个是纸箱。经现场检测,发现其中1个铁箱内液体容器瓶破碎,引起某放射性同位素γ射线外泄。

2002年6月19日上午9时50分,浦东国际机场货运部又向浦东新区民防办报警,称该放射性危险品仓库内报警器鸣叫。经查,仓库内有一箱同位素由欧洲某国于半年前托运空港后放置在仓库内,箱体包装外面是木质框架,木框内铁箱中玻璃瓶内盛放11kg液体同位素。货主是上海某集团,他们不提取货物的原因是该货物与原订货物不符,并声明放弃此货。经检测,仓库内γ射线超标,已有泄漏。

究其两次超标事故发生的原因主要有三点:首先,机场货运部对货物的托运检查、仓储存放期限、买卖双方对货物确认签约手续等方面的管理尚有漏洞;其次,放射性货物存放时间过长,在仓库货物提运过程中极易损坏盛器,引发事故;最后,机场货运部对危险品进关时检测不够严格。

七、放射性物质总结例表

放射性物质总结例表如表2-25所示。

表2-25 放射性物质总结例表

危险性标签	名称/项/IMP	描 述	举例与注释
RADIOACTIVE I	放射性物质 第7类 I级—白色 RRW	I级—白色放射性物质 包装件表面辐射水平低 运输指数=0	医疗或工业用放射性核素或放射性同位素,例如钴-60、铯-131、碘-132、铱-192
RADIOACTIVE II	放射性物质 第7类 II级—黄色 RRY	II级—黄色放射性物质 辐射水平高于I级白色放射性物质 0<运输指数≤1	
RADIOACTIVE III	放射性物质 第7类 III级—黄色 RRY	III级—黄色放射性物质 辐射水平高于II级黄色放射性物质 1<运输指数≤10	

续表

危险性标签	名称/项/IMP	描述	举例与注释
FISSILE CRITICALITY SAFETY INDEX 7	放射性物质 易裂变物质 临界安全指数	临界安全指数标签必须与对应的放射性标签一起使用,用于对含有裂变物质的包装件或合成包装件的聚集进行控制	铀-233 和铀-235 钚-239 和钚-241

第九节　第8类——腐蚀性物质

一、腐蚀现象及危害

1. 腐蚀现象

腐蚀现象是指材料在环境的作用下引起的破坏或变质。主要指由于发生化学反应或电化学反应而使物质的表面受到破坏,如金属的腐蚀、铁的锈蚀。

一般腐蚀现象常表现为以下几种情况:

(1) 金属与酸或碱性物质发生置换反应使金属被腐蚀;

(2) 金属被氧化性酸(如 HNO_3、$HClO$)氧化而腐蚀;

(3) 某些碱或浓酸具有很强的吸水性,能吸收含水物质的水分而导致物质干裂而损坏,如浓硫酸、固体烧碱等;

(4) 浓硫酸具有强脱水性,能使有机物脱水碳化,灼伤人体皮肤;

(5) 氧化性酸能使有机物氧化而被腐蚀;

(6) 强碱性物质(如 $NaOH$)能与油脂、氨基酸等作用而破坏人体组织,使人体受到伤害;

(7) 硫酸的磺化作用和硝酸的硝化作用等亦能破坏有机体的组织和皮肤等。

由于增大反应物浓度,升高反应温度,使用催化剂,一般都能加快反应速度,因此,腐蚀性物质的浓度、环境温度、是否有催化剂存在是影响腐蚀性快慢的主要外界因素。

2. 腐蚀性危害

(1) 人体危害:由于腐蚀性物质具有腐蚀性,一旦接触人的皮肤、眼睛或进入呼吸道,就立即与表皮细胞组织发生反应,使细胞组织受到破坏,而造成烧伤。呼吸道、消化道的表面黏膜比人体表皮更易受腐蚀。内部器官被烧伤时,会引起炎症(如肺炎等),严重的会死亡。例如,氨水溅入眼睛可能引起失明,浓硫酸使皮肤和组织脱水碳化而变黑。

(2) 其他危害:腐蚀性物质还会腐蚀金属的容器、车厢、货舱、机舱及设备等,也会腐蚀木材、布匹、纸张和皮革等。例如,泄漏的盐酸和烧碱对货舱的腐蚀是非常危险的。

二、腐蚀性物质的定义及性质

腐蚀性物质(见图2-43)是指通过化学作用使生物组织接触时造成严重损伤,或在渗漏时会严重损害甚至毁坏其他货物或运载工具的物质,如湿电池电解液、汞、硫酸等。

湿电池电解液　　　　　　硫酸　　　　　　温度计(汞)

图 2-43　腐蚀性物质

腐蚀性物质的化学性质非常活泼,能与很多金属、非金属及动植物机体等发生化学反应。腐蚀性物质主要表现为腐蚀性,但很多腐蚀性物质还具有毒性、易燃性、氧化性等性质中的一种或数种。

各种腐蚀性物质接触不同物质发生腐蚀反应的效应及速度不同。这是由各种腐蚀性物质具有腐蚀性的强弱、各物品的耐腐蚀性以及不同腐蚀性物质对不同材料的腐蚀性的大小不同决定的。

三、腐蚀性物质的包装等级划分

在运输作业中,作业人员总要直接或间接地接触腐蚀性物质。因此,我们以能否对人体造成损害作为划分腐蚀性物质的依据,以人体的皮肤或黏膜组织的损害程度(由动物代替实验取得)作为腐蚀性物质腐蚀性强弱的统一标准,以与皮肤接触使之发生坏死现象所需的时间长短等为依据把腐蚀性物质进行包装等级的划分。

根据腐蚀性把腐蚀性物质划分为3种不同的包装等级(见表2-26)。

表 2-26　腐蚀性物质包装等级划分

包 装 等 级	接 触 时 间	观 察 时 间	对钢/铝的腐蚀速度
Ⅰ	≤3min	≤60min	—
Ⅱ	3min<接触时间≤60min	≤14d	—
Ⅲ	60min<接触时间≤4h	≤14d	每年腐蚀厚度>6.25mm,实验温度为55℃(130℉)

(1) Ⅰ级(危险性较大的物质)

使被测物质与完好的动物皮肤接触,接触时间不超过3min,然后进行观察,观察时间为

60min。在观察期内,皮肤被破坏的厚度达到100%,则被测物质应定为Ⅰ级。

(2) Ⅱ级(危险性中等的物质)

使被测物质与完好的动物皮肤接触,接触时间超过3min而不超过60min,然后进行观察,观察时间为14d。在观察期内,皮肤被破坏的厚度达到100%,则被测物质应定为Ⅱ级。

(3) Ⅲ级(危险性较小的物质)

使被测物质与完好的动物皮肤接触,接触时间超过60min而不超过4h,然后进行观察,观察时间为14d。在观察期内,皮肤被破坏的厚度如达到100%,则被测物质应定为Ⅲ级;如被测物质对皮肤的破坏厚度达不到100%,但在55℃(130°F)的实验温度下,被测物质在一年之内腐蚀掉钢或铝的厚度可达6.25mm(1/4in)以上[实验使用的钢必须是P3(ISO/2604/IV/75)型或类似型号,铝必须是无覆盖层的7075-T6型或AZ5GU-T6型],则被测物质也应定为Ⅲ级。

达到第8类危险品标准的物质和制品,同时具有吸入粉尘和烟雾毒性(LC_{50})属于Ⅰ级包装而经口摄入或皮肤接触有毒属于Ⅲ级包装或更低的必须划为第8类。

四、常见腐蚀性物质

1. 硝酸

硝酸(HNO_3)(见图2-44)是透明、无色或带黄色,有独特的窒息性气味的腐蚀性液体。其危险主要表现在强腐蚀性(强氧化性)和伴随生成毒性气体NO或NO_2以及人体产生化学灼伤。

图2-44 硝酸

硝酸能与多种物质(如金属粉末、电石、硫化氢、松节油、醋酸、丙酮、乙醇、硝基苯)猛烈反应,发生爆炸。与木屑、棉花或其他纤维产品等接触引起燃烧。与人体皮肤、黏膜和组织接触会引起化学灼伤,表现为皮肤变黄、眼睛和肺部发炎等。

2. 硫酸

纯硫酸（H_2SO_4）是无色、无臭、透明、黏稠的油状液体。由于纯度不同,颜色自无色、黄色至黄棕色,有时还呈浑浊状。

稀硫酸具有酸的一切通性,能腐蚀金属、中和碱,与金属氧化物和碳酸盐作用。

浓硫酸具有吸水性、脱水性、氧化性等特性,表现为它遇水放出高热而引起飞溅或爆炸；接触人体皮肤、黏膜和组织出现化学灼伤；与许多物质（如木屑、稻草、纸张、电石、高氯酸钾、硝酸盐）发生猛烈反应而引起燃烧或爆炸,同时有毒性物质产生。所以,浓硫酸不宜与任何其他物质配载。

硫酸需要储存于阴凉、通风的库房,保持容器密封,远离火种、热源,工作场所严禁吸烟,远离易燃、可燃物。防止蒸气泄漏到工作场所空气中。避免与还原剂、碱类、碱金属接触。搬运时要轻装轻卸,防止包装及容器损坏。配备相应品种和数量的消防器材及泄漏应急处理设备。倒空的容器可能残留有害物。稀释或制备溶液时,应把酸加入水中,避免沸腾和飞溅伤及人员。

3. 乙酸

乙酸（CH_3COOH）是一种普通的有机酸,俗名醋酸或冰醋酸。凝固点为16.6℃,闪点为40℃,沸点为118℃,爆炸极限为4％～17％。它凝固时,体积会膨胀,装载过满的容器会因此而胀裂；夏季则又会因瓶内蒸气压升高而顶开瓶塞。所以,包装时要留有余量。

醋酸是弱酸,但对铅和大多数金属有腐蚀性,它与铬酸、过氧化钠、硝酸或其他氧化剂接触,有爆炸危险。它对人体皮肤、黏膜和组织有刺激作用,严重时会引起皮肤起红斑、化学灼伤和水疱,消化道溃疡、坏死,呼吸道受损等。

4. 甲醛

纯甲醛（HCHO）是有强烈刺激性气味的无色气体,其37％～40％的水溶液俗称福尔马林。甲醛溶液容易气化,蒸气易燃,爆炸极限为7％～73％。蒸气能刺激呼吸系统和眼睛,高浓度下长时间停留会产生催泪效应以及支气管炎、肺水肿、结膜炎等症状。液体与皮肤接触,能使蛋白质凝固,触及皮肤硬化甚至局部组织坏死。长期接触能使皮肤造成裂口,发生肿瘤,特别在指甲周围较易生瘤。医学上用福尔马林浸泡尸体,免遭细菌的侵袭而起到防腐作用,这是利用甲醛能凝固蛋白质这一特性。

5. 氢氧化钠

氢氧化钠（NaOH）（见图2-45）俗名较多,有烧碱、苛性钠、苛性碱、固碱、火碱等,是无色至青白色棒状、片状、粒状固体或液体。吸湿性强,也吸收CO_2,故储存和运输固体NaOH时,必须密封,防止与空气接触。

氢氧化钠遇水时放出大量热,使可燃物着火。遇湿时对铝、锌、锡等金属有腐蚀性,并放出易燃易爆的氢气,与酸类剧烈反应,与铵盐发生反应放出氨气,还能腐蚀玻璃。对皮肤、黏膜、角质、角膜等有极大的溶解作用、变质和腐蚀作用。

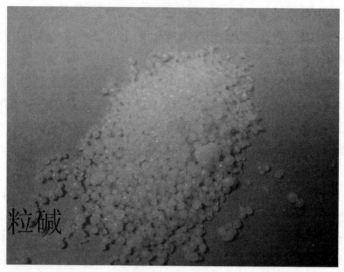

图 2-45 氢氧化钠

固体氢氧化钠需密封包装存放。运输过程中要确保容器不泄漏、不倒塌、不坠落、不损坏,防潮防雨。严禁与易燃物或可燃物、酸类、食用化学品等混装混运。运输时,运输车辆应配备泄漏应急处理设备。

6. 肼和水合肼

肼(N_2H_4)是碱性腐蚀品,是一种有氨味的无色液体。无水肼是高能的火箭燃料,性质异常活泼,不作商业运输。水合肼(含肼≤64%),露置空气中冒烟,挥发出肼的蒸气,毒性很强。水合肼有强的腐蚀性和还原性,能与一切氧化剂发生爆炸反应。

五、腐蚀品事故案例

2014 年 3 月 10 日,吉祥航空 HO1253 航班在执飞上海至北京任务过程中,货舱烟雾警告装置被触发,飞机紧急备降于济南遥墙机场。后经查明,原因是该航班的一货件内含腐蚀性、易燃化学品"二乙胺基三氟化硫",该物品的主要危险性是腐蚀性,次要危险性是易燃液体。但货运单上填写的货物品名为"标书、鞋子、连接线和轴承"。该票货物是由申通快递有限公司揽收,申通快递因与航空公司无销售代理协议,交由上海秉信物流有限公司运送,上海秉信又将货物转交持有航空货运单的上海申海杰国际物流有限公司进行了托运。

中航协方面指出,上述三家公司超出经营范围承揽危险品,并采取隐瞒手法将危险品谎报为普通货物运输,性质十分恶劣,严重危及民航安全,因此注销三家公司的货运代理资质。

六、腐蚀性物质总结例表

腐蚀性物质总结例表如表 2-27 所示。

表 2-27 腐蚀性物质总结例表

危险性标签	名称/项别/IMP	描 述	举例与注释
CORROSIVE	腐蚀品 第 8 类 RCM	通过化学作用使生物组织接触时造成严重损伤,或在渗漏时会严重损害甚至毁坏其他货物或运载工具的物质	湿电池电解液、硫酸、氢氧化钠、汞、金属镓等

第十节 第 9 类——杂项危险品

一、杂项危险品的定义

杂项危险品是指不属于第 1 类至第 8 类任何一类物品,但在航空运输中具有危险性的物品和物质。

二、杂项危险品的范围

杂项危险品范围包括航空限制的固体或液体、磁性物质、高温物质、危害环境的物质、转基因微生物和转基因生物以及杂项物质或物品,如下所示:

1. 航空限制的固体或液体

具有麻醉性、有害性、刺激性或其他类似性质的,一旦在航空器上溢出或泄漏能引起旅客和飞行机组人员极端烦躁或不适,致使不能正常履行职责的任何物质。注意:符合第 1 类至 8 类标准的物质和物品不包括在本类中。

2. 磁性物质

为航空运输而包装好的任何物质,如距离其包装件外面任意一点 2.1m 处的磁场强度不低于 0.159A/m(0.002 高斯),即为磁性物质。

(1) 磁场强度必须使用敏感度足够读出 2°变化的磁罗盘进行测定,最好增量范围在 1°或者更为精确;或者使用敏感度足够高的高斯计,可以测量出超过 0.000 5 高斯的磁场强度,公差范围在±5%;或者其他等效方式。

(2) 罗盘测量必须放置在除地磁场外不受磁场干扰的区域。当使用罗盘时,材料和罗盘必须对准东西方向。使用高斯计测量须根据制造商的指示进行操作。测量方法应该是:将包装好的材料在水平面旋转 360°且在测量设备与包装件表面任意一点之间保持一个固定的距离(根据包装说明号953规定的2.1m或4.6m)。可以采取屏蔽减少包装件的磁场强度。

(3) 磁性物质可能会对飞机的导航、通信设备产生一定的影响,危及航空安全。大部分铁磁性金属,例如机动车、机动车零部件、金属栅栏、管子和金属结构材料等,即使未达到磁性物质标准,由于可能影响飞行仪表,尤其是罗盘,也应遵守经营人的特殊装载要求。此外,单个未达到磁性物质标准但累积后可能属于磁性物质。

3. 高温物质

指运输的温度等于或高于100℃的液体状态的物质,或温度等于或高于240℃的固体物质。

4. 危害环境的物质

对水域环境有污染的液态或固态物质及其溶剂和混合物(包括制剂和废料)。

5. 转基因微生物和转基因生物

是指使用遗传工程,以非自然的方式有意将遗传物质改变了的微生物和生物。不符合感染性物质或毒性定义的转基因微生物和转基因生物,必须划入 UN3245。

遗传变异的微生物及生物体如得到始发、中转、目的地国家的批准,则不受《危险品规则》的限制。

6. 杂项物质或物品

杂项物质或物品如图 2-46～图 2-50 所示。

(1) 干冰:升华产生二氧化碳气体,比重大于空气,在密闭空间内和大量时能造成窒息;表面温度-79℃,容易冻伤皮肤。

(2) 聚合物颗粒:用于制造聚合物制品的半成品,当浸透易燃气体和液体时,可用作发泡剂,在运输时放出少量易燃气体。

(3) 锂电池:目前,手机、笔记本电脑等设备所用锂离子电池的主要构成部分包括:以钴酸锂为活性物质的正极,以石墨为活性物质的负极,有机电解液,聚丙烯或聚乙烯隔膜等。起火则主要由于电池壳体内部压力导致外壳破裂后,高温下的电极和电解液与空气接触,处于充电态的负极的活泼性接近金属锂,与氧接触会立即燃烧并引燃电解液、隔膜等。

图 2-46　水下照明设备

图 2-47　汽车及其安全气囊

图 2-48 干冰

图 2-49 航空救生器材

图 2-50 磁铁

此外,杂项物质或物品还包括石棉、消费品、救生器材、化学物品箱、急救箱、内燃机、机动车辆(易燃液体或易燃气体驱动)、电池动力设备或车辆、连二亚硫酸锌等。

三、第 9 类危险品事故案例

2006 年 2 月 8 日,一架 UPS 的飞机(航班号为 5X1307)在接近费城时所载货物突然起火,机身中冒出了火焰。

费城的消防人员花了 4 个小时与大火做斗争。当时这架有 39 年机龄的 DC-8 停留在机场的主跑道上,直到约凌晨 4 点,大火得到控制。飞机上的飞行员和机组人员是通过飞机的紧急滑梯逃离飞机的。

根据事故调查,造成飞机起火的原因有可能就是锂电池。美国国家运输安全委员会(National Transportation Safety Board,NTSB)于 2006 年 7 月举行听证会,就 UPS 飞机失火与其所装载锂电池的关系进行听证。

四、杂项危险品总结例表

杂项危险品总结例表如表 2-28 所示。

表 2-28 杂项危险品总结例表

危险性标签	名称/项别/IMP	描述	举例与注释
	杂项危险品 第9类 RMD	在航空运输中会产生危险但不在前8类中所包含。在航空运输中，可能会产生麻醉性、刺激性或其他性质而使旅客感到烦躁或不舒适	石棉、大蒜油、救生艇、内燃机、车辆、电动轮椅、航空救生器材
	颗粒状聚合物 RSB	充满易燃气体或液体，可能放出少量易燃气体	半成品聚合物材料，如聚氯乙烯颗粒
	固体二氧化碳 （干冰） ICE	固体二氧化碳（干冰）温度为 $-79℃$，其升华物比空气沉，在封闭的空间内大量的二氧化碳能造成窒息	干冰、冷冻蔬菜、冰盒（ICE BOX）、冰激凌
	磁性物质 第9级 MAG	这些物质产生很强的磁场	磁电管、未屏蔽的永磁体、钕铁硼

第十一节 多重危险性的物质与物品

一、多重危险性物质与物品

危险物品经常出现危险性能相互交叉，是因为各类危险物品的性能指标对应闪点、爆炸极限、燃点、自燃点、遇水反应、氧化性、致死中量、放射性物质的比活度、腐蚀性等。对于同一物质，用不同性能指标去测定，如果有两个以上的测定值在危险品的定义范围内，该物质就具有两种以上的危险性能。所以具备两种以上危险性能的危险物品称为多重危险性物质与物品。例如，腐蚀性物质除具有腐蚀性外，还具有毒性、易燃性和氧化性等。

判定多重危险性物质与物品属于哪一类危险物品，以其中主要的特性作为定类的标志，其余的则作为其副特性。因此，主要危险性是指危险品据以分类的主要特性，其余该物质的副特性称为次要危险性，对于腐蚀性物质来说，腐蚀性就是其主要危险性，而毒性、易燃性和氧化性属于次要危险性。

二、危险性主次顺序表

当某些危险品不只具有一种主要危险性，同时还具有一种或一种以上的次要危险性，如果某些物质或物品在IATA《危险品规则》4.2危险品表中未列出具体名称,又具有双重危险性,并且两种危险性出现在第3类、第4类、第8类、5.1项和6.1项时,必须用IATA《危险品规则》3.10.A表确定出两种危险性中的一种为主要危险性,如表2-29所示。表中纵横两行交叉处的类、项是主要危险性,其他类、项是次要危险性。

某一危险品或物质具有3种或3种以上危险性,但未明确列入IATA《危险品规则》4.2危险品表中,发生这种情况时必须请示始发国家的主管当局。(但列入IATA《危险品规则》4.1A表中的危险品除外)

三、包装等级和运输专用名称

在不同危险性所对应的包装等级中,必须选取最严格的包装等级作为该危险品的包装等级。选定的包装等级应在表示主要危险性的类、项编号旁边标明。

根据表2-29分类的物质或物品,必须选用危险品表中其主要危险性所属类、项对应的最贴切的泛指名称条目作为运输专用名称。

表2-29 第3、4、8类及5.1项和6.1项危险性和包装等级主次顺序表

类或项	包装等级	4.2 Ⅱ	4.2 Ⅲ	4.3 Ⅰ	4.3 Ⅱ	4.3 Ⅲ	5.1 Ⅰ	5.1 Ⅱ	5.1 Ⅲ	6.1(d) Ⅰ	6.1(o) Ⅰ	6.1 Ⅱ	6.1 Ⅲ	8(l) Ⅰ	8(s) Ⅰ	8(l) Ⅱ	8(s) Ⅱ	8(l) Ⅲ	8(s) Ⅲ
3	Ⅰ*			4.3, Ⅰ	4.3, Ⅰ	4.3, Ⅰ	—	—	—	3, Ⅰ	3, Ⅰ	3, Ⅰ	3, Ⅰ	3, Ⅰ	—	3, Ⅰ	—		
3	Ⅱ*			4.3, Ⅰ	4.3, Ⅱ	4.3, Ⅱ	—	—	—	3, Ⅰ	3, Ⅰ	3, Ⅱ	3, Ⅱ	8, Ⅰ	—	3, Ⅱ	—		
3	Ⅲ*			4.3, Ⅰ	4.3, Ⅱ	4.3, Ⅱ	—	—	—	6.1, Ⅰ	6.1, Ⅰ	6.1, Ⅱ	3, Ⅲ**	8, Ⅰ	8, Ⅱ	—	3, Ⅲ	—	
4.1	Ⅱ*	4.2, Ⅱ	4.2, Ⅱ	4.3, Ⅰ	4.3, Ⅱ	4.3, Ⅱ	5.1, Ⅰ	4.1, Ⅱ	4.1, Ⅱ	6.1, Ⅰ	6.1, Ⅰ	6.1, Ⅱ	4.1, Ⅱ	8, Ⅰ	—	4.1, Ⅱ	4.1, Ⅱ		
4.1	Ⅲ*	4.2, Ⅱ	4.2, Ⅱ	4.3, Ⅰ	4.3, Ⅱ	4.3, Ⅲ	5.1, Ⅰ	4.1, Ⅱ	4.1, Ⅲ	6.1, Ⅰ	6.1, Ⅰ	6.1, Ⅱ	4.1, Ⅲ	8, Ⅰ	—	4.1, Ⅲ	4.1, Ⅲ		
4.2	Ⅱ			4.3, Ⅰ	4.3, Ⅱ	4.3, Ⅱ	5.1, Ⅰ	4.2, Ⅱ	4.2, Ⅱ	6.1, Ⅰ	6.1, Ⅰ	6.1, Ⅱ	4.2, Ⅱ	8, Ⅰ		4.2, Ⅱ	4.2, Ⅱ	4.2, Ⅱ	
4.2	Ⅲ			4.3, Ⅰ	4.3, Ⅱ	4.3, Ⅲ	5.1, Ⅰ	5.1, Ⅱ	4.2, Ⅲ	6.1, Ⅰ	6.1, Ⅰ	6.1, Ⅱ	4.2, Ⅲ	8, Ⅰ		8, Ⅱ	4.2, Ⅲ	4.2, Ⅲ	
4.3	Ⅰ						5.1, Ⅰ	4.3, Ⅰ	4.3, Ⅰ	6.1, Ⅰ	4.3, Ⅰ	4.3, Ⅰ	4.3, Ⅰ	4.3, Ⅰ	4.3, Ⅰ	4.3, Ⅰ	4.3, Ⅰ		
4.3	Ⅱ						5.1, Ⅰ	4.3, Ⅱ	4.3, Ⅱ	6.1, Ⅰ	4.3, Ⅱ	4.3, Ⅱ	4.3, Ⅱ	8, Ⅰ	8, Ⅱ	4.3, Ⅱ	4.3, Ⅱ	4.3, Ⅱ	
4.3	Ⅲ						5.1, Ⅰ	5.1, Ⅱ	4.3, Ⅲ	6.1, Ⅰ	6.1, Ⅰ	6.1, Ⅱ	4.3, Ⅲ	8, Ⅰ	8, Ⅱ	8, Ⅱ	4.3, Ⅲ	4.3, Ⅲ	
5.1	Ⅰ									5.1, Ⅰ	5.1, Ⅰ	5.1, Ⅰ	5.1, Ⅰ	5.1, Ⅰ	5.1, Ⅰ	5.1, Ⅰ	5.1, Ⅰ	5.1, Ⅰ	5.1, Ⅰ
5.1	Ⅱ									6.1, Ⅰ	5.1, Ⅱ	5.1, Ⅱ	5.1, Ⅱ	8, Ⅰ	8, Ⅱ	5.1, Ⅱ	5.1, Ⅱ	5.1, Ⅱ	5.1, Ⅱ

续表

类或项	包装等级	4.2 II	4.2 III	4.3 I	4.3 II	4.3 III	5.1 I	5.1 II	5.1 III	6.1(d) I	6.1(o) I	6.1 I	6.1 II	8(l) I	8(s) I	8(l) II	8(s) II	8(l) III	8(s) III
5.1	III									6.1,I	6.1,II	6.1,II	5.1,III	8,I	8,I	8,II	8,II	5.1,III	5.1,III
6.1(d)	I													8,I	6.1,I	6.1,I	6.1,I	6.1,I	6.1,I
6.1(o)	I													8,I	6.1,I	6.1,I	6.1,I	6.1,I	6.1,I
6.1(i)	II													8,I	6.1,II	6.1,II	6.1,II	6.1,II	6.1,II
6.1(d)	II													8,I	6.1,II	8,II	6.1,II	6.1,II	6.1,II
6.1(o)	II													8,I	8,I	8,II	6.1,II	6.1,II	6.1,II
6.1	III													8,I	8,I	8,II	8,II	8,III	8,III

注：1. 本表依据联合国的危险性判断表制成。
2. (l)表示液体；(s)表示固体；(i)表示吸入；(d)表示皮肤接触；(o)表示口服；—表示不可能的组合。
3. 这里的4.1项危险物质，不包括自身反应物质及其有关物质和减敏的固体爆炸品；这里的第3类不包括减敏的液体爆炸品。
4. 对于农药，主要危险性必须是6.1项。

四、例外

具有多重危险性的物品或物质，如果其中一种危险性符合下列各类、项中的标准，则这些类、项永远作为主要危险性，因此它们不在IATA《危险品规则》表3.10.A中列出。

(1) 第1类、第2类和第7类(放射性物质例外包装件除外)。
(2) 第5.2项和第6.2项。
(3) 第4.1项的自身反应物质及相关的物质和减敏的爆炸品。
(4) 第4.2项的自动燃烧物质。
(5) 具有吸入毒性包装等级I级的6.1项物质。符合第8类标准的某些物质，如果其吸入尘、雾的毒性(LC_{50})为I级包装等级的物质应划归6.1项，但其口服或皮肤接触毒性(LD_{50})为III级包装等级的物质应划归为第8类。
(6) 第3类的减敏液体爆炸品。

五、放射性物质

具有其他危险性的放射性物质必须划为第7类，还需要标明它的最大次要危险性。对于放射性物质例外包装件,其他危险性为主要危险性。还有必要考虑这种放射性物品与空气或水反应生成其他危险性产物的可能性。

六、磁性物质

具有其他危险性同时也符合磁性物质的标准物品,除了作为磁性物质外,还必须根据本条规定进行识别。

七、感染性物质

具有其他危险性的感染性物质必须划为第6.2项,并且还应验明它的最大次要危险性。

本章小结

- 重点掌握内容:九大类危险品的定义、危险特性、分项及包装等级划分等;
- 一般掌握内容:具有多重危险性的物品和物质的主次危险性和分类方法;
- 一般了解内容:危险品事故案例。

综合练习

一、单选题

1. 汽油对应的 IMP 代号是(　　)。
A. RFL　　　　　B. RNC　　　　　C. RCL　　　　　D. RFC
2. 第一大类危险货物中(　　)可以用客机或货机运输。
A. 1.1A　　　　　B. 1.6A　　　　　C. 1.4S　　　　　D. 1.3K
3. 下列物品属于第9类危险品的是(　　)。
A. 固态二氧化碳　　B. 石棉　　　　C. 救生艇　　　　D. 以上均是
4. 以下不属于易燃气体的是(　　)。
A. 氢气　　　　　B. 乙炔　　　　　C. 二氧化碳　　　D. 丙烷
5. 以下说法错误的是(　　)。
A. 易燃液体的闪点越低,易燃的危险性越小
B. 在很多情况下,有机过氧化物可以用有机液体或固体、无机固体或水进行减敏处理
C. 我国现在严禁在烟花爆竹中使用氯酸钾
D. 疫苗和诊断制品属于感染性物质
6. 冷却剂液氮的主要危险性是(　　)。
A. 燃烧　　　　　B. 窒息　　　　　C. 腐蚀性　　　　D. 毒性
7. A级感染性物质应使用的 UN 编号为(　　)。
A. UN2900 & UN3373　　　　　　　B. UN2900 & UN2814
C. UN2814 & UN2931　　　　　　　D. 以上均是

8. 以下不属于腐蚀性物质的是（　　）。
  A. 农药　　　　　B. 硫酸　　　　　C. 温度计　　　　　D. 湿电池电解液

二、多选题

1. 在第1类危险品——爆炸品中，以下（　　）是民航飞机不得装运的。
  A. 1.1　　　　　B. 1.4B　　　　　C. 1.2　　　　　D. 1.4F

2. 对于第2类危险品，气体的运输状态分为（　　）。
  A. 压缩气体　　　B. 液化气体　　　C. 深冷冻液化气体　　D. 溶解气体

3. 第3类危险品有（　　）。
  A. 汽油　　　　　B. 煤油　　　　　C. 酒精　　　　　D. 双氧水

4. 有机过氧化物具有多种性质，包括（　　）。
  A. 速燃　　　　　B. 易于爆炸分解　　C. 损伤眼睛　　　　D. 对碰撞与摩擦敏感

5. 以下属于4.3项遇水释放易燃气体的物质是（　　）。
  A. 电石　　　　　B. 金属钠　　　　C. 硫黄　　　　　D. 白磷

6. 毒性物质进入人体的途径包括（　　）。
  A. 消化道　　　　B. 皮肤　　　　　C. 呼吸道　　　　　D. 以上都不是

7. 对放射性物品外照射防护的主要方法有（　　）。
  A. 屏蔽防护　　　B. 时间防护　　　C. 距离防护　　　　D. 以上都是

三、判断题

1. B型自身反应物质在任何情况下禁止运输。（　　）

2. 在运输过程中，含有自身反应物质的包装件或集装器必须避免阳光直射，远离各种火源。（　　）

3. 浓硫酸泄漏而引起燃烧爆炸，急救消防人员进入事故现场救护时只要做好防腐蚀装备即可。（　　）

4. 红磷发生自燃，我们通常称为鬼火现象。（　　）

5. 危险品的类别与危险性的种类有关，而包装等级与该类危险性程度有关。（　　）

6. 按照《危险品规则》对准备空运的全部危险品进行识别和分类是承运人的责任。（　　）

7. 碱金属发生火灾时可以用水灭火，但最好用沙土。（　　）

8. 易燃液体装运过程中要远离热源，液体不可装满，要留一定空余空间——包装的膨胀余位。（　　）

9. 硫化氢的燃烧范围是4.3%～45%，所以它是易燃气体。（　　）

10. 山羊痘病毒(培养物)由于只能使动物感染，所以对应的编号是UN3373。（　　）

11. 得到豁免除外，否则有温度控制要求的有机过氧化物一律禁止运输。（　　）

12. 皮肤接触1小时后，观察8天皮肤组织完全坏死，其为第6类危险品，包装等级Ⅱ级。（　　）

四、填表题

1. 判断下列易燃液体的包装等级。

初始沸点(℃)	40	35	38	30	50
闪点(℃)	20	20	23	60	58
包装等级					

2. 判断下列毒性物质的包装等级。

物质状态	途径	LD_{50}/LC_{50}值	包装等级
粉尘	吸入	0.1mg/L	
液体	口服	9.5mg/kg	
液体	皮肤接触	550mg/kg	
固体	口服	300mg/kg	
固体	口服	35mg/kg	

3. 判断下列腐蚀性物质的包装等级。

接触时间	3h	2min	1h	35min	2h
观察时间	14d	30min	13d	10d	1d
包装等级					

4. 根据以下给定的性质描述和实验数据,判断危险品的分类/项和包装等级。

物质的特性描述	类项编号	包装等级
与皮肤接触时间小于1h,观察时间2h,皮肤组织出现深度坏死		
液体,口服毒性的LD_{50}为380mg/kg		
液体,闪点为50℃,初始沸点为35℃		
液体,闪点为22℃,初始沸点为36℃		
液体,闪点为61℃,初始沸点为78℃		

5. 指出以下几种具有双重危险性的物质的主、次要危险性和包装等级。

物质编号	同时具有的危险性及包装等级	主要危险性	次要危险性	包装等级
A	8(l),Ⅰ 3,Ⅲ			
B	8(l),Ⅲ 4.2,Ⅲ			

五、简答题

1. 航空运输的危险品是怎样划分的,各是什么?举例说明其典型代表物质。
2. 请阐述物质发生燃烧须具备的三个条件。
3. 有机过氧化物有何特殊危险性?运输中应注意些什么?
4. 举例说明第9类杂项危险品。
5. 某液体物质具有腐蚀性、包装等级为Ⅱ和毒性、包装等级为Ⅲ的双重危险性,未列入DGR危险品表。请确定主、次要危险性、包装等级。

第三章

危险品识别

本章学习目标

- 掌握危险品表的结构和解释。
- 掌握危险品表的使用。
- 能够为某危险品确定正确的运输专用名称。

 适用人员类别

1~3、6、10 类人员

 **导引案例**

未对危险货物进行识别、分类和正确包装,造成严重后果

2010 年 10 月,西北大学分析检测研究中心接到了某航空公司送来的红色泥状货物样品,据货主称,该货物样品为矿物样品,采用普通木质板箱进行包装,在其起始机场露天存放时遇到雨雪天气,将木箱和内置货物打湿。后经飞机运输抵达西安机场后,机组人员打开货舱准备卸货时发现,机舱内雾气弥漫,这一现象给机组人员造成了极大的恐慌,更对机组人员和飞机造成了严重威胁。

后经西北大学分析检测研究中心对货物样品进行分析,该货物属于具有腐蚀性的危险品,依据《危险品规则》中的规定,该货物被列入第 8 类危险物质,UN 编号为 UN3244。由于客户对货物没有进行准确、详尽的申报,且危险品鉴定部门未进行准确的分类和包装,使得该货物的运输产生了较为严重的后果。这提醒我们,在进行航空运输货物的危险性识别和分类工作时,不仅要深刻理解《危险品规则》中的所有信息,还应了解包括货物样品的颜色、气味、状态等在内的各项理化特性,以期能为高效、安全的危险性货物航空运输提供强大的支持。

资料来源:高翔,余向阳,孙伟,等. 危险品航空运输事故案例探析[J]. 黑龙江交通科技,2014(1):143.

    危险品的运输需要对危险物品进行正确的分类、包装、加标记、贴标签、正确填写危险物品航空运输文件,以确保民航运输的万无一失。第二章我们已经学习了危险物品的定义以及各类物品的主要特性。然而针对某一具体危险物品,仅仅知道它的分类是不够的,在具体的运输过程中,需要对其进行相应的包装、防护,以及满足民航运输的其他要求。因此,第二章的内容只是判断某物品是否属于危险物品的基础,在实际的运输管理生产中缺乏一定的操作性。我们需要根据具体的危险性和组成成分确定相应的运输专用名称。

    因此,国际航空运输协会(IATA)在《危险品规则》(DGR)中,在遵循危险物品定义和分类的前提下,列举了其航空运输方式可以运输的危险物品的名称,并规定了相应的运输条件和防护措施,弥补了操作方面的不足。当然,《危险品规则》中不可能将所有的可能被航空运输方式运输的物品全部列出,而且随着科学技术的发展,新产品的不断涌现,未在《危险品规则》中列出的而性质确属危险品的情况会越来越多。对这些物品必须根据危险物品的定义

和分类标准进行相应的性质测定试验,由托运人提供承运人认可的技术鉴定书,并需加盖有实验室所在单位的公章,由专业技术人员签字。

运输专用名称在国际航空运输协会《危险品规则》中,是以危险品表(Dangerous Good List)的形式供相应的民航人士使用的。因此,本章共分两节,以危险品表为基础,分别介绍危险品表的内容、结构及使用。

第一节 危险品"品名表"介绍

一、品名表介绍

IATA《危险品规则》的第四部分(Section 4 Identification)中,4.2为"危险品表"(见表3-1),是按危险物品的运输专用名称的英文字母顺序排列的,表中列明了该危险品的UN/ID编号、类别或项别(次要危险性)、危险性标签、包装等级、例外数量代码以及客、货机载运时每一包装件的数量限制、特殊规定及应急措施代码等。4.3为"危险品编号对照表"(见表3-2),它是按照编号的阿拉伯数字顺序排列的,同时标明了在《危险品规则》中对应的页码。因此,如果知道了某物品的具体编号,就可以通过4.3先查找到对应的具体页码,然后再去查找危险品表。

表3-1 危险品表

UN/ID no	Proper Shipping Name/ Description	Class or Div. (Sub Risk)	Hazard Label(s)	PG	EQ see 2.6	Passenger and Cargo Aircraft Ltd Qty Pkg Inst	Passenger and Cargo Aircraft Ltd Qty Max Net Qty/Pkg	Passenger and Cargo Aircraft Pkg Inst	Passenger and Cargo Aircraft Max Net Qty/Pkg	Cargo Aircraft Only Pkg Inst	Cargo Aircraft Only Max Net Qty/Pkg	S.P. See 4.4	ERG Code
A	B	C	D	E	F	G	H	I	J	K	L	M	N
1088	Acetal	3	Flamm. liquid	II	E2	Y341	1L	353	5L	364	60L		3H
1089	Acetaldehyde	3	Flamm. liquid	I	E0	Forbidden		Forbidden		361	30L	A1	3H
1841	Acetaldehyde ammonia	9	Misella-neous	III	E1	Forbidden		956	200kg	956	200kg	A48	9L
……													
1854	Barium alloys, pyrophoric	4.2				Forbidden		Forbidden		Forbidden			4W

续表

UN/ ID no	Proper Shipping Name/ Description	Class or Div. (Sub Risk)	Hazard Label (s)	PG	Passenger and Cargo Aircraft					Cargo Aircraft Only		S.P. See 4.4	ERG Code
					EQ see 2.6	Ltd Qty		Pkg Inst	Max Net Qty/ Pkg	Pkg Inst	Max Net Qty/ Pkg		
						Pkg Inst	Max Net Qty/ Pkg						
A	B	C	D	E	F	G	H	I	J	K	L	M	N
……													
2717	Camphor synthetic	4.1	Flamm. Solid	Ⅲ	E1	Y443	10kg	446	25kg	449	100kg		3L
……													

表 3-2 危险品编号对照表

联合国编号或 ID 编号	名称和描述 ERG 代码中文名称和描述	页码
0004	**Ammonium picrate** dry or wetted with less than 10% water, by weight(1L)苦味酸胺干的或湿的,按重量计,含水低于 10%	168
0005	**Cartridges for weapons**＋with bursting charge(1L)武器弹药筒装有起爆药	187
0006	**Cartridges for weapons**＋with bursting charge(1L)武器弹药筒装有起爆药	187
0007	**Cartridges for weapons**＋with bursting charge(1L)武器弹药筒装有起爆药	187
……		

  IATA《危险品规则》4.2 节危险品表中,包含了 3 000 多种物品和物质,它们绝大多数都可以航空运输。但该表并没有包含所有的危险品,即便该表每年都会定期更新一次。因此它包括了一些一般的或 n.o.s.(not otherwise specified,未具体列明的)名称或条目,未列入表中的条目一般可以运输。只有在按照《危险品规则》中分类定义和试验标准对该物质或物品进行分类,并按照危险品表最恰当地描述该物质,这些物质或物品才可以运输。

  同时,危险品表还列入一些在任何情况下都禁止空运的物品和物质。例如提交运输的在正常运输条件下容易发生爆炸、危险性反应、起火或产生导致危险的热量、散发导致危险的毒性、腐蚀性或易燃性气体或蒸气的任何物品或物质,在任何情况下都禁止航空运输。对于这些物品,在危险品表 4.2 节中 I、J、K 和 L 栏中用"Forbidden"(禁止)字样表明。但是,必须指出,在危险品表中不可能将所有在任何情况下均禁止航空运输的危险品全部列出,因此,为保证如上所述危险品不交付运输,适当谨慎注意是十分必要的。同时,在收运时需要注意特殊规定和具体条件。

  危险品表中对某种物质或物品如规定有预防措施(例如必须"加以稳定"或加"×%"的水或减敏剂),则该物质或物品在未采取这些措施的情况下一般不得运输,除非此项目在别处列出(例如第 1 类),并且未指明必须采取预防措施,或者标明了不同的预防措施。

二、品名表各栏介绍

危险品名表明确列出了根据经验可能进行空运的危险的物品和物质,此表分为14栏(见图3-1)。

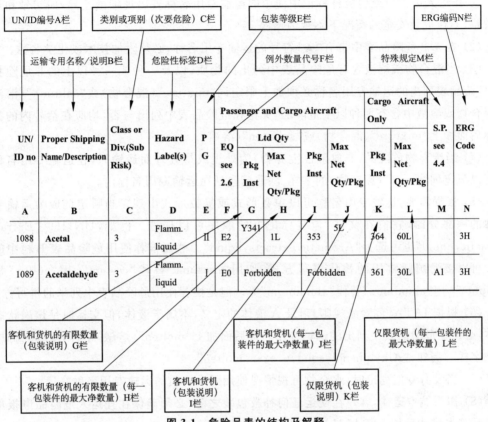

图3-1 危险品表的结构及解释

1. A栏 UN/ID编号

本栏是根据联合国分类系统给物品或物质划定的号码,使用时,必须冠以字母"UN"。如果物质在联合国分类系统中没有编号,可以在8000系列中制定一个临时的、适用的识别编码,并且在8000系列中适用的编号前必须冠以"ID",以代替当本规则需用UN在标记和文件中说明的情况。例如,编号为UN1950或ID8000,不能表示为1950或8000。

2. B栏 运输专用名称/说明

本栏包括通过运输专用名称和定性的描述文字识别的以英文字母顺序排列的危险品和物质。运输专用名称用粗体(黑体)字,而说明文字用细体字。关于运输专用名称的附加说明如下。

(1)交运的每件物品或物质必须使用"运输专用名称"申报。运输专用名称是危险品的联合国编号和运输专用名称根据它们的危险性和组成成分确定的。它是危险品表中最能准

确描述危险品的部分,以黑体字形式显示。在危险品申报单中必须按照要求添加运输专用名称。需注意:

① 危险品表中细体字的补充说明不属于运输专用名称,但可用作运输专用名称的补充。

② 第1类爆炸品的运输专用名称可采用补充文字说明,注明其商用或军用名称。

③ 托运人申报单或包装件标记中使用的运输专用名称若出现细微差异,如句号和逗号的省略,不在危及安全的情况下不视为错误。

(2) 在4.2危险品表中带有"★"符号的运输专用名称,必须附加技术或化学名称。

(3) 当混合物或溶液含有危险品表中列出的物质,以及一种或一种以上的非危险物质时,危险品表列出的运输专用名称必须加上限定词"mixture"(混合物)或"solution"(溶液)。如混合物或溶液中含有两种以上危险品,无论在危险品表中列出与否,均应在括号内的技术名称后面加上"mixture"(混合物)或"solution"(溶液)。

(4) 当废弃物危险品(非放射性废弃物)为处理或待处理而运输时,在运输专用名称之前冠以限定词"waste"(废弃物)的字样,除非已包括在运输专用名称内。

(5) 根据需要,运输专用名称可以单数形式或复数形式出现。当限定词成为运输专用名称的一部分时,它们在文件、包装标记上的顺序可以任选。例如,UN1169 "Extracts,aromatic,liquid"也可选为"Aromatic extracts,liquid"。然而推荐使用危险品表B栏中的顺序。可以接受国际常用的替代拼写方式,如用"caesium"替代"cesium",用"sulfur"替代"sulphur",用"aluminum"替代"aluminium"等。但是推荐使用危险品表中列举的拼写方式。

(6) 根据IATA《危险品规则》附录A液体的定义,不属于液体,但交运时呈熔融状态的固体,必须在危险品表中列出的运输专用名称后面加上"molten"(熔融)字样,除非名称中已含该字样。例如,"Alkylphenol,solid,n.o.s.,molten"。

(7) 当没有专门列出时,水合物可视情况使用无水物质的运输专用名称交运。

(8) 作为航空运输,客户在交运任何补救包装之前,必须确保在托运人危险品申报单的危险品基本描述后加上"SALVAGE PACKAGE"。

(9) 一些物质在非稳定状态下易发生危险反应,根据规定,当这类物质处于非稳定状态时是禁止运输的。因此运输处于稳定状态的此类物质时,必须在其运输专用名称前加上"stabilized"(稳定的)的字样(如:Toxic liquid,organic,n.o.s.,stabilized)。自身反应物质和有机过氧化物,以及在危险品表B栏中已经以粗体字标出的危险品除外。

本栏还包括在其中的内容(不用黑体)为:

(1) 某些物品和物质已知的其他名称,在这种情形给出对运输专用名称的交叉参考;

(2) 在任何场合禁止运输的物品和物质的名称;

(3) 需按特殊规定进行附加考虑的物品和物质的名称;

(4) 认为是不受限制的物质和物品的名称。

本栏中某些条目出现的一些符号。其中,"★"表示需要附加技术或化学名称;"+"表示在《危险品规则》附录A术语中可以找到补充说明。它是常见术语的定义列表。使用字典通用意义或一般技术含义的术语定义未列入此。专门用于与放射性物品有关的术语定义,表中注明有"放射性物品专用"（Radioactive Material Only）字样。如燃烧弹药（AMMUNITION，INCENDIARY）在附录 A 中的定义为含有固体、液体或胶体的燃烧物质，包括白磷。除了其成分本身是爆炸品的情况外，这种弹药也含有以下一种或多种物质：带有起爆器或点燃剂的推进剂；带有起爆装置或发射药的引信。该术语包括燃烧弹药，液体或胶体，带有起爆装置、发射药或推进剂；燃烧弹药，带有或不带起爆装置、发射药或推进剂；白磷燃烧弹药，带有起爆装置、发射药或推进剂。需要说明的是，符号"★"和"＋"不属于运输专用名称的一部分。

用黑体字列出的运输专用名称是严格按英文字母顺序，即名称由多个单词构成时，仍视为一个单词进行字母排列。然而，以下名称的组成部分不予考虑：

- 数字
- 单个字母 a-、b-、m-、N-、n-、O-、o-、p-
- 前缀 alpha-、beta-、meta-、omega-、sec-、tert-
- 术语"n.o.s."

除非危险品表中有任何条目另外说明，否则"溶液"一词在运输专用名称中意为一种或多种已列名的危险品溶于一种不受本规则限制的液体。

例 3-1：下面有五个 UN/ID 编号，分别已知该编号所代表的运输专用名称，请正确排列各编号在运输品表中的顺序。

编号 UN3255：**tert-Butyl hypochlorite**

编号 UN2247：**n-Decane**

编号 UN2948：**3-Trifluoromethylaniline**

编号 UN2518：**1,5,9-Cyclododecatriene**

编号 UN3376：**4-Nitrophenylhydrazine** with 30% ormore water, bymass

答案：这五个 UN/ID 编号在运输品表中的顺序为：UN3255，UN2518，UN2247，UN3376，UN2948。

本栏中关于名称的各种情况如下：

（1）运输专用名称是指出现在包装外表及运输文件上的危险品的正式托运名称，在本栏中以粗体字表示，例如，**Alcoholic beverages**；

（2）粗体字后跟上细体字，表示细体字是对物品的性质或成分的详细说明，细体字不是运输专用名称的组成部分，但可以作为运输专用名称的补充，例如，**Alcoholic beverages** containing more than 70% alcohol by volume；

（3）细体字加"see"加粗体字，表示细体字为商业名称或俗称，粗体字为运输专用名称，例如，Cyanoacetonitrile, see **Malononitrile**（UN2647）；

（4）名称为细体字，在客/货机运输栏中均显示"Forbidden"字样，表示危险性过大，航空中禁止运输，不属于航空危险品的运输范围，例如，Azidoethyl nitrate；

（5）名称为细体字，在客/货机运输栏中均显示"not restricted"字样，表示在航空运输中无危险性，运输时无限制，可以作为普货运输，例如，Batteries, dry。

3. C栏 类别或项别(次要危险)

本栏包括按照《危险品规则》的分类系统给物品或物质划定类别或项别编号。在第1类爆炸品中,还显示了配装组。在物质有次要危险时,次要危险类别和项别必须示意在主要危险后的括号中。所有次要危险以数字次序列出,如表3-3所示。

表3-3 危险品表的C栏

UN/ID no	Proper Shipping Name/Description	Class or Div. (Sub Risk)	Hazard Label(s)	PG	Passenger and Cargo Aircraft Ltd Qty				Cargo Aircraft Only		S.P. See 4.4	ERG Code
					EQ see 2.6	Pkg Inst	Pkg Inst	Max Net Qty/Pkg	Pkg Inst	Max Net Qty/Pkg		
A	B	C	D	E	F	G	H	I	J	K	L	M	N
1088	Acetal	3	Flamm. liquid	Ⅱ	E2	Y341	1L	353	5L	364	60L		3H
2188	Arsine	2.3 (2.1)				Forbidden		Forbidden		Forbidden		A2	10P
0464	Articles, explosive, n.o.s. ★	1.1E					Forbidden		Forbidden		Forbidden	A62	1L
0465	Articles, explosive, n.o.s. ★	1.1F					Forbidden		Forbidden		Forbidden	A62	1L

4. D栏 危险性标签

本栏包含用于B栏中物品的每一包装件及合成包装件(OVERPACK)外部的危险性标签。首先列出的是主要危险标签,所有的次要危险标签紧随其后。对于n.o.s.或一般物品及具有多重危险性的物品和物质,可不列明所有适用的次要危险性标签。在此情况下,次要危险性标签的使用必须与下列情况保持一致。

(1) 第4.2项物质如果也是易燃固体,则无须标贴用于4.1项的次要危险性标签。

(2) 对第5类物质(氧化性物质和有机过氧化物),有两种不同标签。黄色标签用于5.1项——氧化性物质,项别号码"5.1"必须填写在底角处。红色和黄色标签用于5.2项——有机过氧化物,项别号码"5.2"必须填写在底角处。有机过氧化物若满足第8类包装等级Ⅰ或Ⅱ级,则必须带有腐蚀性次要危险标签。

注意:

许多液态有机过氧化物的成分是易燃的,但无须粘贴易燃液体的危险性标签,因为有机过氧化物标签本身就意味着该产品可能是易燃的。

(3) 第8类物质如果其毒性只产生于对组织的破坏作用,则无须标贴用于6.1项的次要危险性标签。

此外,本栏中的"低温液体""远离热源""磁性物质"的操作标签与适用的物品和物质对应显示。操作标签的使用见本书后续章节。

5. E栏　包装等级

本栏标明按联合国包装等级划定的给某一危险物品或物质的具体包装等级。联合国包装等级共分三级,分别为Ⅰ级—高度危险、Ⅱ级—中度危险、Ⅲ级—低度危险。

6. F栏　例外数量代号

本栏列出危险物质或物品指定的例外数量代号,其含义见表3-4。

表3-4　例外数量代号

代　　号	每一内包装最大数量	每一外包装最大数量
E0	不允许按例外数量载运	
E1	30g/30mL	1kg/1L
E2	30g/30mL	500g/500mL
E3	30g/30mL	300g/300mL
E4	1g/1mL	500g/500mL
E5	1g/1mL	300g/300mL

7. G栏　客机和货机的有限数量(包装说明)

该栏列出了客机和货机危险品限制数量的包装说明代号。有限数量危险品的限量包装说明以"Y"作为前缀,如 Y203、Y305 等。以字母"Y"作为前缀的包装指令,只适用于限制数量以内的危险物品。Y包装说明可查阅《危险品规则》第5章。

知识链接:包装说明203 与 Y203

包装说明203

国家差异:USG-13。

运营人差异:AA-01,AS-02,BW-01,CI-01,CM-02,FX-02,HA-02,IJ-02,IR-06,LY-04,SQ-03,TU-02,UX-04,VN-06。

本说明适用于客机和货机以及仅限货机运输的2.1项和2.2项气溶胶,以及 UN2037。

必须满足5.0.2的一般包装要求。

如果安装了阀门,则在运输中必须采取保护盖或其他适当措施进行保护,防止意外开启。

容器必须包装紧密,防止运输过程中移动。

包装必须符合Ⅱ级包装的性能标准。

不允许单一包装。

金属气溶胶和装有气体的一次性容器(气瓶)

一次性金属气溶胶和装有一次性容器(气瓶)容量不能超过1L(34Fl.oz)。必须满足以下条件:

(a)容器内部气溶胶的压力,在55℃(130℉)时不得超过 1 245kPa(12.45bar,180lb/in^2,130℉),每个容器必须能承受55℃(130℉)时内部平均压力的1.5倍而无破裂。

(b) 在55℃(130℉)时,如果容器内部的压力超过970kPa(9.7bar,140lb/in^2,130℉)而在55℃时不超过1 105kPa(11.05bar,160lb/in^2,130℉),必须使用如下金属容器中的一个:IP7、IP7A、IP7B。

(c) 在55℃时,如果容器内部的压力超过1 105kPa(11.05bar,160lb/in^2,130℉)而不超过1 245kPa(12.45bar,180lb/in^2,130℉),必须使用如下金属容器中的一个:IP7A、IP7B。

(d) 在55℃时,如果容器内部的压力超过1 245kPa(12.45bar,180lb/in^2,130℉),必须使用IP7B金属容器。

(e) 最小破裂压力为1 800kPa的IP7B金属容器,可以在内部安装一个小盒来加注非易燃无毒压缩气体以便产生喷射作用。在这种情况下,(a)、(b)、(c)或(d)中指定的压力,对这个盒的内部压力不适用。对小盒充入气体的量必须加以限制:当小盒的气体全部进入外部金属容器后所产生的压力,不得超过IP7B金属容器的最小破裂压力。

(f) 在55℃(130℉)时,内装液体不得完全充满密闭的容器。

(g) 容积超过120mL(4Fl. oz)的每个容器,在运输前必须逐个加热,使容器内的压力达到55℃(130℉)时的平均压力,此时容器不得出现明显的泄漏、变形或其他损坏。

塑料气溶胶(IP. 7C)

一次性塑料气溶胶不得超过120mL容量,但当推进剂为非易燃、非毒性气体,而且其含量按本规则的规定是非危险的情况例外,在这种情况其数量不得超过500mL。必须满足以下条件:

(1) 内装物在55℃时不能注满整个闭口容器;

(2) 55℃时容器内压力不能超过970kPa;

(3) 每一容器必须按照6.1.9.2.4规定通过了渗透测试。

类型	外 包 装				
名称	箱				
	木材	胶合板	合成木材	纤维板	塑料
规格	4C1 4C2	4D	4F	4G	4H1 4H2

包装说明 Y203

国家差异:USG-13。

运营人差异:AA-01,AS-02,BW-01,CI-01,CM-02,FX-02,HA-02,IJ-0,2,IR-06,LY-04,SQ-03,TU-02,UX-04,VN-06。

本说明适用于有限数量气溶胶和UN2037。

必须满足5.0.2至5.0.4节的一般包装要求(但5.0.2.3、5.0.2.5、5.0.2.11(f)、5.0.2.11(g)和5.0.2.14除外),但包装件无须满足6.0.4和6.3标记和测试要求。包装件必须满足6.1和6.2节规定的构建标准,以及6.6节规定的测试标准。

必须满足2.8节的要求。

如果安装了阀门,则在运输中必须采取保护盖或其他适当措施进行保护,防止意外开启。

容器必须包装紧密,防止运输过程中移动。

不允许单一包装。

金属气溶胶和装有气体的一次性容器(气瓶)

一次性金属气溶胶和装有一次性容器(气瓶)容量不能超过 1L(34Fl.oz)。必须满足以下条件:

(a) 在 55℃时,容器内的压力不得超过 1 245kPa(130°F 时为 12.45bar,180lb/in²),每个容器必须能承受 55℃(130°F)时内部平均平衡压力的 1.5 倍而无破裂。

(b) 在 55℃时,如果容器内部的压力超过 970kPa(9.7bar,140lb/in²,130°F)而不超过 1 105kPa(11.05bar,160lb/in²,130°F),必须使用下列金属容器中的一个:IP7、IP7A、IP7B。

(c) 在 55℃时,如果容器内部的压力超过 1 105kPa(11.05bar,160lb/in²,130°F),必须使用下列金属容器中的一个:IP7A、IP7B。

(d) 如果在 55℃时,容器内部的压力超过 1 245kPa,则必须使用下列金属容器:IP7B。

(e) 在 55℃(130°F)时,内装液体不得完全充满密闭的容器。

(f) 最小破裂压力为 1 800kPa 的 IP7B 金属容器,可以在内部安装一个小盒来填充非易燃无毒压缩气体以便产生喷射作用。在这种情况下,(a)、(b)、(c)或(d)中指定的压力,对这个小盒的内部压力不适用。对小盒充入气体的数量必须如下加以限制:当小盒的气体全部进入外部金属容器后所产生的压力,不得超过 IP7B 金属容器的最小破裂压力。

(g) 容积超过 120mL(4Fl.oz)的每个容器,在运输前必须逐个加热,使容器内的压力达到 55℃(130°F)时的平均压力,此时容器不得出现明显的泄漏、变形或其他损坏。

塑料气溶胶(IP.7C)

塑料气溶胶不得超过 120mL 容量,但当推进剂为非易燃、非毒性气体,而且其含量按本规则的规定是非危险的情况例外,在这种情况其数量不得超过 500mL。

必须满足以下条件:

(1) 内装物在 55℃时不能填满整个闭口容器;

(2) 55℃时容器内压力不能超过 970kPa;

(3) 每一容器必须按照 6.1.9.2.4 规定通过了渗透测试。

每一外包装件中的最大数量不得超过危险品表 H 栏中给出的最大数量。

包装件的毛重不超过 30kg(66lb)。

类型	外 包 装			
	箱			
名称	木材	胶合板	合成木材	纤维板	塑料

摘自:IATA《危险品规则》第 5 章

如果该栏为"Forbidden"(禁运),则表示该危险物品或物质不得按照有限数量的规定运输。

8. H 栏 客机和货机的有限数量(每一包装件的最大净数量)

本栏表明可用于客机或货机运输中每一包装件的物品或物质的最大净数量(重量或体积)。"kg"表示重量单位"千克";"L"表示体积单位"升"。所提供的重量应为净重,但如果另外带有字母"G",则表示该重量为毛重。在运输爆炸性物品和火柴时,净重是指除包装以外的制品。英制或美制单位转化为国际单位的系数在《危险品规则》附录B中予以说明。每一包装的最大数量可能被所使用容器类型进一步限制,如包装设计本身的限制等,因此需要进一步参阅满足包装的进一步要求。

如果显示"Forbidden"(禁运),本物品或物质不得按照有限数量的规定运输。

如果显示"No Limit"(无限制)或在H栏有包装说明参照时,在托运人的申报单上所填数量必须按照对"机器或器械中的危险品"的要求,标明每种固态、液态或气态危险品的总数量的要求描述。

9. I栏　客机和货机(包装说明)

本栏列出了危险物品或物质用客机或货机运输时有关的包装说明,具体可查阅《危险品规则》第5章。本书为了读者更好地理解此内容,已在诠释G栏时有所说明。

如果某一物品或物质按G栏或I栏的包装说明进行包装,并且符合H栏或J栏中最大净数量的要求,那么它也可以在货机上运输。在这种情况下,包装件不需要贴"Cargo Aircraft Only(仅限货机)"标贴。

10. J栏　客机和货机(每一包装件的最大净数量)

本栏说明可用于客机或货机运输的每一包装件内的物品或物质所允许的最大净数量(重量或体积)。所提供重量应为净重量,除非有另外字母G表示毛重。在运输爆炸性物品和火柴时,净重是指除包装以外的制品。英制或美制单位转化为国际单位制的系数需要按照《危险品规则》附录B的要求执行。每一包装件的最大数量可能被所使用的容器进一步限制,同样需要参阅《危险品规则》第5章关于包装的要求。

在始发国及运营人注册国有关当局批准的情况下,可超过此最大净数量限制。

如果标有"Forbidden"(禁运)字样,该物品不能用客机运输。

如果每一包装的最大数量显示为"No Limit"(无限制)或在J栏有包装说明参照时,托运人申报单所填数量必须按照《危险品规则》8.1.6.9.2(c)或(d)的要求描述。

知识链接:《危险品规则》8.1.6.9.2(c)和(d)的规定

8.1.6.9.2(c):
对"对机器或器械中的危险品",需标明每种固态、液态或气态危险品的总数量。
8.1.6.9.2(d):
在危险品表的H、J或L栏中列出每一包装件的限量显示为"No Limit"(无限制)或有包装说明编号时,标示出的数量必须是:
(1) 物质的净重或净体积(如UN2969、UN3291);
(2) 按照包装说明969和966与设备包装在一起的锂电池(UN3091和UN3481),标示出的数量是每个包装中电池的净数量;
(3) 对于一些物品,此数量是后面标有字母G的毛重(如UN2794、UN2800、UN3166)。
注:
若运输专用名称表明了物质的物理形态,则固体计量单位必须用kg,液体的计量单位

必须用 L。

摘自：IATA《危险品规则》

在托运人的申报单上所填数量必须按照对"机器或器械中的危险品"的要求，标明每种固态、液态或气态危险品的总数量的要求描述。

11. K 栏　仅限货机（包装说明）

本栏列出仅限货机运输的危险物品或物质的包装说明。

12. L 栏　仅限货机（每一包装件的最大净数量）

本栏说明可用于仅限货机运输的每一包装件内的物品或物质所允许的最大净数量（重量或体积）。重量应为净重，除非另外有字母 G 表示毛重。同样，在运输爆炸性物品和火柴时，净重是指除包装以外的制成品。英制或美制单位转化为国际单位制的系数参见《危险品规则》附录 B。每一包装件的最大数量可能被所使用的容器进一步限制，参阅《危险品规则》第 5 章。

在始发国及运营人注册国批准的情况下，可超过此最大净数量限制。

如果标有"Forbidden"（禁运）字样，物品不能用任何类型的飞机运输，除非按相关规定获得国家豁免。

如果每一包装的最大数量显示为"No Limit"（无限制）或在 J 栏有包装说明参照时，托运人申报单所填数量必须按照《危险品规则》8.1.6.9.2(c)或(d)的要求描述。

危险品表的 G、H、I、J、K 和 L 栏的填写内容如表 3-5 所示。

表 3-5　危险品表的 G、H、I、J、K 和 L 栏

UN/ID no	Proper Shipping Name/Description	Class or Div. (Sub Risk)	Hazard Label(s)	PG	EQ see 2.6	Passenger and Cargo Aircraft				Cargo Aircraft Only		S.P. See 4.4	ERG Code
						Ltd Qty							
						Pkg Inst	Max Net Qty/Pkg	Pkg Inst	Max Net Qty/Pkg	Pkg Inst	Max Net Qty/Pkg		
A	B	C	D	E	F	G	H	I	J	K	L	M	N
1950	Aerosols, non-flammable	2.2	Non-flamm. Gas		E0	Y203	30kg G	203	75kg	203	150kg	A98 A145 A167 A802	2L
1854	Barium alloys, pyrophoric	4.2				Forbidden		Forbidden		Forbidden			4W
3292	Batteries, containing sodium+ Batteries, dry+	4.3	Dang. When wet	II	E0	Forbidden Not Restricted		Forbidden Not Restricted		492 Not Restricted	No limit	A94 A183 A123	4W
2717	Camphor synthetic	4.1	Flamm. Solid	III	E1	Y443	10kg	446	25kg	449	100kg		3L

需要注意的是,H、J和L栏的数量限制仅用于一个包装件内的含量,而不是一票货物或一架飞机。例如,在危险品表中客机运输乙酰氯化物,UN1717的最大净数量,是每个包装件1L。然而,如有必要,客机可以运输许多1L装的乙酰氯化物,除非国家或运营人有进一步限制。

13. M栏　特殊规定（S.P.，见IATA《危险品规则》4.4节）

本栏是以一个、两个或三个数字前冠以字母"A"表示,对应于危险品表中的适当条目。此字母数字索引在《危险品规则》4.4节,适用于有关条目允许的所有包装等级,除非特殊规定的措辞表明截然不同的意思。特殊规定"A1""A2"实际上是国家主管当局对客机货舱禁运,或客机货舱和货机上均禁运的危险品给予特殊运输的"批准"。这些"批准"不属于国际航空运输协会《危险品规则》1.2.6.1中所述的"国家豁免"。是否接收经国家批准的危险品要由运营人决定。根据"A1""A2"特殊规定办理的危险品交给运营人托运前,托运人必须做好预先安排和获得预先批准。

可见,这些特殊规定可能是允许在某些具体条件下取得政府批准即可运输某些禁运物品的规定,如A1、A2;也可能是对运输某危险物品的附加要求,如A22,以及详细说明某物品可被视为非危险货物运输的条件,如A9。但是,不管怎样,即使有政府的许可,是否接收这些物品也必须由承运人来决定。有关特殊规定的具体说明,可参阅《危险品规则》4.4部分。

知识链接：《危险品规则》4.4 中对 A1、A2、A9、A22 的描述

A1　该物品或物质只有预先得到始发国或运营人国有关当局的批准,并按照该有关当局指定的书面条件才可以用客机运输。批准文件包括数量限制和包装要求,且必须有一份伴随货物运输。该物品或物质可以按照4.2危险品表的K栏和L栏的要求用货机运输。如始发国及运营人国以外的其他国家在其国家差异中规定按本特殊规定运输的危险品,必须事先得到其同意,也必须取得这些国家的批准。

注：

当特殊规定A1适用于4.2中的一个条目,并在页左边的空白处印有"☞"标志时,则这些条目在得到批准并事先与运营人做好安排的情况下,可以装在货机上运输(参见9.0节)。

A2　该物品或物质只有预先得到始发国及运营人国有关当局的批准,并按照该有关当局制定的书面条件才可以用货机运输。

如始发国及运营人国以外的其他国家在其国家差异中规定按本特殊规定运输的危险品必须事先得到其同意,则必须获得运输中转国、飞越国、目的国的批准。

在每一种情况下,批准的文件包括数量限制、包装要求,必须有一份伴随货物运输。

A9　以体积计酒精含量未超过70%,盛装于不超过5L的容器内,并按货物托运时,不受本规则限制。

A22(152)　本物质的分类根据颗粒的大小及包装而不同,但分类界线尚未经测试确定。其正确的分类须使用爆炸品分类程序进行。

摘自：IATA《危险品规则》4.4部分

14. N栏　ERG编码

ERG编码，即应急反应训练代码，可以在国际民航组织（ICAO）文件《涉及危险品航空器事件应急指南》（ICAO Doc.9481-AN/928）中找到。代码由字母部分和数字部分组成，表示训练代码指定的涉及事件的特定危险品条目建议的反应措施。

ERG Code 主要是提供给运营人使用，以方便运营人可以将 ERG 代码填写在特种货物机长通知单（NOTOC）上。

第二节　危险品"品名表"的使用

一、运输专用名称的分类

某些危险品物质可能含有不影响识别结果的杂质（如，制造过程中产生的）或用于稳定或其他用途的添加剂。而已列名的物质若含有影响其识别的杂质或添加剂（做稳定剂或其他用途）必须识别为混合物或溶液。因此，在运输管理过程中，必须给危险品制定一个在危险品表中列出的运输专用名称。它是根据其危险性和组成成分确定的，便于托运人在危险品表中查阅相关的信息。

运输专用名称要求写在包装件外面和危险品申报单中，用于识别该危险品。运输专用名称在"品名表"中以粗体字表示（加上构成名称的一部分数字、希腊字母、"sec"、"tert"及字母"m""n""o""p"）。用细体写出部分不必视为运输专用名称的一部分但可以使用。

危险品表中的条目有以下四种，优先使用顺序为：

第一，单一条目，具有明确定义的物质或物品，如：

　　Kerosene 煤油　　　　　　　　　　　　　　　　　　　　　　　　UN1223
　　Isopropy butyrate 丁酸异丙酯　　　　　　　　　　　　　　　　　UN2405

第二，类属条目，具有明确定义的一组物质或物品，如：

　　Adhesives 黏合剂　　　　　　　　　　　　　　　　　　　　　　UN1133
　　Organic peroxide,Type C,liquid 液态 C 型有机过氧化物　　　　　UN3103
　　Paint relatematerial 涂料相关材料　　　　　　　　　　　　　　　UN1263
　　Triazine pesticide,liquid,toxic　液态三嗪农药,毒性　　　　　　　UN2998

第三，特定的 n.o.s. 条目，包括一组具有某一特定化学或技术性质的物质或物品，如：

　　Refrigerant gas,n.o.s. 制冷气体,n.o.s.　　　　　　　　　　　　　UN1078
　　Selenium compound,solid,n.o.s. 硒化合物,固态,n.o.s.　　　　　UN3283

第四，一般 n.o.s. 条目，包括符合一种或多种类别或项的一组物质或物品，如：

　　Corrosive solid n.o.s. ★　腐蚀性固体,n.o.s.　　　　　　　　　　UN1759
　　Toxic liquid,organic n.o.s. ★　有机毒性液体,n.o.s.　　　　　　UN2810

在 IATA《危险品规则》4.2 危险品表中列出了 3 000 多种具有危险性质的物品和物质，

它们绝大多数都可以航空运输。但该表中并没有包括所有的危险品,因此此表还列明一些泛指名称或条目。此外,还有一些特殊类别或情况的危险品品名的查找应遵守以下原则。

(1) 4.1项自反应物质必须按照联合国建议书2.4.2.3.3的分类原则,查找列入IATA《危险品规则》附录C.1的属性条目表(见表3-6:摘自部分附录表C.1)。

表3-6 目前已划归为4.1项自反应物质品名表

自反应物质	浓度(%)	控制温度(℃)	临界温度(℃)	联合国编号	备注
Azodicarbonamide, formulation type C	<100			3224	1,2
Toluene-2-Diazonium zinc chloride	100	+40	+45	3236	
4-Nitrosophenol	100	+35	+40	3236	
Self-reactive solid, sample				3224	4
Tetramine Palladium(Ⅱ)Nitrate	100	+30	+35	3234	

注:① 关于对偶氮二酰胺配方的分类的详细说明,请参见《联合国橙皮书》2.4.2.3.3.2。
② 要求粘贴"Explosive"(爆炸品)次要危险性标签,任何情况下,禁止空运。
③ 具有一种相容的稀释剂,其沸点不低于150℃。
④ 须得到有关国家当局的批准。
⑤ 该条适合2-重氮-1-萘酚-5-磺酸的酯混合物,满足联合国关于危险品运输建议的标准2.4.2.3.3.2(d)。

(2) 5.2项的有机过氧化物必须按照联合国建议书2.5.3.3的分类原则,查找列入IATA《危险品规则》附录C.2的属性条目表(见表3-7:摘自部分附录表C.2)。

表3-7 目前已划归为5.2项有机过氧化物的品名表

有机过氧化物	浓度(%)	A型稀释剂(%)	B^1型稀释剂(%)	非活性固体(%)	水(%)	控制温度(℃)	临界温度(℃)	联合国编号(一般项)	备注
Acetyl acetone peroxide	≤42	≥48			≥8			3105	2
tert-Butyl cumyl peroxide	≤52			≥48				3108	
Cumyl peroxypivalate	≤77	≥23				−5	+5	3115	
Dibenzoyl peroxide	≤56.5,糊状				≥15			3108	
Dibenzoyl peroxide	≤35			≥65				豁免	29

说明:① A型稀释剂(Diluents Type A)为有机液体,与有机过氧化物相容且沸点不低于150℃。A型稀释剂可用来降低所有机过氧化物的敏感度。
② B^1型稀释剂(Diluents Type B^1)为有机液体,与有机过氧化物相容且沸点低于150℃但不低于60℃,并且闪点不低于5℃。B^1型稀释剂只能用于降低那些需要控制温度的有机过氧化物的敏感度。该液体的沸点应至少高于有机过氧化物的控制温度50℃。

注:(根据表中需要,摘自部分备注)
2. 可用氧≤9%。
29. 第5.2项可以不受该规则要求的约束。

二、运输专用名称的选用方法

(一)列名的条目

在运输管理过程中,若该物质名称已知,或已知 UN 或 ID 编号,已被列入 IATA《危险品规则》4.2 危险品表中,可直接查阅危险品表或者 4.3 编号对照表,进而找到该物质在危险品表的相应页码,从而查找危险品表,得到危险品运输的类别、标签、包装、重量限制等相关信息。

(二)未列名的条目

对于未列名条目的危险物品或物质,托运人必须按照未列明条目的相关要求确定最准确的泛指运输专用名称,进而完成运输管理工作。

首先,当一种物品或物质名称未被列入危险品表中时,托运人必须:

(1) 根据 IATA《危险品规则》禁运危险品要求和危险品分类标准确定该物品或物质不是禁运的。

(2) 如果该条目不是禁运的,根据 IATA《危险品规则》危险品分类标准进行分类。如果该条目有一种以上的危险性,托运人必须按确定主要危险性的规则确定其主要危险性。

(3) 使用能最准确描述物品或物质的类属或 n.o.s. 运输专用名称。运输专用名称必须按照危险品表条目确定优先使用顺序。

例 3-2:甲基正戊基甲醇是一种闪点为 54℃(130°F)的醇类,该名称没有列入危险品表,因此,它必须用最准确的名称申报,该名称应该是"醇类,n.o.s."(甲基正戊基甲醇),而不是"易燃液体,n.o.s."。

例 3-3:乙基环己烷,一种碳氢化合物,闪点为 35℃(95°F),名称未列入品名表中,因此,它必须用最准确的名称申报。经查证,该名称应该为"碳氢化合物,液体,n.o.s.",而非"易燃液体,n.o.s."。

(4) 危险品表 B 栏中类属或 n.o.s. 运输专用名称后标有"★"时,必须在此运输专用名称后面附加用括号括起来的技术名称或化学名称,显示的技术名称或化学名称不超过两个,且是构成本混合物危险性的最主要成分。此要求不适用于国家法律或国际公约禁止泄露其名称等信息的受控物质。对于第 1 类爆炸品,危险品的名称后可以附加表明其商用或军用名称的补充说明文字。技术名称必须是科学技术手册、教科书和杂志现行使用的公认的化学或其他名称。不得使用商用名称。对于农药,仅可使用国际标准化组织的通用名称、《世界卫生组织(WHO)建议的农药危险性的分类和分类准则》中的其他名称或有效成分的名称。

例 3-4:氟利昂 14 和氟利昂 23 的混合物的运输专用名称是制冷气体,n.o.s.(四氟甲烷,三氟甲烷)。氟利昂 14 和氟利昂 23 是商业名称,因而不能接受。

例 3-5:一种固体农药产品,含呋喃丹的,它申报为固态氨基甲酸酯,毒性(碳呋丹),UN2757。

例3-6：一种混合物含有二甲苯和丙酮,闪点为24℃(75℉)且初始沸点高于35℃(95℉),必须使用能准确体现它危险性和适用性的运输专用名称进行分类。如果只是作为油漆清洗剂,那么UN1263适用。如果它没有这样的功能,而是(比如)用于生产加工的中间体,那么可以简单使用n.o.s.的运输专用名称,即易燃液体,n.o.s.★。

(5) 对于一种未列名的物质是否可以空运,或应遵循何种条件进行空运有疑问的,托运人或运营人必须咨询国家主管当局。

(6) 水合物可使用无水物质的运输专用名称运输。

其次,对于所有n.o.s.条目和主要的类属条目,在IATA《危险品规则》表4.1.A列出(见表3-8),并按照其危险性的类或项分组。同时,该表在每一危险性类或项内,类属条目和n.o.s.条目分为下列三组：

(1) 包括一组具有某一特定化学或技术性质的物质或物品的特定条目；

(2) 对于第3类和6.1项的农药条目；

(3) 包括一组具有一种或多种一般危险性质的物质或物品的一般条目。

表3-8 部分类属和n.o.s.运输专用名称表

类别或项别	次要危险性	联合国或识别编号	运输专用名称 (注：★不是运输专用名称的一部分)
第1类			
1		0190	爆炸品样品★起爆药除外
1.1项			
1.1L		0354	爆炸性物质,n.o.s.★
1.1C		0462	爆炸性物质,n.o.s.★
1.1D		0463	爆炸性物质,n.o.s.★
1.1E		0464	爆炸性物质,n.o.s.★
1.1F		0465	爆炸性物质,n.o.s.★
1.1B		0461	炸药导火装置部件,n.o.s.★
1.1C		0497	液态推进剂
1.1C		0498	固态推进剂
1.1L		0357	爆炸性物质,n.o.s.★
1.1A		0473	爆炸性物质,n.o.s.★
1.1C		0474	爆炸性物质,n.o.s.★
1.1D		0475	爆炸性物质,n.o.s.★
1.1G		0476	爆炸性物质,n.o.s.★
1.2项			
1.2K	6.1	0020	毒性弹药★带有起爆装置、发射剂或推进剂
1.2L		0355	爆炸性物质,n.o.s.★
1.2C		0466	爆炸性物质,n.o.s.★
1.2D		0467	爆炸性物质,n.o.s.★
1.2E		0468	爆炸性物质,n.o.s.★
1.2F		0469	爆炸性物质,n.o.s.★
1.2B		0382	炸药导火装置部件,n.o.s.★

续表

类别或项别	次要危险性	联合国或识别编号	运输专用名称 （注：★不是运输专用名称的一部分）
1.2L		0248	水激活装置★带有起爆装置、发射剂或推进剂
1.2L		0358	爆炸性物质,n.o.s.★
1.3项			
1.3K	6.1	0021	毒性弹药★带有起爆装置、发射剂或推进剂
1.3L		0356	爆炸性物质,n.o.s.★
1.3C		0470	爆炸性物质,n.o.s.★
1.3L		0249	水激活装置★带有起爆装置、发射剂或推进剂
1.3C		0132	芬香族硝基衍生物的爆燃性金属盐,n.o.s.
1.3C		0495	液态推进剂
1.3C		0499	固态推进剂
1.3L		0359	爆炸性物质,n.o.s.★
1.3C		0477	爆炸性物质,n.o.s.★
1.3G		0478	爆炸性物质,n.o.s.★
1.4项			
1.4S		0349	爆炸性物质,n.o.s.★
1.4B		0350	爆炸性物质,n.o.s.★
1.4C		0351	爆炸性物质,n.o.s.★
1.4D		0352	爆炸性物质,n.o.s.★
1.4G		0353	爆炸性物质,n.o.s.★
1.4E		0471	爆炸性物质,n.o.s.★
1.4F		0472	爆炸性物质,n.o.s.★
1.4B		0383	炸药导火装置部件,n.o.s.★
1.4S		0384	炸药导火装置部件,n.o.s.★
1.4C		0501	发射药,固态
1.4C		0479	爆炸性物质,n.o.s.★
1.4D		0480	爆炸性物质,n.o.s.★
1.4S		0481	爆炸性物质,n.o.s.★

摘自：IATA《危险品规则》表4.1.A。

（三）未列名的混合物和溶液

混合物和溶液没有在危险品表中具体列出名称，在确定分类和运输专用名称时参照下列程序进行。

需要注意的是列名的物质，必须以危险品表中列出的运输专用名称运输。某些物质可能含有不影响识别结果的杂质（如，制造过程中产生的）或用于稳定或其他用途的添加剂。然而，已列名的物质若含有影响其识别结果的杂质或添加剂（做稳定剂或其他用途）必须识别为混合物或溶液。

1. 混合物或溶液

一种混合物或溶液，主要成分为某种已列名的物质，同时含有一种或多种不受《危险品规则》限制的其他物质，或痕量的一种或多种其他已列名的物质，必须识别为危险品表中主要成分的运输专用名称,且必须加限定词"混合物"或"溶液"。

例 3-7:丙酮溶液的闪点低于 23℃(73°F)并且沸点高于 35℃(95°F),因此与纯丙酮具有相同的可燃性范围(UN1090,第 3 类,包装等级Ⅱ)。由于危险类别及包装等级都没有变化,则这种溶液的运输专用名称必须申报为丙酮溶液。

此外,混合物或溶液的浓度也可以表示,例如,"丙酮75%溶液"。

此规定在出现以下情况时例外:

第一,混合物或溶液在危险品表中专门列出名称。如:

Ammonium polysulphide solution 多硫化铵溶液　　　　　　　　　　　UN2818
Phenol solution 苯酚溶液　　　　　　　　　　　　　　　　　　　　UN2821
Phenol,solid 固态苯酚　　　　　　　　　　　　　　　　　　　　　UN1671
Phenol,molten 熔融苯酚　　　　　　　　　　　　　　　　　　　　UN2312

第二,危险品表的条目表示,该条目仅适用于纯物质。

第三,溶液或混合物的危险性类别或物理状态(固态、液态、气态)与列出的条目不同。如:

Alkalimetal amalgam,liquid 液态碱金属汞合金　　　　　　　　　　　UN1389
Alkalimetal amalgam,solid 固态碱金属汞合金　　　　　　　　　　　UN3401

第四,在紧急情况下应采取的措施有明显变化。

需要注意的是,尽管在分类过程中可能忽略了微量杂质,但这些杂质可能影响物质的属性,因此在根据《危险品规则》5.0.2.6.3 部分评估包装相容性时应予以考虑。即承运人必须要保证已经采取了所有合适的措施以保证使用的包装与运输的危险品相兼容。在相关部门要求时必须可以出具这些措施或评估的证据。

以上每种情况,混合物或溶液必须用最适用的 n.o.s. 运输专用名称表示,并在紧接其后的圆括号内加上物质的技术名称,除非国家法律或国际公约因为它是受管制的物质而禁止其公开。也可以使用适当的限定词,如"含有""混合物""溶液"等。

例 3-8:含有 2-氯丙烷(UN2356,第 3 类,包装等级Ⅰ)和不属于本规则的溶剂的混合物,闪点低于 23℃(73°F)且沸点高于 35℃(95°F),因此该混合物的可燃性范围为包装等级Ⅱ。由于包装等级已经改变,混合物应称为易燃液体,n.o.s.(2-氯丙烷溶液)或易燃液体,n.o.s.(2-氯丙烷混合物)。

某种危险品表中未列名的混合物或溶液,含有两种或更多危险品的,必须使用最准确的运输专用名称、描述、危险性类项、次要危险性和包装等级。即必须使用泛指运输专用名称,并且必须在泛指名称后面注明至少两种有主要危险性成分的技术名称。如有"混合物""溶液"必须加上。如果需要次要危险性标签,技术名称必须包括所需的次要危险性标签的部分。属于国家法律或国际公约禁止泄密的管制物品除外。

例 3-9:发动机清洗剂的名称未列入危险品表。它被描述为闪点小于 23℃(73°F)且符合 6.1 项(口服毒性)定义的汽油和四氯化碳的混合物。按照《危险品规则》表 3.10.A,主要危险性是 6.1 项,次要危险第 3 类。因此,托运人申报的该混合物运输专用名称为"易燃液体,毒性,n.o.s.(汽油/四氯化碳混合物)"或"易燃液体,毒性,n.o.s.(汽油/四氯化碳溶液)"。

2. 不受《危险品规则》限制的混合物或溶液

混合物或配方中有物质名称在品名表中列名,但是由于其浓度不符合任何危险性的定义,此混合物或溶液不受本规则限制。

一种混合物或溶液含有一种或多种本规则列名或分类为 n.o.s. 条目下的物质和一种或多种不受本规则限制的其他物质,如其危险性质不符合任何类别的标准(包括人类经验),即不受规则限制。航空货运单上应注明"Not Restricted"(不受限制)字样,以表明货物已被检查。

(四) 不受限制物品

如果物品或物质怀疑含有危险的化学物质,但并未列入危险品表,也不符合任何类别或项的标准,如果航空货运单上已注明"Not Restricted"(不受限制)字样,表明货物已被检查,则可以按非限制物品或物质进行运输。

(五) 有限数量的危险品

危险品只有符合《危险品规则》2.7 节有限数量的危险品、危险品表及第 5 章包装的限制,才可作为"有限数量"承运。

允许在有限数量规定下运输的条目,按"有限数量包装说明"编号显示在危险品表中。"有限数量包装说明"前冠以字母"Y"。"有限数量"包装件的毛重不得超过 30kg(66lb)。

这些规则的所有要求必须符合,除非另有规定。

本章小结

- 重点掌握内容:危险品表的结构和各栏的含义;
- 一般掌握内容:危险品表的使用。

综合练习

一、单选题

1. "**Formaldehyde solution** with not less than 25％ formaldehyde",细体字表示的含义是( )。

   A. 商业名称或俗称　　　　　　　　B. 运输专用名称
   C. 对物质的性质和成分的说明　　　D. 运输专用名称的组成部分

2. "Chlorobenzol, see **Chlorobenzene**(UN1134)",细体字表示的含义是( )。

   A. 商业名称或俗称　　　　　　　　B. 运输专用名称
   C. 对物质的性质和成分的说明　　　D. 运输专用名称的组成部分

3. "**Formic acid** with≥10％ but≤85％ acid by weight",粗体字表示的含义是( )。

   A. 商业名称　　　　　　　　　　　B. 运输专用名称
   C. 对物质的性质和成分的说明　　　D. 俗称

二、多选题

1. "Fulminating gold",细体字,且在客/货机运输栏中均显示"Forbidden"字样,表示的含义是( )。

    A. 危险性过大   B. 航空中禁止运输

    C. 不属于航空运输品的运输范围   D. 是危险品的运输专用名称

2. 下列对运输专用名称/说明栏正确的是( )。

    A. 运输专用名称可以是单数,也可以是复数

    B. 当修饰语成为运输专用名称的一部分时,它们在文件包装标记上的顺序可以任意排列

    C. 当废弃物危险品(非放射性废弃物)为处理或待处理而运输时,必须在运输专用名称前冠以"Waste"(废弃物)的字样,除非这已是运输专用名称的一部分

    D. 本栏出现符号:★为要求附加技术名称

3. 联合国包装等级包括( )。

    A. Ⅰ级   B. Ⅱ级   C. Ⅲ级   D. Ⅳ级

三、判断题

1. 每一"限制数量"包装件的毛重不超过20kg。( )

2. "危险品表"L栏表示客/货机限量包装说明。( )

3. 运输专用名称/说明栏中出现符号:+为要求附加技术名称。( )

四、回答下列问题

1. 品名表的 H、J、L 栏中所示的数量限制为:

_____

2. 有些危险物质,在它们的数量限制的数字旁,标有大写字母"G",是什么意思?

_____

五、查阅品名表,将以下名称的危险品的 UN 或 ID 代号写在对应的空格中

	物 质 名 称	UN/ID 代号
(a)	Acetal	
(b)	1-Pentene	
(c)	2-Methyl-5-ethylpridine	
(d)	Sodium Chlorate	

六、写出以下物质的运输专用名称和 UN/ID 代号

	物 质 名 称	运输专用名称	UN/ID 代号
(a)	Barium superoxide		
(b)	Metramine		
(c)	Sec-Butylbenzene		
(d)	Acid potassium sulphate		
(e)	Lighter flints		

七、查品名表，完成下表内容

物质名称	每一包装件实际数量	UN/ID号	类项编号	次要危险性	危险性标签	包装等级	客机是否可运	货机是否可运	有无特殊规定
Butylene	45kg								
Barium alloys, Pyrophoric	2kg								
Arsine	18kg								
Lithium metal batteries	8kg, G								
Cosmetic, n.o.s. in small inner packaging	15kg, G								

第四章

危险品包装

本章学习目标

- 了解危险品包装的基本要求、分类。
- 熟练掌握 UN 规格包装标记并选择合适的 UN 包装箱。
- 正确选择合适的包装代号并查阅相关的包装说明。
- 正确应用不同的危险品装于同一外包装中的相应规定。

 适用人员类别

1、2、3、6 类人员

 **导引案例**

由黄磷桶泄漏引发的火灾事故

据报载,某日中午 13 时许,位于攀枝花市区的某黄磷厂向异地发运黄磷途中,一卡车黄磷自燃,引起火灾,造成严重的空气污染,此次事故造成抢险民工 1 人窒息死亡,5 人轻度烧伤。经调查发现,运输中的黄磷,由电镀钢桶包装,但由于包装桶发生泄漏质量事故,使桶内密封的水全部泄漏,造成黄磷自燃。

常温下黄磷在空气中能自燃,故常在水中保存。黄磷的一般包装方法:(1)用铁通装,黄磷完全浸没水中;(2)装入盛水的玻璃瓶、塑料瓶或金属容器(使用塑料瓶时必须再装入金属容器内),黄磷必须完全浸没,严封后再装入坚固木箱中。国家标准《黄磷包装安全规范》(GB 19358—2003)中明确指出:包装用的瓶、桶等容器外表应干净清洁,不允许有残留物、污染、锈蚀或渗漏,其性能应符合联合国 I 类包装要求。

危险货物具有不同于其他货物的性质,它们与外部环境接触可能发生变质或因受到碰撞、摩擦、震动、洒漏而引起燃烧、爆炸、毒害、腐蚀、放射性污染等事故,所以对危险货物进行严格有效的包装极为重要。危险品的包装不仅能够保护货物的使用价值不受损失,而且是防止危险品在运输的过程中危害人员、环境、运输工具和设备的重要保障。危险货物的包装是危险货物运输规则的重要组成部分。

第一节 危险品包装概述

一、托运人对包装的责任

包装是托运人的主要工作之一。托运人应对货物进行正确的包装,确保其完全符合安全运输的要求。托运人在对危险品进行包装时,应遵守以下规定。

(1) 托运人使用的包装、容器可能是由专门的包装生产厂家制造并由其进行过规定的包装试验的;也可能是托运人在提交运输以前先委托他人进行包装的。无论何种情况,托运人都应对所使用的包装质量负全部责任。托运人当然可以就包装质量问题与有关各方交涉,但这与承运人无关。一旦因包装出现问题,托运人负全部责任。

(2) 托运人必须按照 DGR 的规定对货物进行包装。必须选用 DGR 中允许使用的包装类型,遵守 DGR 对各种危险物品的适用包装方法、单件净重和总净重的规定。

(3) 托运人不得将危险物品装入集装箱或集装器,但下列事项除外:

① 装有放射性物质的集装箱。该集装箱必须有永久性封装功能,坚固耐重复使用;而且必须配备便于操作的装置,尤其应方便由一种运输方式到另一种运输方式的转运。

② 按照包装说明 910 准备的装有日用消费品的集装器。

③ 装有固体二氧化碳(干冰)的集装器,但该干冰用于冷冻非危险物品。

④ 事先已获批准的装有磁性物质的集装器。

(4) 货物交付运输后,在启运前发现包装破损洒漏的,如不能证明是承运人过失造成的,托运人有责任修理或更换包装;如果能证明是承运人的过失,也应由托运人责任修理或更换包装,但由承运人赔偿托运人由此而造成的直接损失,经修理或更换后的包装也必须符合 DGR 的要求。获准重复使用一个包装或合成包装件之前,托运人必须保证除去或抹掉所有不再适用的危险物品标记和标签。

(5) 若在特殊情况下,托运人所使用的包装与 DGR 中的具体规定不一致,托运人有责任向承运人提供包装试验和适用情况的证明文件。

二、航空运输的正常条件

各种运输方式在运输货物过程中必然会遇到各种环境条件,但环境变化范围各不相同。对于航空运输,它跨越的空间范围比较大,环境条件变化大,加之危险货物对环境条件的变化比较敏感,这就要求危险货物的包装在很短的时间内适应急剧的温度、湿度变化及高度变化引起的压力剧增或剧减,所以只有明确了航空运输的正常条件,即正常的环境条件变化范围,才能对待运的危险货物进行合理、有效的包装,保证航空运输的安全性。

航空运输的正常条件包括空运的温度、压力和振动三方面的内容。

(一) 温度

由于国际航空运输跨越的地域范围很大,可能遇到的温度范围为 $-40 \sim 55℃$,在这个范围内温度的变化均为正常。对于那些在低温下充满液体的容器或包装,在经过高温地区时,温度的升高可能导致液体溢出或容器、包装的胀裂,同样相反的运输流向也可能导致事故发生。要避免此种情况发生,就要求在充装时容器或包装内留有足够的剩余空间,并且应满足一定的压力要求。

（二）压力

由于飞行高度的变化,飞行中压力会下降,极端条件下会降至 68kPa(0.68bar)。由于容器或包装通常在近似 103kPa(1atm,1bar)的正常压力下装入液体,空中气压的降低可能导致液体外溢或容器的破裂。这就要求每一容器或包装及其封闭物必须满足包装试验的要求。

（三）振动

飞行中的振动是难以避免的,商用飞机所引起的振动可以在频率 7Hz,振幅 5mm(相当于 1 个重力加速度)至频率 200Hz,振幅 0.05mm(相当于 8 个重力加速度)的范围内。包装必须保证能经得住这种振动。

三、包装及包装容器的术语

要充分了解危险货物的包装,先熟悉一下有关包装的术语。

（一）包装的一般术语

1. 包装

包装(Packaging)是指符合危险物品规则对包装最低要求的容器及其为实现其包容作用所需的其他构件或材料的集合体,见图 4-1。

图 4-1 包装

2. 包装件

包装件(Package)是指包装作业的最终产物,包括准备运输的包装及其内容物,见图 4-2。

3. 打包

打包(Packing)是指对物品或物质进行捆扎、包装或固定的工艺和操作。

图 4-2　包装件

4. 容器

容器(Receptacle)是指用于接收和盛装物品或物质的器具,包括任何封闭装置。

5. 内包装

内包装(Inner Packaging)是指在运输中还需使用外包装才能达到安全运输目的的包装,见图 4-3。

图 4-3　内包装

6. 内容器

内容器(Inner Receptacle)是指为实现其内层保护功能还需使用外包装的容器。

思考与提示:内容器与内包装的含义相同吗?

内容器与内包装有区别。内容器的设计是如果没有外层包装就不能起到包容作用,所以它不是内包装,而内包装即使没有外包装也能发挥其包容作用,保护货物,方便使用。如一个玻璃瓶就是一个内包装。

7. 外包装

外包装(Outer Packaging)是指连同吸附材料、衬垫材料和其他容纳和保护内容器或内包装所需要的部件一起构成的复合包装或组合包装的外部保护用具。

8. 中层包装

中层包装(Intermediate Packaging)是指介于内包装或物品和外包装之间的包装。

9. 组合包装

组合包装(Combination Packaging)是指为了运输目的,由一个或多个内包装按照一定的包装要求紧固在一个外包装内组成的包装组合。内、外包装间需根据不同情况填充衬垫或吸附材料。组合包装见图 4-4。

图 4-4　组合包装

10. 单一包装

单一包装(Single Packaging)是指不需任何内包装即能在运输中发挥其包容作用的包装。因为只有一层包装，所以无所谓内、外包装之分。单一包装见图 4-5。

图 4-5　单一包装

11. 复合包装

复合包装(Composite Packaging)是指由一个外包装和一个内容器在结构上形成一个整体的包装，一旦组装好后，无论在充罐、存贮、运输及卸空时始终是一个单一的整体。它实际上是内、外两层不同材料制成的一个不可分割的整体包装。所以，复合包装是单一包装的一种特殊形式。在技术细则中复合包装视为单一包装。

注意：

组合包装的"内部构成"总是指"内包装"而不是"内容器"。"复合包装"的"内部构成"一般是指"内容器"。

12. 合成包装件

合成包装件(Overpack)是指为了运输和装载的方便,同一托运人将一个或若干个包装件合成一个作业单元用于运输的包装件。合成包装件内的每个危险物品包装件必须正确地包装、标记、贴标签,且符合 DGR 适当条件要求。合成包装件可分为封闭式和敞开式两种。封闭式包装件见图 4-6。敞开式包装件见图 4-7。

图 4-6　封闭式包装件

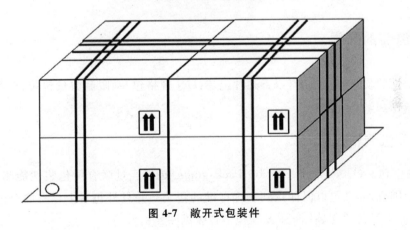

图 4-7　敞开式包装件

注意:

集装器不能作为危险物品的合成包装件。

合成包装件是由一个个包装件组成,这些包装件可以是单一包装,也可以是组合包装件。

13. 补救包装

补救包装(Salvage Packaging)是指用于出现破损、残缺、渗漏、不符合规定的危险物品包装件或已泄漏的危险物品的特殊包装。其目的在于使危险物品能继续运输或进行处理。

（二）包装容器的术语

所谓包装容器，就是指用作包装的器具的总称。

1. 袋

袋（Bag）是指由纸、塑料薄膜、纺织品、编织材料或其他合适材料制成的柔性包装。

2. 桶

桶（Drums）是指由金属、纤维板、塑料、胶合板或其他合适材料制成的，平底或凸底的圆柱形包装。此定义还包括其他形状的包装，如圆锥颈形包装或提桶形包装（Pail）等。木琵琶桶或罐不包括在本定义内。

3. 方形桶

方形桶（Jerricans）是指由金属或塑料制成的，截面呈长方形或多边形的包装。

4. 木琵琶桶

木琵琶桶（Wooden Barrel）是指由天然木制成的，桶壁为凸形，断面为圆形的包装。木琵琶桶由桶板条及端部构成，并套有圆箍。

5. 封闭物

封闭物（Closures）是为了确保内装物在运输、储运过程中不洒漏并免受污染而附加在包装容器上的盖、塞封闭器材的总称。

四、包装的分类

除放射性物质外，危险品有以下几种包装：UN 规格包装、限制数量包装、例外数量包装和非标准规格包装。

（一）UN 规格包装

UN 规格包装（UN Specialfication Packagings）是指经过联合国包装性能测试，保证安全达到联合国标准，并可以保证达到安全标准的包装。并且外包装上标有联合国包装试验合格标记，即 UN 规格包装标记。UN 规格包装见图 4-8。

（二）限制数量包装

限制数量包装（Limited Quantity Packagings）没有经过联合国指定的包装性能试验，但组合包装必须满足 UN 规格包装的结构标准且应通过跌落和堆码测试。我们将这类用于限制数量危险物品的包装称为限制数量包装。此类包装的外表面上没有任何规格标记，但必须标有"LIMITED QUANTITY"或"LTD. QTY."字样，或者标明有如图 4-9 所示的限制数量标记。在"品名表"中以限制数量进行运输的危险货物的包装要采用限制数量包装，以"Y"为前缀的包装说明具体指明了对这类包装的要求，包括包装件的最大毛重不得超过

30kg。限制数量包装不允许单一包装,包括复合包装。限制数量包装实例见图 4-10。

图 4-8　UN 规格包装

图 4-9　限制数量包装件标记

图 4-10　限制数量包装实例

(三）例外数量包装

例外数量包装（Excepted Quantity）指某些类型的危险品运输量很小时，可以使用内、中、外三层包装以及吸附材料对货物进行包装，要求坚固耐用。经例外数量包装的危险品不需要危险品申报单。包装表面粘贴例外数量标记，见图4-11。

图4-11　例外数量包装件标记

（四）非标准规格包装

非标准规格包装（Non-Specification Packaging）是为一些有特殊运输要求的危险货物特别设计、制造的包装。它们的外表面没有任何标记。如某些气体必须装入为这些特定气体的储运而专门制造的钢瓶或其他金属高压容器；为空运固体二氧化碳而设计和制造的包装等。参见包装说明200、805、904等。非标准规格包装可以是组合包装，也可以是单一包装，但必须满足DGR5.0.2一般包装要求。具体实例见图4-12。

图4-12　非标准规格包装实例

注意：

有些物品不需要包装就可以运输，如Automobiles（汽车），UN3166。

通过上面的介绍，我们已经了解包装的种类，那么在运输危险货物时，如何选择包装，即确定待运危险货物使用哪类包装，就要查阅包装说明表，下面介绍一下包装说明表。

五、包装说明表

包装说明表是对某种危险货物的包装应满足的具体要求的说明。它用来查阅《危险品规则》对该货物的包装种类、内装物数量的规定及对其包装的其他要求。各类危险品都有其特性,因此对它们包装的要求也不尽相同,就会有许多不同的包装说明表。每一张包装说明表都有一个序号,称之为包装说明号,它由三位数字组成。"危险物品表"的G(限制数量包装)、I(客机和货机包装)、K(仅限货机包装)栏内列出了某危险货物在客机或货机上运输时的包装说明号。例如,通过查阅危险物品"品名表"可知某种危险品以客机运输时包装说明号为809,说明该危险品要在客机上运输,其包装必须满足序号为809的包装说明表中所提出的一切要求。

包装说明表在《危险品规则》中是按危险性类别的先后顺序(即第1~9类)排列的。而且包装说明号与危险性类别有一定关系,即某危险品包装说明号首位的数字号与该货物所属的类别号一致。例如,所有第3类危险品的包装说明号都是3××;包装说明号为610的货物肯定属于第6类危险品。

包装说明表对确定和检查危险货物的包装是极其重要的资料,因为每张包装说明表中包括了如下内容(按先后顺序介绍)。

(一)国家和经营人差异

由于不同国家或不同承运人对同一包装、同一危险货物的运输可能会有不同的规定要求,所以在包装说明表中首先列出国家和经营人对该货物运输要求申报的差异。应注意的是,国家差异可能应用于运输始发国;中途转运国;目的国;承运人所在国家。例如,某危险品以客机运输的包装说明号为305,那么该危险货物以客机运输时,如果属于下面四种情况之一:(1)从美国起运;(2)经美国转运;(3)运往美国;(4)由在美国登记注册的一家航空公司承运,则都必须在包装说明表305首行查是否有美国申报的差异,结果发现,有USG-03/04/08,说明运输该货物时除要满足表305中对其包装提出的要求外,还必须满足USG-03/04/08的规定。同样,对于国际运输,有可能一次危险货物的运输由几个不同的承运人即航空公司承担,这时必须在包装说明表中逐一查看本次运输所涉及的所有航空公司提出的差异。

(二)标明相应的包装要求

其中可能包括是否必须满足一般包装要求;该包装应满足Ⅰ级、Ⅱ级还是Ⅲ级包装要求;是否使用中层包装等。例如,包装说明表305中有这样的要求:必须符合一般包装要求,不准使用单一包装。再如,包装说明表414标明:必须满足一般包装要求,包装必须达到Ⅱ级包装的性能标准,组合包装与单一包装均可使用。

(三)对包装的具体要求,如包装的材料、结构、包装方法等

这部分内容有三种表现形式。第一种形式是文字叙述,如包装说明表200中(a)~(d)的叙述。

包装说明 200

国家差异：USG-04/06/08/13。

经营人差异：5X-04，AA-01，AS-02/03，CI-01，CO-02/08，CS-02，FX-02，NW-01，RC-04，SQ-03，SW-01，TU-02/03/04，TW-02，UA-01，ZW-01。

亦须符合 5.0.2 中的一般包装要求。

（a）除冷冻液化气体以外的气体，必须装入为这些特定气体的储运而专门制造的钢瓶或其他金属高压容器内，压力不得超过这些钢瓶和高压容器所允许的最大工作压力。钢瓶和高压容器的阀必须安装护罩或护环以免阀在运输过程中被损坏或松动。如果没有可靠的护罩或护环，必须把钢瓶装入坚固的包装内以保护它的阀或其他附件免于损坏或松动。钢瓶不准安装支管。

（b）钢瓶和其他高压容器所充入的气体及其充气密度，必须符合充气所在国的要求。按规定需作定期检验的钢瓶和其他高压容器，到期而未进行复查的情况下，不准充气，也不准运输。

（c）装乙炔的钢瓶，除了必须遵守上述 200(a) 和 200(b) 规定之外，还应放入性质均匀整块的多孔物质以及足量的丙酮或其他合适的溶剂。

（d）符合上述 200(a) 和 200(b) 中规定且容积不超过 1L 的钢瓶和金属高压容器，必须装入坚固的外包装，并且要进行固定或衬垫以防止运输中在外包装内移动。

第二种形式是列表，如包装说明表 414。表中指定了可接受的单一包装和组合包装。对于组合包装，表中列出了可接受的外包装的类型及其代码和相关的内包装类型及其代码以及每一个内包装允许盛装的最大数量。这里要注意每一内包装所盛装的最大数量还要进一步受到危险物品表对每一包装件最大允许数量的限制。对于单一包装，表中列出了可接受的包装类型及其代码，内装物数量限制查危险物品表。爆炸品的包装说明不同。由于爆炸品的内包装和中层包装通常是为有关的特定爆炸品特别设计的，所以爆炸品包装说明没有列出内包装和中层包装的规格代码。

包装说明 414

国家差异：USG-13。

经营人差异：AA-01，AS-02，CI-01，CO-04/08，CS-04，DL-02，FX-02，IC-04，VW-01，SQ-03/07，SW-01，TU-06/07，TW-04，UA-01，ZW-01。

亦须符合 5.0.2 中的一般包装要求。

包装必须达到 Ⅱ 级包装的性能标准。

组合包装与单一包装均可使用。

组合包装					
内包装					
名称	玻璃,陶瓷	塑料	金属(非铝)	铝	玻璃安瓿
规格	IP1	IP2	IP3	IP3A	IP8
单位	L	L	L	L	L
最大数量	2.5	2.5	5.0	5.0	0.5

外包装														
类型	桶				方桶			箱						
名称	钢	铝	胶合板	纤维	塑料	钢	铝	塑料	钢	铝	木	胶合板	再生木材	纤维板	塑料
规格	1A2	1B2	1D	1G	1H2	3A2	3B2	3H2	4A	4B	4C1 4C2	4D	4F	4G	4H2

单一包装						
类型	桶			方桶		复合包装
名称	钢	铝	塑料	钢	塑料	塑料
规格	1A1	1B1	1H1	3A1	3H1	全部

第三种形式如包装说明表616。当有两种或两种以上具有不同 UN 编号的货物使用同一个包装说明,但它们可接受的外包装和内包装以及每一内包装允许盛装的最大数量不同时,一般采用这种形式。

包装说明 616

国家差异:USG-13。

经营人差异:AA-01,AS-02,CI-01,CO-06/08,CS-06,DL-02,E8-01,FX-02,HA-01,IC-06,NW-01,SW-01,TU-09,TW-06,UA-01,US-01,ZW-01。

亦须符合5.0.2中的一般包装要求。

组合包装与单一包装均可使用。

组合包装						
内包装						
名称	玻璃,陶瓷	塑料	金属(非铝)	铝	玻璃安瓿	特殊包装要求(见下文)
规格	IP1	IP2	IP3	IP3A	IP8	
单位	kg	kg	kg	kg	kg	
UN1697	2.5	F	5.0	F	0.5	
UN1751	2.5	5.0	5.0	F	0.5	5
UN2730	5.0	10.0	10.0	10.0	0.5	
UN3048	1.0	1.0	1.0	1.0	0.5	9
UN3146	2.5	2.5	2.5	F	0.5	9

F=禁止使用

外包装													
类型	桶				方桶		箱						
名称	钢	铝	胶合板	纤维	钢	铝	钢	铝	木	胶合板	再生木材	纤维板	塑料
规格	1A2	1B2	1D	1G	3A2	3B2	4A	4B	4C1 4C2	4D	4F	4C	4H2

续表

类型	单一包装					复合包装	特殊包装要求（见下文）
	桶			方桶			
名称	钢	铝	塑料	钢	塑料	塑料	
规格	1A1 1A2	1B1 1B2	1H1 1H2	3A1 3A2	3H1 3H2	全部	
UN1697	√	F	F	√	F	F	
UN1751	√	F	√	√	√	√	5
UN2730	√	√	√	√	√	√	
UN3048	√	√	√	√	√	√	
UN3146	√	F	F	√	F	√	

F＝禁止使用
√＝允许使用

特殊包装要求（PPR）
适用于单一包装和组合包装。
5. 钢制包装必须耐腐蚀或抗腐蚀。
9. 玻璃或陶瓷内包装和玻璃安瓿，在放入外包装之前，必须装入密闭的金属容器或硬质塑料容器，并要用衬垫材料填紧。

（四）在某些包装说明中还列出了特殊包装要求（PPR）

PPR 可能只适用于某些 UN 编号特指的物质和物品，也可能适用于这项包装说明所涉及的全部物质和物品。如包装说明 616 中，UN1751 物品的内包装或单一包装必须满足特殊包装要求 5 的规定，UN3048 和 UN3146 物品的内包装必须满足特殊包装要求 9 的规定。

从上面的介绍可知，待运危险货物采用其包装说明表中列出的包装，但也应注意下面两种情况。第一种情况，如果某包装说明表中指定了某种类型的包装可作为组合包装的外包装，如代码为 4G 纤维板箱，那么符合同样代码后跟字母"V"的包装，如 4GV，也可作为相关包装说明指定的同类型外包装使用，其使用条件和限制不变。例如，当包装代码为"4G"的组合包装被批准使用时，标有"4GV"代码的组合包装也可以被使用，但应遵守相应包装说明中有关内包装类型和数量限制的要求。第二种情况，在危险物品表中列出的危险物品所对应的包装说明指定的包装，可以用等效包装来代替。但要在满足下列条件的前提下，且需经始发国的主管当局批准。第一，该等效包装必须满足一般包装要求且不能采用《危险品规则》中不使用或只供特殊用途的包装类型，如木琵琶桶。第二，在危险物品表中列出的某包装说明指定的规格包装，如在表 4-2 中列出，则它的等效包装必须满足第三节中的有关要求。第三，使用等效包装所达到的安全水平，至少与危险物品表中包装说明指定的包装方法一致，这需要始发国主管当局做出判定。第四，数量要求，危险物品在等效包装中的最大净数量不得超过危险物品表中相应栏目的规定数量。最后要求是每票货物应伴随一份批准文件。

第二节 危险品包装的基本要求

几乎所有的包装说明表中都有一条要求即"必须符合一般包装要求"，也就是说，根据危险货物的性质和运输的特点,以及包装应起的作用,危险货物的包装必须共同满足一些基本要求。但这些要求对第7类放射性物质不适用。在给放射性物质进行包装时,托运人必须遵守第七章中包装说明以及有关包装规格和性能测试的规定。一般包装要求大致包括对包装等级、包装质量和包装方法等方面的要求。

一、包装等级

除第1类、第2类、第5.2项、6.2项和第7类以外,所有类项的危险货物,就其包装而言,根据它们所具有的危险程度被分为三个等级:

Ⅰ级包装——具有较大危险性的货物。

Ⅱ级包装——具有中等危险性的货物。

Ⅲ级包装——具有较小危险性的货物。

第9类的某些物质和5.1项中液体物质的包装等级不是根据任何技术标准而是根据经验划分的,在危险物品表中列出了这些物质及其包装等级。另外,包装说明中列举的UN规格包装,必须满足危险品品名表F栏中标出的特定物品或物质相应包装等级的性能测试要求,除非另有规定。

二、包装质量

对于使用过的包装,必须全面检查,以防止污染。而对于包装说明表中指定的和UN规格包装表(见表4-2)中列出的新包装、再次使用的包装或修复的包装必须符合第三节中所述对包装规格、标记、性能测试的相关要求,质量良好。要满足这些要求,这些包装的制造和检验必须按照国家主管当局认可的质量保障程序进行,即包装应按UN标准规格包装性能测试的要求进行测试,包装方法和所有内包装的尺寸和型号应符合试验报告及经过测试的设计类型的标准。在盛装和交运之前,每个包装都应经过检查,确保其没有腐蚀、污染或任何损坏迹象,而且包装件外部不得沾有达到有害数量的危险物品。与批准设计样本比较,任何出现强度降低迹象的包装均不得再使用或应进行修复处理使其能够承受设计样本试验。包装件的结构和封闭性能必须适应正常空运条件下温度、湿度、压力或振动的变化而不致渗漏。要达到防止渗漏的目的,包装的材料、封闭物必须满足如下具体要求:

(一)包装的材质、种类应与所装危险货物的性质相适应

直接与危险物品接触的包装(包括封闭物)必须有抗物品的任何化学反应或其他反应的能力。包装材料不得含有与其内装物品反应而生成危险性产物或明显削弱包装功能的物质。例如,氢氟酸有强烈的腐蚀性,能侵蚀玻璃,所以不能用玻璃容器盛装,要用铝筒或耐腐蚀的塑料、橡胶筒装运;铝在空气中表面会形成氧化物薄膜,对水、硫化物、浓硝酸、任何浓度的醋酸和一切有机酸类都有耐腐蚀性,所以冰醋酸、醋酐、甲乙混合酸、二硫化碳除化学试剂外一般都用铝桶盛装;氢氧化钠溶液也可与玻璃发生反应,所以不能用带玻璃塞的瓶装氢氧

化钠溶液,只能用胶塞。如果某材料(如有些塑料)在运输中由于温度的变化,与内容物发生化学反应或因使用冷冻剂而明显变软、脆化或渗透性增大,这样的材料不能用作包装材料。尽管在具体的包装说明中指定了某种包装,但托运人仍有责任保证这种包装不与内容物发生任何作用,特别要注意内装物对包装的腐蚀、渗透作用以及软化、脆化和提前老化的影响。

此外,同一危险货物还可能因其物理状态不同,要求使用不同的包装。液氨由氨气压缩而成,沸点为$-33.35℃$,乙胺沸点为$-16.6℃$。常温下都必须装入耐压气瓶中运输,但若将氨气、乙胺溶解于水中而生成氢氧化铵(氨水)、乙胺水溶液后,因其状态已发生变化,故可用铁桶盛装运输。

同样,外包装的质地和厚度必须保证在运输中发生摩擦时不致发热而改变内容物的化学稳定性。

(二)包装的封闭物应符合所装危险货物的性质

对于危险货物的包装,一般来说,封口均应严密。包装容器的塞子、软木塞或其他摩擦型的塞盖必须塞紧,并用可靠、有效的方法加以固定。封闭物的设计必须保证在使用中不可能出现封装失误或不完全密封的情况,并且容易判断它是否完全密封。如果封口不严,不同危险货物会造成不同程度的危险。如钢瓶盛装的压缩气体和液化气体,气体本身易引起中毒或燃烧事故,而且气瓶内压力很高,会以高速向放出气体的相反方向移动,可能造成人身伤亡;易燃液体会因封口不严散发出易燃易爆毒性蒸气;发烟硝酸挥发出的"烟"有很强的腐蚀性等。危险货物应根据其性质选择采用气密封口、液密封口或牢固封口(即封口严密的程度使所装的干燥物质在正常的运输过程中不致漏出)。

但有些危险货物却不能密封包装,而应留有通气孔。如过氧化氢(双氧水)受热急剧分解出氧气,装入塑料容器时,应留有小孔透气,以防止容器胀裂。但《危险品规则》有要求:如果内装物品可能释放气体,为了降低包装内部压力而需要排气的包装在航空运输中不准使用,除非在《危险品规则》中另有规定。

(三)包装应有适当的衬垫和吸附材料

根据货物的特性和需要,采用适当的材料和正确的方法对货物进行衬垫,以防止在运输过程中内、外包装之间,包装和包装之间以及包装和车辆、装卸机械等之间发生冲撞、摩擦、震动,从而避免包装破损。同时,适当的衬垫吸附材料又能防止液体货物挥发和渗漏,起到吸附作用。吸附材料不得与被吸收的液体发生危险反应。

(四)包装的外表应有规定的包装标记和标签

为了保证危险品运输安全,使从事运输操作作业的人员在进行作业时提高警惕性,杜绝发生事故的可能性,并在一旦发生事故时,能及时采取正确措施进行补救,危险品运输包装必须具备规定的危险品包装标记与标签并保证贴挂正确、明显和牢固。一种危险品同时具有多重危险性,或不同品名的危险品配装在同一包装中时,应根据不同性质,同时粘贴相应的几种包装标志以便分别进行防护。

除此之外,在包装表面还必须注明所装货物的运输专用名称、UN/ID代号、发货人名称和地址、收货人名称和地址及其他相关内容标记。

三、包装方法

在保证包装质量的前提下,为了保证运输的安全性以及包装的有效性,还要注意使用合理的包装方法。

(一)要恰当地使用衬垫材料

为了保证运输过程中内包装不在外包装内移动和防止内、外包装之间发生冲撞、摩擦、振动而引起破裂、泄漏,应采取适当的材料和正确的方法对货物进行衬垫。瓦楞纸、细刨花、草套、泡沫塑料、弹簧等都可作为衬垫材料,但应注意衬垫材料不得与内包装中危险物品发生危险反应。内装物品的任何泄漏,都不得降低衬垫材料的保护性能。如硝酸具有很强的氧化性,所以不能用稻草、木屑等可燃物作衬垫,以免硝酸渗漏发生燃烧事故,可选取惰性材料,如黄沙等。

(二)要恰当地使用吸附材料

为了防止液体货物挥发或因内包装破损而渗漏到外包装外面,装入玻璃或陶瓷内包装的第3类、第4类、第8类或5.1项、6.1项属于Ⅰ级和Ⅱ级包装的液体,在打包时必须使用有吸收液体能力的吸附材料。硅藻土、陶土、稻草、草套、草垫、无水氯化钙等均可作为吸附材料,但吸附材料不得与被吸收的液体发生危险反应。如果在正常运输条件下,内包装被保护好而不会破裂,而且外包装能防止内装物漏出时,可不要求使用吸附材料。如果需要使用吸附材料且外包装对液体无防漏功能,为了防止内装液体物质的渗漏,必须在外包装内加上衬里或给内包装加上塑料袋。但应注意内包装如果具有很强腐蚀性,如有机乳剂农药,可使塑料软化或穿孔,则应采用其他等效方法。在需要使用吸附材料时,每一外包装内的用量和填放必须符合表4-1的要求。

表4-1 对吸附材料的要求

包装等级	客机运输	仅限货机运输
Ⅰ级	A	B
Ⅱ级	B	B
Ⅲ级	C	C

注:A—充足的吸附材料能吸收全部内包装中的液体。
B—充足的吸附材料能充分吸收任何一个内包装中的液体;当内包装体积大小不同时,应能完全吸收容量最多内包装中的液体。
C—不要求使用吸附材料。

(三)对于盛装液体的包装,也有一定的要求

包装填注液体时,内部须留有足够的剩余空间,以防止在运输中可能发生的温度变化造

成液体膨胀而导致包装泄漏或永久变形。特别是在55℃(130℉)时,液体不得完全充满容器。盛装液体的包装强度必须满足联合国包装性能试验中的液压试验要求。它必须能够承受内部产生的不低于95kPa的压力差而无泄漏(对于第3类或6.1项中Ⅲ级包装的液体,不低于75kPa)或者能够承受一个与内装液体蒸气压有关的压力而无泄漏。除此之外,每一个盛装液体的包装,在其第一次用于运输前或再生产或再修复,都必须成功地通过适当的防渗漏测试。

盛装液体危险物品的组合包装,不包括含易燃液体不超过120mL的内包装或含传染性物质不超过50mL的主容器,在打包时内包装的封闭物必须朝上,并且需在包装件上粘贴"Package Orientation"(向上)标签以指明其直立方向。也可以同时在包装件的顶面标注"THIS SIDE UP"(此面朝上)或"THIS END UP"(此端朝上)字样。

另外,在航空运输可能遇到的温度下,如果某种固体可以变成液体,那么这种固体所使用的包装必须具备盛装液态该物质的能力。但应注意,适用的包装说明中允许使用的可盛装固体的包装(内包装和单一包装),如果它们不适用于盛装液体物质,不应选用。例如,可作内包装的纸袋或塑料袋,作为单一包装的无内衬纤维板桶,均不应选用。

(四)必要时采用合成包装件也是一种包装方法

运输本身的属性决定了许多包装件在处理过程中将可能以越来越多的不同的运输方式进行移动,例如,从车辆运进仓库,而后又运上飞机。为了避免包装件在运输过程中破损和渗漏,托运人应选择一种合适的包装或确定已包装物品的适应条件。如当以窄体飞机运输时,且未置于诸如集装器中予以保护的单一钢或铝包装件(钢桶、铝桶、方形钢/铝桶)应通过合成包装件、托盘装运或能保护底盖和凸边的其他方法提供额外保护,以防止飞机装载过程中的磨蚀作用。同样,容量为2L或更少的小型单一包装件应采用合成包装以便于操作,并可充分保证载于航空器上的危险物品的安全。

(五)包装尺寸的要求

对货物进行包装时,包装尺寸也在考虑范围之内。包装件必需尺寸适宜,其表面应有充分余地容纳所有必需的标记和标签。

(六)使用空包装的要求

装过某种危险物品的空包装,可以使用一种中性试剂清洗和彻底冲洗包装以消除危险。如未清理干净,仍存在危险性,必须将它们严格封闭并应按原危险物品处理。在托运人申报单的"危险物品数量"一栏中填写"empty"(空)字样。曾装过第7类放射性物质的包装件必须符合第七章有关放射性物质空包装件的规定。

UN/IATA还对不同危险物品装在同一外包装的情况提出了具体要求,详见本章第四节。

第三节　UN 规格包装标记

在危险货物的包装中,有一类是联合国标准规格包装。除限制数量进行运输的危险品和某些有特殊运输要求的危险品外,绝大多数危险货物的包装均采用联合国标准规格包装。UN/IATA 对这类包装的类型、代码、性能测试及标记等均有严格、统一的规定,本节就对这类包装做一全面介绍。

一、包装代码

联合国规格包装分为两种,一种为组合包装,另一种为单一包装。

IATA 根据联合国规格包装的标准,用不同的代码表示不同类型的危险物品包装。包装代码分为两个系列,第一个系列适用于内包装以外的包装,第二个系列适用于内包装。

(一) 适用于内包装以外的包装代码

内包装以外的包装中,外包装/单一包装与复合包装的代码位数也有区别。

1. 外包装/单一包装代码

此两位或三位代码由一个或两个阿拉伯数字加一个字母组成:

(1) 第一个符号是阿拉伯数字,表示包装的种类,如桶、箱等。

(2) 第二个符号是大写拉丁字母,表示材料的性质,如钢、木等。

(3) 第三个符号是阿拉伯数字,表示某一种类包装更细的分类。此符号根据实际情况确定有无,因为有的包装分类中无更细的分类。

2. 复合包装代码

此三位或四位代码由一个或两个数字和两个字母组成:

两个大写拉丁字母顺次地写在代码中的第二、三位上,第一个字母表示内容器的材料,第二个字母表示外包装的材料。另外两个数字的表示含义同上。

3. 组合包装代码

仅采用表示外包装的代码,即由一个或两个阿拉伯数字和一个字母组成。

4. 包装类型代码

1——圆桶(Drum)

2——木琵琶桶(wooden barrel)(《危险品规则》中不使用)

3——方形桶(Jerrican)

4——箱(Box)

5——袋(Bag)

6——复合包装(composite packagings)

7——压力容器(pressure receptacle)(《危险品规则》中不使用)

5. 包装材料代码

A——钢(各种型号及经过表面处理的钢)[steel(all types and surface treatments)]

B——铝(Aluminium)

C——天然木材(Natural wood)

D——胶合板(Plywood)

F——再生木材(Reconstituted wood)

G——纤维板(Fibreboard)

H——塑料(Plastic material)

L——纺织品(织物)(Textile)

M——多层纸(Paper multi-wall)

N——金属(钢或铝除外)[Metal(other than steel or aluminium)](《危险品规则》中不使用)

P——玻璃、瓷器或粗陶(Glass,Porcelain or stoneware)(《危险品规则》中不使用)

(二)适用于内包装的包装代码

内包装代码包括三个或四个编码:大写拉丁字母"IP"表示"内包装"(INNER PACKAGINGS);随后的阿拉伯数字表示内包装的种类;如需要,在数字后还有一个大写拉丁字母,表示这一类内包装更细的分类。

表4-2中列出了航空运输使用的UN规格包装,表中注明了包装类型及其包装代码。

表4-2 UN规格包装表

包 装 类 型		包 装 代 码
内包装		
陶瓷、玻璃或蜡制容器		IP1
塑料容器		IP2
非铝金属罐、筒或管		IP3
铝罐、筒或管		IP3A
多层纸袋		IP4
塑料袋		IP5
硬纸盒或罐		IP6
金属容器(气溶胶),一次性使用		IP7
金属容器(气溶胶),一次性使用		IP7A
金属容器(气溶胶),一次性使用		IP7B
玻璃安瓿(玻璃管)		IP8
金属或塑料软管		IP9
有塑料/铝衬的纸袋		IP10
外包装和单一包装		
钢桶	小口(非活动盖)	1A1
	大口(活动盖)	1A2

续表

包 装 类 型		包 装 代 码
铝桶	小口（非活动盖）	1B1
	大口（活动盖）	1B2
胶合板桶		1D
纤维板桶		1G
塑料桶	小口（非活动盖）	1H1
	大口（活动盖）	1H2
方形钢桶	小口（非活动盖）	3A1
	大口（活动盖）	3A2
方形铝桶	小口（非活动盖）	3B1
	大口（活动盖）	3B2
方形塑料桶	小口（非活动盖）	3H1
	大口（活动盖）	3H2
钢箱		4A
铝箱		4B
天然木箱	普通型	4C1
	防撒漏型	4C2
胶合板箱		4D
再生木箱		4F
纤维板箱		4G
塑料箱	膨胀（泡沫）	4H1
	硬质	4H2
塑料编织袋	防撒漏型	5H2
	防水型	5H3
塑料薄膜袋		5H4
纺织品袋	防撒漏型	5L2
	防水型	5L3
纸袋	多层防水型	5M2
复合包装		
内层是塑料容器	外层是钢桶	6HA1
	外层是钢板条箱或钢箱	6HA2
	外层是铝桶	6HB1
	外层是铝板条箱或铝箱	6HB2
	外层是木箱	6HC
	外层是胶合板桶	6HD1
	外层是胶合板箱	6HD2
	外层是纤维板桶	6HG1
	外层是纤维板箱	6HG2
	外层是塑料桶	6HH1
	外层是硬质塑料箱	6HH2

（三）包装限定代码

在包装代码后可加上字母"V""U""W""T"，它们具有不同的含义。

1. 字母"V"

字母"V"表示本包装为特殊包装。所谓"特殊包装"就是指物品或盛装固体或液体的任何类型内包装,在符合国际航空运输协会《危险品规则》6.3.1.3条件规定时,不必对外包装进行测试,可以直接装于外包装内并进行运输。特殊包装见图4-13。

图4-13 特殊包装

2. 字母"U"

如果字母"U"在包装代码后面,则表示本包装为国际航协《危险品规则》规定的感染性物质特殊包装。

3. 字母"W"

字母"W"表示该包装虽属于代码所指示的同一包装类型,但这一字母表示包装的制造规格与国际航空运输协会《危险品规则》6.2项不同。空运这类包装需由始发国书面批准。

4. 字母"T"

字母"T"表明本包装为补救包装。"补救包装"是指一种特殊的包装,用于盛装破损、残缺或渗漏的危险物品包装件或已外溢、渗漏的危险品的特殊包装,其目的在于将废料运走,以便回收或处理。托运补救包装必须得到国家主管当局的批准。

小知识:使用补救包装的注意事项

(1) 补救包装必须是抗化学品腐蚀或防止危险品泄漏或溢出的单一包装。多个破损或渗漏危险品包装不得使用此单一包装。

(2) 破损、残缺或渗漏的第1、2、7类和6.2项中的危险品的包装(纳入UN3921的临床废弃物和废药品除外)不得采用补救包装运输。

(3) 破损、残缺或渗漏的第4.1项自身反应物质和5.2项的有机过氧化物包装件不得使用通过Ⅰ级包装等级要求的金属补救包装进行运输。

二、联合国(UN)包装性能测试

由于危险货物的特殊性,为了确保安全运输,UN规格包装在保证按照上面所述质量要求进行设计和制造后,还要经过联合国包装性能测试,才可被使用。

包装性能测试的目的是检查该类型包装的性能是否符合有关标准、规范的要求;测定包装本身的功能,如它的耐冲击强度、防水、防渗漏性能等,以保证在正常运输条件下其内装物不损失泄漏。

每种包装在投入使用之前,其设计类型都必须按国家主管当局规定的程序,成功地通过各种试验。包装设计类型的限定因素有设计、尺寸、材料、材料厚度、生产工艺和打包方式,设计类型还可以包括各种表面处理,也包括仅仅在设计高度上低于设计类型的包装。生产的包装样品必须按主管当局规定的时间间隔重复进行试验以确保包装性能标准的一致性和长期性。无论包装在设计、材料或制造方法等方面做出任何变动,都必须重复进行试验。

如果包装仅在包装的次要方面,如内包装尺寸减小、净重降低及桶、袋、箱等包装在外部尺寸上的微小降低等与已试验类型不同时,主管当局可以批准做选择性包装试验。

包装性能测试的精确度取决于拟装物的危险程度即包装等级,相对密度和蒸气压(液体)。不同包装等级的包装测试的方法和标准不同,从Ⅰ级到Ⅲ级要求逐渐降低。

危险货物运输包装的性能测试不适用于如下包装:含有放射性物质的包装件;气体钢瓶;净重大于400kg的包装件;容积超过450L的包装件。

联合国规定的试验项目主要有四项:跌落试验、渗漏试验、液压试验和堆码试验。

跌落试验是通过自由跌落对货物运输的包装进行垂直冲击的试验,它是为了测定包装在跌落或倒塌等意外情况下耐垂直冲击的强度及对内装物的保护能力。

渗漏试验即气密性试验,拟装液态物质的所有类型的包装均应进行此试验,但组合包装的内包装除外。

液压试验即液密性试验,所有拟装液体的金属、塑料和复合包装之设计类型均应进行此试验,但组合包装的内包装除外。

堆码试验是模拟满载货物运输的包装堆码时的情况而进行的试验,除袋以外所有包装的设计类型均应进行此项测试。

三、UN规格包装标记

联合国规格包装必须进行规定的性能试验,试验合格后要在包装表面标注上持久、清晰、统一的合格标记后,才能使用。

(一)标记的作用

因为包装是在进行测试后打上标记,所以标记的作用首先表现在:它用于表明带有该标记的包装是与已成功地通过了测试的设计类型相一致的,它还表明该包装符合对外包装和单一包装的质量要求和性能测试中有关包装制造方面的规定,但此类规定与包装的使用无关。即无论该包装盛装何种物质,它均应符合包装规格的规定。因此,标记本身不必进一步指明该包装可能被用于盛装何种特定物质。其次表现为:标记意在为包装制造商、修理商、用户、承运人和有关当局提供某种帮助。在使用新包装时,最初的标记是生产商用以区别其包装类型和标明其已达到相关性能试验要求的手段。

(二)对标记的要求

除了用于第2类气体、第7类放射性物质和第9类物品的一些包装外,所有按联合国包装规格和试验规定进行生产和测试的单一包装和组合包装及复合包装的外包装都应带有耐久的、易辨认的标记。内包装不要求标记。规格标记必须压印或用其他方式标在包装件上,以便有持久性和对比性,易于看清和了解。其位置必须合适且与包装相比大小相当易于看清。对于毛重超过30kg的包装,其标记或复制标记应显示在包装件的顶部或侧面,且标记的字母、数字和符号的高度应大于或等于12mm。包装件小于或等于30L或30kg时,标记应至少有6mm高。对于5L或5kg或更小的包装件,标记的字母、数字和符号应为一种适当的尺寸。

(三)标记的组成

以下面标记为例,介绍UN规格标记的组成。

 1A1/Y1.4/150/09/NL/VL823

　　　1　　　2　　　3　　　4　　5　　6　　　7

以下是各个序号表示的含义。

1. <u>1</u> 联合国规格包装符号

本符号仅用于证明该包装符合UN规格包装的适用规定,不作他用。

注意:

对于冲压金属包装,该符号可用大写字母"UN"代替。

2. <u>2</u> 包装代码

用一系列规定的符号表示包装的种类和材料。1A1表示小口钢圆桶。

3. <u>3</u> 由一个字母和数字两部分组成的编码

其中,一个字母表示该设计类型已成功地通过试验的包装等级。如表4-3所示。

表4-3　UN包装箱的等级

标记中的字母	包 装 等 级	用于所包危险品的包装等级
X	Ⅰ	Ⅰ、Ⅱ、Ⅲ
Y	Ⅱ	Ⅱ、Ⅲ
Z	Ⅲ	只限Ⅲ

一个数字表示:

(1)对拟盛装液体的单一包装:该液体的最大允许相对密度,四舍五入至第一位小数。按照此相对密度已对包装类型进行过试验。若相对密度不超过1.2,则这一部分可省略。如例中[Y1.4]表示拟装液体的最大允许相对密度为1.4。

(2)对拟盛装固体或装有内包装的包装:包装的最大毛重,以千克(kg)为单位。此最大毛重的包装设计类型已通过了试验。如[Y145]表示该包装最大允许毛重为145kg。

4.4 此部分可能有两种表示

(1) 对拟盛装液体的单一包装,一个数字表示包装能承受的液压试验压力值,以千帕(kPa)为单位,四舍五入至十位数。该包装已成功地通过液压试验。如例中[150]表示该包装最大试验压力为150kPa。

(2) 对拟盛装固体或装有内包装的包装,此处使用字母"S"。

5.5 标出包装制造年份的最后两位数

如例中[09]表示此包装于2009年制造。包装类型为1H1、1H2、3H1及3H2型塑料包装,还必须正确标出制造月份,月份可标在包装的空白处,该标记如图4-14所示。

图4-14 UN规格塑料包装标记

以上五项内容列于第一行,且标注的顺序必须如上所述。

6.6 批准国分配的国籍识别标记

即在"国际机动车辆注册代号"中表示国家名称的识别标记。如例中[NL]表示荷兰。可在DGR附录E中查到。例如,A——奥地利；F——法国；CN——中国；BR——巴西；GB——英国；USA——美国；CH——瑞士等。

7.7 制造商的名称或国家主管当局规定的其他识别标记

如例中[VL823]。

第6、7两项内容可列于第一行,依次排在第5项后,也可列于第二行：

1A1/Y1.4/150/09
NL/VL823

无论是新制造的UN规格包装还是经修复和再生的包装均需要标注标记,但它们有所区别。

(四) 标记举例

1. 新包装标记举例

例4-1：

4G/Y145/S/08/NL/VL824

——联合国规格包装符号

4G——纤维板箱

Y——包装等级Ⅱ级,可以盛放包装等级为Ⅱ、Ⅲ的危险品

145——包装可以承受的最大允许毛重是145kg

S——可盛放固体或内包装

08——生产时间为2008年

NL——生产国家代号:荷兰

VL824——生产厂商代号

例4-2:

 1B1/Y1.5/180/06/CN/VL666

——联合国规格包装符号

1B1——小口铝桶

Y——包装等级Ⅱ级,可以盛放包装等级为Ⅱ、Ⅲ的危险品

1.5——盛放液体与水相对密度不能超过1.5

180——最大承受的压强为180kPa

06——生产时间为2006年

CN——生产国家代号:中国

VL666——生产厂商代号

例4-3:

 4G/X20-Y30-Z45/S/12/NL/ABC1234

——联合国规格包装符号

4G——纤维板箱

X20-Y30-Z45——Ⅰ级包装时最大允许毛重20kg,或Ⅱ级包装时最大允许毛重30kg,或Ⅲ级包装时最大允许毛重45kg

S——可盛放固体或内包装

180——最大承受的压强为180kPa

12——生产时间为2012年

NL——生产国家代号:荷兰

ABC1234——生产厂商代号

例 4-1 至例 4-3 中列出的为新包装标记示例。当看到例 4-1 至例 4-3 中的标记后,可以对这些包装的性质、作用有分别的描述。以例 4-1 为例,描述如下:新制造的拟用于盛装固体或装有内包装的纤维板箱,可作为Ⅱ级或Ⅲ级包装使用,最大允许毛重为 145kg,2008 年由荷兰的 VL824 厂制造。

2. 感染性物质包装标记举例

例 4-4:

 4G/Class6.2/08/DK/SP9989-ERIKSSON

 ——联合国规格包装符号

4G——纤维板箱

Class6.2——用来盛装感染性物质

08——生产时间为 2008 年

DK——生产国家代号:丹麦

SP9989-ERIKSSON——生产厂商代号

3. 修复和再生的 UN 规格包装的标记举例

例 4-5:

 1A1/Y1.4/150/06/NL/RB/VL824/14RL

 ——联合国规格包装符号

1A1——小口钢桶

Y——包装等级Ⅱ级,可以盛放包装等级为Ⅱ、Ⅲ的危险品

1.4——盛放液体与水相对密度不能超过 1.4

150——最大承受的压强为 150kPa

06——生产时间为 2006 年

NL——检修国家代号:荷兰

RB——检修厂家代号

VL824——生产厂商代号

14RL——2014 年检修后通过渗漏试验。其中"R"表示检修;对已成功地通过了渗漏试验的每个包装另加字母"L"

例 4-6:

 1A1/Y1.4/150/06
NL/V826
NL/RB/14RL

——联合国规格包装符号

1A1——小口钢桶

Y——包装等级Ⅱ级,可以盛放包装等级为Ⅱ、Ⅲ的危险品

1.4——盛放液体与水相对密度不能超过1.4

150——最大承受的压强为150kPa

06——生产时间为2006年

NL——生产国家代号:荷兰

V826——生产厂商代号

NL——检修国家代号:荷兰

RB——检修厂家代号

14RL——2014年检修后通过渗漏试验。其中"R"表示检修;对已成功地通过了渗漏试验的每个包装另加字母"L"

对例4-6包装的描述如下:拟用于盛放相对密度不超过1.4的液体的小口钢桶,仅可作为单一包装,可用于盛装Ⅱ级或Ⅲ级包装的物质,液压试验最大压力为150kPa,2006年在荷兰V826厂制造,2014年在荷兰的RB厂检修,检修后通过渗漏试验。

每个重复使用的包装,可能要进行重新修复,这种修复会使标记消失,这就要求这些包装上印有的"新包装标记"中第1至第5项内容所规定的标记具有永久性(如使用模压的方法)。所谓永久性,就是说这些标记能够经受修复处理而不消失。除了那些容量超过100L的金属桶包装外,这些永久性标记可以取代"新包装标记"规定中相应的耐久性标记。

除了"新包装标记"中规定的耐久性标记外,每个容量超过100L的新金属桶必须以永久性形式(如模压)在底部标有"新包装标记"中第1至第5项内容所规定的标记和桶身最薄处金属实际厚度的数字(以mm为单位精确到0.1mm)。当金属桶两端的材料厚度比桶身薄时,在底部应以永久性形式标记桶盖、桶身和桶底材料的厚度,如"1.0-1.2-1.0"或"0.9-1.0-1.0"。金属材料的厚度必须根据相应的国际标准化组织ISO的标准确定,例如适用于钢桶的国际标准 ISO3574:1986。除按反复使用设计生产的金属桶如不锈钢桶,可以永久性形式标有"新包装标记"中第6、7项内容规定的标记外,其他修复包装上的第6、7项内容规定的标记不必具有持久性。

对于再生金属桶,如果未改变包装类型,而且没有替换、拆卸原来完整的构件,那么所要求的标记不必是永久性的。所有其他再生金属桶必须在其顶部或侧面带有"新包装标记"中第1至第5项内容规定的永久性标记。

4. 补救包装标记举例

例4-7:

1A2T/Y300/S/06
USA/abc

——联合国规格包装符号

1A2——大口钢桶

T——补救包装标记

Y——包装等级Ⅱ级,可以盛放包装等级为Ⅱ、Ⅲ的危险品

300——最大承受的压强为300kPa

S——可盛放固体或内包装

06——生产时间为2006年

USA——生产国家代号:美国

abc——生产厂商代号

第四节 包 装 检 查

虽然包装是托运人的责任,但作为货运代理人和经营人的货物接收人员,为了确保危险货物包装符合运输要求,安全地进行运输,应了解对包装进行检查的方法与步骤。

对危险品进行包装时,有可能是将相同的内包装装在同一外包装内,也可能是将不同的危险品装入同一外包装中。对这两种包装方式的检查方法是不同的,下面分别说明。

一、相同内包装装入同一外包装的包装检查

(一)检查步骤

对这种包装的检查分四步进行。

第一步:查阅危险物品"品名表"。

(1)查找运输专用名称和UN/ID编号,"品名表"中A、B栏;

(2)查看UN包装等级,"品名表"中F栏;

(3)决定此物质或物品是否可以允许在客/货机上运输或仅限由货机运输,"品名表"中I、J、K、L栏;

(4)查看包装说明号,"品名表"中G、I、K栏;

(5)查看每一包装件的最大净数量或最大毛重,"品名表"中H、J、L栏;

(6)查阅可以应用于此项包装的任何特殊规定,"品名表"中M栏。

第二步:确定包装代号并查阅相应的包装说明。

查看包装说明号中对内包装的种类和限量的要求及对外包装种类的要求。在查找包装说明表时,应注意查看包装说明号的第1个数字是否与所装物品装运危险性类别号一致。如:包装说明Y819是第8类——腐蚀性物质的包装说明之一。

第三步：检查包装是否符合包装说明的所有要求。

根据待运货物的性质、数量、可利用的包装及运营人的限制等，货主自行决定采用哪种在相应包装说明中允许使用的包装。这个包装可能是包装说明要求的联合国标准规格包装，其上标有联合国标准规格包装标记；或是以"Y"为前缀的包装说明要求的"限制数量包装"，这类包装上标有"LIMITED QUANTITY"字样；也可能是某些包装说明允许使用的其他一些非标准规格包装，此类包装没有任何标记。

注意：

只有极少数的包装说明允许危险货物无包装。如：内燃机，包装说明900和901。

货主对货物进行包装时，必须确保包装：

(1) 满足危险货物运输一般包装要求（详见本章第二节）；

(2) 符合任何特殊包装要求，特殊规定以及本次运输涉及的国家及经营人差异；

(3) 符合危险物品"品名表"中每个包装件最大数量限制和包装说明表中对组合包装中内包装的数量限制要求。

第三步检查要注意以下三点：

(1) 在第一节中介绍包装说明表时已提到，国家差异可能应用于运输始发国、中途转运国、终到国、经营人所在国家。还要逐一查看包装说明表经营人一项中所涉及的所有航空公司的不同规定是否适用于本次运输。

(2) 有时包装说明中要求的包装等级比"品名表"中所列该物质包装等级更严格。如：UN2565 Dicyclohexylamine，在"品名表"中是Ⅲ级包装，但包装说明表818（客货机）和820（货机）表明"所有包装必须满足Ⅱ级包装性能测试要求"。在这种情况下，应使用较严格的Ⅱ级包装。

(3) 有时危险物品"品名表"中对每个包装件的数量限制比包装说明中更严格。如：UN2333 Allyl acetate，"危险物品品名表"中指出以客机运输时，每一包装件允许最大净数量为1L，而包装说明表305中有些内包装最大允许数量为5L。在这种情况下，应使用危险物品"品名表"所列的更具限制性的数量限制。

第四步：确保符合标准规格包装的相关限制要求。

根据UN规格包装标记确保符合。查看包装上的详细标记，确保包装等级和一些限制条件（如毛重、相对密度、压力等）都满足所装货物要求。

如果货物所用内、外包装满足相关包装说明要求和一些其他限制条件（数量限制、衬垫和吸附材料），那么作为货运代理人或经营人则不需打开危险货物包装件进行检查。这是因为：对货物进行包装是货主的责任；应保持外包装的完好性，可不再进行测试；另外，打开包装可能对人员安全造成危险。

（二）包装检查举例

例4-8：某托运人托运一件UN规格包装件，所装货物名称：Copper chlorate；内包装：4

个玻璃瓶(IP1),每个净重1kg;外包装:一个UN标准规格木箱(4C2)。其表面有如下标记:

 4C2/Y10/S/06
DE/2201

该包装符合一般包装要求。本包装件毛重9kg。由法航承运从巴黎至日本的东京。客机运输。请对该包装件进行检查。

解 第一步:查阅危险物品"品名表",列出货物相关的资料。

UN/ID no	Proper Shipping Name/Description	Class or Div	Sub Risk	Hazard Label(s)	Pg	Passenger and Cargo Aircraft			Cargo Aircraft Only		S.P. See 4.4	ERG Code
						Ltd Qty						
						Pkg Inst	Max Qty per Pg	Pkg Inst	Max Qty Per Pkg	Pkg Inst	Max Qty Per Pkg		
A	B	C	D	E	F	G	H	I	J	K	L	M	N
2721	Copper chlorate	5.1		Oxidizer	Ⅱ	Y508	2.5kg	508	5kg	511	25kg		5L

(1) 运输专用名称:Copper chlorate;
(2) UN 编号:UN2721;
(3) 包装等级:Ⅱ级;
(4) 包装说明号:508;
(5) 每个包装件的最大允许净数量:5kg;
(6) 特殊规定:无。

第二步:查阅相应的包装说明。

508

PACKING INSTRUCTION 508

STATE VARIATIONS:USG-04

OPERATOR VARIATIONS:AA-01,AS-02,BR-02,BW-01,CI-01,CM-03,C0-05,CS-05,FX-02,HA-01,IR-05,LY-04,ME-07,MX-05,RG-04,TU-08,UA-01/10,UX-04,VN-04

This instruction applies to Division 5.1 solids in Packing Group Ⅰ and Ⅱ on passenger and cargo aircraft. The General Packing Requirements of 5.0.2 must be met.
Single packagings are not permitted.

COMBINATION PACKAGINGS
INNER PACKAGINGS

Desc.	Glass, Earthenware	Plastic	Metal(not aluminium)	Aluminium	Paper bag	Plastic bag	Fibrebord drum or box	Class ampoule
Spec.	IP1	IP2	IP3	IP3A	IP4	IP5	IP6	IP8
Unit	kg	kg	kg	kg	kg	kg	kg	kg
Max. Qty.	1.0	1.0	1.0	1.0	1.0	1.0	1.0	0.5

续表

OUTER PACKAGINGS													
Type	Drums					Jerricans			Boxes				
Desc.	Steel	Aluminium	Plywood	Fibre	Plastic	Steel	Aluminium	Plastic	Steel	Aluminium	Wood	Plywood	Reconstituted wood	Firbreboard	Plastic
Spec.	1A2	1B2	1D	1G	1H2	3A2	3B2	3H2	4A	4B	4C14C2	4D	4F	4G	4H2

第三步：检查包装是否符合包装说明所有要求。

(1) 根据包装说明 508，货物 Copper chlorate 可以选择玻璃瓶作为内包装，每个玻璃瓶允许的最大净数量是 1.0kg。

(2) 已说明该包装符合一般包装要求。

(3) 1 个玻璃瓶，物品净数量为 1kg；4 个玻璃瓶，物品的净数量共 4kg。根据危险物品"品名表"，每个包装件最大允许净数量为 5kg，满足要求。

(4) 查包装说明 508，可知 UN2721 可使用 wooden box(4C2) 作外包装。

第四步：确保符合标准规格包装的数量限制要求。

规格包装标记中有"Y10"，说明该包装可盛装 Ⅱ 级包装货物，且最大允许毛重为 10kg，该包装件毛重为 9kg，Ⅱ 级包装，因此此规格包装与所装货物要求相符。

综上所述，该包装通过检查。

二、不同危险品装在同一外包装内的包装检查

对这种包装方式的检查又分为对联合国标准规格包装的检查和对限制数量危险货物包装的检查。

(一) 联合国标准规格包装的检查

1. UN/IATA 对不同物质装在同一外包装中的一般要求

(1) 几种危险物品之间不得互相发生危险反应而导致如下后果：燃烧或产生不可忽略的热量；释放易燃、有毒或窒息性气体；生成腐蚀性物质或不稳定物质。

(2) 除《危险品规则》另有规定外，几种危险物品需按包装件的隔离表（见表 4-4）进行隔离。

表 4-4 包装件的隔离表

主要危险性类别或项别	1 除了 1.4S	1.4S	2	3	4.2	4.3	5.1	5.2	8
1 除了 1.4S	注 1	注 2	×	×	×	×	×	×	×
1.4S	注 2	—	—	—	—	—	—	—	—
2	×	—	—	—	—	—	—	—	—
3	×	—	—	—	—	—	×	—	—
4.2	×	—	—	—	—	—	×	—	—
4.3	×	—	—	—	—	—	—	—	×
5.1	×	—	—	×	×	—	—	—	—

续表

主要危险性类别或项别	1 除了 1.4S	1.4S	2	3	4.2	4.3	5.1	5.2	8
5.2	×	—	—	—	—	—	—	—	—
8	×	—	—	—	—	×	—	—	—

注：1. 见《危险品规则》9.3.2.2关于"爆炸品之间的隔离"中的解释。
2. 除1.4项中S配装组外，爆炸品不得与其他类或项的物品一起码放。
3. 由于4.1项及6、7和9类不需与其他类别的危险物品隔开，因此，本表中不包含这类危险物品。

在行和列的交叉点上注有"×"，表明装有这些类或项的危险物品的包装件必须相互隔开。若在行和列的交叉点上注有"—"，则表明装有这些类或项的危险物品包装件无须相互隔开。

在确定分隔要求时表4-4中的项目仅考虑主要危险性的类别或项别，而不考虑其他次要危险性。

（3）6.2项（传染性物质）物质的内包装与无关类别物品的内包装不得装入同一外包装，除包装说明602允许的情况之外。

（4）每一种危险物品所使用的内包装及其所含的数量，均应符合各自包装说明中的有关规定。

（5）所使用的外包装是每一个危险物品相应的包装说明都允许使用的包装。

（6）准备运输的包装件，必须符合其内装物品中最严格的包装等级所对应的性能测试技术标准。

（7）一个外包装所装入的不同危险物品的数量，必须保证Q值不大于1，Q值按下列公式计算：

$$Q = n_1/M_1 + n_2/M_2 + \cdots + n_i/M_i + \cdots$$

其中，n_i是每一个包装件内第i种危险物品的净数量（净重或净容积），M_i是危险物品"品名表"中对客机或货机规定的第i种危险物品每一包装件最大允许净数量。

注意：下列危险物品不需要计算Q值

（1）固体二氧化碳（干冰），UN1845；

（2）在危险物品"品名表"H栏、J栏和L栏中注明"No Limit"（无限制）的那些物品；

（3）包装件内仅含有具有相同UN编号和包装等级的危险物品，而且净数量的总和不超过危险物品表中最大允许净数量。

2. 不同危险品装在同一外包装内的包装件检查步骤

如果1件UN规格包装件，内装有多种危险品，根据对危险货物运输包装的一般要求（见本章第二节）和对不同物质装在同一外包装中的具体要求，按照下述步骤对不同物质装载同一外包装中的包装件进行检查。

第一步：查阅每一种危险物品在"危险物品品名表"中的具体要求，列出每一货物的相关资料。

第二步：确保每种危险物品间不会发生危险性反应并且无须按照货物隔离表进行隔离。

第三步：查阅每一种危险物品对应的包装说明，确保：

(1) 允许适用所用的内包装;

(2) 符合内包装的最大允许数量限制;

(3) 外包装满足每一个包装说明的要求;

(4) 符合国家和经营人差异。

在这一步中,还要注意每一包装说明表中的特殊包装要求(PPR)。

第四步:参照"危险物品品名表"和每一个包装说明,决定:

(1) 适用于整个包装件的最严格的包装等级,包装件必须符合相应的包装等级性能测试标准;

(2) 计算 Q 值:

$$Q = n_1/M_1 + n_2/M_2 + \cdots + n_i/M_i + \cdots \leqslant 1$$

注意不需要计算 Q 值的物品!

第五步:确保外包装内除其他类危险物品内包装外,不包含传染性物质的内包装。

例 4-9:下列货物装在一个外包装内:

内包装:Diethyl sulphate 1个玻璃瓶(IP1) 1L;

Paraldehyde 2个塑料瓶(IP2) 每个10L。

外包装标记:

 4D/Y35/S/06
NL/NNB344

由国航承运从北京至美国旧金山,客机运输。货物之间不发生危险反应。请进行包装件检查。

解 第一步:查阅"危险物品品名表",列出货物相关的资料。

UN/ID no	Proper Shipping Name/Description	Class or Div	Sub Risk	Hazard Label(s)	Pg	Passenger and Cargo Aircraft Ltd Qty		Passenger and Cargo Aircraft		Cargo Aircraft Only		S.P. See 4.4	ERG Code
						Pkg Inst	Max Qty per Pg	Pkg Inst	Max Qty Per Pkg	Pkg Inst	Max Qty Per Pkg		
A	B	C	D	E	F	G	H	I	J	K	L	M	N
1594	Diethyl sulphate	6.1		Toxic	II	Y609	1L	609	5L	611	60L		6L
1264	Paralde-hyde	3		Flamm. liquid	III	Y309	10L	309	60L	310	220L		3L

第二步:查阅表 4-4 得知,危险货物之间不发生危险反应,货物之间不需要隔离。

第三步:查阅每一种危险物品对应的包装说明(609 和 309):

609

PACKING INSTRUCTION 609

STATE VARIATIONS: USG-04

OPERATOR VARIATIONS: AA-01, AS-02, BW-01, CI-01, C0-06, CS-06, E8-01, FX-02, HA-01, LA-06, LY-04, MA-01, MX-06, RG-02, TR-03, UA-01, UX-04, XK-02

This instruction applies to toxic liquids of Division 6.1 in Packing Group II on passenger and cargo aircraft.
The General Packing Requirements of 5.0.2 must be met.
Single packagings are not permitted.

COMBINATION PACKAGINGS

INNER PACKAGINGS

Desc.	Glass, Earthenware	Plastic	Metal(not aluminium)	Aluminium	Class ampoule
Spec.	IP1	IP2	IP3	IP3A	IP8
Unit	L	L	L	L	L
Max. Qty.	1.0	1.0	2.5	2.5	0.5
PPR			88	88	

OUTER PACKAGINGS

Type	Drums					Jerricans			Boxes						
Desc.	Steel	Aluminium	Plywood	Fibre	Plastic	Steel	Aluminium	Plastic	Steel	Aluminium	Wood	Plywood	Reconstituted wood	Fibreboard	Plastic
Spec.	1A2	1B2	1D	1G	1H2	3A2	3B2	3H2	4A	4B	4C1 4C2	4D	4F	4G	4H2
PPR		88					88			88					

Particular Packing Requirements(PPR)
88. 仅对不会与铝反应的卤代烃,才允许使用纯铝或铝合金制成的包装

309

PACKING INSTRUCTION 309

STATE VARIATIONS: BEF-03, SAG-01, USG-04/06/13

OPERATOR VARIATIONS: AA-01, AS-02, BA-01, BW-01, CI-01/04, C0-06, CS-06, CX-03, DL-03, DO-02, EI-01, FX-02, HA-01, JL-09, KA-05, KE-07, KJ-01, LY-04, MX-03, OK-04, QY-02, RG-01/02, SK-04, TG-02, TK-05, TR-02/03, UA-01, UX-04, XK-05

This instruction applies to flammable liquid in Packing Group III on passenger and cargo aircraft.
The General Packing Requirements of 5.0.2 must be met.
Packaings must meet the requirement of Packing Group II with a Class 8 subsidiary risk.
Combination packagings and single packagings are permitted.

COMBINATION PACKAGINGS

INNER PACKAGINGS

Desc.	Glass, Earthenware	Plastic	Metal(not aluminium)	Aluminium	Class ampoule
Spec.	IP1	IP2	IP3	IP3A	IP8
Unit	L	L	L	L	L
Max. Qty.	2.5	10.0	10.0	10.0	0.5

续表

OUTER PACKAGINGS													
Type	Drums					Jerricans			Boxes				
Desc.	Steel	Aluminium	Plywood	Fibre	Plastic	Steel	Aluminium	Plastic	Steel	Aluminium	Wood	Plywood	Reconstituted wood	Fibreboard	Plastic
Spec.	1A2	1B2	1D	1G	1H2	3A2	3B2	3H2	4A	4B	4C1 4C2	4D	4F	4G	4H1 4H2

SINGLE PACKAGINGS							
Type	Drums			Jerricans		Composites	Cylinders
Desc.	Steel	Aluminium	Plastic	Steel	Plastic	Plastic	
Spec.	1A1 1A2	1B1 1B2	1H1 1H2	3A1 3A2	3H1 3H2	A11	As permitted in PI200

(1) 选用的内包装是允许的;包装说明 609 允许玻璃瓶(IP1)作内包装,每个允许的最大净数量是 1 升;包装说明 309 允许塑料瓶(IP2)作内包装,每个允许的最大净数量是 10L。

(2) 内包装的净数量满足允许的最大净数量要求:

内包装:Diethyl sulphate   1 个玻璃瓶(IP1)   1L;

　　　　Paraldehyde   2 个塑料瓶(IP2)   每个 10L。

(3) 外包装满足每一个包装说明的要求:每一个外包装说明都允许使用胶合板箱(4D)作为外包装。

第四步:查阅危险物品"品名表"和每一个包装说明:

(1) 决定最严格的包装等级:从危险物品"品名表"和每一个包装说明得知包装等级 Ⅱ 级。因此,允许选择外包装包装等级 X 或 Y(4D)的胶合板箱。

(2) 计算 Q 值:

$$Q=1/5+20/60=0.2+0.33=0.53<1$$

第五步:外包装不含传染性物质和其他物品的内包装。

综上所述,此包装件符合客机装载要求。

(二) 限制数量危险货物包装的检查

1. 包装要求

按照限制数量运输的危险物品,在包装时必须符合相应的包装规定。当不同类别的限量危险物品装入同一个外包装时,还要满足不同物质装入同一规格外包装的要求,但其中(5)、(6)两条对数量的限制要求除外。因为它的数量限制要求如下:

(1) 不包括第 2 类和第 9 类的其他类别危险物品,每一包装件内索状的数量的"Q"不超过 1。Q 值按下式计算:

$$Q=n_1/M_1+n_2/M_2+\cdots+n_i/M_i+\cdots$$

其中,$n_1,n_2,\cdots,n_i,\cdots$ 是每一包装件内各种危险物品的净数量;$M_1,M_2,\cdots,M_i,\cdots$ 是每种危险物品以限量运输时在危险物品"品名表"中查到的每个包装件最大允许净数量(H 栏)。

(2) 对于第 2 类和第 9 类危险物品:

当未与其他类别危险物品混装时,每一包装件的毛重不得超过 30kg;当与其他类别危险物品混装时,每一包装件的毛重不得超过 30kg,并且每一包装件内所装其他类别危险物品的总净数量,根据上述"Q"计算公式在 Q 值不大于 1 时才允许。

(3) 若包装中危险品的 UN 编号及包装等级均相同,则不必计算 Q 值。但是,包装件的总净重不得超过危险物品"品名表"中 H 栏所规定的每一包装件的最大允许净数量值。

此外,限制数量危险物品的包装必须按照相应的限制数量包装说明表(以前缀"Y"表示)进行包装,限量包装必须符合相关的构造和试验标准。但在包装上无 UN 规格包装标记,只印有如图 4-10 所示的"限制数量标记"。

2. 包装检查

按照如下程序对此类包装进行检查。

第一步:查阅每一种危险物品在"品名表"中的具体要求。

第二步:查包装隔离表(见表 4-4),确保危险物品间不会发生危险性反应或无须按照危险货物隔离表进行隔离。

第三步:查阅每一种危险物品对应的以"Y"为前缀的包装说明,确保:

(1) 允许使用所用的内包装;

(2) 符合内包装的最大允许数量限制;

(3) 符合国家和经营人差异。

第四步:参照危险物品"品名表"和每一危险物品的包装说明,确保包装内危险物品满足本节中对限量危险货物的"包装要求"中所述的数量限制。

第五步:确保外包装符合相关的构造和试验标准。

第六步:确保包装件的毛重不超过 30kg。

下面举例说明。

例 4-10:请判断下列包装件是否可由客机装载。

外包装:一只标有"LTD. QTY."结实的纤维板箱,无其他标记

内包装 A:1 个金属罐,含 0.5L 的 Isobutyl isobutyrate(异丁酸异丁酯)

内包装 B:3 个金属罐,每罐含 0.1L 的 Ethyl chloroacetate(氯乙酸乙酯)

包装件总重量:15kg

解 第一步:查危险物品"品名表",列出货物相关的资料。

UN/ ID no	Proper Shipping Name/ Description	Class or Div	Sub Risk	Hazard Label(s)	Pg	Passenger and Cargo Aircraft				Cargo Aircraft Only		S. P. See 4.4	ERG Code
						Ltd Qty		Pkg Inst	Max Qty Per Pkg	Pkg Inst	Max Qty Per Pkg		
						Pkg Inst	Max Qty per Pg						
A	B	C	D	E	F	G	H	I	J	K	L	M	N
2528	Isobutyl isobutyrate	3		Flamm. liquid	III	Y344	10L	355	60L	366	220L		3L
1181	Ethyl chloroacetate	6.1	3	Toxic& Flamm. liquid	II	Y641	1L	654	5L	662	60L		6F

第二步：查表4-4，这两种危险品可放在一起运输。

第三步：查包装代号 Y344 和 Y641，如下所示。

Y344

PACKING INSTRUCTION Y344（continued）

Compatibility Requirements

- substances must be compatible with their packagings as required by 5.0.2.6

Closure Requirements

- closures must meet the requirements of 5.0.2.7

Limited Quantity Requirements

The requirements of Subsection 2.7 must be met including:

- the capability of the package to pass a drop test of 1.2m;
- a 24 hour stacking test;
- inner packagings for liquids must be capable of passing a pressure differential test(5.0.2.9);
- the gross weight of the completed package must not exceed 30kg(66 1b).

Single packagings are not permitted.

COMBINATION PACKAGINGS		
Inner Packaging(see 6.1)	Net quantity per inner packaging	Total net quantity per package
Glass	2.5L	10.0L
Metal	5.0L	
Plastic	5.0L	

OUTER PACKAGINGS

Type	Drums					Jerricans			Boxes				
Desc.	Steel	Aluminium	Plywood	Fibre	plastic	Other metal	Steel	Aluminium	plastic	Steel	Aluminium	Wood	Plywood	Reconstituted wood	Fibreboard	Plastic

Y641

PACKING INSTRUCTION Y641

STATE VARIATIONS: USG-04

OPERATOR VARIATIONS: 5X-02 AA-01 AM-06 AS-02 BW-01 CO-06 CX-02 DE-01 E8-01 FX-02 GA-03 GF-04 HA-01 IJ-12 KA-02 KE-07 KQ-08 LC-02 LH-01 LX-02 LY-04 MH-14 MX-06 OM-04 OU-04 PX-10 QA-06 SW-02 TN-04 UA-01 UX-02 XK-03

This instruction applies to Limited Quantities of Division 6.1 liquids in Packing Group II.
The General Packing Requirements of Subsections 5.0.2 to 5.0.4(with the exception of 5.0.2.3, 5.0.5.5, 5.0.2.11(f), 5.0.2.11(g) and 5.0.2.14.2) must be met except that packagings do not have to meet the marking and testing requirements of 6.0.4 and Subsection 6.3. Packagings must meet the construction criteria specified in Subsections 6.1 and 6.2 and the test criteria specified in Subsection 6.6.

Compatibility Requirements

- substance must be compatible with their packagings as required by 5.0.2.6;
- metal packagings must be corrosion resistant or with protection against corrosion for substances with a Class 8
subsidiary risk.

Closure Requirements

- closures must meet the requirements or 5.0.2.7.

续表

Limited Quantity Requirements

The requirements of Subsection 2.7 must be met including:
- the capability of the package to pass a drop test of 1.2m;
- a 24 hour stacking test;
- Inner packagings for liquid must be capable of passing a pressure differential test(5.0.2.9);
- the gross weight of the completed package must not exceed 30kg(66lb).

Single packagings are not permitted.

COMBINATION PACKAGINGS		
Inner Packaging(see 6.1)	Net quantity per inner packaging	Total net quantity per package
Glass	0.1L	1.0L
Metal	0.1L	
Plastic	0.1L	

OUTER PACKAGINGS													
Type	Drums						Jerricans			Boxes			
Desc.	Steel	Aluminium	Plywood	Fibre	plastic	Other metal	Steel	Aluminium	plastic	Steel	Aluminium	Wood	Plywood	Reconstituted wood	Fibreboard	Plastic

由包装代号 Y344 和 Y641 知:

① Y344 及 Y641 均允许使用金属罐作为内包装。

② 对于 UN2528,Y344 指出内包装的最大允许净数量为 5L,实际只含 0.5L,未超限制;对于 UN1181,Y641 指出内包装的最大允许净含量为 0.1L,实际含 0.1L,未超。

③ 内包装符合 DGR6.1 条件。

第四步:确定 Q 值。

$$Q = 0.5/10 + 0.1 \times 3/1 = 0.35 < 1$$

第五步:外包装符合相关的构造和试验标准。

第六步:包装件的毛重不超过 30kg。本包装件毛重 15kg。

所以,该包装件可以由客机装载。

本章小结

- 重点掌握内容:UN 规格包装的含义及标记组成的含义;
- 一般掌握内容:危险品包装的基本要求、分类;
- 一般了解内容:包装检查。

综合练习

一、判断题

1. 危险品包装必须使用联合国规格包装。( )
2. 包装等级是Ⅰ级的危险品,可以装在 Y 包装里。( )
3. 吸附材料 A 表示吸附材料能吸收全部内包装中的液体。( )
4. 硝酸具有很强的氧化性,所以不能用稻草、木屑等可燃物作衬垫材料。( )

5. 危险品运输时包装质量出现问题,应由运营人负全部责任。(   )
6. 危险品按照其危险程度被划分为相应的包装等级,Ⅰ级包装所对应的危险性较小。(   )
7. 不需要任何内包装即能在运输中发挥包装作用的包装叫作外包装。(   )
8. 由托运人使用的一个用于盛装一个或一个以上的包装件使其形成一个便于操作和存储的单位叫组合包装。(   )
9. 氢氟酸可以用玻璃容器装载。(   )
10. 承运人必须保证所托运的危险物品已经按照国际航协《危险品规则》的要求正确包装。(   )
11. 包装是包装材料与内装物的统称。(   )
12. 组合包装是由内外包装组合而成的包装,一般由木材、纤维板、金属、塑料制成的一层外包装;内装有金属、塑料、玻璃、陶瓷制成的内包装,根据不同的要求,包装内还需装入衬垫和吸附材料。(   )
13. 单一包装是指由内外包装组合而成的包装,一般有钢铁、铝、塑料或其他许可的材料。(   )
14. 复合包装由内外两层材料组成一个不可分割的整体包装,属于组合包装。(   )
15. 集合包装件是指为了运输和装载的方便,同一托运人将若干个复合危险物品包装、标记、标签要求的包装件合成一个作业单元。(   )
16. 集合包装件可分为封闭性和敞开性两种,其中飞机集装器属于封闭性合成包装件。(   )
17. 联合国规格包装是经过联合国包装的试验,并保证安全达到联合国标准,包装上有联合国试验合格标志。(   )
18. 限量包装是指用于危险物品数量在一定限量内的包装,但也需要经过联合国性能测试,其外表上需有 UN 标志。(   )
19. 例外数量包装是指某些类型的危险品运输量很小时,可以使用内外两层包装已经吸附材料对货物进行包装,要求坚固耐用,经例外数量包装的危险物品接近普货运输。(   )
20. 补救包装是指一种特殊的包装,用于运输需要回收或处理的已损坏、有缺陷或不符合规定的危险品的包装件,或用于运输已溢出或漏出的危险品。(   )

二、说出下面包装件上包装标记的含义:

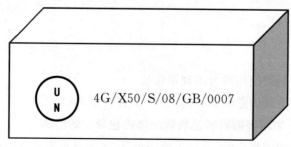

第四章 危险品包装

(UN)
4G _____
X _____
50 _____
S _____
08 _____
GB _____
0007 _____

三、下列符号的含义是什么？

1. (UN) 1A1/X1.4/300/8/NL/VL824

2. (UN) 1B1/Y1.4/180/06/NL/RB/09RL

3. (UN) 4G/X20-Y30-Z45/S/08/CN/VL666

4. (UN) 1A2T/Y60/10/DK/P-9-ERIKSSON

四、危险品：Acetyl methyl carbinol

净数量：30L

内包装：铝瓶 IP3A，每瓶中净含量5L

外包装：4G，纤维板箱

该危险品将会用客机来运输

完成适用的信息：

1. UN编号 _____

2. 类/项 _____

3. 包装等级 _____

4. 包装说明代码 _____

5. 每一包装件最大数量限制 _____

6. 一共需要多少个外包装？

7. 一共需要多少个内包装？

169

8. 该危险品是否允许使用单一包装？

五、危险品：Acetaldehyde oxime

净数量：40L

内包装：塑料瓶 IP2，每瓶中净含量 10L

外包装：1A2，钢桶

该危险品将会用客机来运输。

完成适用的信息：

1. UN 编号

2. 类/项

3. 包装等级

4. 包装说明代码

5. 每一包装件最大数量限制

6. 一共需要多少个外包装？

7. 一共需要多少个内包装？

8. 该危险品是否允许使用单一包装？

六、危险品：Gas oil

净数量：20L

包装：使用限量包装

完成适用的信息：

1. UN 编号

2. 类/项

3. 包装等级

4. 包装说明代码

5. 若可使用塑料内包装，则：每一内包装所允许的最大净数量是多少？至少应使用几个外包装？

七、物品名：propylene chlorohydrins

净数量：50L

包装：本次运输使用复合包装

1. 适用的 UN 代号是多少？

2. 该包装件是否允许被客机所装载？

3. 要符合本次运输包装要求,适用的包装说明代码是多少?

4. 哪些规格的桶(drum)可以使用作为外包装?

八、物品名:Diethylenetriamine

包装等级:Ⅱ

总净数量:6L

包装情况:限制数量形式(LTD. QTY.)

完成适用的信息:

1. 适用的 UN 代号是多少?

2. 适用的包装说明代码是多少?

3. 若用塑料作为内包装的材质,则每个内包装容器的最大数量限制是多少?

4. 至少需要多少个外包装?

九、物品名:Ethyl chloroacetate

总净数量:18L

内包装:塑料瓶,每个内装 0.1L

外包装:塑料箱

完成适用的信息:

1. 适用的 UN 代号是多少?

2. 适用的包装说明代码是多少?

3. 请描述操作时如何包装。包括外包装数量、每个外包装中内容器的数量,以及包装时的注意事项。

4. 对外包装的塑料箱是否有特别的要求?若有,请描述。

十、某托运人托运一批货物:

危险品:Sodium dithionite

净数量:45kg

内包装:铝瓶 IP3A,每瓶中净含量 2.5kg

外包装:钢桶

外包装表面有如下标记:

1A2/Y35/S/06
CN/VL666

该包装符合一般包装要求。每件毛重为 25kg，共 3 件，每件内装 6 瓶。

由东航承运从上海运往美国纽约。客机运输。

请对该包装件进行检查。

十一、某人使用一个满足限量包装条件的纤维板箱装运危险品：**Acetyl bromide**。内包装采用玻璃瓶，每瓶装 **0.1L**。毛重 **5kg**。包装满足其他相关要求。该危险品将由客机装运。请对该包装件进行检查。

十二、*Q* 值计算

1. 一个外包装，内装有物品 A 和 B：

物品 A：Benzonitrile   UN2224   2.5L

物品 B：Mercury iodide solution   UN1638   2.5L

2. 一个限制数量外包装，内装有物品 A 和 B：

物品 A：Acetone   UN1090   0.25L

物品 B：Acetyl bromide   UN1716   0.25L

十三、根据已提供的信息，完成后面有关包装检查问题。下面的包装件是否可以被客机收运？假设这两种危险品不会发生反应且不必将其分离。

危险品编号	运输专用名称	总 净 数 量	内容器的数量及规格
A	Dipentene	14L	2 个 IP2
B	Ammonium hydrogen sulphate	11kg	5 个 IP2

1. A 和 B 是否允许装入具有以下 UN 标记的同一个胶合板箱中？为什么？

 4D/Y30/S/09/GB/GBA256

2. 如果可以装入该胶合板箱中，该包装件是否可以被客机运输？请说明理由。

附：本章可能用到的包装说明表（部分）

416

PACKING INSTRUCTION 416

STATE VARIATIONS：BEG-03 USG-04 USG-13

OPERATOR VARIATIONS：AA-01 AM-04 AS-02 BR-02 BW-01 CI-01 CO-04 CS-04 DO-02 FX-02 HA-01 IC-04 IJ-02 LY-04 MX-04 QY-02 SQ-03 TU-06 TU-07 UA-01 UX-05 VN-04 VN-07 XK-05

This instruction applies to solids of Division 4.1 in Packing Group Ⅰ and UN1378 & UN2881 in Packing Group Ⅱ on CAO and solids of Division 4.1 in Packing Group Ⅰ, Class 4 in Packing Group Ⅱ and UN2008, 2545 & 2546 in Packing Group Ⅲ on passenger and cargo aircraft.
The General Packing Requirements of 5.0.2 must be met.
Single packagings are not permitted.

续表

COMBINATION PACKAGINGS

INNER PACKAGINGS

Desc.	Glass, Earthenware	Plastic	Metal(not aluminium)	Aluminium	Plastic Bag	Class ampoule	PPR (see below)
Spec.	IP1	IP2	IP3	IP3A	IP5	IP8	
Unit	Kg	Kg	Kg	Kg	Kg	Kg	
UN1310	0.5	F	F	F	F	0.5	
UN1320	0.5	0.5	F	F	F	0.5	9
UN1384	0.5	1.0	2.5	2.5	F	0.5	

F＝Forbidden

OUTER PACKAGINGS

Type	Drums					Jerricans			Boxes					
Desc.	Steel	Aluminium	Plywood	Fibre	Plastic	Steel	Aluminium	Plastic	Steel	Aluminium	Wood	Plywood	Reconstituted wood	Firbreboard	Plastic
Spec.	1A2	1B2	1D	1G	1H2	3A2	3B2	3H2	4A	4B	4C14C2	4D	4F	4G	4H2

Particular Packing Requirements(PPR)

5. Steel packagings must be corrosion-resistant or with protection against corrosion.

9. Glass or earthenware inner packagings and glass ampoules must be packed with cushioning material in tightly closed metal or rigid plastic receptacles before packing in outer packagings.

Y808

PACKING INSTRUCTION Y808

STATE VARIATIONS：USG-04

OPERATOR VARIATIONS：AA-01 AM-08 AS-02 BW-01 CA-04 CI-01 CO-06 CS-06 CX-02 DE-01 E8-02 FX-02 GA-03 GF-04 HA-01 IJ-12 KE-07 KQ-08 LC-02 LH-01 LX-02 MH-14 MX-08 OU-04 SV-02 SW-02 TN-04 UA-01 UU-08 UX-02 XK-03 XK-05

For Limited Quantities of corrosive liquids in Packing Group Ⅱ.

The General Packing Requirements of Subsection 5.0.2 to 5.0.4(with the exception of 5.0.2.3,5.0.2.5, 5.0.2.11(f),5.0.2.11(g)and 5.0.2.14.2)must be met except that the packagings do not have to meet themarking and testing requirements of 6.0.4 and Subsection 6.3. Packagings must meet the construction criteria specified in Subsections 6.1 and 6.2 and the test criteria specified in Subsection 6.6.

The requirements of Subsection 2.8 must be met.

Single packagings are not permitted.

Limited quantities of liquids of Class 8 assigned to this packing instruction must be packed in one of the following inner packagings.

The inner packagings must be packed in one of the following inner packagings. The inner packagings must be packed in one of the following sturdy outer packagings with sufficient cushioning/absorbentmaterial so as to prevent movement/leakage.

Earthenware or glass inner packagings and glass ampoules must be packed with compatible absorbent material in tightly closed metal or rigid plastic receptacles before being packaged in outer packagings.

The maximum quantity in each outer package must not exceed the quantity shown in Column H of the List of Dangerous Goods.

The gross weight of the completed package must not exceed 30kg(66lb).

COMBINATION PACKAGINGS

INNER PACKAGINGS

续表

Desc.	Glass, Earthenware	Plastic	Metal (not aluminium)	Aluminium	Class ampoule
Spec.	IP1	IP2	IP3	IP3A	IP8
Unit	L	L	L	L	L
Max. Qty	0.1	0.1	0.1	0.1	0.1

OUTER PACKAGINGS

Type	Drums					Jerricans			Boxes					
Desc.	Steel	Aluminium	Plywood	Fibre	Plastic	Steel	Aluminium	Plastic	Steel	Aluminium	Wood	Plywood	Reconstituted wood	Fibreboard	Plastic
PPR															83

Particular Packing Requirements (PPR)
83. Solid plastic boxes must be used.

Desc.	Steel	Aluminium	Plywood	Fibre	Plastic	Steel	Aluminium	Plastic	Steel	Aluminium	Wood	Plywood	Reconstituted wood	Fibreboard	Plastic
Spec.	1A2	1B2	1D	1G	1H2	3A2	3B2	3H2	4A	4B	4C1 4C2	4D	4F	4G	4H2

609

PACKING INSTRUCTION 609

STATE VARIATIONS: USG-04

OPERATOR VARIATIONS: AA-01 AM-06 AS-02 BW-01 CI-01 CO-06 CS-06 E8-01 FX-02 HA-01 LA-06 LC-02 LY-04 MA-01 MX-06 UA-01 UX-04 XK-05

This instruction applies to toxic liquids in Packing Group II on passenger and cargo aircraft.
The General Packing Requirements of 5.0.2 must be met.
Single packagings are not permitted.

COMBINATION PACKAGINGS

INNER PACKAGINGS

Desc.	Glass, Earthenware	Plastic	Metal (not aluminium)	Aluminium	Class ampoule
Spec.	IP1	IP2	IP3	IP3A	IP8
Unit	L	L	L	L	L
Max. Qty	1.0	1.0	2.5	2.5	0.5

OUTER PACKAGINGS

Type	Drums					Jerricans			Boxes						
Desc.	Steel	Aluminium	Plywood	Fibre	Plastic	Steel	Aluminium	Plastic	Steel	Aluminium	Wood	Plywood	Reconstituted wood	Fibreboard	Plastic
Spec.	1A2	1B2	1D	1G	1H2	3A2	3B2	3H2	4A	4B	4C1 4C2	4D	4F	4G	4H2

814

PACKING INSTRUCTION 814

STATE VARIATIONS: USG-04

OPERATOR VARIATIONS: AA-01 AM-08 AS-02 BW-01 CI-01 CO-04 CO-05 CO-06 CS-04 CS-05 CS-06 E8-02 FX-02 HA-01 MH-10 MX-08 UA-01 UX-04 XK-05

This instruction applies to corrosive solids in Packing Group II on passenger and cargo aircraft.
The General Packing Requirements of 5.0.2 must be met.
Single packagings are not permitted.

COMBINATION PACKAGINGS

INNER PACKAGINGS

Desc.	Glass, Earthenware	Plastic	Metal(not aluminium)	Aluminium	Plastic Bag	Class ampoule
Spec.	IP1	IP2	IP3	IP3A	IP5	IP8
Unit	Kg	Kg	Kg	Kg	Kg	Kg
Max. Qty.	1.0	2.5	2.5	2.5	1.0	0.5

OUTER PACKAGINGS

Type	Drums					Jerricans			Boxes						
Desc.	Steel	Aluminium	Plywood	Fibre	Plastic	Steel	Aluminium	Plastic	Steel	Aluminium	Wood	Plywood	Reconstituted wood	Fibreboard	Plastic
Spec.	1A2	1B2	1D	1G	1H2	3A2	3B2	3H2	4A	4B	4C1 4C2	4D	4F	4G	4H1 4H2

351

PACKING INSTRUCTION 351

STATE VARIATIONS: BEG-03

OPERATOR VARIATIONS: AM-03 BR-02 CX-02/03 FX-17 IC-03 KA-02/03 KZ-07 IC-02/04 LD-02/03 LY-04 MX-03 OZ-04 QA-03 TU-05 TU-07 VN-04

This instruction applies to flammable liquids in Packing Group I on passenger aircraft.
The General Packing Requirements of 5.0.2 must be met.

Compatibility Requirements
• substancemust be compatible with their packaging as required by 5.0.2.6.

Closure Requirements
• closure must meet the requirements of 5.0.2.7.

Additional Packing Requirements
• inner packagings must be packed with absorbent material and placed in a rigid leakproof receptacle before packing in outer packagings.

Single packagings are not permitted.

COMBINATION PACKAGINGS

INNER PACKAGINGS(see 6.1)	Net quantity per inner packaging	Total net quantity per inner package
Glass	0.5L	1.0L
Metal	1.0L	
Plastic	Forbidden	

OUTER PACKAGINGS														
Type	Drums						Jerricans			Boxes				
Desc.	Steel	Aluminium	Plywood	Fibre	Plastic	Other mental	Steel	Aluminium	Plastic	Steel	Aluminium	Wood	Plywood	Reconstituted wood	Firbreboard	Plastic
Spec.	1A2	1B2	1D	1G	1H2	1N2	3A2	3B2	3H2	4A	4B	4C1 4C2	4D	4F	4G	4H1 4H2

654

PACKING INSTRUCTION 654

STATE VARIATIONS:BEG-04

OPERATOR VARIATIONS:5X-02 AA-01 AM-06 AS-02 BW-01 CO-06 CS-06 CX-02/03 E8-01 FX-02 HA-01 IC-06 KA-02/03 KZ-07 IC-02/04 LA-06 LC-02 LD-02/03 LY-04 MX-06 QA-06 TU-09 UA-01 UX-04

This instruction applies to Division 6.1 liquids with no subsidiary risk or a Class 3 subsidiary risk in Packing Group II on passenger aircraft.

The General Packing Requirements of 5.0.2 must be met.

Compatibility Requirements

• substance must be compatible with their packaging as required by 5.0.2.6.

Closure Requirements

• closure must meet the requirements of 5.0.2.7.

Single packagings are not permitted.

COMBINATION PACKAGINGS		
INNER PACKAGINGS(see 6.1)	Net quantity per inner packaging	Total net quantity per inner package
Glass	1.0L	5.0L
Metal	2.5L	
Plastic	1.0L	

OUTER PACKAGINGS														
Type	Drums						Jerricans			Boxes				
Desc.	Steel	Aluminium	Plywood	Fibre	Plastic	Other mental	Steel	Aluminium	Plastic	Steel	Aluminium	Wood	Plywood	Reconstituted wood	Firbreboard	Plastic
Spec.	1A2	1B2	1D	1G	1H2	1N2	3A2	3B2	3H2	4A	4B	4C1 4C2	4D	4F	4G	4H1 4H2

第五章

危险品标记与标签

本章学习目标

- 掌握航空危险物品的标记方法,掌握三种主要标记。
- 了解航空运输中常见的标签类别。
- 掌握航空危险物品运输中危险性标签、操作性标签的标签方法。
- 掌握危险品合成包装件的标记与标签。

 适用人员类别

1～12类所有人员

 导引案例

一起事关方向性标签的失误酿成的大事故

1973年,一架从纽约起飞的货机空中起火,在波士顿机场迫降时飞机坠毁,机组人员全部遇难。

调查结果:货舱中的货物有未如实申报的危险品——硝酸。托运人签署了一份空白"托运人危险品申报单"给货运代理,供货商用卡车将货物送交货运代理,货运代理将货物交给包装公司做空运包装。包装公司不了解硝酸的包装要求,将装有5L硝酸的玻璃瓶放入一个用锯末作吸附和填充材料的木箱中。

这样的包装共有160个,一些包装外粘贴了方向性标签,一些则没有粘贴。货物在交运时,货运单上的品名被改成了电器,危险品文件在操作过程中也丢失了。这160个木箱在装集装器时,粘贴了方向性标签的木箱是按照向上的方向码放的,而未粘贴方向性标签的木箱被倾倒了。

事后用硝酸与木屑接触做试验,证明硝酸与木屑接触后会起火:8min后冒烟;16min后木箱被烧穿;22min后爆燃;32min后变为灰烬。到达巡航高度时,因瓶子的内外压差,造成瓶帽松弛,硝酸流出与木屑接触后起火。实际起火的木箱可能不超过2个,但它导致了整架飞机的坠毁。

该危险货物运输事故存在着哪些方面的过失?在包装、文件、申报、标记、标签方面存在哪些问题?如果是由你来进行标记和标签将如何操作?学习本章可能有所收获。

第一节 危险品包装的标记

一、包装标志

包装标志是为了便于货物交接、防止错发错运,便于识别,便于运输、仓储和海关等有关部门进行查验等工作,也便于收货人提取货物,在进出口货物的外包装上标明的记号,可采用印刷、粘贴、拴挂、钉附及喷涂等方法打印标志。

包装标志按其用途可分为运输标志,指示性、警告性标志,原产地标志,重量和尺码标志等。包装标志的表现形式主要以标记与标签两种形式,可以理解为标记是书写、压印或刷在外包装上,而标签有粘贴和悬挂在外包装上面。

二、航空运输标记

货物标记是由托运人书写、印刷或粘贴在货物外包装上的有关记号、操作注意事项和说明等,运输标记俗称唛头,是书写、压印或刷在外包装上的图形、文字和数字。运输标记的作用是在装卸、运输、保管过程中便于辨认以防错发错运。

鉴于运输标记的内容差异较大,有的过于繁杂,不适应货运量增加、运输方式变革和电子计算机在运输与单据流转方面应用的需要,因此,联合国欧洲经济委员会简化国际贸易程序工作组,在国际标准化组织和国际货物装卸协调协会的支持下,制定了一项运输标记向各国推荐使用。该标准化运输标记包括:

(1) 收货人或买方名称的英文缩写字母或简称;
(2) 参考号,如运单号、订单号或发票号;
(3) 目的地名称;
(4) 货物件数。

至于根据某种需要而须在运输包装上刷写的其他内容,如许可证号等,则不作为运输标记必要的组成部分。运输标记的内容繁简不一,由买卖双方根据商品特点和具体要求商定。

例 5-1:唛头标记举例。

ABC company ··· 公司名称
999—12445675 ··· 参考号(运单号)
NEW YORK ·· 目的地址
NO. 3/30 ··· 件数编号(第 3 件,共 30 件)

实际使用中,在运输标记中可以增加原产地标记和重量尺码标记等内容。

原产地标记是标明货物由哪国制造、生产、加工的标记,通常用"Made in…"表示。在国际贸易中,有时买方会要求卖方在商品的内外包装上均不注明原产地、厂名,不标明生产国别,甚至不要商标、牌号,这就是中性包装。中性包装分为两种类型:一种是无牌中性包装,这种中性包装上既无生产国别,也无商标牌号,俗称"白牌";另一种是定牌中性包装,这种包装上不注明生产国别,但有买方指定的商标或牌号,或在接受买方指定的商标、牌号外,还可加注卖方国别。

重量和尺码标记是为表示该货物的毛、净重及它的实际体积的文字说明。

例 5-2:重量和尺码标记举例。

Gross Weight 55kgs ··· 毛重
Net Weight 51kgs ··· 净重

Measurement 162cm×40cm×30cm .... 尺码

三、航空危险货物标记

在航空运输危险货物时,为了起到警示、提醒等目的,要在外包装上进行严格的标记,根据标记内容进行分类主要包括以下三方面的内容:

1. 危险品基本信息标记

每一危险品包装件应当标明货物的运输专用名称。如有指定的联合国编号,则需标明此联合国编号以及《技术细则》中规定的其他相应标记。用以识别特定运输货物所使用的标记,包含的信息包括:

(1) 内装物品的运输专用名称(Proper Shipping Name,如需要,加上技术名称),和 DGR 4.2 品名表中所列的相应的联合国编号或识别编号。

(2) 适用的 UN 或 ID 代号(UN/ID),使用时前面冠以字母"UN"或"ID"。

(3) 发货人及收货人详细姓名、地址(Shipper's Name & Address, Consignee's Name & Address)。

2. UN 规格包装标记

用以识别包装的设计和说明的标记。每一按照《技术细则》的规格制作的包装容器,应当按照《技术细则》中有关的规定予以标明;不符合《技术细则》中有关包装规格的包装容器,不得在其上标明包装容器规格的标记。这类标记通常为包装制造商在制造包装时所应用,但最后应用正确与否仍然是托运人的职责。该标记在第四章内容中已经进行了详细的说明。

危险品的基本信息标记与 UN 规格包装标记如图 5-1 所示。

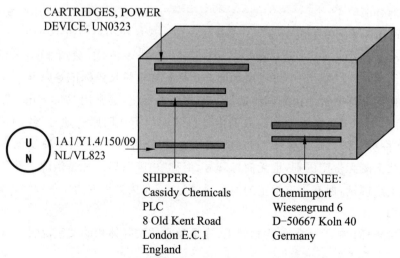

图 5-1 危险品基本信息标记与 UN 规格包装标记

3. 特殊标记

对于一些特殊情况下运输的危险货物，基于各种法律法规的规定，还要进行一些特别的规定，主要包括：

（1）爆炸品，每一个包装件必须标出爆炸品的净重和包装件的毛重。运输专用名称连同补充的文字说明用来表示其商业名称或军用名称。

（2）除了 ID8000 消费品和第 7 类放射性物质，每个包装件上都必须标注所含危险品的净数量；当 DGR 4.2 品名表中的 H、J 和 L 栏为毛重时，包装件上重量计量单位后也必须标注字母"G"。数量标记必须标注在 UN 编号和运输专用名称相邻的位置，此要求不适用于：

① 仅托运一件包装件；

② 托运多个含相同危险品的包装件（即每个包装件的 UN 编号、运输专用名称、包装等级、数量均相同）；

③ ID8000，消费品和放射性物质（第 7 类）。

（3）固体二氧化碳（干冰）：任何装有固体二氧化碳（干冰）的包装件必须标出每个包装件中所含 UN1845——固体二氧化碳（干冰）的净重。内装 UN3373"诊断标本""临床标本"或"生物物质，B 级"的包装件，不需要注明净重，但如果采用干冰做制冷剂时，应注明干冰净重。

（4）感染性物质：每一个包装件上标出货运负责人的姓名及电话号码。有诊断标本的包装件还必须标出"Diagnostic Specimen"（诊断标本）字样。

（5）冷冻液化气体：每一包装件上位置必须用箭头，或用"包装件方向"标签明显标示。环绕包装件每隔 120°或每侧面都必须标出"KEEP UPRIGHT"（保持向上）。包装件上还须清楚地标上"DO NOT DROP-HANDLE WITH CARE"（切勿扔摔，小心轻放）字样。包装件上必须标注延误、无人提取或出现紧急情况时应遵循的处置说明。

（6）放射性物品：每一个毛重超过 50kg 的包装件上必须清楚耐久地标出实际的毛重。

（7）合成包装件：每一合成包装件上必须标有"Overpack"的字样，并且内部包装件上所示的运输专用名称、UN 编号、限制数量和特殊操作说明等信息必须清楚可见，否则在合成包装件的外表面上再现。

（8）当根据特殊规定 A144 运输带有化学氧气发生器的呼吸保护装置（Protective Breathing Equipment，PBE）时，必须在包装件上的运输专用名称旁边注明"Air Crew Protective Breathing Equipment(smoke hood)in accordance with Special Provision A 144"（飞行机组呼吸保护装置（防烟罩），符合 A144 特殊规定）的说明文字。

（9）当含有满足 3.9.2.4 标准的环境危害物质或混合物的包装件，必须耐久地标注有环境危害物质标签（见图 5-2）。当"环境危害物质，固体(UN3077)"用容量大于 450L 的 IBCs（中型散装容器）运输时，必须在包装件的两个相对侧面标记 UN 号码、运输专用名称和环境危害物质标记。

（10）限制数量危险品包装件：装有限制数量危险品包装件必须标出"limited quantity(ies)"或"LTD. QTY."。"限制数量"标记如图 5-3 所示。

图 5-2 "环境危害物质标签"标记

图 5-3 "限制数量"标记

（11）托运人在交付补救包装进行航空运输之前，必须确保该包装已标出"SALVAGE"（补救）字样标记。

（12）对曾经运输过危险物品的空包装的标记规定为：

① 除了第7类物品以外，运输曾盛装过危险品的包装再次使用前必须清洗或用蒸汽清洁或盛装非危险品以消除其危险性，否则必须粘贴与其危险性相应的标签、标记。

② 盛装过感染物质的包装在运回托运人或运往其他地方之前必须经彻底消毒或杀菌，并去除原有感染性物质的相关标记。

（13）当两种或两种以上的危险品装在同一个外包装内时，外包装上必须标明各自相应的标记。

（14）当包装件或合成包装件上贴有"Package Orientation"（包装件方向）标签时，可在包装件或合成包装件的顶面标明"THIS END UP"（此端向上）或"THIS SIDE UP"（此面向上）字样。

（15）除表示直立方向的箭头外，含有液体危险品包装件上不得标示其他箭头。

（16）可在包装件上显示适当的附加标记或符号，指明在搬运或储存过程中需采取的预防措施，例如：雨伞的图形符号表示该包装件需防潮。所使用的符号最好为国际标准化组织（ISO）推荐的。

四、包装标记的使用责任与要求

1. 包装标记的使用责任

托运人附有对包装正确标记与标签的责任，对于需要做标记的危险品包装件、合成包装件，托运人必须按照下列各项要求办理：

（1）检查所有有关标记是否已标注在包装件或合成包装件的正确位置上，并符合DGR或者国内航空危险货物运输的相关要求。

（2）确保已经清除掉包装件或合成包装件上所有无关标记。

（3）确保用来盛装危险品的每一外包装或单一包装上，按UN规格包装标记进行了标记。

（4）任何相应的新标记都应标在正确位置，该标记要经久耐用并有正确的说明。

(5)托运人必须确保,当危险品的包装件或合成包装件交给运营人待运时,标记工作已彻底完成。

2. 标记文字尺寸规定

2013—2014版《技术细则》对标记文字做出了规定,并从2014年1月1日起实施,具体规定为:

(1)联合国编号和字母"UN"的高度必须至少12mm,除非是容量为30L或30kg及以下的包装,该类包装的标记的高度必须至少为6mm,容量为5L或5kg及以下的包装,必须使用适当尺寸的标记。

(2)包装件和合成包装件的标记高度至少12mm,容量在30L或30kg以下的包装件,标记字符的高度应不低于6mm。

3. 标记的使用要求

标记一般采用印刷、用其他方式打印在包装件或合成包装件的外表面,或者采用涂打的标志——用油漆、油墨或墨汁,以镂模、印模等方式,按粘贴标志标打的位置涂打或者书写在包装外表面。主要有以下使用要求:

(1)危险物品包装件标记是用于说明所装危险物品的相关信息,因此,所有标记必须清楚易见,不得被包装的任何部分及附属物或任何其他标签和标记所遮盖。

(2)标记必须使用英文,如始发国需要,亦可同时使用其他文字。

(3)除DGR规定的标记以外,其他国际或国家运输规则所要求的标记也可以使用,但不能与DGR所规定的颜色、设计和形状相抵触、混淆。

(4)对于合成包装件,应使内部每一个包装件上显示的运输专用名称、联合国编号以及其他包装标记必须清晰可见。

此外,货物标记应与货运单的有关内容相一致;托运人使用旧包装时,必须清除原包装上的残旧货物标记;托运人应在其托运的每一件货物的外包装上书写货物标记。如果货物表面不便于书写,可写在纸张上,然后粘贴在货物外包装上。外包装无法粘贴的货物,可以写在纸板、木板或布条上,再钉、拴在外包装上面。

第二节 航空危险货物标签

危险货物标签一般采用粘贴或者悬挂的形式起到提醒、警示、指导操作、信息说明等作用,为了保证运输的正常进行,标签的质量也很重要。标签的材料、印刷及黏结剂必须充分耐久,以经得住正常运输条件下的考验,并确保运输期间始终清晰易辨。

一、航空运输中常见的货运标签介绍

航空货物标签分为运输标签、操作标签和特种货物标签。其质地分为两种,即粘贴用的软纸不干胶标签和拴挂用的硬纸标签。

(一)运输标签

运输标签又称为"识别标签"(如图 5-4 所示)。运输标签是标明货运单号码、货物流向、重量与件数的标识。防止货物丢失或者运输错误。

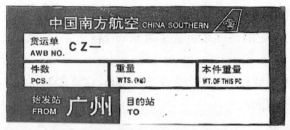

图 5-4　国内货物识别标签(航空公司标签——主标签)

对于集中托运货物,除了要粘贴悬挂航空公司制作的标签之外,还要粘贴航空货代公司(集中托运公司)制作的分标签(如图 5-5 所示),含主运单号、分运单号、目的地、件数、重量等信息。

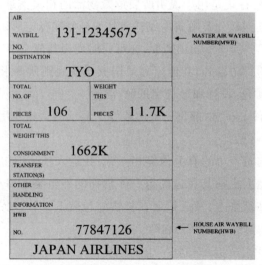

图 5-5　国内货物识别标签(集中托运商标签——分标签)

(二)操作标签

操作标签又称为"储运标签",根据商品的特性提出的在储运过程中应注意的事项,用醒目的图形和文字印刷在商品的外包装上。如在易碎商品的外包装上标以"小心轻放";在受潮易变质的商品外包装上标以"防止潮湿",并配以图形指示,图示标签共 17 种。

此外,在航空货物运输中,结合 ICAO 公布的《技术细则》(TI)、IATA 制定的《危险品规则》(DGR)以及中国《中国民用航空危险品运输管理规定》(CCAR-276-R1)的相关规定,有一些航空运输中特有的操作标签。

实践中,标签颜色一般为黑色,如果包装的颜色使得黑色标签显得不清晰,则应在印刷面上用适当的对比色,最好以白色作为图示标签的底色,并应避免采用易于同危险品标签相混淆的颜色。除非另有规定,一般应避免采用红色、橙色或黄色。

按照《包装储运图示标志》(GB/T 191—2008)国家标准,储运操作标签总共包括 17 种图示标签,如表 5-1 所示。

表 5-1 操作标签名称和图形

序号	标签名称	标签图形	含义
1	易碎物品		表明运输包装件内装易碎品,因此搬运时应小心轻放
2	禁用手钩	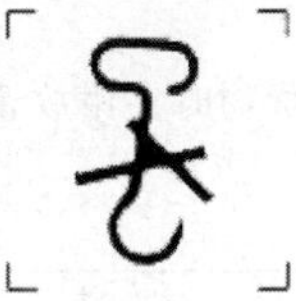	表明搬运运输包装件时禁用手钩
3	向上		表明运输包装件的正确位置是竖直向上
4	怕晒		表明运输包装件不能直接照晒
5	怕辐射		表明包装物品一旦受辐射便会完全变质或损坏
6	怕雨		表明包装件怕雨淋
7	重心		表明一个单元货物的重心
8	禁止翻滚		表明不能翻滚运输包装

续表

序号	标签名称	标签图形	含义
9	此面禁用手推车		表明搬运货物时此面禁放手推车
10	禁用叉车		表明不能用升降叉车搬运的包装件
11	由此夹起		表明装运货物时夹钳放置的位置
12	此处不能卡夹		表明装卸货物时此处不能用夹钳夹持
13	堆码质量极限	...kg max	表明该运输包装件所能承受的最大质量极限
14	堆码层数极限	n	表明相同包装的最大堆码层数,n表示层数极限
15	禁止堆码		表明该包装件不能堆码并且其上也不能放置其他负载
16	由此吊起		表明起吊货物时挂链条的位置
17	温度极限		表明运输包装件应该保持的温度极限

此外，在航空危险货物运输中，还有专门的操作标签，将在后面进行介绍。

（三）特种货物标签

特种货物标签是说明特种货物性质的各类识别性标签，其作用是提示操作人员按照货物的特性进行操作，预防事故的发生。其实之前研究的操作标签，比如："向上""防潮"等标签具有一定的警告性，但是在本知识点中对特种货物标签分类中包括鲜活易腐货物标签、活体动物标签、危险品标签。用醒目的图形和文字标明的规定用于警告操作者与相关人员特别注意。

1. 鲜活易腐货物标签

在收运鲜活易腐货物时，应在货物外包装各正面上加贴"鲜活易腐"标签，以示货物在运输过程中易发生腐烂变质，需要给予特殊照顾，如图 5-6 所示。

2. 活体动物标签

在收运活体动物时，应在货物外包装各正面上加贴活体动物标签，以便于在运输过程中引起注意，加强照料，如图 5-7 所示。

图 5-6　鲜活易腐货物标签

图 5-7　活体动物标签

3. "实验用动物"标签

在收运实验用动物时，需要在货物外包装上加贴"实验用动物"标签，以便于在运输过程中引起注意，防止动物受到细菌感染，如图 5-8 所示。

4. "急件货物"标签

在收运急件运输的货物时，需要在货物外包装上加贴"急件货物"标签，以便于在运输过程中引起注意，如图 5-9 所示。

此外，危险品标签属于特种货物标签的类别，由于涉及面广，类别多，接下来将进行专门介绍。

图 5-8 "实验用动物"标签

图 5-9 "急件货物"标签

二、航空危险货物运输标签分类

含有危险品包装件上所有的标签,其外形、颜色、格式、符号及设计规格必须符合 IATA《危险品规则》第 7.3 及 7.4 章节的要求。标签的材料、印刷及黏结剂必须充分耐久,在经过正常运输条件的考验后(包括暴露在环境中),其牢固性和清晰度不会大大降低。

在 DGR 的相关规定中专门针对危险货物运输的标签主要有两大类:

(1) 危险性标签,各类大多数危险品都需粘贴此类标签。通过该标签可以很快地了解到货物的危险性。比如爆炸品、易燃液体、有毒物质等。

(2) 操作性标签,某些危险品需贴此类标签,既可单独使用,亦可与危险性标签同时使用。对于危险品的操作性提出一定的要求,比如"方向朝上""远离热源"等。该操作标签与之前介绍的《包装储运图示标志》(GB/T 191—2008)国家标准 17 种图示标签有相同的作用。

三、危险性标签

凡具有爆炸、燃烧、毒害、腐蚀和放射性等危险性质,在运输、生产、使用、储存等过程中,于一定条件下能导致人身伤亡或造成财产损失而需要特别防护的物品统称为危险物品。依据危险物品性质的不同,可按国家标准《危险货物分类和品名编号》(GB 6944—2012)划分为 9 个大类 23 个子类。在进行危险货物运输时要正确制作与粘贴悬挂标签,保证运输的安全性。下面将对危险货物标签进行分析。

(一)爆炸品标签

爆炸品分为 6 个项,A~H、J~L、N、S 共 13 个配装组,只有 1.4S(RXS)的爆炸品可以在客机上运输,其他只能用货机装载。货运标准代码:适用的 RXB、RXC、RXD、RXE、RXG、

RXS,最小尺寸:100mm×100mm,图形符号:黑色,底色:橘黄色,标签如图 5-10 所示。

爆炸品标签(1.1,1.2,1.3项)　　　　　　爆炸品标签(1.4,1.5,1.6项)
** 填写项别和配装组,如 1.1C　　　　　　*** 处填写配装组

图 5-10　爆炸品标签

(二) 危险气体标签

危险气体包括:(1)易燃气体,该物质与空气混合后达到一定比例,能形成可燃性混合气体。(2)非易燃无毒气体,该物质包括:窒息性气体,稀释或取代空气中正常含量的氧气;氧化性气体,一般通过提供氧气比空气更能引起或促进其他材料燃烧的气体;不属于(1)和(3),标准温度下压力超过 200kPa 的气体。(3)毒性气体,已知其毒性或腐蚀性强到对人的健康造成危害的气体;或 LC_{50} 半数致死浓度数值小于或等于 $5\,000mL/m^3$,因而推断对人具有毒性或腐蚀性的气体,标签如图 5-11 所示。

易燃气体标签　　　　　　非易燃无毒气体标签　　　　　　毒性气体标签
2.1项,代码 RFG;符号(火焰):　　2.2项,代码 RNG;符号(气瓶):　　2.3项,代码 RPG;符号(骷髅和
黑色或白色;底色:红色;数字　　黑色或白色;底色:绿色;数字　　两根交叉的大腿骨):黑色;底色:
"2"写在底角　　　　　　　　　"2"写在底角　　　　　　　　　白色;数字"2"写在底角

图 5-11　危险气体标签

(三) 易燃液体标签

易燃液体包括闭杯闪点不超过 60℃ 的任何液体和减敏的液体爆炸品。根据闭杯法测定闪点的高低分为低于 −180℃ 的低闪点液体、在 −18℃ 至 23℃ 范围中的中闪点液体和在 230℃ 至 610℃ 范围的高闪点液体三个子类,标签如图 5-12 所示。

第 3 类,代码 RFL
符号(火焰):黑色或白色;
底色:红色;数字"3"写在底角
尺寸至少:100mm×100mm

图 5-12 易燃液体标签

(四)易燃固体、易自燃物质和遇水释放易燃气体的物质标签

该类危险物质分为三个小项:4.1项,易燃固体,任何易燃或摩擦后容易引起燃烧的固体物质;4.2项,易自燃物质,这种物质极易自发放热或接触空气放热而后容易起火;4.3项,遇水释放易燃气体的物质,该物质与水接触后会放出可燃气体,自发燃烧,标签如图 5-13 所示。

易燃固体标签
4.1项,代码 RFS;符号(火焰):黑色;底色:白色,带有七条垂直的红色条纹;数字"4"写在底角

易自燃物质标签
4.2项,代码 RSC;符号(火焰):黑色;底色:上半部分为白色,下半部分为红色;数字"4"写在底角

遇水释放易燃气体物质标签
4.3项,代码 RFW;符号(火焰):黑色或白色;底色:蓝色;数字"4"写在底角

图 5-13 易燃固体、易自燃物质和遇水释放易燃气体的物质标签

(五)氧化性物质和有机过氧化物标签

该类危险品包括两个小项:5.1项,氧化性物质,极易放氧对其他材料起助燃作用的物质;5.2项,有机过氧化物,极易被外部火焰点燃并加速燃烧的有机物质(液体或固体):一些有机过氧化物与其他物质发生危险反应,标签如图 5-14 所示。

(六)毒性物质和感染性物质标签

本类危险品包括两个小项:6.1项,毒性物质,吸入、吞食或皮肤接触有危害的液体或固体;6.2项,感染性物质,已知含有或有理由认为含有病原体并对人类和动物引起感染性疾病的物质,标签如图 5-15 所示。

氧化性物质标签
5.1项,代码ROX;符号(圆圈上火焰):黑色;底色:黄色;数字"5.1"写在底角

有机过氧化物标签
5.2项,代码ROP;符号(火焰):黑色或白色;底色:上半部红色,下半部黄色;数字"5.2"写在底角

图 5-14 氧化剂和有机过氧化物标签

毒性物质标签
6.1项,代码RPB,符号(骷髅和两根交叉的大腿骨):黑色;底色:白色;数字"6"写在底角

感染性物质标签
6.2项,代码RIS;符号(三个新月形重叠在一个圆圈上)和印文:黑色;底色:白色;数字"6"写在底角标签下半部分;可载明:"感染性物质"和"如有破损或渗漏,立即通知公共卫生当局"

图 5-15 毒性物质和感染性物质标签

(七)放射性物质标签与易裂变物质临界安全指数标签

通俗地讲,放射性物质就是含有放射性核素,并且物质中的总放射性含量和单位质量的放射性含量均超过免于监管的限值的物质。目前国家规定的豁免值是指不超过国家标准《放射性物质安全运输规程》(GB 11806—2004)中表1放射性核素的基本限值。

放射性物质根据其特性及对人体健康和环境的潜在危害程度分为三类。7.1项放射性物质,包装件表面辐射水平低,运输指数=0;7.2项放射品,辐射水平高于一级放射性物质,$0 < 运输指数 \leqslant 1$;7.3项放射品,辐射水平高于二级放射性物质,$1 < 运输指数 \leqslant 10$,标签如图 5-16 所示。

一级放射性物质标签
7.1项,代码 RRW;
符号(三叶形):黑色;底色:白色;
文字:(强制性要求),在标志的下半部分用黑体标出:RADIOACTIVE(放射性)CONTENTS…(内容物名称……)ACTIVITY…(强度为……)
紧跟"放射性"字样的后面标上一条垂直的红色短杠;数字"7"写在底角

二级放射性物质标签
7.2项,代码 RRY;
符号(三叶形):黑色;底色:上半部黄色加白边,下半部白色。
文字:(强制性要求),在标志的下半部分用黑体标出:RADIOACTIVE(放射性)CONTENTS…(内容物名称……)ACTIVITY…(强度为……)
在一个黑框里标出:TRANSPORT INDEX…(运输指数)紧跟"放射性"字样的后面标上两条垂直的红色短杠,数字"7"写在底角

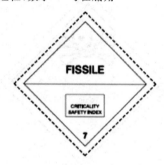

三级放射性物质标签
7.3项,代码 RRY;
符号(三叶形):黑色;底色:上半部黄色加白边,下半部白色。
文字:(强制性要求),在标志的下半部分用黑体标出:RADIOACTIVE(放射性)CONTENTS…(内容物名称……)ACTIVITY…(强度为……)
在一个黑框里标出:TRANSPORT INDEX…(运输指数)紧跟"放射性"字样的后面标上三条垂直的红色短杠,数字"7"写在底角

易裂变物质临界安全指数标签
底色:白色;
文字(强制性要求),在标志的上半部用黑体标出:FISSILE(裂变性)字样
在一个黑框内标出:Criticality Safety index…(临界安全指数)
数字"7"写在底角

图 5-16 放射性物质标签与易裂变物质临界安全指数标签

(八)腐蚀性物品标签

腐蚀性物品指的是,接触生物组织产生严重伤害或在泄漏时损毁其他货物或运输工具的固体或液体,代码为 RCM,标签如图 5-17 所示。

(九) 杂项危险物品标签

杂项危险物品大类中包括有以下几种：

(1) 杂项危险物品，代码 RMD。在航空运输中会产生危险但不在前 8 类中所包含。在航空运输中，可能会产生麻醉性、刺激性或其他性质而使旅客感到烦恼或不舒适。

(2) 颗粒状聚合物，代码 RSB。充满易燃气体或液体，可能放出少量易燃气体。

(3) 固体二氧化碳(干冰)，代码 ICE。固体二氧化碳(干冰)温度为 $-79℃$，其升华物比空气沉，在封闭的空间内大量的二氧化碳能造成窒息。

运输含干冰的物质，包装外部需要注明以下信息：发货和收货人的名字，冷冻物品的名字，"干冰"(Dry Ice)或"固体二氧化碳"(Carbon Dioxide Solid)，干冰的 UN 号码(UN1845)，干冰的重量，"混杂危险物品类别 9"标签要贴于危险品正式运输名称旁边，且与发货和收货人地址接近。并且要标记"内含干冰，使用干冰请于通风良好处，切忌与干冰同处于密闭空间！"等字样。

(4) 磁性物质，代码 MAG，这些物质产生很强的磁场。磁性物质被划分为第 9 类物质，但在运输中，磁性物质的包装件上用"磁性物质操作标签"来代替第 9 类危险性标签。运输磁性物质不需要提供危险品申报单；也不需要填写危险品检查单和机长通知单，不收取危险品检查费，但需要在外包装上粘贴磁性物质的操作标签，杂项类危险物品标签如图 5-18(a)所示，IATA《危险品规则》(DGR)第 58 版要求 2019 年 1 月 1 日起使用新的锂电池 9 类危险品标签，如图 5-18(b)所示，详见本教材第十章。

图 5-17　腐蚀性物品标签

符号(从两个玻璃器皿中溢出的液体腐蚀着一只手和一块金属)：黑色；底色：上半部分为白色，下半部分为黑色带白边；数字"8"写在底角

图 5-18(a)　杂项危险品标签

符号(在上半部有 7 条竖直条带，下半部白色)：黑色；底色：白色；数字"9"写在底角

图 5-18(b)　锂电池危险性标签

符号(在上半部有 7 条竖直条带，下半部分增加了电池与火焰标志)：黑色；底色：白色；数字"9"写在底角

四、航空危险货物运输操作性标签

除了以上《包装储运图示标志》(GB/T 191—2008)国家标准介绍的 16 种图示标签外，结合航空运输实践并参考《操作细则》(TI)与《危险品规则》等文件，在航空危险物品运输中还有航空运输中特有的操作标签，常见的有："固定货物"标签与"仅限货机"标签，"磁性物

质"操作标签等。

1. "固定货物"标签

一般规定如果集装箱内没有装满货物,即所装货物的体积不超过集装箱容积的 2/3,且单件货物重量超过 150kg 时,就要对货物进行捆绑固定。在收运一些大件货物时,应在货物的外包装上加贴"固定货物"标签,以防止货物在运输过程中滑动而受到损坏或者破坏其他货物,"固定货物"标签如图 5-19 所示。

2. "仅限货机"标签

"仅限货机"标签必须使用在只允许货机运输的危险品包装件,以及由于货物净数量的限制只能用货机运输的包装件上。比如:爆炸品 Explosives 分为 6 个项,A~H、J~L、N、S 共 13 个配装组,只有 1.4S(RXS)的爆炸品可以在客机航班运输,其他只能用货机装载。"仅限货机"标签必须与危险性标签相邻粘贴。该标签最小尺寸:120mm×110mm,传染性物质(6 类,6.2 项)小包装件的尺寸可减半,颜色:橘黄色为底,图形和文字为黑色,"仅限货机"标签如图 5-20 所示。

图 5-19 "固定货物"标签

图 5-20 "仅限货机"标签

3. "磁性物质"操作标签

磁性物质被划分为第 9 类物质,但在运输中,磁性物质的包装件上用"磁性物质"操作标签来代替第 9 类危险性标签。运输磁性物质不需要提供危险品申报单;也不需要填写危险品检查单和机长通知单,不收取危险品检查费。但需要在外包装上粘贴磁性物质的操作标签。该标签货运标准代码:MAG,最小尺寸:110mm×90mm,颜色:白色为底,图形和文字为蓝色,"磁性物质"操作标签如图 5-21 所示。

4. "冷冻液体"标签

低温液体包括液氧、液氮、液氩等,其危害性:一是这些低温液体在大气压的液化温度低于-183℃,触及人体皮肤造成冻伤,冻伤的皮肤比开水烫伤的更难以治愈。二是低温液体在封闭的空间,随着温度升高,压力随之升高,当温度升至 0℃时体积增加近 650 倍以上,若体积不变,压力由 1 大气压升至约 650 个大气压,具有一定的危险性。低温液体的包装件和合成包装件上的"Cryogenic Liquid"操作标签必须与非易燃气体(2.2 项)危险性标签同时使用。该标签货运标准代码:RCL,最小尺寸:74mm×105mm,颜色:绿色为底,图形和文字为白色,"冷冻液体"标签如图 5-22 所示。

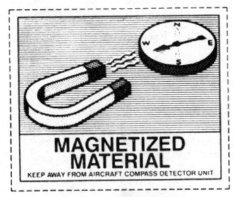

图 5-21 "磁性物质"标签

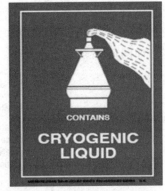

图 5-22 "冷冻液体"标签

5．"包装件方向"（向上）标签

该标签在《包装储运图示标志》(GB/T 191—2008)国家标准有提到,在盛装液体危险物品的组合包装件及合成包装件必须使用"包装件方向"(向上)标签,或者使用事先印制在包装件上的包装件方向标签。但传染性物质、放射性物质或内包装盛有 120mL 以下的易燃液体的包装件除外。标签的横线下应填入"危险物品"字样,标签必须粘贴或者印制在包装件相对的两个侧面以表明包装件的方向,使其封闭处始终朝上。粘贴包装件方向标签时,还应将"THIS END UP"或"THIS SIDE UP"字样填写在包装件或合成包装件的顶面。该标签的最小尺寸:74mm×105mm,颜色:红色或白色,配以对比鲜明的底色,"包装件方向"(向上)标签如图 5-23 所示。

6．"远离热源"标签

该标签在《包装储运图示标志》(GB/T 191—2008)国家标准有提到,4.1 项中的自身反应物质和 5.2 项中规定的有机过氧化物的包装件和合成包装件必须同时使用"Keep Away From Heat"(远离热源)操作标签。此标签提醒操作人员要使货物避免阳光直接照射,远离热源,"远离热源"标签如图 5-24 所示。

图 5-23 "包装件方向"(向上)标签

图 5-24 "远离热源"标签

7. "放射性物品,例外包装件"标签

该标签自2005年1月1日推荐使用,2007年1月1日强制使用。在装有放射性物质的例外包装件上必须贴上"Radioactive Material,Excepted Package"(放射性物品,例外包装件)标签,如图5-25所示。

图5-25 "放射性物品,例外包装件"标签

8. 锂电池操作标签

IATA《危险品规则》(DGR)第58版已经发布并于2017年1月1日开始实施。旧版第57版DGR出具的货物航空运输鉴定书将于2016年12月31日失效,针对锂电池货物运输,对锂电池操作标签及第9类危险品标签样式做出变更,锂电池操作标签旧版和新版分别如图5-26和图5-27所示。

图5-26 锂电池操作标签(旧版)

图5-27 锂电池操作标签(新版)

标签使用要求包括以下方面:

(1) 删除了"DO NOT LOAD OR TRANSPORT PACKAGE IF DAMAGED"。

(2) " * "旧标签填写的内容为:"Lithiumtion battery"(锂金属电池)或"lithium metal battery"(锂金属电池);新标签须填写UN号,如UN3480、UN3090。

(3) 旧标签"For more information,call ×××.×××.×××"(电话号码)改为"××"(电话号码)。

（4）锂电池标签最小尺寸要求：120mm×110mm；如果包装箱尺寸不够，标签尺寸可缩小为105mm×74mm。

（5）操作标签必须要有红色边框，且其宽度不低于5mm。

9."装有可拆卸湿电池轮椅"标签

装有可拆卸湿电池轮椅的标签，此标签由A、B两部分组成，A部分粘贴于轮椅，标明轮椅具有可拆卸电池；B部分粘贴于电池，用于和轮椅配对，"装有可拆卸湿电池轮椅"标签如图5-28所示。

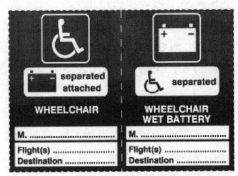

图 5-28 "装有可拆卸湿电池轮椅"标签

这些包装须标有"battery, wet, wheel chair"（轮椅用电池，湿的）或"battery, wet, withmobility aid"（代步工具用电池，湿的）字样，并加贴"corrosive"（腐蚀性）标签和包装件向上标签。

五、危险货物标签的使用要求

危险货物通过加贴危险标签的形式进行危险性标识，提出安全使用注意事项，向作业人员传递安全信息，以预防和减少化学危害，达到保障安全和健康的目的。在使用中要严格规范使用方法。

（一）标签制作粘贴责任人

托运人对标签制作粘贴的准确性负责，对需要粘贴标签的包装件及合成包装件，托运人必须做到：

（1）除掉包装件或合成包装件上所有无关的标签。

（2）只能使用经久耐用及内容正确的标签。

（3）根据相关规定在标签上标注必要的补充内容，并保证其具有耐久性。

（4）标签应牢固地粘贴在正确的位置上。

（5）确保包装件或合成包装件在向运营人交运时，标签粘贴的责任已彻底履行。

（二）标签的规格要求

（1）危险品包装件及合成包装件上所用的各种标签（危险性标签和操作标签），在形状、颜色、格式、符号和文字说明上，都必须符合DGR所提供的设计规格。除DGR另有规定外，危险性标签的最小尺寸应为100mm×100mm(4in×4in)。

（2）危险性标签有一条与符号相同颜色的直线在边内5mm处与边缘平行。除1.4、1.5、1.6项的标签外，标签上半部为图形符号的位置，而下半部为文字和类、项号码及适当的配装组号码。1.4、1.5、1.6项的标签在上半部显示项别号码，在下半部显示配装组号码。

（3）所有标签上的符号、文字和号码都必须用黑色显示，下列情况除外：

① 以绿色、红色或蓝色为底色的危险性标签上可用白色。

② 第8类标签上的文字和类别号码必须用白色。

（4）用于盛装第2类的钢瓶，因其形状、直立方向和运输的固定装置，可在气瓶的肩部粘贴按照ISO 7225:1994规定按比例缩小尺寸的标签。标签可重叠，但须符合ISO 7225:1994"气瓶—预防标签"中的规定；在任何情况下，代表主要危险性的标签和标签上的号码必须完全可见，符号必须可识别。

（5）除另有规定外，说明危险性质的文字可与类、项别及配装组号码一起填入标签的下半部。除非始发国另有要求，文字应使用英文。当始发国有此项要求时，两种文字应同样明显地标注。此规定也同样适用于操作标签。标签上可印有识别信息，包括制造商的名称，但必须印在边缘实线之外，并不多于十个字符。

（三）危险标签的使用要求

标签的粘贴、拴挂、喷印应牢固，保证在运输、储存期间不脱落，不损坏。具体而言有以下要求：

（1）标签应粘贴、拴挂、喷印在化学品包装或容器的明显位置。一般而言，箱状包装：位于包装端面或侧面的明显处；袋、捆包装：位于包装明显处；桶形包装：位于桶身或桶盖；集装箱、成组货物：粘贴四个侧面。

（2）多层包装运输，原则上要求内外包装都应加贴（挂）安全标签，但若外包装上已加贴安全标签，内包装是外包装的衬里，内包装上可免贴安全标签；外包装为透明物，内包装的安全标签可清楚地透过外包装，外包装可免加标签。

（3）每种危险品包装件应按其类别贴相应的标志。但如果某种物质或物品还有属于其他类别的危险性质，包装上除了粘贴该类标志作为主标志以外，还应粘贴表明其他危险性的标志作为副标志，副标志图形的下角不应标有危险货物的类项号，若已有号码，则必须清除掉。

（4）第1类物质（爆炸品）必须注意以下几点：

① 要求贴1.1、1.2、1.3、1.4F、1.5和1.6项爆炸品标签的包装件（少数例外）通常是禁止空运的。

② 必要时，类、项及配装组号码或字母必须填写在标签上。

（5）第8类物质如果其毒性只产生于对组织的破坏作用，则无须标贴用于6.1项的次要危险性标签。第4.2项物质（自燃物质）：如具有易燃固体次要危险性，亦无须标贴4.1项的次要危险性标签。

(6) 第 5 类物质(氧化剂和有机过氧化物):

① 必要时,类别中项的号码,即"5.1"或"5.2"必须填写在底角处。

② 盛装有机过氧化物的包装件,又符合第 8 类物质Ⅰ级或Ⅱ级包装标准时,必须粘贴腐蚀性的次要危险性标签。

注:

许多液态有机过氧化物的成分是易燃的,但无须粘贴易燃液体的次要危险性标签,因为有机过氧化物标签本身就意味着该产品可能是易燃的。

(7) 第 6.1 项物质(毒性物质):属于 6.1 项含有主要的或次要的危险性的物质(毒性物质),其毒性物质标签内容可以"Toxic"(毒性的)或"Poison"(有毒的)字样表示。

(8) 第 9 类物质的包装件必须贴有危险物品表所要求的第 9 类"杂项危险物品"(Miscellaneous Dangerous Goods)标签。当包装件内盛装磁性物质时,必须贴上"Magnetized Material"(磁性物质)标签代替杂项危险物品标签。

(9) 废料包装:货主在交运任何废料包装进行航空运输之前,必须确保按下列要求贴标签:

① 包装内所含危险物品的所有标签必须在该包装上再贴出。

② 仅限货机运输的含有危险物品的包装件,必须粘贴"Cargo Aircraft Only"(仅限货机)标签。

六、标签粘贴要求

(1) 所有标签必须牢固地粘贴或印制在包装上,以使它们清楚可见,而不被包装的任何部分或其他标签遮盖。

(2) 每一标签必须粘贴或印制在颜色对比明显的底面上,标签的外边缘应有虚线和实线。

(3) 标签粘贴时不得折叠,不得将同一标签贴在包装件的不同侧面上,不正确的标签粘贴方式如图 5-29 所示。

解读:不得将同一个标签粘贴在包装件的不同侧面上

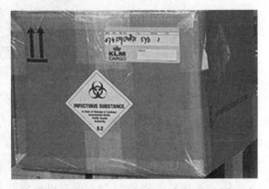
解读:未与运输专用名称粘贴在包装的同一表面;未与托运人、收货人的地址粘贴在同一面

图 5-29 不正确的标签粘贴方式

(4) 如果包装件的形状非正规,其表面无法粘贴标签,可以使用硬质的拴挂标签。

(5) 包装件必须有足够位置粘贴所有要求的标签。

(6) 标签位置:主要危险性标签应紧接着托运人、收货人的地址粘贴。次要危险性标签应紧接着主要危险性标签粘贴。

(7) 方向标签:表示包装件方向的"向上"标签至少在包装件上贴两个,在两个相对的侧面上各贴一个,箭头方向必须保持向上。

主要危险性标签、次要危险性标签和方向标签如图 5-30 所示。

解读:主要危险性标签表示为易燃液体,次要危险性标签显示为有毒物质。次要危险性标签已经擦去下角的危险货物的类项号,在两个相对的侧面上各贴一个方向标签,箭头方向必须保持向上。

图 5-30　主要危险性标签、次要危险性标签和方向标签

(8) 仅限货机标签:"仅限货机"标签必须紧接着危险性标签粘贴,仅限货机标签与危险品标签的配合使用如图 5-31 所示。

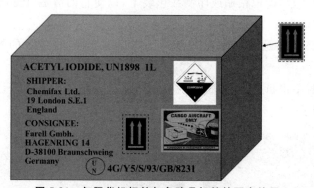

图 5-31　仅限货机标签与危险品标签的配合使用

(9) 合成包装件:要求在一个合成包装内的包装件上使用的标签必须清晰可见,或者重新制作一个标签贴于合成包装件的外部。

(10) 其他形式标签:除规则中规定的标签外,其他国际、国家运输规则要求的标签亦可使用,但其颜色、设计及样式不得与本规则要求的相矛盾、相混淆。

(11) 运输 4.1 项易燃物质与 5.2 项有机过氧化物运输中一般要与操作标签远离热源配合使用,有机过氧化物标签与远离热源操作标签如图 5-32 所示。

(12) 运输非易燃气体(2.2 项)一般应该与"Cryogenic Liquid"(低温液体)操作标签同

时使用,运输"非易燃液体"标签与"低温液体"操作标签的配合使用如图 5-33 所示。

图 5-32　有机过氧化物标签与远离热源操作标签

图 5-33　运输"非易燃液体"标签与"低温液体"操作标签的配合使用

第三节　合成包装的标记与标签

合成包装(Over pack),是指为了运输和装载的方便,同一托运人将若干个符合危险物品包装、标记、标签要求的包装件合成一个作业单元。

这种合成包装件可能是一个坚硬的纤维板箱或圆桶、木制箱或琵琶桶或者金属琵琶桶或圆桶;一个板条箱;几个包装件捆绑在一起;也可能是捆绑在一起的几个包装件形成一货盘等。

一、危险品合成包装件的包装要求

托运人必须保证在将危险品包装件组成合成包装件时应符合下列要求:

(1) 相互可能产生危险反应的盛装不同物质的包装件,或根据 DGR 表 9.3.A 需要互相隔离的危险品包装件,不得组成合成包装件。

(2) 合成包装件内的每一个包装件的包装方法、标志和标签必须正确及包装件不得有任何损坏或泄漏的迹象。

(3) 贴有"Cargo Aircraft Only"(仅限货机)标签的包装件不得组成合成包装件,以下情况例外:

① 合成包装件仅由一个包装件组成。

② 合成包装件由两个或两个以上包装件组成时,其组合方式不得影响包装件的易辨认和易接触的程度。

③ 包装件所含物质属于:

- 易燃液体(第3类),Ⅲ级包装,无次要危险性,但第8类次要危险性除外;
- 毒性物质(6.1项)无次要危险性,但第3类次要危险性除外;
- 感染性物质(6.2项);
- 放射性物质(第7类);
- 杂项物质(第9类)。

注:

为了冷冻的目的,每一合成包装件可以含有固体二氧化碳(干冰),但同时应符合干冰运输的相关规定。

(4) 合成包装件不能损害其内装的每一包装件具有的功能。

(5) 合成包装件内各包装件必须正确包装,正确地标记、贴标签且包装件不得有任何损坏或泄漏的迹象,并保证按照DGR要求做好各方面的运输准备工作。

(6) 合成包装件内各包装件上使用的以上专用名称、UN/ID编号、标记、标签以及特殊运送说明等都必须能从外部清楚识别或在合成包装件包装外表面重新进行复制。

(7) 合成包装件内各包装的标记从外部看不见时,必须在合成包装件的包装外表面上标注"INNER PACKAGES COMPLY WITH PRESCRIBED SPECIFICATIONS"(内部包装件符合相关具体规定)字样。

(8) 当交运货物中包含一个以上合成包装件时,在"托运人申报单"中已申报的合成包装件内所装危险物品的总数量必须在每个合成包装件外表面上标出,这将为承运人识别、装载和通知提供方便。

二、合成包装件的标记

关于包装的标记之前已经进行了说明,对于合成包装件内的每件商品都要正确地标记。此外,就合成包装件的标记也有一定的规定:

(1) 除非合成包装件内全部危险品的所有标记都明显可见,否则必须在合成包装件的外表面注明:"OVERPACK"(合成包装件)、危险品标记(注:详见第一节说明)、合成包装件内危险品包装件上的任何特殊操作说明。

(2) 包装规格标记不可重新标注在合成包装件上面,因为"OVERPACK"(合成包装件)标记已表明内含的包装件符合要求的规格。

(3) 当合成包装件中的危险品包装件含有限制数量危险品时,除非包装件上的限制数量标记是可见的,否则合成包装件外部必须也要有限制数量的标记。

(4) 当一票货物中包含一个以上合成包装件时,为便于识别、装载和通知,要求托运人在每个合成包装件上显示识别号码(可以是任何字母或数字的格式)以及必须标记合成包装件中含有的危险品的总数量及单位(如适用,毛重"G"),这一信息也必须加入托运人申报单中。

三、合成包装件的标签

在合成包装件内的所有包装上使用的标签必须清晰可见,否则,应重新在合成包装件外部粘贴所有的标签,合成包装件内的同一类或项的危险品只需贴一种危险性标签。如果合成包装件中含一端封闭的内装液体危险品的单一包装件,则合成包装件上必须有方向箭头标记。

四、合成包装件标记与标签实例

在一个包装内装运三种危险物品:
(1) Camphor oil(樟脑油),UN1130,净容积 30L。
(2) Butyronitrile(丁腈),UN2411,净容积 1L。
(3) Magnesium(丙酸丁酯),UN1914,净容积 40L。
合成包装件的标记与标签设计如图 5-34 所示:

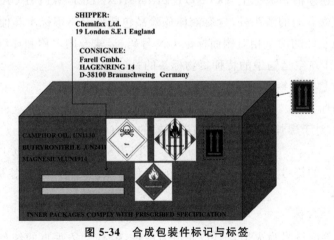

图 5-34　合成包装件标记与标签

本章小结

- 重点掌握内容:危险物品标记的内容、标签的选择、标签的组合使用;
- 一般掌握内容:危险物品标记与标签的规格等;
- 一般了解内容:其他非危险物品的标记与标签。

综合练习

一、选择题（其中 1、5 题为多选，其他单选）

1. 每一个危险物品的标记的基本信息内容包括（　　）。
   A. 物品的运输专用名称　　　　　　B. 物品的 UN 或 ID 代号
   C. 发货人及收货人详细姓名、地址　　D. 危险品的净重和包装件的毛重

2. 合成包装件上面的标记文字常为（　　）。
   A. "DO NOT DROP-HANDLE WITH CARE"
   B. "Overpack"
   C. "Diagnostic Specimen"
   D. "KEEP UPRIGHT"

3. 感染性物质包装件上面要标记的文字为（　　）。
   A. "DO NOT DROP-HANDLE WITH CARE"
   B. "Overpack"
   C. "Diagnostic Specimen"
   D. "KEEP UPRIGHT"

4. 危险物品包装件的标记和标签的责任人是（　　）。
   A. 托运人　　　　B. 收货人　　　　C. 承运人　　　　D. 代理人

5. 冷冻液化气体标记的说法正确的是（　　）。
   A. 每隔 120°或每侧面都必须标出"保持向上"（"KEEP UPRIGHT"）
   B. 包装件上还须清楚地标上"DO NOT DROP-HANDLE WITH CARE"
   C. 除表示直立方向的箭头外，含有液体危险品包装件上不得标示其他箭头
   D. 必须在包装件的两个相对侧面标记 UN 号码、运输专用名称和环境危害物质标记

6. 下列不属于航空运输中的特种货物标签的是（　　）。
   A. 鲜活易腐货物标签　　　　B. 识别标签
   C. 危险货物标签　　　　　　D. 活体动物标签

7. 一般来说，对于爆炸品可以进行航空运输的只有（　　）。
   A. 1.1 项目　　　B. 1.2 项　　　C. 1.4S 项　　　D. 1.5 项

8. 危险品标签的符号为气瓶，黑色或白色；底色为绿色的危险品标签是（　　）。
   A. 易燃气体　　　　　　B. 有毒气体
   C. 无毒非易燃气体　　　D. 腐蚀品

9. 危险品标签的符号为火焰，黑色；底色为白色，带有七条垂直的红色条纹；数字"4"写在底角表示的危险物品为（　　）。
   A. 易燃固体　　　　　　B. 遇水放出易燃气体物品
   C. 自燃固体　　　　　　D. 易燃液体

10. 危险品标签的符号为三个新月形重叠在一个圆圈上，黑色；底色为白色的危险物品标签表示的危险品是（　　）。
    A. 有毒物品　　　　　　B. 放射性物品

C. 感染性物品　　　　　　　　　　D. 腐蚀性物品

11. 危险物品标签显示三叶形，表示的危险物品为（　　）。
   A. 有毒物品　　　　　　　　　　B. 放射性物品
   C. 感染性物品　　　　　　　　　D. 其他危险物品

12. 贴有右面标签的物品是哪一类别的危险品？（　　）
   A. 2.1　　　　　　　　　　　　B. 2.2
   C. 2.3　　　　　　　　　　　　D. 2.4

13. 贴有右面标签的物品是哪一类别的危险品？（　　）
   A. 4.1　　　　　　　　　　　　B. 4.2
   C. 4.3　　　　　　　　　　　　D. 4

14. 贴有右面标签的物品是哪一类别的危险品？（　　）
   A. 4　　　　　　　　　　　　　B. 4.1
   C. 4.2　　　　　　　　　　　　D. 4.3

15. 右面标签是（　　）。
   A. 7类，Ⅰ级白色　　　　　　　B. 7类，Ⅱ级黄色
   C. 7类，Ⅲ级黄色　　　　　　　D. 7类，Ⅲ级白色

16. 右面标签是（　　）。
   A. 氧化剂　　　　　　　　　　　B. 有机过氧化物
   C. 有机氧化剂　　　　　　　　　D. 过氧化物

17. 右面标签是（　　）。
   A. 毒性物质　　　　　　　　　　B. 毒性气体
   C. 感染性物质　　　　　　　　　D. 易燃气体

18. 右面标签是（　　）。
   A. 毒性物质　　　　　　　　　　B. 毒性气体
   C. 感染性物质　　　　　　　　　D. 腐蚀性物质

19. 右面标签是（　　）。
   A. 杂项危险品　　　　　　　　　B. 毒性物质
   C. 感染性物质　　　　　　　　　D. 腐蚀性物质

20. 右面标签是（　　）。
   A. 9类，磁性物质　　　　　　　B. 8类，磁性物质
   C. 7类，磁性物质　　　　　　　D. 罗盘

21. 右面标签是（　　）。
   A. 小心轻放　　　　　　　　　　B. 远离热源
   C. 冷藏　　　　　　　　　　　　D. 冷冻仓库

22. 右面标签是（　　）。
   A. 小心，危险！　　　　　　　　B. 深冷液化气体
   C. 远离热源　　　　　　　　　　D. 喷雾剂

23. 右面标签是(　　)。
    A. 易燃气体　　　　　　　　B. 有机过氧化物
    C. 远离热源　　　　　　　　D. 放射性物质
24. 右面标签是(　　)。
    A. 燃料电池操作标签　　　　B. 易燃固体操作标签
    C. 锂电池操作标签　　　　　D. 轻拿轻放操作标签
25. 右面标签是(　　)。
    A. 仅限客机操作标签　　　　B. 危险货物操作标签
    C. 远离热源操作标签　　　　D. 仅限货机操作标签

二、判断题

1. 所有的危险品航空运输都要在外包装上标记毛重和净重。(　　)
2. 当两种或两种以上的危险品装在同一个外包装内时,外包装上必须标明各自相应的标记。(　　)
3. 危险货物标记上的文字必须使用英文,如始发国需要,亦可同时使用其他文字。(　　)
4. 运输磁性物质不需要提供危险品申报单;也不需要填写危险品检查单和机长通知单,不收取危险品检查费。但需要在外包装上粘贴磁性物质的操作标签。(　　)
5. 第4.2项物质(易自燃物质):如具有易燃固体次要危险性,亦无须标贴4.1项的次要危险性标签。(　　)
6. 所有标签上的符号、文字和号码都必须用黑色显示。(　　)
7. 许多液态有机过氧化物的成分是易燃的,但无须粘贴易燃液体的次要危险性标签,因为有机过氧化物标签本身就意味着该产品可能是易燃的。(　　)
8. 因为包装件尺寸太小,允许将同一标签贴在包装件的不同侧面上。(　　)
9. 如果包装件的形状非正规,其表面无法粘贴标签,可以使用硬质的拴挂标签。(　　)
10. 对于危险物品合成包装件,包装规格标记不可重新标注在合成包装件上面,因为"OVERPACK"(合成包装件)标记已表明内含的包装件符合要求的规格。(　　)

三、填空题

1. 联合国编号和字母"UN"的高度必须至少_____mm,除非是容量为30L或30kg及以下的包装,该类包装的标记的高度必须至少为_____mm。
2. 一般来说,低温液体的包装件和合成包装件上的"Cryogenic Liquid"操作标签必须与_____危险性标签同时使用。
3. _____和_____的包装件和合成包装件必须同时使用"远离热源"标签和"Keep Away From Heat"操作标签。
4. 除DGR另有规定外,危险性标签的最小尺寸应为_____。
5. 在盛装液体危险物品的组合包装件及合成包装件必须使用_____标签。

四、简答题

1. 危险品包装件上都需要有哪些标记?
2. 对于爆炸品的包装件,除了要有基本标记,还需要注明哪些附加的标记?

3. 一个易燃液体的包装件和一个腐蚀性物质包装件组成一个合成的包装件,且从外部看不到各包装件的标记和标签,对此合成包装件至少应该做何标记,并粘贴哪几种标签?

4. 运输干冰要如何设计标记与标签?

5. 运输锂电池要如何设计标记与标签?

6. 列表说明危险物品操作性标签与危险性标签的配合使用。

第六章

放射性物质

本章学习目标

- 了解放射性物质的基础知识。
- 掌握放射性物质的分类与识别。
- 熟练掌握放射性物质的包装要求、标记和标签。

 适用人员类别

1、2、3、6 类人员

 **导引案例**

由包装容器破损引发的放射性危害事故

某日,在某铁路局管辖的一个站点的行李房内发生了较为严重的放射性物质污染事故。当时工人在搬运一件内储放射性同位素碘—131物质的过程中,不小心将物质摔在地上。盛放该物质的铅罐盖固定密封不良,造成内储的小包装物质撒出,在忙乱之中其中一件又被人踩破,造成放射源直接外露。为了消除放射性污染的危害,有关方面采取了各种措施,火车站的整个行李房封闭了三个月左右。直到经仪器测定辐射污染的程度已降低到对人体不再构成危害时,行李房才重新启用。

该案例是运输与装卸过程中包装容器破损,造成内容物泄漏而引起的放射性危害事故。放射性物质是能自发和连续地放射出某种类型辐射的物质,这种辐射对人和其他生物能造成伤害,但却不能被人体的任何感官(视觉、听觉、嗅觉、触觉)觉察到。放射性物质的原子核由于放出了某种粒子就转变为新核,这种现象称之为衰变。衰变是自发地、连续不断地进行的,一直衰变到原子处于稳定状态,放射性辐射才会停止。然而,由于放射性元素原子的衰变并不是所有原子同时发生,而是每个时刻只有占原子总数一定比例的原子在衰变,因此整体的衰变过程比较长久,这个物质也就具有较持久的放射性辐射能力。放射性物质的污染所造成的破坏力,比起其他危险物质来,其持续危害性十分明显。苏联的切尔诺贝利核电站的核泄漏已过去三十年了,但经仪器测定,当地的核辐射污染仍然处于令人不安的状态。

正因为放射性物质具有特殊危险性,所以对这类物质的包装要求特别高。运输过程中的安全保障要求也特别严格。

放射性物质是危险物质中较为特殊的一类,它是指比活度大于 70kBq/kg(0.002μCi/g) 的任何物质。它的危险性在于能自发地和连续地放射出某种类型的辐射,这种辐射不仅对人体有害,还能使照相底片或未显影的 X 光胶片感光。

对放射性物质的安全运输,各种运输方式都有特殊的规定。国际原子能机构(International Atomic Energy Agency),简称 IAEA,在同联合国、有关专门机构及其成员国协商的基础上制定了《放射性物质运输规程》。各种运输方式的国内、国际放射性物质安全运输法规都是以此为基础制定的。

我国于 1990 年 7 月 1 日实施《放射性物质安全运输规程》(GB 11806—2004),该标准对各种运输方式的放射性物质运输都有规范作用。

只有符合国家豁免规定条件才能用飞机运输的放射性物质包括:
(1) 置于通风型的 B(M)型包装件;
(2) 置于需要一个辅助的冷却系统进行外部冷却的包装件;
(3) 置于运输中需要操作控制的包装件;
(4) 爆炸品;
(5) 自燃液体。

在本章中,我们将具体介绍放射性物质的定义、分类、包装、标志和标签等方面内容。

第一节　放射性物质的基本概念和分类

一、有关放射性的基本概念

(一) 放射性衰变

放射性物质的原子核由于放出某种粒子而转变为新核的变化过程叫衰变。衰变是自发地、连续不断地进行的,并且不受外界条件的影响,直至原子处于稳定状态才停止。随着放射性原子的衰变,其活性也随之下降。并不是所有的放射性元素的原子都在同一时间内发生衰变,因此不同元素完成这一衰变过程所需的时间就不同。我们用"半衰期"来表示这种快慢程度。放射性物质的原子数目因衰变而减少到原来一半所需要的时间,称为半衰期。每种放射性物质的半衰期是恒定的,但不同种放射性物质的半衰期却差别很大,短的仅有几千万分之一,而长的达几百亿年以上。

对于运输储存来说,了解半衰期是十分重要的。对于半衰期短的,称为短寿命的放射性物质,要优先运输,不能久储。对于半衰期非常短的,可能会因衰变得太快,而不能运输。半衰期的长短是一个相对概念,对运输而言,它取决于速度和距离两个因素,因此对不同的运输方式的划定值就不同。

半衰期对于内照射防护也是十分重要的。半衰期短的放射性物质如果滞留在人体内,过一段时间,其放射性会自行减弱直至消失;而半衰期长的放射性物质如果滞留在人体内,其内照射危害就是长期的。

(二) 放射性活度

放射性活度是指单位时间内某放射性物质发生核衰变的次数。单位时间内发生衰变的核子数目越多,即其射出的相应粒子的数目越多,那么这种物质的放射性活度就越大,其放射性就越强。

放射性活度的单位，国际单位制用贝可勒尔(符号为 Bq)。1 贝可勒尔等于每秒钟衰变 1 次。贝可勒尔单位很小，故常用千贝可勒尔($1kBq=10^3 Bq$)，兆贝可勒尔($1MBq=10^6 Bq$)，吉贝可勒尔($1GBq=10^9 Bq$)，太贝可勒尔($1TBq=10^{12} Bq$)。或旧单位制用居里(符号为 Ci)表示。居里为每秒衰变 3.7×10^{10} 次，因居里单位较大，故常用毫居里($1mCi=10^{-3} Ci$)，微居里($1\mu Ci=10^{-6} Ci$)。居里和贝可勒尔有如下的换算关系：$1Ci=3.7\times10^{10} Bq=37GBq=0.037TBq$。

放射性活度随着放射性物质的不断衰变而下降，因此半衰期的概念又可以理解为放射性物质的活度减少到原来一半所需要的时间。

(三) 放射性比度

放射性比度即单位质量(或体积)的放射性物质的放射性活度，又称比放射性或放射性比活度。单位为贝可勒尔/千克(符号为 Bq/kg)，贝可勒尔/克(符号为 Bq/g)或居里/千克(符号为 Ci/kg)，微居里/克(符号为 $\mu Ci/g$)等。

使用放射性比度，可以更确切地表示某种物质放射性的大小。故各种运输方式的危险品规则都以放射性比度来度量某一物质是否应列入放射性物质。

(四) 剂量当量和剂量当量率

衡量人体被射线辐射的程度长期以来使用的是剂量当量。国际单位制用希沃特(符号为 Sv)作为计量单位，旧单位制用雷姆(符号为 rem)作为计量单位。$1Sv=100rem$。希沃特又分为毫希沃特(符号为 mSv)、微希沃特(符号为 μSv)，雷姆又分为毫雷姆(符号为 mrem)、微雷姆(符号为 μrem)。它们存在如下的换算关系：

$$1Sv=10^3 mSv=10^6 \mu Sv$$
$$1rem=10^3 mrem=10^6 \mu rem$$

单位时间的剂量当量又称为剂量当量率。计量单位为希沃特每小时(符号为 Sv/h)，或雷姆每小时(符号为 rem/h)。以毫希沃特每小时(符号为 mSv/h)或毫雷姆每小时(符号为 mrem/h)为单位的相应的剂量当量率又称为辐射水平。很显然，时间越短，剂量当量越大，货物的辐射水平就越高，说明该放射性货物的放射危险性就越大。所以辐射水平是一个很重要的参数。

表面辐射水平是距放射性物质包装件表面 5cm 处的最大辐射水平。

(五) 运输指数

运输时，把辐射水平转化为运输指数(Transport Index，简记为 TI)，以确定放射性货物的危险程度。运输指数是距放射性货包或货物外表面 1m 处最大辐射水平的数值(单位是 mrem/h)。它是运输中对放射性物质进行管理的一个重要参数，有关它的确定方法将在下面介绍。

(六) 最大容许剂量

随着放射性同位素及其制品的广泛应用,运输量也随之不断增长,接触放射性物质的人也越来越多。为了确保人身安全,国际上统一制定了人体所能允许的最大剂量当量限制。所谓最大允许剂量,是人们通过大量的实践,并从现有知识水平来看,这样大的剂量,在人一生中任何时间都不会引起对人体的显著伤害,即人体所受到的对身体健康没有危害的最大的射线照射量。在实际工作中,即使在最大允许剂量下,仍应争取将辐射的强度降至尽可能低的程度。

实际上,我们就生活在放射性的世界中。一般来说,每人每年从天然辐射受到的剂量当量为 0.1~0.5rem。在地壳放射性含量较高的地区,居民每年从天然辐射中受到的剂量当量可达 0.5~1rem,也未发现对人体或后代引起任何异常效应。此外,一次医疗 X 光胸部透视,就可使人体受到 40mrem 的剂量当量辐射。所以,我国把除天然辐射和医疗辐射以外的受照射剂量当量限制在每人每年 500mrem 以下,这个标准是国际公认的安全标准。而放射性物质的专业运输人员所受的年有效剂量当量的限制值为不超过 5rem。

(七) 临界安全指数

临界安全指数是指给含有裂变物质的包装件、合成包装件(Overpack)或放射性物质专用货箱的数字,用于控制含有裂变物质的包装件、合成包装件(Overpack)或放射性物质专用箱的累计数量。

二、分类

放射性物质按其放射性比活度或安全程度分为六类:特殊形式放射性物质(Special Form Radioactive Matierial(A_1))、低比度放射性(LSA)物质(Low Specific Activity Matierial);表面污染物体(SCO)(Surface Contaminated Object);裂变物质(Fissile Matierial);低弥散物质(Low Dispersible Matierial);其他形式放射性物质(Other Form Radioactive Matierial(A_2))。

(一) 特殊形式放射性物质

特殊形式放射性物质系指不可弥散的固体放射性物质或装有放射性物质的密封盒。该密封盒只有当被破坏后才能被打开。特殊形式放射性物质的设计至少有一边尺寸不小于5mm。特殊形式的设计必须得到放射方的批准,并必须具有符合国际航协《危险品规则》的有关试验规定要求的性能或设计。

(二) 低比度放射性物质

低比度放射性物质(或 LSA 物质)系指其本身的活度有限的放射性物质,或适于使用估计的平均活度限值的放射性物质。确定估计的平均活度时不考虑低比度放射性物质周围的外屏蔽材料。低比度放射性物质可划分到以下三类中的相应的一类。

1. 低比度放射性-I级（LSA-I）

LSA-I物质是指：含有天然生成的放射性核素的矿物质，如铀、钍以及铀和钍矿石的浓缩物；未受辐照的天然铀、贫化铀或天然钍固体，以及它们的固体或液体的化合物或混合物；除裂变物质以外的A_2值不受限制的放射性物质。

2. 低比度放射性-II级（LSA-II）

LSA-II物质是指：氚浓度高达0.8TBq/L（20Ci/L）的水；或活度分布遍及各处，并且估计的平均比活度对固体和气体不超过$10^{-4}A_2/g$，对液体不超过$10^{-5}A_2/g$。

3. 低比度放射性-III级（LSA-III）

LSA-III物质是指：放射性物质分布在整个固体或一堆固体物质内，或基本上均匀地分布在密实的固态黏合体（例如混凝土、沥青、陶瓷材料等）内的固体；或放射性物质是比较难溶的，或实质上是被包在比较难溶的基质中的固体。因此，即使在失去包装材料的情况下被浸在水里，7天内每个包装由于浸出而损失掉的放射性物质，不会超过$0.1A_2$；或不包括屏蔽材料的估计的固体平均比活度不超过$2\times10^{-3}A_2/g$。如固化废物、活性材料。

（三）表面污染物体

表面污染物体是指本身没有放射性，但其表面散布有放射性物质的固态物体。表面污染物体划分为以下两级。

1. 表面污染物体-I级（SCO-I）

表面污染物体-I级是指：(1)在300cm²面积以上可接近表面上的平均非固着污染（若表面积小于300cm²，则按该实际表面积计算），对β、γ发射体和低毒性α发射体不超过4Bq/cm²（0.1nCi/cm²）或对所有其他α发射体不超过0.4Bq/cm²（0.01nCi/cm²）；(2)在平均表面超过300cm²可接近表面上的固着污染（若表面积小于300cm²，则按表面积计算），对β、γ发射体和低毒性α发射体不得超过40kBq/cm²（1μCi/cm²）或对所有其他α发射体，则不得超过4kBq/cm²（0.1μCi/cm²）；(3)在超过300cm²不可接近表面上的非固着和固着污染（若表面积小于300cm²，则按该实际表面积计算），对β、γ发射体和低毒性α发射体不超过40kBq/cm²（1μCi/cm²）或对所有其他α发射体不超过4kBq/cm²（0.1μCi/cm²）。

2. 表面污染物体-II级（SCO-II）

表面污染物体-II级（SCO-II）是指：其表面的固着污染或非固着污染超过表面污染物体-I级（SCO-I）中所指定的应用限制的固态物体，并且满足：(1)在300cm²面积以上可接近表面上的平均非固着污染（若表面积小于300cm²，则按该实际表面积计算），对β、γ发射体和低毒性α发射体不超过400Bq/cm²（10nCi/cm²）或对所有其他α发射体不超过40Bq/cm²（1nCi/cm²）；(2)在平均表面超过300cm²可接近表面上的固着污染（若表面积小于300cm²，则按表面积计算），对β、γ发射体和低毒性α发射体不得超过800kBq/cm²（20μCi/cm²）或对所有其他α发射体，则不得超过80kBq/cm²（2μCi/cm²）；(3)在超过300cm²不可接近表面上的非固着和固着污染(若表面积小于 300cm²,则按该表面积计算),对 β、γ 发射体和低毒性 α 发射体不超过 800kBq/cm²(20μCi/cm²)或对所有其他 α 发射体不超过 80kBq/cm²(2μCi/cm²)。

(四) 裂变物质

裂变物质是指铀-233、铀-235、钚-238、钚-239、钚-241 或它们之中的任意组合。本定义不包括未经辐照过的天然铀及贫化铀,以及仅在热反应堆中辐照过的天然铀或贫化铀。

(五) 低弥散物质

低弥散物质指弥散度有限的非粉末状固体放射性物质或封入密封包壳的固体放射性物质。

(六) 其他形式放射性物质

其他形式放射性物质是指不符合特殊形式定义的放射性物品。

三、活度的确定

对于装有放射性物质的包装件其活度限值根据"特殊形式"放射性物质的活度值和"其他形式"放射性物质的活度值确定。指定特殊形式放射性物质的活度值为 A_1。其他形式放射性物质的活度值为 A_2。

表 6-1 列出了常用放射性核素的 A_1、A_2 值。它是选用 A 型包装件要查阅的活度限值。

表 6-1　常用放射性核素的 A_1 和 A_2 值

放射性核素	元素 (原子序数)	A_1(特殊形式) (TBq)	A_2(其他形式) (TBq)	豁免物质的活度 浓度(Bq/g)	豁免货物的活度 限值(Bq)
Ac-225(a)	锕 89	0.8	0.006	$1×10$	$1×10^4$
Ac-227(a)		0.9	0.00009	$1×10^{-1}$	$1×10^3$
Ac-228		0.6	0.5	$1×10^{-1}$	$1×10^6$

第二节　放射性物质的包装

一、包装标准及一般包装要求

(一) 包装标准

放射性物质的包装要求随着所装的放射性核素的不同而变化。在所有情况下,都应考虑到放射性辐射问题;如果物质不是处于"特殊形式"的,则应考虑到泄漏的可能性;如果物质是可裂变的,则应考虑到临界危险性的可能。进一步考虑的因素就是,如果放射性物质数量非常大,即活度很大,则应考虑到由辐射所产生的热量可能是可观的,在这种情况下应考虑到散热问题。

辐射水平由几种因素决定,而放射性物质的活度(数量)仅仅是这些因素之一。同等量的两种不同的放射性核素,以同一类型的包装要求包装起来,它们可能在包装件的外表面和在任何特定的距离上具有显著不同的辐射水平。因此,为了确保辐射水平符合规定的允许限值,规定所允许的放射性物质量随着所包装的特定放射性核素的不同而变化。

许多这类包装要求中使用的术语 A_1 和 A_2 分别指 A 型包装件中容许装入的特殊形式放射性物质的最大活度(或数量)和 A 型包装件中容许装入的,除特殊形式以外任何其他形式 A_2 的放射性物质每种核素最大活度,并且也作为其他用途的基本限值。

当一种放射性物质已按这些包装要求包装时,在大多数情况下,包装件必须规定"运输指数"。"运输指数"是一个具有双重目的的数字,它表示非裂变放射性物质包装件的辐射危害的相对程度和装有裂变放射性物质包装件的辐射危害相对程度或临界危害(哪种危害更大)的相对程度。

在大多数情况下,一个完整的包装件必须规定三种等级中的一种,然后贴上该等级的危险标签。

(二) 一般包装要求

(1) 在设计放射性物质的包装件时,除需考虑泄漏、散热等问题外,还必须考虑它的重量、体积和形状,使其能容易和安全地操作和运输。并且,包装件的设计应能在运输中恰当地固定在飞机上。此外,包装件上的任何提吊附件在按预定的方式使用时不会失灵。如果发生附件失灵,包装件符合其他要求的能力不会降低。估算应力时,必须考虑适当的安全系数以应付突然起吊。

(2) 根据实际情况,包装件的设计和制作必须保证其外表面没有凸出的部分,并易于去污。包装件外层的设计还必须做到避免集水和积水。

(3) 装有放射性物质时包装材料以及任何其他部件和构件在物理上和化学上必须互相兼容,必须考虑在辐照下内装物的变化情况。

(4) 包装件在运输期间不能因外加的不属于包装件的任何设施而降低包装件的安全性。包装件必须能够经受住在常规运输条件下可能碰到的任何加速、振动和共振的影响,而对不同容器上的密封件的有效性或整个包装件的完好性没有任何破坏。特别是螺母、螺栓和其他紧固器件必须设计得即使是在重复使用之后也能防止它产生意外的松动和脱落。

(5) 在环境温度 38℃ 并且无绝热条件下,包装件的接近表面温度不得超过 50℃。包装件的设计还必须考虑到:若包装件由 -40℃ 到 $+55$℃ 范围内暴露,密封的完整性也不下降。含有液体放射性物质的包装件必须经受住内压力造成不小于 95kPa 压差而不泄漏。

(6) 放射性物质可能逸出的所有阀门都必须有防止随意被启开的措施。包装件的设计必须考虑在正常的运输条件下可能遇到的环境温度和压力。对于具有其他危险性质的放射性物质,还必须考虑其他危险性质。

(7) 任何包装件的任一外表面上的非固着放射性污染,必须保持在尽可能低的水平。

(三) 其他要求

1. 一个包装件内的不同放射性核素

当不同种的多种放射性核素一起包装在同一包装件内时,总的活度必须按 IATA《危险品规则》10.3.2.4 至 10.3.2.5 所规定的要求进行确定。

2. 含有其他物品的包装

低比度放射性(LSA)物质和表面污染体(SCO)可以同其他物品包装在一起,只要这些物品与包装或其内装物之间不会产生降低包装安全性的相互作用。除此以外的放射性物质的包装件,除了使用放射性物质所必需的物品和文件以外,包装件中不得有任何其他物品。

3. 含有放射性物质包装件的集合包装 (Overpack)

(1) 放射性物质包装件可以混合在一个集合包装(Overpack)内运输,只要其中所包含的每一个放射性物质包装件都符合 IATA《危险品规则》的相关要求;

(2) 只允许集合包装(Overpack)内包装件的原始托运人采用直接测量辐射水平的方法来测定整个集合包装(Overpack)的运输指数。

二、包装类型

用于放射性物质包装件的类型有例外包装件、工业包装件、A 型包装件、B 型包装件、C 型包装件和含裂变物质的包装件等。

(一) 例外包装件

限量的放射性物质、含有放射性物质的仪器、制成品和空包装,可作为例外包装件运输,但必须符合下列条件。

(1) 包装件外表面任一点的辐射水平不超过 $5\mu Sv/h(0.5mrem/h)$。

(2) 若例外包装件中含有裂变物质,则应符合 IATA《危险品规则》10.3.7.2 的要求,且包装件的最小尺寸不得小于 10cm。

(3) 在例外包装件的任一外表面的非固着放射性污染不超过 IATA《危险品规则》10.5.3.2 的限值。

(4) 如果通过邮件运输,应符合 IATA《危险品规则》10.2.2 的要求。

放射性物质例外包装件不需要分类、贴危险性标签和填写托运人申报单。具有其他危险性质的放射性物质例外包装件,其他危险性应优先考虑。因此,这种包装件应符合本书关于其他危险性规定的限制。

(二) 工业包装件

工业包装件可用于低比度放射性(LSA)物质和表面污染物体(SCO)的包装。工业包装件可分为1型工业包装件、2型工业包装件、3型工业包装件。

低比度放射性（LSA）物质或表面污染物体（SCO），必须按表6-2中所规定的包装件完好性级别来进行包装，其包装方法应当是：在常规运输中可能碰到的那些情况下（无事故情况），既不会发生包装件内装物弥散的可能，也不会引起包装所提供的屏蔽层的损失。

表 6-2 低比度放射性（LSA）物质和表面污染物体（SCO）的工业包装件完好性要求

内 装 物	工业包装件类型	
	专项运输使用	非专项运输使用
LSA-Ⅰ		
固体	1型	1型
液体	1型	2型
LSA-Ⅱ		
固体	2型	2型
液体和气体	2型	3型
LSA-Ⅲ	2型	3型
SCO-Ⅰ	1型	1型
SCO-Ⅱ	2型	2型

（三）A 型包装件

1. 活度限值

A 型包装件所含活度不得大于下列标准：

特殊形式放射性物品：A_1；

其他形式放射性物品：A_2。

2. 特殊形式放射性物质的设计

用于不可弥散固体放射性物质或储藏有放射性物质的密封盒的特殊形式的放射性物质的设计，要求单方批准，例如仅由始发国主管当局批准。

3. 特殊形式的批准证书

主管当局必须开具一份证明，证明这种设计满足特殊形式放射性物质定义的"特殊形式批准证书"，而且必须标上识别标记。

4. A 型包装件的设计要求

A 型包装件的设计不要求主管当局核准。

（四）B 型包装件

B 型包装件用于运输活度较高的放射性物质，超过 A 型包装件活度限值的放射性物质使用 B 型包装件。B 型包装件分为 B(U)型和 B(M)型。

注意：

B(M)型包装件禁止用客机运输！

1. 活度限值

对 B(U)型和 B(M)型包装件中含有的活度的唯一限值是在包装批准证明书上标出的限值。

2. 单方批准

除需符合裂变物质的包装设计外，每个以 B(U)型包装件的设计都需要单方批准，即仅需始发国有关当局的批准。

3. 多方批准

每个 B(M)型包装件都需要多方批准，即除始发国主管当局批准外，还需由包装件经过和到达的每个国家有关当局批准。

4. B 型包装使用的限制

按照批准证书规定，B 型包装件不得含有活度超过包装件设计之许可；与包装件设计许可的放射性核素不同的核素；或在外形上或物理、化学形态上与包装件设计许可的物质不同的内装物。

（五）C 型包装件

C 型包装件的测试要求比 B 型包装更加严格，如增加了强热试验时间（由 30min 增加至 60min）及穿透试验的高度等。

活度限值：对 C 型包装件中含有的活度的唯一限值是在包装批准证明书上标出的限值。

批准：C 型包装件需要单方设计批准，即仅需要始发国有关当局的批准。

装有裂变物质及低弥散放射性物质的 C 型包装件需要多方批准。即除始发国主管当局批准外，还须由包装件经过和到达的每个国家有关当局批准。

（六）含裂变物质的包装件

1. 活度限值

任何含裂变物质的包装件必须符合所有包装类型对包装件适用的活度限值。

2. 批准

每个裂变物质包装件的设计都要求多方批准，即除始发国主管当局批准外，还须由包装件经过和到达的每个国家有关当局批准。

按照批准证书规定，任何含裂变物质的包装件，除了含有裂变例外的物质以外，不得含有：大于包装件设计所允许的裂变物质的数量；任何不同于包装件设计认可的核素或裂变物质；不同于包装件设计认可的，在外形上、物理状态或化学状态，或特殊安排中的内容。

三、运输指数和临界安全指数的确定

(一) 运输指数的确定

运输指数(TI)是分配给用于控制核裂变临界安全性和放射性照射的包装件、合成包装件或货运集装箱的单一数字。运输指数也可用于确定标签的类别、确定是否需要专载运输、确定在中转储存期间的空间间隔要求以及确定货物集装箱内或航空器内允许装载的包装件数量。

1. 由辐射照射量控制确定的运输指数

对于包装件、合成包装件或货物集装箱来说,以辐射照射量为基础的运输指数(TI),是按下列步骤推导出来的数字。

第一步:确定出距离包装件、合成包装件或货物集装箱外表面 1m 远处的最高辐射水平。如果该辐射水平以 mSv/h 为单位表示,测定值必须乘以 100。(如果是以 mrem/h 为单位表示,测定值不改变。)对于铀和钍的矿石和浓缩物,在距离包装件外表面 1m 远处的任意一点,其最大辐射剂量率可获取:

0.4mSv/h(40mrem/h)——对铀和钍的矿石和浓缩物。

0.3mSv/h(30mrem/h)——对钍的化学浓缩物。

0.02mSv/h(2mrem/h)——对除六氟化铀以外的铀的化学浓缩物。

第二步:放射性专用货箱按上面第一步的方法确定的值必须乘以表 6-3 所规定的一个适当的因子。

表 6-3 货运集装箱的倍数因子

货运集装箱的最大截面积	倍 数 因 子
≤1m²	1
1m² 货运集装箱的最大截面积≤5m²	2
5m² 货运集装箱的最大截面积≤20m²	3
≥20m²	10

第三步:除了等于或小于 0.05 的数值考虑作为 0 值外,第一步和第二步中数字进位到第一位小数。

2. 由核临界性控制确定的运输指数

以核临界性控制为基础确定的运输指数,必须由 50 被 N 除而得出,即 TI=50/N,N 值由"包装件排列"中规定的方法求得。核临界控制的运输指数数值可以是 0,条件是无限多个包装都是次临界,即"N"实际上为无限大。

3. 托运货物运输指数确定

各种托运货物的运输指数必须根据表 6-4 确定。

表6-4 运输指数(TI)的确定

项目	内装物	方法
包装件	非裂变物质	为控制辐射照射量而确定的TI
	裂变物质	为控制辐射照射量而确定的TI和按核临界控制方法确定的TI中的较大者
非硬质合成包装件	包装件	在合成包装件中所包含的全部包装件的TI之和
硬质合成包装件	包装件	在合成包装件中所包含的全部包装件的TI之和或按原托运人的意见可取为控制辐射照射量而确定的TI也可取所有包装件的TI之和
货运专用集装箱	包装件和合成包装件	集装箱内的所有包装件与合成包装件的TI之和
	低比度放射性或表面污染物体	可取TI之和,也可取为控制辐射照射量而确定的TI与为核临界控制方法确定的TI中的较大者
专载运输使用的货运专用集装箱	包装件和合成包装件	可取TI之和,也可取为控制辐射照射量而确定的TI与为核临界控制方法确定的TI中的较大者

4. 确定类型

当根据表6-5确定包装件的类型时,应考虑运输指数连同每个包装件表面的辐射水平。

表6-5 包装件、合成包装件及货物专用集装箱级别的确定

包装件分类(例外包装件除外)		
运输指数	外表面任一点最大辐射水平	级别
0*	小于 $5\mu Sv/h$(0.5mrem/h)	Ⅰ级白色
大于0小于等于1*	大于 $5\mu Sv/h$(0.5mrem/h)小于等于0.5mSv/h (50mrem/h)	Ⅱ级黄色
大于1小于等于10	大于0.5mSv/h(50mrem/h)小于等于2mSv/h (200mrem/h)	Ⅲ级黄色
大于10	大于2mSv/h(200mrem/h)小于等于10mSv/h (1000mrem/h)	Ⅲ级黄色且专载运输
合成包装和用作合成包装的货运专用容器的分类		
运输指数		类别
0		Ⅰ级白色
大于0小于等于1		Ⅱ级黄色
大于1		Ⅲ级黄色

注:* 如果测量的TI值小于等于0.05,根据运输指数的确定要求可以认为值为零。

(二) 临界安全指数(CSI)的确定

裂变物质包装件的临界安全指数必须用50除以从《危险品规则》10.6.2.8.3规定的方法求得两个N值中较小的一个而得出,即CSI=50/N。如果无限多个包装都是次临界,即"N"无限大,则临界安全指数的值可能为零。

(三) 包装件和合成包装件的运输指数(TI)、临界安全指数(CSI)和辐射水平的限值

(1) 除专载运输装载的货物以外,任何单个包装件或合成包装件的运输指数都不得超过10,任何包装件或合成包装件的临界安全指数不得超过50。如果运输指数大于10,包装

件或合成包装件必须按专载运输方式运输。

（2）除专载运输外，一个包装件或合成包装件的任一表面的任何一点上的最大辐射水平不得超过 2mSv/h。

（3）属于专载运输的包装件的任一表面的任何一点上的最大辐射水平不得超过 10mSv/h。

（4）包装件和合成包装件应根据《危险品规则》10.5.C 表的规定归类为Ⅰ级-白色、Ⅱ级-黄色或Ⅲ级-黄色。

（5）在确定包装件或合成包装件划归哪一级时，运输指数和表面辐射水平都必须考虑在内。当运输指数满足某一类的条件而表面辐射水平满足另一类条件时，该包装件必须划归为两类中较高的一类。由于这个原因，Ⅰ级-白色被看作是最低的一类。

（6）如果表面辐射水平大于 2mSv/h，包装件或合成包装件必须划归Ⅲ级-黄色。

第三节 放射性物质的标记和标签

一、放射性物质包装件的标记

（一）标记的基本要求

托运人对其在包装件上所作标记的正确性负完全责任，确保在正确的位置使用适用的新标记，移走或涂去包装件或合成包装件上原有的无关标记。在国际运输中，标记所用的文字除始发地文字外还应同时使用英文。通常标记的高度为 12mm，但 30L 或 30kg 以下容量的包装件标记的最低高度可为 6mm。

对放射性物质包装件所需要的标记，必须经久耐用，并用印刷或其他打印方式标记在或粘贴在包装件或合成包装件的外表面上。标记要清楚易见，能够在露天环境中经受暴晒而不降低其有效性，而且显示在色彩反差较大的（包装）背景上。

（二）标记的使用

1. 基本标记

基本标记包括运输专用名称、UN 编号、托运人和收货人姓名和地址。任何放射性物质的包装件都必须有这些基本标记。

2. 特殊标记

特殊标记是指如果毛重超过 50kg，应标明实际的毛重；当使用固体二氧化碳（干冰）作为冷却剂时，应标明其净重。

3. 包装件识别标记

（1）A 型包装件标记

对于 A 型包装件，需要有下列标记：① 每一包装件都必须标上"TYPE A"字样；② 包装

设计国的代号;③ 生产厂商的代号或其他包装识别标记。如下标记:

> TYPE A
> GB/Amersham

(2) B 型、C 型包装标记

符合 B 型或 C 型包装设计的每一个包装件都必须作如下标记:① 相应的"TYPE B(U)[B(U)型]"或"TYPE B(M)[B(M)型]或 TYPE C"字样;② 由主管当局为设计而指定的识别标记;③ 能确认每个包装件符合设计的顺序编号;④ 在能防火防水的最外层容器上,用压印打上或其他方式清楚地标出防火、防水的三叶形符号。如下标记:

> TYPE B(U)
> GB/0777AG/B(U)

(3) 工业包装件标记

符合 1 型工业包装设计的每个包装件都必须标上"TYPE IP-1"字样;

符合 2 型或 3 型工业包装设计的每个包装件都必须做如下标记:① 相应的"TYPE IP-2"或"TYPE IP-3"字样;② 原设计国代号;③ 生产厂商的代号或其他包装识别标记。

(4) 裂变物质标记

每个含有裂变物质的包装件都必须按照其类型的要求相应地用"AF""B(U)F""B(M)F"或"IF"等标记。

(5) 例外包装件标记

例外包装件必须注明:① UN 编号,前缀"UN";② 托运人和收货人姓名全称和地址;③ 如果毛重超过 50kg 应标明允许的毛重;④ 当固体二氧化碳(干冰)作为冷却剂时,则附加标记,标明包装件内固体二氧化碳(干冰)的净重。

(6) 合成包装件标记

① 合成包装件中内包装件上的标记,应在合成包装件外可见或重复,否则标记以下内容:"Overpack"字样;使用的标记;合成包装内所有包装件上出现的需要特殊操作的操作说明。

② 包装规格标记不需要标在合成包装件外,"Overpack"字样就表明了内包装件符合规格要求。

③ 交运一个以上合成包装件时,为便于识别、装载及通知,应在每个合成包装件上标注识别标记以及放射性物质的总量。

二、放射性物质包装件的标签

(一) 标签的规格

1. 放射性物质标签的类型

放射性物质的标签有两种类型:危险性标签和操作标签。除主要危险性标签外,次要危险性标签和操作标签与非放射性物质的相同。

操作标签中,仅限货机标签总是在放射性物质的B(M)型包装件和含有这种B(M)型包装件的货运专用集装箱上使用。对液体形式的放射性物质的包装件不需要使用"THIS WAY UP(此面向上)"的方向标签。

2. 放射性物质主要危险性标签的规格

放射性物质主要危险性的标签有三种:Ⅰ级白色、Ⅱ级黄色和Ⅲ级黄色。

(1) Ⅰ级白色(见图6-1)

名称:放射性

货运标准代码:RRW

最小尺寸:100mm×100mm

图形符号(三叶形标记):黑色

底色:白色

图6-1 Ⅰ级白色

(2) Ⅱ级黄色(见图6-2)

名称:放射性

货运标准代码:RR

最小尺寸:100mm×100mm

图形符号(三叶形标记):黑色

底色:上半部黄色带白边,下半部白色

图6-2 Ⅱ级黄色

(3) Ⅲ级黄色(见图6-3)

名称:放射性

货运标准代码:RR

最小尺寸:100mm×100mm

图形符号(三叶形标记):黑色

底色:上半部黄色带白边,下半部白色

图6-3 Ⅲ级黄色

(4) 临界安全指数标签(见图6-4)

最小尺寸:100mm×100mm

文字(强制性的):"裂变"白底黑字在标签的上半部

(二)标签上的标记

(1) 内装物

在标签上必须清晰而耐久地注明有关内装物、活度和Ⅱ级或Ⅲ级标签运输指数等内容。对于临界安全指数(SCI)标签,须标注临界安全指数。标签上还必须填写下列内容:

图6-4 临界安全指数标签

① 除Ⅰ类低比度放射性物质(LSA-Ⅰ)外的放射性核素符号。

② 对于放射性核素混合物,或不同的单一放射性核素包装在同一个包装件内的情况,限制最严格的那些核素都必须列出。

③ 低比度放射性物质(LSA-Ⅰ除外)或表面污染物体(SCO)在其符号"LSA-Ⅱ""LSA-Ⅲ""SCO-Ⅰ"或"SCO-Ⅱ"之后列出正确的放射性核素符号;对于 LSA-Ⅰ物质,仅使用"LSA-Ⅰ"。

(2) 活度

包装件中所装放射性物质的活度必须以贝可勒尔或其大倍数单位表示。以居里或其大倍数单位表示的等值活度可以写在贝可勒尔单位后面的括号内。每种情况都必须用全名或正确的缩写来说明所使用的单位。对于裂变物质,可用克或千克为单位把裂变放射性核素的总质量表示出来代替放射性活度,以 g 或 kg 为单位表示。

(3) 运输指数

对Ⅱ级或Ⅲ级标签的包装件,其运输指数必须填在提供的方框内。经进位取至第一位小数。

(4) 临界安全指数(SCI)

临界安全指数标签上必须标记临界安全指数。临界安全指数应取自主管当局签发的特殊安排批准证书或包装件设计批准证书,并填写在提供的方框内。

(5) 当局的设计或运输许可

若国际货物运输当局的设计或运输许可,因不同国家使用不同的许可方式,标签需与批准国当局的设计相一致。

(6) 合成包装件和专用箱

对于合成包装件和货运专用货箱,标签上"内装物"和"活度"栏上必须填上具体要求的内容。但合成包装件和货运专用货箱里如果装有多件不同的放射性核素的包装件时,则可以注明"SEE SHIPPER'S DECLARATION(参见托运人申报单)"。

(三) 标签的粘贴

(1) 粘贴的原则

所有标签应牢固地粘贴或打印在包装上,清晰可见、易读,并不被该包装的任何部分或其他标签所掩盖;每一标签必须粘贴或印刷在对比色底面上,或者标签的边缘必须有虚线或实线;所有标签不能被折叠或者在粘贴时把同一类型的标签贴在包装件的不同面上;如果包装件表面为不规则形状,并且不可能将标签打印到包装上,或者包装件表面难于贴上标签,则允许使用硬质的挂签作为包装件标签;包装件的尺寸必须能为所有要求的标签提供足够的位置。

(2) 粘贴的位置

包装件足够大时标签应贴在与运输专用名称及 UN 代号同一个面;标签应粘贴在包装件上托运人或收货人地址的附近;当有次要危险性标签时,应把它们粘贴在主要危险性标签附近;在要求贴"CARGO AIRCRAFT ONLY(仅限货机)"操作标签时,必须将其粘贴于邻近每个危险性标签的地方。

（3）粘贴的数目

放射性物质标签若带有一个或多个次要危险性标签、临界安全指数标签（如果适用）或"CARGO AIRCRAFT ONLY（仅限货机）"操作标签（如果适用），标签必须粘贴在包装件的两个相对侧面上；对于货箱，标签则粘贴在所有四个侧面的外边；对于钢瓶包装件，必须在正好相对的面粘贴两套标签。钢瓶的尺寸应使贴的两套标签互不重叠。对非常小的钢瓶包装件，如果两套标签可能重叠，则可只贴一套，但标签不得自身叠盖；如果使用硬的合成包装件，应至少粘贴两套标签，标签必须粘贴在合成包装件的相对的外侧面上。如果使用非硬质的合成包装件，至少在固定于合成包装件上的耐用挂签上粘贴一套标签。

（4）放射性物质例外包装件标签

放射性物质例外包装件必须粘贴"Radioactive Material, Excepted Package（放射性物质，例外包装件）"的操作标签，见图6-5。此标签必须粘贴或印刷在颜色对比明显的底面上。

图6-5　放射性物质例外包装件标签

本章小结

- 重点掌握内容：放射性物质的标记和标签；
- 一般掌握内容：放射性物质的概念和分类，放射性物质的包装标准及要求；
- 一般了解内容：放射性物质的包装类型。

综合练习

一、单选题

1. 放射性货物的国际制单位是（　　）。

　A. 库仑(C)　　　　　B. 伦琴(R)　　　　　C. 贝可勒尔(Bq)

2. 单位质量的物质吸收电离辐射能量大小的物理量称为（　　）。

　A. 照射量　　　　B. 剂量当量　　　　C. 吸收剂量　　　　D. 辐射剂量

3. 放射性物质是指含有放射性核素，并且其活度和比活度均（　　）国家规定的豁免值的物品。

　A. 高于　　　　　B. 等于　　　　　C. 低于　　　　　D. 无关

4. 除按独家使用方式运输的托运货物除外,任何放射性物品货包或外包装的运输指数均不得超过( )。

   A. 5　　　　　　　B. 10　　　　　　　C. 15　　　　　　　D. 20

5. 按独家使用方式运输的货包外包装的任何外表面上任一点的最高辐射水平应不超过( )。

   A. 2mSv/h　　　　B. 4mSv/h　　　　C. 8mSv/h　　　　D. 10mSv/h

6. 在货包和外包装的分级中,Ⅲ级黄标志货包的辐射水平最强,放射性危害最大,运输指数可达到( )。

   A. 4　　　　　　　B. 6　　　　　　　C. 8　　　　　　　D. 10

7. 下图表示放射性包件的危险程度属于( )。

   A. Ⅰ级　　　　　　B. Ⅱ级　　　　　　C. Ⅲ级

8. 下列辐射防护方法属于内照射防护的是( )。

   A. 防止放射性物质由消化系统进入体内

   B. 时间防护

   C. 距离防护

9. 对于相同条件下的照射,人体接受的剂量与照射时间长短( )。

   A. 不成比例　　　　B. 成反比　　　　C. 成正比

10. 下图是什么包装件的标签?( )

A. 放射性物质例外包装件标签
B. 临界安全指数标签
C. 放射性物质Ⅰ级标签

二、判断题

1. 放射性物质例外包装件外表面任一点的辐射水平不超过 $5\mu Sv/h$。（   ）

2. 放射性货包超过 30L 或 30kg 的，其标志的高度不得大于 10mm。（   ）

3. 装入大口铁桶放射性活度低的放射性物品的净重可以超过 100kg。（   ）

4. 放射性物品种类繁多，但不同放射性物品的特性和潜在风险相同。（   ）

5. 放射性活度和比活度是针对放射性物质的强度而言的。（   ）

6. 放射性活度是指单位时间内放射性物质衰变的次数。（   ）

7. 人体受到辐射时，虽然机体吸收剂量相同，但由于辐射类型和条件各不相同，可能产生的危害不同。（   ）

8. 运输放射性物品可以使用普通运输容器。（   ）

9. A 型包装件是一种既安全又经济的包装，内装物的量相对较多。（   ）

10. 任何包装件或合成包装件的临界安全指数不得超过 50，但按独家使用方式运输的托运货物除外。（   ）

三、简答题

1. 根据《危险品规则》，放射性物质分为几类？
2. 放射性物质的一般包装要求有哪些？
3. 放射性物质的包装件有哪些类型？
4. 如何确定放射性物质包装件的标签级别？
5. Ⅱ级放射性物质的危险性比Ⅲ级放射性物质的危险性更大，这种说法对吗？为什么？
6. B(U)型放射性物质的包装件必须经始发国主管部门批准，这种说法对吗？为什么？
7. 放射性物质标签粘贴的位置有何要求？
8. 对于Ⅱ级黄包装件请确定：包装件表面允许的最大辐射水平是多少？包装件的最大允许运输指数为多少？
9. 一个放射性物质包装件运输指数为 0.4，表面辐射水平为 $900\mu Sv/h$ 且不含裂变物质，此包装件的级别为多少？
10. 一个放射性物质包装件运输指数为 0，表面辐射水平为 $9\mu Sv/h$ 且不含裂变物质，此包装件的级别为多少？

第七章

危险品操作

本章学习目标

- 掌握危险品的操作原则。
- 掌握危险品收运的程序。
- 了解收运危险品的一般要求和特殊要求。
- 熟悉危险品的储存和装载。
- 掌握危险品事故和事件的定义。
- 熟悉并掌握发生各类危险品事故和事件后的处理方法。
- 掌握危险品事故的报告程序。

 适用人员类别

1、3、5、6、8、10 类人员(只有 6 类人员需要掌握危险品收运部分,1、3 类人员掌握危险品的存储部分)

 **导引案例**

谎报危险品航空托运引发的危险品泄漏事故

2000 年 3 月,中国化工建设大连公司(简称大连化建)委托马航承运 80 桶 8-羟基喹啉到印度,大连大通国际运输有限公司为出口货运代理人。当飞机到达马来西亚吉隆坡机场中转时,机场工作人员发现货舱中弥漫着刺激性很强的白色烟雾,戴上呼吸装置都难以进入货舱,装卸机械也被腐蚀,飞机随即被隔离。直到次日,机场消防救援队才将大连化建委托运输的两个集装箱卸下,并发现货物中有两桶泄漏,而且不是大连化建申报的 8-羟基喹啉。后经鉴定和询问大连化建,马航才知道货物真正名称是草酰氯,是强酸性腐蚀化学药品,属于危险货物。在装载过程中按照固体非危险货物进行码放,并没有进行固定。航班起飞后,发生了桶装的草酰氯跌落,发生了泄漏,对飞机造成了严重的腐蚀。

法国空中客车飞机制造公司对飞机状况进行了评估,认为修理成本大大超过飞机全额保险金 9 500 万美元的 75%,飞机已无修理价值。因此,马航起诉货物托运人、代理人、鉴定人、地面服务公司等六公司,要求赔偿保险费和其他损失共计 8 000 多万美元。2007 年 12 月,北京市最高人民法院对此案进行判决,赔偿 5 家境外保险公司 6 506.3 万美元。

随着我国社会经济的发展和对外开放步伐的加快,危险品航空运输的市场需求不断增长。但由于所涉及的链条长、环节多、人员复杂(这一点在国际航空运输中表现得尤为突出),危险品航空运输中存在的问题也逐渐显现,夹带、谎报、匿报以及违法运输危险品的问题较为突出。谎报瞒报危险品的危害性是非常大的,在危险品托运、收运、储存、装载各个环节都应该严格按照要求进行操作,才能保障危险品的安全运输。

第一节　危险品操作原则

在危险品运输的各个环节中,操作的正确性是保障安全的关键。操作危险品应遵循以下基本原则:预先检查原则、请勿倒置原则、轻拿轻放原则、隔离原则、可接近性原则、固定原则。

一、预先检查原则

装有危险物品的包装件、合成包装件和装有放射性物质的专用货箱在入库、装箱/板及装上航空器或装入集装器之前,应当按要求进行检查,确定包装件的标记、标签是否清晰正确、粘贴无误,是否有泄漏和破损的迹象。如有任何一项不符合要求,岗位负责人应拒绝接收并退回原处,泄漏或破损的包装件、合成包装件或专用货箱不得装上航空器。装上航空器的危险物品的任何包装件如出现破损或泄漏,运营人应将此包装件从航空器上卸下,或安排由有关当局或机构卸下,并马上采取安全处理措施。在此之后,还必须对飞机上的货物进行检查,以确认其他货物没有被损坏或未受污染。

检查标准如下:
(1) 外包装无漏洞、无破损,包装件无气味,无任何渗漏及损坏的迹象。
(2) 包装件上的危险性标签和操作标签正确无误,粘贴牢固。若发现标签脱落、遗失、模糊不清,操作人员必须按照危险物品申报单标注的标签重新粘贴完整。
(3) 包装件上的文字标记书写正确,字迹清楚。

二、请勿倒置原则

在危险品运输中,装有液体危险品的包装件均应按要求贴有向上方向性标签(有时还标有"this way up"或"this side up")。作业人员在搬运、存储、装卸、组装集装板或集装箱以及装机的全部过程中,必须按该标签的指向使包装件始终保持直立向上。不符合要求的,岗位负责人不得接收。

三、轻拿轻放原则

任何人在搬运或装载危险品包装件时,无论是人工操作还是机械操作,都必须轻拿、轻放,切忌磕、碰、摔、撞。

四、隔离原则

为了保证人员和货物的完好,某些危险品和人之间,某些不同类别的危险品之间,某些危险品和其他非危险品之间,在存储和装载中均需隔离。

1) 基本原理:彼此能产生危险反应的危险物品的包装件不可以在飞机上靠在一起码放,或使码放位置有可能因渗漏而相互发生反应。隔离要求的应用是以包装件上所属的危险性为基础的,必须遵照表7-1(DGR 表 9.3.A)中所示的隔离要求:

表 7-1 危险化学品隔离表

危险物品的类别	1(1.4S)除外	1.4S	2	3	4.2	4.3	5.1	5.2	8
1(1.4S)除外	注1	注2	×	×	×	×	×	×	×
1.4S	注2	—	—	—	—	—	—	—	—
2	×	—	—	—	—	—	—	—	—
3	×	—	—	—	—	—	×	—	—
4.2	×	—	—	—	—	—	—	—	—
4.3	×	—	—	—	—	—	—	—	×
5.1	×	—	—	×	—	—	—	—	—
5.2	×	—	—	—	—	—	—	—	—
8	×	—	—	—	—	×	—	—	—

注1:见《危险品规则》9.3.2.2。
注2:见《危险品规则》9.3.2.2.4。
注3:"×"表明装有这些类或项的危险物品的包装件必须相互隔开。
注4:"—"表明装有这些类或项的危险物品的包装件无须相互隔开。
注5:由于 4.1 项及Ⅵ、Ⅶ和Ⅸ类不需与其他类别的危险物品隔开,因此,此表不包含这些危险物品。
注6:具有同一 UN 编号的危险物品包装件不需相互隔离。
另外,第1类爆炸物品能否在飞机上一起码放由其配装组的兼容性(见《危险品规则》表 3.1.A)决定。

2) 性质相抵触的危险品包装件在任何时候不得相互接触或相邻放置。在运输与储存时应满足以下要求。

(1) 在仓库中储存时,应有 2m 以上的间隔距离。

(2) 装在集装板上装舱时,可采用如下方法中的任何一种。

① 将性质抵触的危险品分别用尼龙带固定在集装板或飞机货舱地板上,两者的间距至少为 1m,如图 7-1 所示。

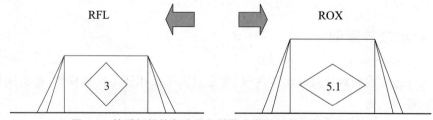

图 7-1 性质抵触的危险品包装件在装机时的隔离方法之一

② 用普通货物的包装件将性质抵触的两个危险品隔开,两者之间的间距至少为 0.5m,如图 7-2 所示。

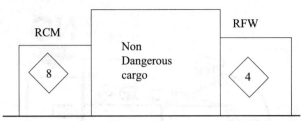

图 7-2　性质抵触的危险品包装件在装机时的隔离方法之二

3) 某些危险物品和一些非危险物品也是不兼容的。这些装载警告如表 7-2 所示。

表 7-2　危险品装载警告

货物＼类型	毒性和传染性物质	放射性物质类别Ⅱ和Ⅲ	干冰和冷冻液体
活体动物	✗	↔	◀▎▶
孵化的蛋		↔	◀▎▶
未曝光的胶卷		↔	
食品或其他可食用的物质（鱼、海鲜、肉）	✗		

注：✗：不能装在同一货舱。
↔：需按 DGR 9.3.14.2 及 DGR 9.3.F 的最小距离隔离。
◀▎▶：需要进行物理隔离。
第 6 类危险物品包装件（毒性物质和传染性物质）和要求贴次要危险性"Toxic"（毒性）标签的物质不得与活体动物和食品或饲料装在同一机舱内。在使用集装板的情况下，第 6 类危险物品包装件与这些货物不得装在同一块集装板上，而且分装这两种物品的集装板在货舱内不得相邻放置。
干冰及放射性物质Ⅱ级-黄色和Ⅲ级-黄色包装件与活体动物的隔离：
■ 活体动物不得靠近低温液体或固体二氧化碳（干冰）装载。当雾气蒸发掉时，固体二氧化碳（干冰）比空气重，它们都集中在容器的底层。因此，活体动物置于内装固体二氧化碳（干冰）的包装件的上面。
■ 放射性物质Ⅱ级-黄色和Ⅲ级-黄色包装件、合成包装件和货物集装箱必须与活体动物分隔，运输时间小于 24h，最小间隔距离为 0.5m；运输时间大于 24h，最小间隔距离为 1m。

五、可接近性原则

针对货机运输时，带有"CARGO AIRCRAFT ONLY"标签的危险物品包装件或合成件要求机组人员必须能随时看到并接触到该标签（见图 7-3）。如果体积、重量允许，应与机上其他货物分开码放，同时危险性警示标签和仅限货机（CAO）标签必须清晰可见。

可接近原则（be accessible）的要求不适用于：
（1）可燃性液体（第 3 类）Ⅲ类包装无次要危险性的物质；
（2）毒性和传染性物质（第 6 类）；
（3）放射性材料（第 7 类）；
（4）杂项危险物品（第 9 类）。

仅限货机的包装件只能装在集装板上，不准装入集装箱内。为了使包装件保持可接近性，集装板上的货物不得用整块塑料布完全遮盖。在地面运输中为防雨而使用的塑料布，在装机时必须去掉。

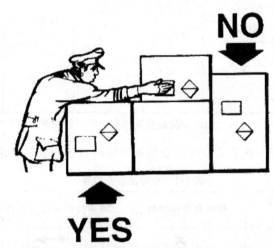

图 7-3 "仅限货机"危险品装载的可接近原则

仅限货机的包装件在装板时应符合如下要求：
(1) 必须装在集装板的靠外一侧，并且标签朝外，可以看到；
(2) 危险品集装器挂牌和包装件上的标签必须都位于集装板的同一侧；
(3) 集装板装入飞机后，上述侧面应靠近货舱内的走道。
仅限货机的货物装载高板上的一侧，以保证可接近性原则。

六、固定原则

危险物品包装件装入机舱后，为防止损坏，装载人员必须以某种方式将它们在机舱内固定，以免在飞行中移动或改变方向，如图 7-4 所示。危险物品包装件的装载应该符合如下要求：

- 体积小的包装件不会通过网孔从集装板上掉下；
- 散装的包装件不会在机舱内移动；
- 桶形包装件，难于用尼龙带捆绑固定时，要用其他货物卡紧；
- 用其他货物卡住散装的包装件时，必须从五个方向（前、后、左、右、上）卡紧。

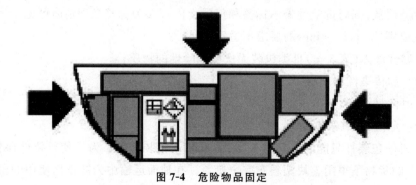

图 7-4 危险物品固定

第二节　危险品收运

危险物品的收运是安全空运危险物品的重要环节之一。危险物品收运工作应严格遵守运输过程中适用的国家法律、政府的有关规定、命令或要求以及有关承运人的规定。收运人员应根据公司手册、适用有效的 DGR、TACT(Rules)以及其他有关文件办理危险物品收运，严格按照收运条件、要求和收运程序进行操作。

一、收运的原则

所有交运的危险品货物及文件必须经过检查，以确保符合所适用的规定。不符合规定的危险品不予收运。应完成收运检查单并列出不予收运的理由，一份由公司或其地面服务代理人保存，另一份随附货物交还托运人。货物收运人员必须向托运人确认所有的怀疑物品均非危险品。

二、危险物品收运的一般要求

(1) 货物收运人员必须依照《中国民用航空危险品安全运输管理规定》、国际航协《危险品规则》及国际民航组织《危险物品航空安全运输技术细则》的规定接受初始培训和定期复训。

(2) 货物收运人员应寻求从托运人得到任何可能包含危险品的尽可能多的信息，旨在防止未申报的危险品作为普通货物装载到飞机上，防止普货中隐含的危险品的措施如下：

① 负责货物收运的人员应进行适当的培训，帮助收运人员确认和审查作为普通货物交付的危险品。

② 适当时应查验他们的物品，对于可能隐含危险品的货物，收运人员必须要求托运人提供有关资料（如 MSDS）或出具相应的鉴定证明（出具鉴定证明的机构必须是公司指定的专业鉴定机构），以证实托运的物品不是危险品或不含危险品，并在货运单上注明其包装内物品不具有危险性。

(3) 无论在何种情况下，公司均保留请专业人士或部门对货物进行最后判定的权利。如果收运人员认为托运人提供的资料不足以说明货物的性质，有权要求托运人到公司认可的危险物品鉴定检测机构对其所托运的货物进行检测。

对于用以判明货物是否为航空运输危险物品的性质实验，公司只接受国家级别实验室或专业检测机构出具的货物性质检测报告。所有试验报告必须加盖该单位的公章，并有高级技术专业人员的签字。

(4) 对于危险物品使用的 UN 规格包装，必须依据 DGR 第 6、7 章中的相关规定，检查该包装是否具有包装检测机构出具的包装性能测试报告。对于从中国始发危险品的 UN 规格包装,公司只认可中华人民共和国出入境检验检疫局出具的《出境货物运输包装性能检验结果单》及《出境危险货物运输包装使用鉴定结果单》,特殊批准除外。

(5) 对于危险物品使用的非 UN 规格包装,即限量包装的生产和测试,必须符合 DGR 6.6 所规定的限量包装的测试标准。限量包装与 UN 规格包装一样,托运人必须提供专业包装检测机构出具的包装性能测试报告。

(6) 收运人员应参照 DGR 2.9 国家及承运人差异及 TACT(Rules) 7.3 和 8.3 国家及承运人信息,注意查阅危险物品运输的经停站和目的站国家及续程承运人的不同规定。

(7) 托运人应预订全程航班、日期、吨位。如果危险物品需要中转运输,承运人必须事先通知中转站,经中转站同意方能中转,以保证货物的安全运输和及时中转。

三、运营人危险品收运的限制

(1) 运营人不得收运含危险品的包装件或 OVERPACK,或含危险品集装器或货盘,也不得收运含放射性物品的放射性专用货箱在飞机上进行运输,除非:

① 它随附有两份"托运人危险品申报单";

② 以电子形式提供的适用于托运货物的信息;

③ 如经允许,用替代文件并随附。

在提供危险品托运人申报单时,一份申报单必须随托运货物运抵最终目的站。另一份申报单由运营人在地面某一易于取到的地点在合理的一段时间内保存;申报单必须在此地点保存,直到货物运抵目的站,此后即可存放在其他地方。

当适用于托运货物的信息以电子形式提供时,运营人必须保证在货物运抵目的站的所有时间内可以使用这些信息。数据必须能随时制成纸面文件。当制作纸面文件时,数据必须按 DGR 第 8 章的要求来提供。

(2) 运营人不得在飞机上收运含危险品的包装件或 OVERPACK,或不得收运含放射性物品的放射性专用货箱或含危险品的集装器或其他类型的货盘,除非运营人已使用检查单,证实了以下各条:

① 文件已遵从对放射性物品和对其他危险品文件的详细要求;

② 在托运人危险品申报单上所述危险品的数量在客机或货机上装运的每一包装件的限量以内。

四、危险品收运的特殊要求

1. 放射性物品的收运

收运人不得收运托运人的含有危险品的集装器或放射性专用货箱,除非:

(1) 放射性物品专用货箱;

(2) 含准备按包装说明 Y963 包装的消费品的集装器或其他类型货盘;

(3) 含准备按包装说明 954 包装的非危险品的制冷剂的固体二氧化碳(干冰)的集装器或其他类型货盘;

(4) 含磁性材料的集装器或其他类型货盘。

关于含放射性物品的放射性专用货箱,运营人必须保证箱的所有四侧都有专用标签。

当运营人收运含有上述(2)、(3)、(4)允许的消费品,干冰或磁性材料的集装器或其他类型货盘时,运营人必须在集装器上贴一个识别标签。

2. 感染性物质的收运

该种货物无论使用何种运输方式,都必须选择最快的路线。当需要转运时,必须采取相应措施,保证在中转过程中能给予特殊监控和进行快速作业,确保特别注意、快速作业和在中转过程中的监管。

被故意感染和已知或被怀疑含有感染性物质的活体动物都不得空运,除非所含有的感染性物质不能通过其他的方法进行托运。受感染的动物只能按照国家主管部门批准通过的条款条件来进行运输。

3. 4.1 项的自身反应物质和 5.2 项的有机过氧化物

在运输过程中,装有收运 4.1 项的自身反应物质和 5.2 项的有机过氧化物的包装件或集装器必须屏蔽直射阳光并存储于通风良好、远离一切热源的区域,不能与其他货物码垛在一起。

4. 集运货物的收运

集运是由一个以上的托运人中的每一个人与一非定期航班运营人签订运输契约,将托运的多件货物集合为一批(票)货物的运输。此种运输的契约条件可与定期航班运营人签订的同一运输契约条件相同或不相同。

作为集运收运的危险品必须符合下列规定的条件:

(1) 危险品可与不受本规则限制的物品集运。收运集运的危险品必须按规定来办理检查手续。在收运检查时,任何差错造成的延误将导致整批集运货物的延误。

(2) 集运的危险品必须按《危险品规则》进行识别、分类、包装、标记与标签和填写有关文件,且包装件应无破损和渗漏迹象。

(3) 向运营人交运集运货物时,装有危险品的包装件或 OVERPACK,必须与不受本规则限制的普通货物分开。除非按本规则的特殊要求办理,否则,不得收运装于集装器内的集运的危险品。

(4) 每票分运单的危险品都需要一份托运人危险品申报单。

(5) 集运货物如包含任何"仅限货机"的危险品,则必须在货机上托运。

五、收运程序

(1) 所有授权办理危险物品运输的公司销售代理人都必须持有公司认可的危险物品运输培训证书。对于所有未经危险物品运输培训的托运人及其代理人或销售代理人所托运的危险物品,公司有权拒绝收运。

(2) 收运人员必须依照危险物品收运检查单逐项进行检查。只要托运人危险物品申报单及其他相关文件、包装、标志、标签等有一项不符合要求,就应拒绝收运。如果拒绝收运,应将托运人危险物品申报单和危险物品收运检查单各一份随附货物退给托运人。退回的托运人危险物品申报单不得重新使用。托运人对于不符合要求的文件或货物包装可重新进行准备。

(3) 货物收运人员必须向托运人确认所有怀疑物品均非危险物品。经过核查,对于完全符合规定并且完全具备收运及运输条件的危险物品可以收运。

(4) 收运人应协助托运人预订全程航班、日期、吨位,由托运人将运输细节(航班号、日期、经停站机场等)以最快的方式通知给收货人;托运人应提供 24 小时紧急电话。收运流程如图 7-5 所示。

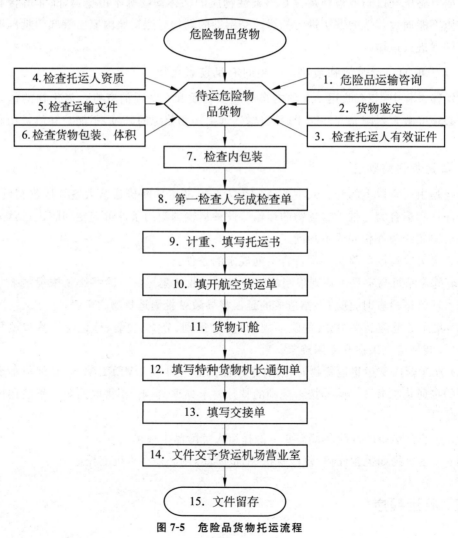

图 7-5 危险品货物托运流程

第三节　危险品存储

危险品存储应严格遵守 CCAR-276 部的规章及运输过程中有关国家适用的法律、法规、政府规定命令或要求以及有关运营人的规定。

一、危险品仓库设施

化学危险品必须储存在经公安部门批准设置的专门的化学危险品仓库中，经销部门自管仓库储存化学危险品及储存数量必须经公安部门批准。未经批准不得随意设置化学危险品储存仓库。

储存危险品的建筑物不得设有地下室或其他地下建筑物，其耐火等级、层数、安全疏散和防火间距，应符合国家有关规定，同时应兼顾周围环境和居民的影响。

储存场所应有电气安装，应能充分满足消防用电的需要，应有火灾事故照明和疏散指示标志。

储存易燃、易爆化学危险品的建筑，必须安装避雷设备。

储存场所通风或温度调节：

（1）储存化学危险品的建筑必须安装通风设备，并注意设备的防护措施。

（2）储存化学危险品的建筑通排风系统应设有导除静电的接地装置。

（3）通风管应采用非燃烧材料制作。

（4）通风管道不宜穿过防火墙等防火分隔物，如必须穿过时应用非燃烧材料分隔。

（5）储存化学危险品建筑采暖的热媒温度不应过高，热水采暖不应超过 80℃，不得使用蒸汽采暖和机械采暖。

（6）采暖管道和设备的保温材料，必须采用非燃烧材料。

对于存放第 7 类放射性物质的仓库，其墙壁及仓库大门必须在一定程度上具有降低放射性物质辐射水平的功能。

危险物品仓库内外明显位置应有应急电话号码。

危险物品仓库内还应配备必要的报警设施。

危险物品仓库的每一库房必须有相应的通风设施，以有效地消除危险物品散发出的化学物品气味。

储存化学危险品的仓库必须配备有专业知识的技术人员，其库房及场所应设专人管理，管理人员必须配备可靠的个人安全防护用品，如防护服、防毒面具、工作帽、靴鞋、胶皮手套等。

危险物品仓库必须保证水源及一定数量的各类灭火瓶和沙土，以备在发生不正常情况时，能够及时采取措施。

二、危险品的存储

1. 标志

储存的化学危险品应有明显的标志,同一区域储存两种或两种以上不同级别的危险品时,应按最高等级危险物品的性能标志。

2. 储存方式

化学危险品储存方式分为三种:

(1) 隔离储存:在同一房间或同一区域内,不同的物料之间分开一定的距离,非禁忌物料间用通道保持空间的储存方式。

(2) 隔开储存:在同一建筑或同一区域内,用隔板或墙,将其与禁忌物料分离开的储存方式。

(3) 分离储存:在不同的建筑物或远离所有建筑的外部区域内的储存方式。

应根据危险品性能分区、分类、分库储存,不得与禁忌物料混合储存。禁忌物料是指化学性质相抵触或灭火方法不同的化学物料。

化学危险品储存安排取决于化学危险品分类、分项、容器类型、储存方式和消防的要求。

3. 储存安排及储存限制

储存量及储存安排见表7-3。

表7-3 储存限量表

储存类别和要求	露天储存	隔离储存	隔开储存	分离储存
储存量(t/m^2)	1.0~1.5	0.5	0.7	0.7
单一储存区最大储量(t)	2 000~2 400	200~300	200~300	400~600
垛距限制(m)	2	0.3~0.5	0.3~0.5	0.3~0.5
通道宽度(m)	4~6	1~2	1~2	5
墙距宽度(m)	2	0.3~0.5	0.3~0.5	0.3~0.5
与禁忌品距离(m)	10	不得同库储存	不得同库储存	7~10

遇火、遇热、遇潮能引起燃烧、爆炸或发生化学反应,产生有毒气体的化学危险品不得在露天或在潮湿、积水的建筑物中储存。

受日光照射能发生化学反应引起燃烧、爆炸、分解、化合或能产生有毒气体的化学危险品应储存在一级建筑物中。其包装应采取避光措施。

爆炸物品不准和其他类物品同储,必须单独隔离限量储存,仓库不准建在城镇,还应与周围建筑、交通干道、输电线路保持一定安全距离。

压缩气体和液化气体必须与爆炸物品、氧化剂、易燃物品、自燃物品、腐蚀性物品隔离储存。易燃气体不得与助燃气体、剧毒气体同贮;氧气不得与油脂混合储存,盛装液化气体的容器属压力容器的,必须有压力表、安全阀、紧急切断装置,并定期检查,不得超装。

易燃液体、遇湿易燃物品、易燃固体不得与氧化剂混合储存,具有还原性氧化剂应单独存放。

有毒物品应储存在阴凉、通风、干燥的场所,不要露天存放,不要接近酸类物质。

腐蚀性物品,包装必须严密,不允许泄漏,严禁与液化气体和其他物品共存。

分类为 1.4S 的子弹必须放在专用库房,由专人看管,严防盗窃。

修补、换装、清扫、装卸易燃、易爆物料时,应使用不产生火花的铜制、合金制或其他工具。

化学危险品入库后应采取适当的养护措施,在储存期内,定期检查,发现其品质变化、包装破损、渗漏、稳定剂短缺等,应及时处理。

库房温度、湿度应严格控制,经常检查,发现变化及时调整。

三、危险品出入库管理

储存化学危险品的仓库,必须建立严格的出入库管理制度。

仓库工作人员应进行培训,经考核合格后持证上岗。

对化学危险品的装卸人员进行必要的教育,使其按照有关规定进行操作。

仓库的消防人员除了具有一般消防知识之外,还应进行在危险品库工作的专门培训,使其熟悉各区域储存的化学危险品种类、特性、储存地点、事故的处理程序及方法。

化学危险品入库时,应严格检验物品质量、数量、包装情况、有无泄漏。

化学危险品出入库前均应按合同进行检查验收、登记,验收内容包括:

(1) 数量。

(2) 包装。

(3) 危险标志。经核对后方可入库、出库,当物品性质未弄清时不得入库。

进入化学危险品储存区域的人员、机动车辆和作业车辆,必须采取防火措施。

装卸、搬运化学危险品时应按有关规定进行,做到轻装、轻卸,严禁摔、碰、撞、击、拖拉、倾倒和滚动。

装卸对人身有毒害及腐蚀性的物品时,操作人员应根据危险性,穿戴相应的防护用品。

不得用同一车辆运输互为禁忌的物料。

四、几种危险物品存放的特殊要求

1. 压缩气体钢瓶

压缩气体钢瓶可以直立放在瓶架上,也可以平放在干燥的地面上,但不可倒置。气体钢瓶在平放时,必须用三角木卡牢,以免滚动。多个钢瓶存放时,钢瓶的首尾朝向要一致,并应避免将瓶口指向人多的地方。库房温度高于 35℃ 时,应采取降温措施。

2. 自身反应物质与有机过氧化物的包装件

自身反应物质与有机过氧化物的包装件,必须避免阳光直射,应放在远离任何热源且通风良好的地方。

3. 放射性物质的包装件

Ⅱ级-黄色和Ⅲ级-黄色的放射性物质包装件、合成包装件及集装箱,无论在什么地方摆放,每一堆货物的总运输指数不得超过50。任意两堆货物之间的距离至少保持6m。

4. 深冷液化气体中,液氮罐的存储

(1) 液氮罐必须保持直立、箭头向上;

(2) 液氮罐数量较多时,如果放置于密封空间内,应注意通风,以防窒息。

五、仓库管理人员的注意事项

(1) 不准无关人员靠近危险物品包装件;

(2) 仓库及附近区域严禁使用明火,禁止吸烟;

(3) 经常查看危险物品包装件,及时发现问题;

(4) 牵引车、叉车不准在危险物品旁边停靠;

(5) 重视托运人或收货人提出的关于危险物品的特殊存储要求;

(6) 对于未按时运出、中转或提取的危险物品,应及时处理,不得在库内长期存放。

六、仓库防火安全员的职责

(1) 防火安全员由消防部门派驻,履行日常防火安全责任及消防设备的养护和检查。

(2) 防火安全员必须受过防火与灭火的专门训练,熟练使用消防设备,并熟悉各类危险物品的性质及其事故的处理办法。

(3) 对于已入库可能引起火灾的危险物品,应首先根据其运输专用名称及其分类确定出它所适用的灭火方式(如二氧化碳灭火器、水、沙土等),并将必需的消防器材及用具准备好,放在危险物品的附近,以便在发生事故时及时采取措施。

(4) 为了在毒性物质、感染性物质或放射性物质发生事故时,能够及时、从容地采取应急措施,应随时准备好橡胶手套、防毒面具、塑料布及其他必需品。

第四节　危险品装载

一、货舱的分类

货舱分类如下:

1. A类

A类货舱或行李舱是指:机组人员在其所处的位置能够很容易发现火情,和在飞行中该类货舱或行李舱的每一部位都易于接近。

第七章 危险品操作

2. B类

B类货舱或行李舱是指：

(1) 在飞行中，该类货舱或行李舱有足够的通道使机组人员能够将手提灭火器的内含物有效地喷洒到舱内任何部位；

(2) 当满足可接近性条款时，没有任何达到危险数量的烟雾、火焰或灭火剂进入机组或旅客所处的客舱；

(3) 安装有独立工作的，经适航批准的烟雾探测器或火警探测器，在飞行员或飞行机械师的位置上发出警告。

3. C类

C类货舱或行李舱是指不符合A类或B类货舱或行李舱的要求，但是：

(1) 装有独立工作的，经适航批准的烟雾探测器或火警探测器，以便在飞行员或飞行机械师的位置上发出警告；

(2) 安装有经适航批准的内置灭火系统，并且在飞行员或飞行机械师的位置上可以对其进行控制；

(3) 具有从驾驶舱或客舱清除大量有害烟雾、火焰或灭火剂的装置；

(4) 舱内具有控制通风和气流的措施，以便所用的灭火剂能控制舱内任何可能的火情。

4. D类

D类货舱和行李舱是指：

(1) 货舱或行李舱内起火将会完全被限制在货舱或行李舱之内，不会危及飞机或机上人员的安全。

(2) 具有从机组或旅客所处的客舱里清除达到危险数量的烟雾、火焰或其他有毒气体的装置。

(3) 每个货舱内或行李舱内的通风和气流是可以控制的，使任何可能发生在货舱或行李舱内的火情不会发展到超过安全限度。

(4) 考虑到了飞机货舱或行李舱内高温对邻近的飞机关键部件的影响。货舱或行李舱小于或等于 $14.2m^3$ 时，每小时 $42.5m^3$ 的气流是可以接受的（以上条件是对于A、B、C、D类货舱或行李舱）。

5. E类

E类货舱指仅用于运输货物的飞机的货舱，并且该货舱具有下列特点：

(1) 安装有独立工作的、经适航批准的烟雾探测器或火警探测器，可在驾驶员或飞行机械师的位置上发出警告；

(2) 有切断在舱内或向舱内流动的通风气流的装置，并且这些装置的控制按钮是飞机驾驶舱内的飞行机组能够接触到的；

(3) 在飞机驾驶舱内有可以消除达到危险数量的烟雾、火焰或有毒气体的装置；并且在任何装载货物的情况下，所要求的机组人员应急出口是可接近的。

二、装载的基本要求

(1) 同样遵守本书本章第一节的六项操作基本原则。

(2) 危险品在运输装载过程中应严格遵守国际航协《危险品规则》的装载原则。除国际航协《危险品规则》允许的和放射性物质例外包装件外,危险品不准带入飞机客舱和驾驶舱。另外,只有客机的主货舱符合 B 级或 C 级货舱的所有适航标准,则可以将危险品装入该舱。

(3) 在运输过程中,带"This Way Up"(此面向上)标记的包装件,必须始终按照此标签进行装运、码放和操作。装有液体危险品的单一包装件如有顶端封口,即使该单一包装件也可能有侧面封口,也必须保证顶端封口朝上码放和装载。

(4) 带有"CARGO AIRCRAFT ONLY"标签的危险物品包装件或合成包装件只能装进货机,同时符合可接近性原则。该类包装件必须按以下规定之一装载在飞机上:

① 在 C 级飞机货舱中。

② 在带有火灾探测/抑制系统的集装器中,其由国家主管当局确定的效果与 C 级货舱的认证要求相同;或由国家主管当局批准的符合 C 级货舱标准的集装器必须在集装器挂签上标注"C 级货舱"。

③ 在出现涉及包装件或合成包装件的应急事件时,机组成员或其他得到授权的人员可接近那些包装件或合成包装件,而且在尺寸和重量允许时,可以操作这些包装件,使之与其他货物分离。

④ 直升机的外挂运输。

⑤ 经运营人所在国批准,在直升机客舱内(见 ICAO《技术细则》Doc9284 号文件)当需要时,带有"CARGO AIRCRAFT ONLY"标签的危险物品包装件或合成包装件应在出发前提供给机组进行检查。

但是上述要求不适用于:

① 第 3 类易燃液体、包装等级Ⅲ级,含第 8 类次要危险性的除外;

② 毒性物质(6.1项),无第 3 类以外的次要危险性;

③ 感染性物质(6.2 项);

④ 放射性物质(第 7 类);

⑤ 杂项危险品(第 9 类)。

(5) 当受本要求限制的危险品装上飞机后,运营人必须保护该危险品包装件使其不被损坏,包括在行李、邮件、运营人物资或其他货物移动的情况下不损坏。尤其必须注意在运输准备过程中对包装件的操作,装运的飞机类型及装载所要求的方法,以避免由于拖曳或不正确操作产生的意外损坏。

(6) 运营人必须以某种方式将危险品在机舱内固定,以免在飞行中移动或改变方向。对于含有放射性物质的包装件或合成包装件,其固定方式必须确保在任何时候都符合隔离要求。

(7) 破损的包装件:

任何泄漏或破损的包装件、合成包装件或专用货箱不得装上航空器。

集装器在装上飞机前,必须接受检查并确认其所装载的危险品无任何泄漏后破损的迹象。

装上航空器的危险物品的任何包装件如出现破损或泄漏,运营人应将此包装件从航空器上卸下,并保证其他包装件未受污染。

对于第6.2项感染性物质的包装件,任何负责运输含感染性物质包装件的人员如果发现该包装件有破损或渗漏,则必须:

① 避免移动或尽可能少地移动该包装件;
② 检查相邻包装件的污染情况,将可能已污染的包装件分开放置;
③ 通知相关的公共卫生主管机构或兽医机构,向该货物经过的其他国家提供关于解除过该包装件的人员可能受到危险污染的信息;
④ 通知托运人或收货人。

如含放射性物质的包装件或合成包装件或装有放射性物质的放射性专用货箱有明显破损或渗漏迹象,或怀疑它们可能已渗漏或破损,则必须严格限制人员接近该包装件或合成包装件以及放射性专用货箱。专业人员必须尽快评估污染范围和由该包装件或合成包装件或放射性专用货箱所产生的辐射的强度。检查范围也必须包含飞机、飞机设备、邻近的装载和卸载区域,必要时应检查机上运输的所有其他物品。必要时必须按有关当局制定的条款,采取更多的措施以保护人身健康,消除或尽量降低影响。

包装件破损或渗漏出的放射性物质若超过了正常运输条件允许的限度,该包装件必须在监督下移至允许的临时区域,直至得到修复和排除污染后方可继续运输。

对经常运输放射性物质的飞机或飞机设备,必须定期检测以确定污染程度。检测的频率必须与污染的可能性和放射性物质运输的范围相联系。

(8)更换标签:

当运营人发现标签丢失、脱落或无法辨识时,必须按照"托运人危险品申报单"提供的信息更换标签。该要求不适用于在收运时发现标签丢失或无法辨识的情况。

(9)集装箱的标签:

每个装有需要粘贴危险性标签的危险品的集装器,都必须在集装器表面清晰地标示该集装器内装有危险品。因此必须在集装器上使用识别标牌。该标牌两侧边缘应有明显的红色影线,最小尺寸为148mm×210mm。必须在标牌上明显标示所装危险品的主要及次要危险性类别或项别号。卸下危险品后,必须立即从集装器上摘掉标牌。

如果集装器内含有带有"仅限货机"标签的包装件时,则标牌上必须注明此集装器仅限货机装运。

三、几种特殊危险品的装载

1. 固体二氧化碳(干冰)的装载

作为货物或作为其他货物的冷冻剂而运输的固体二氧化碳(干冰),其危险性在于:会逐渐汽化成二氧化碳,且体积变大。二氧化碳气体密度比空气大,而且会取代空气中的氧气,空气中二氧化碳的含量大于2.5%,就会影响到人和动物的正常生理功能;另外,汽化过程中也会降低周围温度,使动物处于低温环境。

旅客和机组交运行李中如果有干冰,则必须使用标记:"固体二氧化碳"或"干冰"以及"干冰净重……"或"干冰净重不超过2.5千克",以便识别。为了协助处理旅客和机组的交运行李,运营人可以使用如图7-6(DGR图9.3.G)所示的行李挂签,来识别携带干冰的托运行李。

图7-6　含有干冰的行李使用的行李牌

固体二氧化碳(干冰)可以单独作为货物或作为其他物品的制冷剂运输,但前提是运营人应根据机型、飞机通风率、干冰包装与码放方法、在同一航班上是否还装有动物以及其他因素等做好合理的安排后方可承运。必须确保将飞机上装有或已装有固体二氧化碳(干冰)的情况通知给地面人员和飞行机组,因此,干冰运输时必须填写特种货物机长通知单;虽然干冰用于非危险品冷冻剂时,不要求填写危险物品申报单而只在货运单上做相应标注,但是如果需要额外增加干冰时,必须将更改的干冰总量通知机长;飞机经停时,应打开舱门以利空气流通而降低货舱内的二氧化碳浓度;如果需要装卸货物,必须待货舱内空气充分流通后,工作人员才可进入货舱进行装卸作业。

如果干冰由单一托运人按包装说明954准备,装在集装器或其他类型的货盘中,而运营人在收运后又额外添加了干冰,则运营人必须保证在提供给机长的信息中,干冰的数量已经进行了更改。(注:托运人与运营人之间的安排,参照包装说明954;关于固体二氧化碳的限制,参照有关航空公司的装载程序。)

2. 低温气体的装载

装载其他温度敏感货物且无论是否有动物在同一航班上时,在运营人根据机型做好适当安排后可以运输在开放或封闭的低温容器中的含有液化冷冻气体的包装件。运营人应保证通知地面工作人员,含有低温液体的包装件将装载或已在飞机上,并提出相应的警示,以保证装载人员在进入飞机货舱前货舱门开启并释放所有积压气体。

3. 可膨胀性聚酯颗粒及塑模合成物的装载

净重不超过100kg的聚酯颗粒或塑模合成材料,参照包装说明957,可以装载于任何飞机上的无法接近的舱内。

4. 活体动物与危险物品的装载

活体动物不得靠近低温液体或干冰装载。由于固体二氧化碳(干冰)释放的蒸气比空气重,这些蒸气会集中在货舱底层。因此,活体动物的装载位置应高于含固体二氧化碳(干冰)的包装件。(注:在某些情况下,可以将固体二氧化碳作为制冷剂与活体动物一同包装,例如蜜蜂。必须满足运输固体二氧化碳的其他要求)。

贴有Ⅱ级黄与Ⅲ级黄标签的放射性物质包装件或集装箱必须与活体动物隔离,运输时间小于或等于24h的,最小间隔为0.5m;运输间隔长于24h的,最小间隔为1m。

第2.3项、第6类物质(毒性或A级感染性物质)和需要粘贴次要危险性为"毒性"标签的物质不得与以下物品码放在同货舱内:

(1) 动物;

(2) 食品;

(3) 饲料;

(4) 其他供人类或动物所消费的可食用物质。

以下情况除外:

(1) 危险品装载一个封闭的集装器内,而食品与动物装在另一个封闭的集装器内;

(2) 使用封闭集装器时,内装危险品与内装食品、动物的集装器不得相邻放置。

但以下情况除外:危险品装在一个密闭的集装器内,而食品和动物装在另一个密闭的集装器内;使用非密闭集装器时,内装危险品与内装食品和动物的集装器未相邻码放。

5. 作为交运行李的轮椅或其他电池驱动用于代步工具的装载

(1) 非密封型电池。

使用非密封型电池的轮椅或其他电池驱动代步工具的装载,经过运营人的认可可以作为托运行李携带,必须遵守以下方法操作:

① 如果轮椅或其他代步工具在装载、储运、固定和卸货时都可以保持向上,则电池不得接通,电极应绝缘以防止意外短路,并要稳固安装在轮椅或其他代步工具之上。

② 如果轮椅或其他代步工具在装载、储运、固定和卸货时不能保持向上,必须将电池卸下,这样轮椅或其他代步工具作为交运行李将不受限制地载运。卸下的电池必须按下列要求装运在坚固、密封的包装内:

● 包装必须防漏和不受电解液的影响,并用板带、夹子等固定在货舱内或集装板上,以防止翻倒(用货物或行李支撑的除外);

● 必须防止电池短路,保证电池在包装内稳固向上,在电池周围填充能吸收全部电解液的吸附材料;

● 这些包装必须标有"BATTERY,WET,WITH WHEELCHAIR"(电池,湿的,轮椅)或"BATTERY,WET,WITH MOBILITY AID"(电池,湿的,代步工具)并贴上"Corrosive"(腐蚀品)标签和"Package Orientation"(包装件向上)标签。

③ 必须通知机长装有电池的轮椅(或代步工具)或取出电池的装载位置。旅客值机部门与旅客应事先做好安排,如可能,易溢漏电池应配有抗溢漏的通气孔塞。

(2) 密封型电池。

由于残疾、健康或年龄,或临时行动问题(如腿部骨折)而活动受限的旅客使用的装有密封型湿电池或符合特殊规定A123的电池的轮椅或其他电池驱动代步工具,经运营人批准作为交运行李运输时,必须遵守以下方法操作:

① 其密封型电池必须遵守特殊规定 A67 或经过包装说明 872 的振动和压力差试验；

② 运营人必须确认：

● 电池两极已做防止短路保护，例如装在电池容器内；

● 电池牢固地固定在轮椅或助行器上；

● 电路已断开。

③ 轮椅或其他电动助行器必须能够避免在货舱内移动，并且在行李、邮件或货物移动时受到损坏；

④ 专门设计的其电池可以由用户取下的电池驱动或其他类似助行器（例如可拆卸的）：

● 电池必须取下，轮椅或助行器可作为交运行李运输而不受限制；

● 被取下的电池必须装入坚固、硬质包装容器中在货舱内运输；

● 电池必须防止短路；

● 必须通知机长包装好的电池装载的位置。

⑤ 建议旅客事先与各运营人做好安排。

(3) 装备锂电池的轮椅或类似电池驱动力的移动辅助工具，经运营人批准作为交运行李运输时，必须遵守以下操作方法进行装载。

① 电池必须是符合联合国测试与标准手册第Ⅲ部分 38.3 节每个试验要求的类型。

② 运营人必须确认：

● 电池两极已做防止短路保护，例如装在电池容器内；

● 电池牢固地固定在轮椅或助行器上；

● 电路已断开。

③ 助行器能够避免在行李、邮件或货物移动时受到损坏。

④ 专门设计的其电池可以由用户取下的电池驱动或其他类似助行器（例如可拆卸的）：

● 电池必须取下，轮椅或助行器可作为交运行李运输而不受限制；

● 电池必须将电机绝缘做防短路保护（如用胶带粘住暴露的电极）；

● 被取下的电池必须做防止损坏的保护（例如每个电池装入一个保护袋中），电池必须在客舱内携带；

● 将电池从设备上取下必须遵从生产厂家或所有人的指示；

● 电池不得超过 300Wh 或设备操作需要安装两个电池，每个电池不得超过 160Wh；

● 一个备用电池最大不得超过 300Wh 或两个备用电池每个不超过 160Wh 可以携带。

⑤ 必须通知机长安装电池的助行器装载的位置或取下的且放在客舱内的锂电池位置。

⑥ 建议旅客与每个运营人做出事先安排。

(4) 为便于操作，装有电池的轮椅或代步工具，可以使用标签来帮助识别是否已经取出轮椅中的电池（见图 7-7）。该标签分为 A、B 两部分，A 部分贴在轮椅（或代步工具）上，表明是否已经取出电池（将"attached"字样划去，表示电池已取出）；B 部分用来识别电池（贴在卸下的电池上），同时可以保证电池和轮椅能够相对应。

6. 磁性物质的装载

磁性物质的装载必须保证飞机的罗盘指向保持在此飞机适航要求的公差范围内，在实际过程中,应装载在对罗盘影响最小的位置上。多个包装件会产生累积效应。根据包装说明 953 所描述的在批准条件下运输的磁性物质,其装载必须符合主管当局批准的特定条件。(注:铁磁体金属,如汽车、汽车零件、金属篱笆、管道和金属结构材料,即使不满足磁性物质的定义,也可以影响飞机罗盘的工作。独立的包装后物品可能达不到磁性物质定义的强度,但累积后的磁场强度可能符合磁性物质定义。)

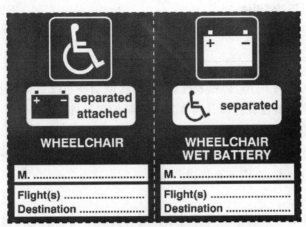

图 7-7 电池驱动的轮椅和移动辅助工具标签

7. 自身反应物质和有机过氧化物的操作

在运输过程中,对装有 4.1 项自身反应物质或 5.2 项有机过氧化物的包装件或集装箱,应避免阳光直射,远离热源,且通风良好,切勿与其他物质一起存放。

8. 放射性物质的装载

(1) 人员接触辐射的限制

放射性物质必须与工作人员有足够隔离,经常工作区域接触的辐射剂量每年不超过 5mSv。

所有与装载机存储有关的作业人员,必须得到有关其所面临的危险及遵守的预防措施之类的必要的指导。

(2) 装载限制

为使人体接触的辐射剂量保持在合理可达的最低水平,放射性物质的包装件应放在尽量远离旅客和机组成员的位置,比如下部货舱地板上或主货舱的后部分。DGR 表 10.9.C 和表 10.9.D 列出了放射性物质包装件与人体隔离的最小距离,如果可能超过此规定拒绝装载。Ⅱ级黄色和Ⅲ级黄色的包装件或合成包装件不得与乘有旅客的客舱同舱装载,专门批准的急件护送人员伴随包装件或合成包装件除外。(注:DGR 表 10.9.C 中规定的从放射性物质包装件到旅客的分隔距离是基于 0.4m 座椅高度处 0.02mSv/h 的参考剂量。)

(3) 限制

除经特殊安排外,不得空运表面辐射水平超过 2mSv/h 的放射性物质包装件或合成包装件。

B(M)型爆竹功能键和装载运输货物不得用客机装运。

任一飞机上装载的工业包装件内的 LSA 材料及 SCO 的总放射性活度不得超过表 7-4 的限制。

表 7-4 （DGR 表 10.9.A）飞机上工业包装件内 LSA 材料及 SCO 的放射性活度限制

材 料 属 性	每架飞机的放射性活度限制
LSA-I	不受限制
LSA-II 和 LSA-III 不可燃固体	不受限制
LSA-II 和 LSA-III 可燃固体，及所有的液体和气体	$100A_2$
SCO	$100A_2$

不得空运带通气孔的 B(M) 型包装件、需要用辅助制冷系统进行外部冷却的包装件、运输中需要进行操作控制的包装件以及内含发火材料的包装件。

除非有特殊安排，不同种类的放射性物品（包括易裂变物质）包装件，以及具有不同运输指数的不同包装件可以混装，而不需要经国家主管部门批准。对于有特殊安排的货物，除非按照该特殊安排专门批准，否则不允许进行混装。

（4）培训

所有与运输及存储有关的作业人员必须得到有关其所面临的危险及应遵守的预防措施之类的必要的指导。

（5）在运输中易裂变物质的隔离

中转过程中存放在任一存储区域的，装有易裂变物质的包装件、合成包装件和放射性专用货箱的数量都必须受到限制，以确保该组的临界安全指数总和不超过 50。每一组的包装件在存放时必须与其他组保持至少 6m 的距离。

除 LSA-I 材料的货物没有运输指数外，每架航空器上所装载的放射性物质包装件、集合包装和放射性专用货箱的总数量必须以表 7-5 所列的最大运输指数为限定标准。根据 DGR 表 10.9.B 的许可，当机上或放射性专用货箱中的临界安全指数总和超过了 50，此类包装件在存放时必须与其他一组内装易裂变物质的包装件、合成包装件和放射性专用货箱，或其他装载放射性物品的运输工具保持至少 6m 的距离。

表 7-5 （DGR 表 10.9.B）放射性专用货箱及机型的 TI 及 CSI 限制

放射性专用货箱种类或机型	运输指数（TI）的最大总和				临界安全指数（CSI）的最大总和	
	非专载运输		专载运输			
	非易裂变物质	易裂变物质	非易裂变物质	易裂变物质	非专载运输	专载运输
放射性专用货箱—小型	50	50	—	—	50	—
放射性专用货箱—大型	50	50	不限制	100	50	100
客机	50	50	—	—	50	—
货机	200	50	不限制	100	50	100

第七章 危险品操作

(6) 中转时运输和存储的码放

托运货物必须码放牢固。若其表面平均热流量不超过 $15W/m^2$ 并且四周的货物不是装在袋或包里,此类包装件可以与有包装的普通货物一起装运或存储,而不需按照特殊规定码放,但国家主管当局在相关批准证书上做出特殊要求除外。表面热流量超过 $15W/m^2$ 的包装件,无论是否装在货运集装箱内,其码放标准必须符合国家主管当局签发的批准证书上的限制要求。

放射性专用货箱的装载以及包装件、合成包装件和放射性专用货箱的码放必须按以下规定进行控制。

① 除专载运输外,每架飞机上所装载的放射性物品包装件、合成包装件和放射性专用货箱的总数量必须受到限制,以保证飞机上的运输指数不超过 DGR 表 10.9.B 所列数值。对于 LSA-I 材料的货物,无运输指数总和限制。

② 当货物作为专载运输时,无单机运输指数总和限制,但适用 DGR 表 10.9.C 和 10.9.D 确定的最小间隔距离要求。

③ 在正常运输的情况下,飞机外表面任何一点上的辐射水平不得超过 2mSv/h;距飞机外表面 2m 处任何一点上的辐射水平不超过 0.12mSv/h。

④ 易裂变物质在放射性专用货箱内以及机上的临界安全指数不得超过 DGR 表 10.9.B 中显示的数值。

任何运输指数大于 10 的包装件或合成包装件,或临界安全指数大于 50 的货物必须只能作为专载运输。

(7) 与人员隔离

贴有 Ⅱ 级黄与 Ⅲ 级黄的放射性物质包装件、合成包装件或货物专用箱必须与人员隔离,适用于客机、货机的最小隔离距离(由标签上所标出的运输指数 TI 决定)见表 7-6(适于客机和货机)和表 7-7(适于货机)。在飞机装载和其他区域(如存储)都应遵循此规定。这个距离是指从包装件、合成包装件或放射性专用货箱的表面到最近的客舱或驾驶舱内舱壁或地板的距离,与放射性物品运输时间无关。DGR 表 10.9.D 仅适用于装在货机上运输放射性物品,且在这些情况下,也必须满足上述最小间隔的要求,并且该要求也适用于到其他被人占据的地方的距离。

表 7-6 (DGR 表 10.9.C)客、货机上放射性物品的隔离

总运输指数	最短距离(m)	T.I 总和	最短距离(m)
0.1~1.0	0.30	14.1~15.0	2.15
1.1~2.0	0.50	15.1~16.0	2.25
2.1~3.0	0.70	16.1~17.0	2.35
3.1~4.0	0.85	17.1~18.0	2.45
4.1~5.0	1.00	18.1~20.0	2.60
5.1~6.0	1.15	20.1~25.0	2.90
6.1~7.0	1.30	25.1~30.0	3.20
7.1~8.0	1.45	30.1~35.0	3.50
8.1~9.0	1.55	35.1~40.0	3.75
9.1~10.0	1.65	40.1~45.0	4.00
10.1~11.0	1.75	45.1~50.0	4.25

续表

总运输指数	最短距离(m)	T.L总和	最短距离(m)
11.1~12.0	1.85		
12.1~13.0	1.95		
13.1~14.0	2.05		

表 7-7 （DGR 表 10.9.D）仅限货机上放射性物品的隔离

总运输指数	最短距离(m)	T.L总和	最短距离(m)
50.1~6.0	4.65	190.1~200.0	8.75
60.1~70.0	5.05	200.1~210.0	9.00
70.1~80.0	5.45	210.2~220.0	9.20
80.1~90.0	5.80	220.1~230.0	9.40
90.1~100.0	6.10	230.1~240.0	9.65
100.1~110.0	6.45	240.1~250.0	9.85
110.1~120.0	6.70	250.1~260.0	10.05
120.1~130.0	7.00	260.1~270.0	10.25
130.1~140.0	7.30	270.1~280.0	10.40
140.1~150.0	7.55	280.1~290.0	10.60
150.1~160.0	7.80	290.1~300.0	10.80
160.1~170.0	8.05		
170.1~180.0	8.30		
180.1~190.0	8.55		

如果航空器上装有一个以上含有放射性物质包装件、合成包装件或货物集装箱,每个包装件、合成包装件或货物集装箱与人员的最小间隔距离应根据每件(或个)的运输指数总和,来查阅表 7-6 和表 7-7（DGR 表 10.9.C 和表 10.9.D）。另外,如果将含有放射性物质包装件、合成包装件或货物集装箱分几组码放,那么每组与最近处的客舱或驾驶舱的地板或隔离物的最小间隔距离应当根据每组的运输指数之和计算,前提是,组与组之间的间隔距离必须保证是其中运输指数总和较大一组对应的最小隔离距离的三倍以上。（注:关于仅限货机运输的具有较大运输指数的总和,请查阅 DGR 表 10.9.D;具有较小运输指数的总和,查阅 DGR 表 10.9.C;运输指数的总和大于 200 的隔离距离只适用于专载运输。）

例如:

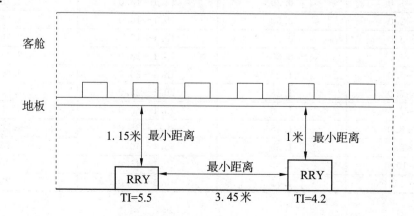

包装件组 1：TI＝5.5，根据表 7-6，需要 1.15m 的最小隔离距离；

包装件 2：TI＝4.2，需要表 7-6 需要 1.0m 的最小隔离距离；

包装件 1 具有较大的 TI 值，因此包装件 1 和包装件 2 之间的最小距离＝1.15×3＝3.45m。

(8) 与未冲洗的胶卷或底片的隔离

放射性物质必须与未冲洗的胶卷或胶片隔离。隔离距离必须保证未冲洗胶卷或胶片与放射性物质一同运输时，装有胶片的每件货物接触的辐射低于 0.1mSv。

在无法确定该辐射量时，适用于贴有Ⅱ级黄与Ⅲ级黄的放射性物质包装件的最小隔离距离见表 7-8(DGR 表 10.9.E)。

表 7-8 (DGR 表 10.9.E)放射性物质与胶卷和胶片的最小间隔距离

总运输指数	载运的持续时间					
	0～2h	2～4h	4～8h	8～12h	12～24h	24～48h
1	0.4	0.6	0.9	1.1	1.5	2.2
2	0.6	0.8	1.2	1.5	2.2	3.1
3	0.7	1.0	1.5	1.8	2.6	3.8
4	0.8	1.2	1.7	2.2	3.1	4.4
5	0.9	1.3	1.9	2.4	3.4	4.8
10	1.4	2.0	2.8	3.5	4.9	6.9
20	2.0	2.8	4.0	4.9	6.9	10.0
30	2.4	3.5	4.9	6.0	8.6	12.0
40	2.9	4.0	5.7	6.9	10.0	14.0
50	3.2	4.5	6.3	7.9	11.0	16.0

此距离是指从放射性物质包装件、合成包装件和货物集装箱的表面至未冲洗的胶卷或底片的最近表面的距离，此距离随着运输时间的增加而加大。

(9) 放射性物质与活体动物的隔离

Ⅱ级黄与Ⅲ级黄的放射性物质包装件、合成包装件或货物集装箱必须与活体动物隔离装载：运输时间小于 24h，最小间隔距离为 0.5m；运输时间大于 24h，最小间隔距离为 1m。

第五节 信 息 提 供

一、机长

1. 通知机长

(1) 在飞机起飞之前，承运危险品的运营人必须做到：

① 向机长提供准确清晰的书面资料(手写或打印)，告知将要作为货物运输的危险品的

情况。

②负责飞机运行控制的人员(如飞行调度、航班签派,或指定的负责航班运行的地面人员)应获得与要求通知机长的相同信息(如一份通知机长的书面信息)。每个运营人必须将需获得这一信息的相关人员(职务或职能)写到其运行手册或相关手册中。

(2)对于直升机操作,获得其所在国国家主管当局批准,当现实情况不能实现手写或打印信息或专用表格时,通知机长的信息可以是简略或其他形式(如无线电通信,作为飞行文件的一部分如航行日志、飞行计划)。

(3)要求使用"特种货物机长通知单"(Special Load-Notification to Captain)(以下简称NOTOC)向机长提供危险品信息。

特种货物机长通知单至少包括下列内容:

① 货运单号码。

② 运输专用名称(必需时,附带技术名称见 DGR 4.1.2.(d)以及本条例中列出的 UN 编号或 ID 编号见 DGR 8.1.3)。

③ 用数字表示的危险物品的类别或项别,与危险物品表 C 和 D 栏(见 DGR 8.1.6.9.1,第 2 步和第 5 步)相符的次要危险性以及配装组(如果属于第 1 类时)。

④ 托运人危险物品申报单上所示的危险等级。

⑤ (非放射性材料)包装件的数目,每个包装件的净数量或毛重(如适用)。但此条不适用于放射性材料或在托运人申报单上不需填写净数量或毛重的其他危险物品及所有包装件的确切装载位置。

⑥ (放射性材料)包装件、合成包装件或集装箱的数目、放射性等级、运输指数(如适用)及其确切装载位置。

⑦ 包装件是否属仅限货机运输。

⑧ 包装件卸货机场的名称。

⑨ 关于该危险物品在某一国家豁免的条件下的运输说明(如适用)。

2. 应急反应信息

对于需要"托运人危险品申报单"的货物,在涉及危险品的航空运输事故和事件的紧急情况下,运营人必须保证能够随时获得适当的信息。这些信息必须向机长提供并可通过下列途径获得:

①《与危险品有关的航空器事故征候应急响应指南》(ICAO Doc9481 号文件);

② 其他提供相似的涉及相关机上危险品信息的文件。

3. 机长在飞行中发生紧急情况时的信息

飞行过程中机长必须将 NOTOC 放在随时拿到的地方。在发生空中紧急情况时,机长应该在情况允许的情况下,根据 NOTOC 尽快将飞机上装载的危险物品的信息通告给适用的空中服务部门,同时可能的话还应通知公司运行控制中心,以便于地面人员提前做好救险的准备工作。提供的信息应包括:运输专用名称和 UN/ID 编号、类别/项别(以及第 1 类的配装组)、任何可识别的次要危险性、数量和装载位置。如有,提供有关危险物品的联系电话号码。当不可能提供所有的内容时,通知地面与紧急情况最相关的部分或者每个货舱内的危险物品的数量和类别概要。

二、给旅客的信息

运营人必须保证通过宣传的方式,告诉旅客哪些种类的危险品是禁止带上飞机的。

运营人或其服务代理人必须保证已提供信息,使得旅客了解哪些类型的危险品是禁止带上飞机的。此类信息至少由以下方式组成:

(1) 在客票上或其他方式在旅客登机以前或登机过程中获知这些信息;

(2) 在机场的下列位置每处都应有足够数量的醒目通告:售票点、旅客办理乘机手续处、登机区、行李提取处;

(3) 旅客办理乘机手续的任何地方。

除运营人外,与航空客运相关的任何组织或企业都应该向旅客宣传哪些类型的危险品是禁止带上飞机的。至少这些信息应与旅客接触的场所构成最低限度的通知。运营人必须对办理登记手续的人员进行充分的培训,来帮助他们能够识别并发现旅客所携带的危险品(DGR 中规定的旅客和机组允许携带的危险品除外)。

办理登机手续的人员怀疑旅客携带的任何物品中含有危险品时,应与旅客进行确认,以防止旅客在行李中将不允许携带的危险品带上飞机。

三、货物收运地点提供信息

运营人或其代理必须保证在货物收运地点的明显位置提供有关危险品运输的信息。提醒托运人及其代理人有可能在其货物中的任何危险品。此提示必须包括危险品的可视性样品。

第六节　危险品事故应急处置

任何操作危险品的地方都应建立相应的应急处置程序。ICAO 附件 14 中要求机场当局应建立涉及危险物品紧急情况的处置程序。根据《中国民用航空危险品运输管理规定》以及 DGR 要求,在发生涉及危险物品的紧急情况下,运营人应当在运行手册及相关手册中向机组和其他工作人员提供处置措施信息。公司依据国际民航组织文件 Emergency Reponse Guidance for Aircraft Incidents Involving Dangerous Goods(ICAO Doc9481 号文件)(俗称红皮书),制定了运行手册和有关机载检查单,指导机组人员处理机上涉及危险品的事件或事故;地面人员可依据公司《紧急反应手册》《危险物品运输手册》等运行手册对危险品事件或事故采取适当的应急处置。

各类人员的最低培训课程要求中都包括应急反应训练。要求各类人员熟悉公司的紧急反应程序和要求,在紧急情况下清楚联系方式和联系电话是至关重要的。对于危险物品不正常运输和危险物品事件或事故应采取及时有效的措施加以处理。根据具体情况,把危害或损失控制在最低限度内。危险物品不正常运输和危险物品事件或事故的处理,应严格遵守运输过程中有关国家适用的法律、政府规定、命令或要求和有关承运人的规定。

一、危险品事故和事件

1. 危险品事故

与危险品航空运输有关联,造成致命或严重人身伤害或财物损失的事故。

2. 危险品事件

不同于危险品事故,但与危险品航空运输有关联,不一定发生在航空器上,但造成人员受伤、财产损失、起火、破损、溢出、液体或放射性物质渗漏或包装未能保持完好的其他情况。任何与危险品运输有关并严重危及航空器或机上人员的事件也视为危险品事件。

二、危险品事故和事件的报告

当发生危险品事故和事件时,必须按照主管当局的报告要求向运营人所在国家的主管当局和发生事故和事件所在国家的主管当局进行报告。

(一)危险品事故和事件报告规定

事件信息收集分为紧急事件报告和非紧急事件报告,实行分类管理。

1. 在我国境内发生的事件按照以下规定报告

(1)紧急事件发生后,事发相关单位应当立即通过电话向事发地监管局报告事件信息(空管单位向所属地监管局报告);监管局在收到报告事件信息后,应当立即报告所属地区管理局;地区管理局在收到事件信息后,应当立即报告民航局民用航空安全信息主管部门。

(2)紧急事件发生后,事发相关单位应当在事件发生后12h内,按规范如实填报民用航空安全信息报告表,主报事发地监管局,抄报事发地地区管理局、所属地监管局及地区管理局。

(3)非紧急事件发生后,事发相关单位(外国航空公司除外)应当参照事件样例在事发后48h内,按规范如实填报民用航空安全信息报告表,主报事发地监管局,抄报事发地地区管理局、所属地监管局及地区管理局。

2. 在我国境外发生的事件按照以下规定报告

(1)紧急事件发生后,事发相关单位应当立即通过电话向所属地监管局报告事件信息;监管局在收到报告事件信息后,应当立即报告给所属地区管理局;地区管理局在收到事件信息后,应当立即报告民航局民用航空安全信息主管部门。

(2) 紧急事件发生后,事发相关单位应当在事件发生后 24h 内,按规范如实填报民用航空安全信息报告表,主报所属地监管局,抄报所属地区管理局。

(3) 非紧急事件发生后,事发相关单位应当在事发后 48h 内,按规范如实填报民用航空安全信息报告表,主报所属地监管局,抄报所属地区管理局。

(二)未申报或误报的危险品的报告

当运营人在货物中发现任何危险品未申报或申报有误,必须及时向运营人所在国的主管当局和事故发生所在国的主管当局报告。当在旅客行李中发现了不允许携带的危险品时,也必须及时向事故所在国的主管当局报告。

(三)关于危险品的事件和事故的报告程序

危险物品发生事件或事故(包括在货物中发现夹带有未申报或误报的危险品以及在旅客行李中发现 DGR 2.3 中禁止携带的危险品)时,运营人必须及时向政府主管当局报告,并执行以下程序:

(1) 如果可能,应获取以下信息:

① 日期、时间、地点,航空器和航班号(机上或是在航班结束后发现时);

② 旅客、机组人员的姓名、住址;

③ 涉及的危险品数量、种类、UN 编码、运输专用名称;

④ 容器、材料、体积、标识、标签、泄漏地点的描述,可能的情况下附照片;

⑤ 举报人和证人的姓名、住址。

(2) 事件发生后须立即向公司 SOC、危险品管理部门、航空安全监察部门和主管业务部门报告;公司在 6h 内至少以口头方式向局方报告上述信息。

(3) 局方批准前不得包装,也不得向运营人和收货人交付所含物品。

(4) 将上述信息整理成书面材料,并将复印件向公司安全监察管理机构报送。根据事件和事故性质,公司在《民用航空安全信息管理规定》(CCAR-396)规定的时限内向局方提交书面报告。

① 飞行事故信息的报告。飞行事故发生后,事发相关单位应当立即向民航总局和事发地民航地区管理局报告事故信息;在事故发生后 12h 内,公司向局方填报"民用航空飞行不安全事件初始报告表"。事发地民航地区管理局应当在事发后 24h 内将审核后的初始报告表上报民航总局。不能因为信息不全而推迟上报民用航空飞行不安全事件初始报告表;在上报民用航空飞行不安全事件初始报告表后如果获得新的信息,应当及时补充报告。

② 航空地面事故信息的报告。航空地面事故发生后,事发相关单位应当立即向事发地民航地区管理局报告事故信息。在事故发生后 12h 内,公司向局方填报"民用航空飞行不安全事件初始报告表";事发地民航地区管理局应当在事发后 24h 内将审核后的初始报告表上报民航总局。事发单位上报航空地面事故初始报告表后如果获得新的信息,应当及时补充报告。

③ 飞行事故征候信息的报告。飞行事故征候发生后,事发相关单位应当尽快向事发地民航地区管理局报告事故征候信息。在事故发生后24h内,公司向局方填报"民用航空飞行不安全事件初始报告表";事发地民航地区管理局应当在事发后48h内将审核后的初始报告表上报民航总局。

④ 其他不安全事件信息的报告。其他不安全事件发生后,应当尽快向事发地民航地区管理局报告。如果发生的是飞行不安全事件,应当于事发后24h内向事发地民航地区管理局填报"民用航空飞行不安全事件初始报告表";如果发生的是航空地面不安全事件,事发单位应当于事发后24h内向事发地民航地区管理局填报"民用航空地面不安全事件初始报告表"。事发地民航地区管理局应当在事发后48小时内将审核后的初始报告表上报民航总局。

(5)保存好记录并等待进一步调查通知。

(四)关于飞机发生事件或事故的通告

(1)载运危险品的航空器发生危险品事故或事件时,飞行机组立即按照《机上危险品事故应急处理指南》要求,向事故发生地所在国当局空管部门和公司SOC发出通告,通告内容包括:危险品的运输专用名称及UN编号、危险品的类别和次要危险性、第1类危险品的配装组、包装等级及包装件数量和机上位置。同时,必须尽快将机上危险品的信息提供给处理机载危险品的应急服务机构,该信息应与向机长提供的书面资料(NOTOC)相同。飞机落地后,机长应尽可能向地面事故调查和救援组织提供NOTOC。

(2)载运危险品的航空器发生事件时,如有要求,航空公司必须立即将机上危险品的信息提供给处理机载危险品的应急服务机构和事件发生地所在国当局,该信息应与向机长提供的书面资料相同。

(3)载运危险物品在国内发生严重事故时,一旦机场或机上出现或可能出现危险物品的严重事故,除了积极地采取应急措施之外,还必须立即向本单位的上级主管部门(如公司的运行控制中心、值班经理等)报告。并应根据事故的性质和严重程度酌情向如下部门报告:机场当局、机场公安局、机场消防部门、卫检、动植检部门。有关部门的电话号码应醒目地贴在仓库、办公室及作业现场以备急用。

三、各类危险品事故和事件的处理

在事件发生时,货运人员应根据事件的具体情况采取有效的措施,尽量把危害、损失控制在最低限度内。发生危险物品事件,应在安全距离范围立即设立隔离区域,严禁无关人员靠近。破损的危险物品包装件不得装入飞机或集装器,已经装入飞机或集装器的破损包装件,必须卸下,并要检查同一批货物的其他包装件是否有相似的损坏情况,将破损情况通知托运人或收货人,未经货运部门主管领导和技术主管部门同意,该包装件不得运输。毒性物质和感染性物质、放射性物质必须待专业人员到来进行处理。对于急需中转运输的危险物品,如果包装件破损,应拍发电报通知第一运营人支付更换包装的全部费用,得到该运营人的确认后,按照运营人的指示处理。处理破损危险物品和危险物品事故时所使用的工具等应由专业技术部门进行处理。如发生人员被污染或损害,应:

(1) 进行紧急包扎或冲淋;

(2) 通知防疫和急救部门;

(3) 情况紧急,应立即送往医院急救。

如发生飞机或集装容器(包括拖斗)被污染或损害,应:

(1) 立即通知机长,飞机不得起飞,同时,通知公司 SOC,启动紧急程序;

(2) 装卸部门关闭被污染的舱门,以防污染扩散;

(3) 由专业机构对飞机进行污染清除,直至确保不会再对公司员工以及旅客健康造成危害;

(4) 公司运行控制部门通告飞机适航前,不得进行商务操作。

不同类别的危险品,因其自身的危险特性和反应特性不一样,处理方法也不一样,现在详细叙述如下。

(一) 第 1 类 爆炸品

(1) 进行爆炸品作业时,要进行无火花操作。在地面作业时,应轻装轻放,切勿震动、撞击,以防引起爆炸。不得猛力敲打。机械工具应有防火装置。

(2) 收运后发现包装件破损:

① 破损包装件不得装入飞机或集装器。

② 已经装入飞机或集装器的破损包装件,必须卸下。

③ 检查同一批货物的其他包装件是否有相似的损坏情况。

④ 在破损包装件附近严禁烟火。

⑤ 将破损包装件及时转移到安全地点,并立即通知货运部门进行事故调查和处理。

⑥ 通知托运人或收货人。未经货运部门主管领导和技术主管部门同意,该包装件不得运输。

(3) 发生火灾并可能危及爆炸品包装件的情况:

① 立即报火警,并说明现场存在爆炸品以及爆炸品的分类和数量;

② 报火警时,说明现场所备有的消防器材;

③ 将爆炸品包装件抢运到安全距离之外。

(4) 洒漏处理:

① 这里所指的洒漏处理是对运输的某一环节而言,危险品的运送作业已经完成,而对在运送作业环境,如货舱、车厢或仓库留有的危险品残余物的处理;

② 对爆炸品的洒漏物,应及时用水润湿,撒以锯末或棉絮等松软物品,轻轻收集后并保持相当湿度,报请消防人员或公安部门处理。

(5) 注意事项:

① 对于1.4项的爆炸品包装件,除了含卤素灭火剂的灭火器之外,可以使用任何灭火器。对于在特殊情况下运输的 1.1、1.2、1.3 或 1.5 项爆炸品,应由政府主管部门预先指定

可使用的灭火器的种类。

② 属于1.4S配装组的爆炸品,发生事故时,其爆炸和喷射波及范围很小,不会妨碍在附近采取消防或其他应急措施。

③ 对于1.4S配装组之外的1.4项爆炸品,外部明火难以引起其包装件内装物品的瞬时爆炸。

(二) 第2类 气体

(1) 收运后发现包装损坏,或有气味,或有气体逸漏迹象:

① 破损包装件不得装入飞机或集装器。

② 已经装入飞机或集装器的破损包装件,必须卸下。

③ 检查同一批货物的其他包装件是否有相似的损坏情况。

④ 包装件有逸漏迹象时,人员应避免在附近吸入漏出气体。如果易燃气体或非易燃性气体包装件在库房内或在室内发生逸漏,必须打开所有门窗,使空气充分流通。然后由专业人员将其移至室外。如果毒性气体包装件发生逸漏,应由戴防毒面具的专业人员处理。

⑤ 在易燃气体破损包装件附近,不准吸烟,严禁任何明火,不得开启任何电器开关,任何机动车辆不得靠近。

⑥ 通知货运主管部门进行事故调查和处理。

⑦ 通知托运人或收货人。未经货运部门主管领导和技术主管部门同意,该包装件不得运输。

(2) 发生火灾并可能危及易燃气体或毒性气体包装件的情况:

① 立即报火警,说明现场有易燃气体或毒性气体包装件存在;

② 报火警时,说明现场所备有的消防器材;

③ 将气体包装件抢运到安全距离之外。

(3) 注意事项:

① 装有深冷液体的非压力包装件,如在开口处有少量的气体逸出,放出可见蒸气并在包装附近形成较低温度,属正常现象,不应看作事故。包装件可按DGR的要求装载。

② 在漏气包装件附近因吸入气体而出现中毒症状的人员,应立即送往医疗部门急救。

(三) 第3类 易燃液体

(1) 收运之后发现包装件漏损:

① 漏损包装件不得装入飞机和集装器。

② 已经装入飞机或集装器的漏损包装件,必须卸下。

③ 检查同一批货物的其他包装件是否有相似的损坏情况。

④ 在漏损包装件附近,不准吸烟,严禁任何明火,不得开启任何电器开关。

⑤ 如果易燃液体在库房内或机舱内漏出,应通知消防部门,并应清除掉漏出的易燃液体。机舱被清理干净之前,飞机不准起飞。

⑥ 将漏损包装件移至室外,通知货运部门主管领导和技术部门进行事故调查和处理。

⑦ 通知托运人或收货人。未经货运部门主管领导和技术部门同意,该包装件不得运输。

(2) 发生火灾并可能危及易燃液体包装件的情况:

① 立即报火警,说明现场有易燃液体包装件存在,并应进一步具体说明其性质(包括易燃液体的 UN 或 ID 编号、运输专用名称、包装等级等)及数量;

② 报火警时,说明现场所备有的消防器材;

③ 将易燃液体包装件抢运到安全距离之外。

(3) 洒漏处理:

① 在库房内或机舱内易燃液体漏出,应通知消防部门,并清除洒漏出的易燃液体。

② 机舱在被清理干净之前,飞机不准起飞。

③ 易燃液体发生洒漏时,应及时以沙土覆盖或用松软材料吸附后,集中至空旷安全地带处理。覆盖时特别要注意防止液体流入下水道、河道等地方,以防污染,更主要的是如果液体浮在下水道或河道的水面上,其火灾险情更严重。

④ 在销毁收集物时,应充分注意燃烧时所产生有毒气体对人体的危害,必要时应戴防毒面具。

(4) 注意事项:

如果包装件本身或漏出的液体起火,所使用的灭火剂不得与该易燃液体的性质相抵触。在这种情况下,通常不用水灭火。应按照消防部门根据易燃液体性质指示的方法灭火。

(四) 第4类 易燃、自燃和遇水易燃物质

(1) 收运后发现包装件破损:

① 破损包装件不得装入飞机或集装器。

② 已经装入飞机或集装器的破损包装件,必须卸下。

③ 检查同一批货物的其他包装件是否有相似的损坏情况。

④ 在破损包装件附近,不准吸烟,严禁任何明火。

⑤ 使任何热源远离自燃物品的包装件。

⑥ 对于遇水燃烧物品的破损包装件,避免与水接触,应该用防水帆布盖好。

⑦ 通知货运部门主管领导和技术部门进行事故调查和处理。

⑧ 通知托运人或收货人。未经货运部门主管领导和技术部门同意,该包装件不得运输。

(2) 发生火灾并可能危及易燃、自燃和遇水易燃物质包装件的情况:

① 立即报火警,说明现场有易燃固体(或自燃物品或遇水燃烧物品)包装件存在,并进一步具体说明其性质(包括它的 UN 或 ID 编号、运输专用名称、包装等级等)及数量;

② 报火警时,说明现场所备有的消防器材;

③ 将此类危险物品包装件抢运到安全距离之外。

(3) 洒漏处理:

易燃物品洒漏量大的可以收集起来,另行包装,收集的残留物不得任意排放、抛弃,应作

深埋处理。对与水反应的洒漏物处理时不能用水,但清扫后的现场可以用大量的水冲洗。

(4) 注意事项:

如果包装件自身起火,所使用的灭火剂不得与内装物品的性质相抵触,对于 4.3 项遇水燃烧物品的包装件,不准用水灭火。应按照消防部门根据危险物品性质指示的方法灭火。

(五) 第 5 类 氧化性物质和有机过氧化物

(1) 收运后发现包装件漏损:

① 漏损包装件不得装入飞机或集装器。

② 已经装入飞机或集装器的漏损包装件,必须卸下。

③ 检查同一批货物的其他包装件是否有相似的损坏情况。

④ 在漏损包装件附近,不准吸烟,严禁任何明火。

⑤ 其他危险物品(即使是包装完好的)与所有易燃的材料(如纸、硬纸板、碎布等)不准靠近漏损的包装件。

⑥ 使任何热源远离有机过氧化物的包装件。

⑦ 通知货运部门主管领导和技术部门进行事故调查和处理。

⑧ 通知托运人或收货人。未经货运部门主管领导和技术部门同意,该包装件不得运输。

(2) 发生火灾并可能危及氧化剂或有机过氧化物包装件的情况:

① 立即报火警,说明现场有氧化剂或有机过氧化物包装件存在,并应进一步说明其性质及数量;

② 报火警时,说明现场所备有的消防器材;

③ 将氧化剂或有机过氧化物的包装件抢运到安全距离之外。

(3) 洒漏处理:

① 对较大量的氧化剂洒漏,应轻轻扫起,另行灌装。这些从地上扫起重新包装的氧化剂,因接触过空气,为防止发生变化,应储存在适当地方,观察 24h 以后,才能重新入库堆存,再另行处理。

② 对洒漏的少量氧化剂或残留物应清扫干净,进行深埋处理。

(4) 注意事项:

有机过氧化物的包装件在靠近较强热源时,即使包装完好无损,里面的有机过氧化物的化学性质也会变得不稳定,随时都有爆炸的危险。当发生火灾时,应将这种包装件移至安全地方,必须由消防部门对其进行处理。

(六) 第 6 类 毒性物质和感染性物质

(1) 收运后发现毒性物质包装件漏损,或有气味,或有轻微的渗漏:

① 漏损包装件不得装入飞机或集装器。

② 已经装入飞机或集装器的漏损包装件,必须卸下。

③ 检查同一批货物的其他包装件是否有相似的损坏情况。

④ 现场人员避免皮肤接触漏损的包装件,避免吸入有毒蒸气。

⑤ 搬运漏损包装件的人员,必须戴上专用的橡胶手套,使用后扔掉;并且在搬运后 5 分钟内必须用流动的水把手洗净。

⑥ 如果毒害品的液体或粉末在库房内或机舱内漏出,应通知卫生检疫部门,尤其对被污染的库房、机舱及其他货物或行李消除污染。在消除机舱的污染之前,飞机不准起飞。

⑦ 将漏损包装单独存入小库房内,然后通知货运部门主管领导和技术主管部门进行事故调查和处理。

⑧ 通知托运人或收货人。未经货运部门主管领导和技术部门同意,漏损的包装件不得运输。

⑨ 对于毒性物质发生漏损事故时,如有意外沾染上毒性物质的人员,无论是否有中毒症状,均应立即送往医疗部门进行检查和治疗。为了有助于检查和治疗,应向医生说明毒性物质的运输专用名称。在紧急情况下,必须及时通知最近的医疗抢救部门。急救部门的电话号码应长期写在库房、办公室和可能发生事故地点的明显之处,以备急用。

(2) 收运后发现感染性物质包装件漏损或有轻微的渗漏:

① 漏损包装件不得装入飞机或集装器。

② 已经装入飞机或集装器的漏损包装件,必须卸下。

③ 检查同一批货物的其他包装件是否有相似的损坏情况。

④ 对漏损包装件最好不移动或尽可能少移动。在不得不移动的情况下,如从飞机上卸下,为减少传染的机会,只由一人进行搬运。

⑤ 搬运漏损包装件的人员,严禁皮肤直接接触,必须戴上专用的橡胶手套。手套在使用后用火烧毁。

⑥ 距漏损包装件至少 5m 范围内,禁止任何人进入,最好用绳索将这一区域拦截起来。

⑦ 及时向环境保护部门和卫生防疫部门报告,并说明如下情况:

● 危险物品申报单上所述的有关包装件的情况;

● 与漏损包装件接触过的全部人员名单;

● 漏损包装件在运输过程中已经过的地点,即该包装件可能影响的范围。

⑧ 通知货运部门主管领导和技术主管部门进行事故调查和处理。

⑨ 严格按照环保部门和检疫部门的要求,消除对机舱、其他货物和行李以及运输设备的污染,对接触过感染性物质包装件的人员进行身体检查,对这些人员的衣服进行处理,对该包装进行处理。

⑩ 通知托运人和收货人。未经检疫部门的同意,该包装件不得运输。

(3) 洒漏处理:

① 如果毒害品的液体或粉末在库房内或机舱内漏出应通知卫生检疫部门,并由其对污染的库房、机舱及其他货物或行李进行处理。在消除污染之前,飞机不准起飞,一般来说,对固体毒害品,通常扫集后装入其他容器中。液体货物应以沙土、锯末等松软材料浸润,吸附后扫集盛入容器中。对毒害品的洒漏物不能任意乱丢或排放,以免扩大污染,甚至造成不可估量的危害。

② 对于感染性物质洒漏物,应严格按照环保部门和检疫部门的要求消除对机舱、其他货物和行李以及运输设备的污染,对接触过感染性物质包装件的人员进行身体检查,对这些人员的衣服及该包装件进行处理。

(七) 第7类 放射性物质

(1) 收运后,包装件无破损、无渗漏现象,且封闭完好,但经仪器测定,发现运输指数有变化,如果包装件的运输指数大于申报的1.2倍,应将其退回。

(2) 收运后发现包装件破损,或有渗漏现象,或封闭不严:

① 包装件不得装入飞机或集装器。

② 已经装入飞机或集装器的破损包装件,必须卸下。搬运人员必须戴上手套作业,避免被放射性物质污染。

③ 检查同一批货物其他包装件是否有相似的损坏情况。

④ 将破损包装件卸下飞机之前,应该划出它在机舱中的位置,以便检查和消除污染。

⑤ 除了检查和搬运人员之外,任何人不得靠近破损包装件。

⑥ 查阅危险物品申报单,按照"ADDITIONAL HANDLING INFORMATION"栏中的文字说明,采取相应的具体措施。

⑦ 破损包装件应放入机场专门设计的放射性物质库房内。如果没有专用库房,应放在室外,距破损包装件至少5m之内,禁止任何人员靠近,应该用绳子将这一区域拦起来并要做出表示危险的标记。

⑧ 通知环境保护部门和(或)辐射防护部门,由他们对货物飞机及环境的污染程度进行测量和做出判断。

⑨ 必须按照环保部门和(或)辐射防护部门提出的要求,消除对机舱、其他货物和行李以及运输设备的污染。机舱在消除污染之前,飞机不准起飞。

⑩ 通知货运部门主管领导和技术主管部门对事故进行调查。

⑪ 通知托运人或收货人。未经货运部门主管领导和技术货运部门同意,该包装件不得运输。

(3) 注意事项:

① 在测量完好包装件的运输指数或破损包装件及放射性污染程度时,应注意使用不同的仪器。

② 根据国际民航组织和国际原子能机构的规定,飞机的任何可接触表面的辐射剂量当量率不得超过 $5\mu Sv/h$(5微希沃特/小时),并且非固定放射性污染不得超过表7-9的标准,否则飞机必须停止使用。

表7-9 机舱可接触表面非固定放射性污染的最高允许限度表

射线种类	污染最高允许度 Bq/cm^2
β和γ辐射以及低毒的α辐射	0.4
所有其他的α辐射	0.04

③ 受放射性污染影响的人员必须立即送往卫生医疗部门进行检查。

（八）第 8 类　腐蚀性物质

(1) 收运后发现包装件漏损：

① 漏损包装件不得装入飞机或集装器。

② 已经装入飞机或集装器的漏损包装件，必须卸下。

③ 检查同一批货物的其他包装件是否有相似的损坏情况。

④ 现场人员避免皮肤接触漏损的包装件和漏出的腐蚀性物质，避免吸入其蒸气。

⑤ 搬运漏损包装件的人员，必须戴上专用的橡胶手套。

⑥ 如果腐蚀性物质漏洒到飞机的结构部分上，必须尽快对这一部分进行彻底清洗，从事清洗的人员应戴上手套，避免皮肤与腐蚀性物质接触。一旦发生这种事故，应立刻通知飞机维修部门，说明腐蚀性物质的运输专用名称，以便及时做好彻底的清洗工作。

⑦ 其他危险物品（即使是包装完好的）不准靠近该漏损包装件。

⑧ 通知货运部门主管领导和技术主管部门进行事故调查和处理。

⑨ 通知托运人或收货人。未经货运部门主管领导和技术主管部门同意，该包装件不得运输。

(2) 洒漏处理：

腐蚀性物质洒漏时，应用干沙、干土覆盖吸收后再清扫干净，最后用水冲刷。当大量溢出或干沙、干土量不足以吸收时，可视货物的酸碱性，分别用稀碱、稀酸中和，中和时注意不要使反应太剧烈；用水冲刷时，不能直接喷射上去，而只能缓缓地浇洗，防止带腐蚀性水珠飞溅伤人。

(3) 注意事项：

① 发生漏洒事故后，如果清洗不彻底而飞机的结构部分上仍残留少量的腐蚀性物质，这很可能削弱飞机结构的强度，其后果是不堪设想的。因此，要通知飞机维修部门仔细检查飞机的结构部分，应该拆除地板或某些部件。

② 为了彻底清洗，有必要使用化学中和剂。

（九）第 9 类　杂项危险品

收运后发现包装件破损：

① 破损包装件不准装入飞机或集装器。

② 已经装入飞机或集装器的破损包装件，必须卸下。

③ 检查同一批货物的其他包装件是否有相似的损坏情况。

④ 检查飞机是否有损坏情况。

⑤ 通知货运部门主管领导和技术主管部门进行事故调查和处理。

⑥ 通知托运人或收货人。未经货运部门主管领导和技术主管部门同意，该包装件不得运输。

四、空中事故的处理

如果在飞行中出现的危险物品事故不会危及飞行安全和机上人员的健康,该事故可由机长酌情处理。危险物品在空中一旦发生严重事故及条件允许,机长应立即将飞机驶向可以紧急着陆的最近机场。在通信联络中应把机上危险物品的运输专用名称、类别、次要危险性、数量及装载位置,根据"机长通知单"通知给适用的空中交通管制部门,便于地面人员提前做好救险的准备工作。当不可能包括所有通知内容时,与紧急情况最相关的部分则应该通知。

在准备紧急着陆的同时,机长还应采取相应的措施。例如,当确认货舱发生火灾后,机长应立即指示其他人员佩戴防烟面罩,并选用合适的灭火器进行灭火。必要时,在人员撤离货舱后,机长应根据具体情况采取有关应急措施启动灭火设备。除此之外,还应视具体情况采取排烟措施。

(一)飞行机组应急措施

根据国际民航组织和公司运行手册要求,飞行机组在涉及危险品事件/事故情况下使用的检查单内容如下:

1. 遵循相应的飞机灭火或排烟的应急处置程序

排除火情和烟雾。

2. 打开禁止吸烟显示灯

当有烟雾或蒸气存在时,应执行禁烟令,并在飞行的剩余时间里持续禁烟。

3. 考虑尽快着陆

鉴于任何危险品事故征候所带来的困难和可能造成的灾难性后果,应考虑尽快着陆。应该提早而不是延迟做出在最近的合适的机场着陆的决定,延迟做出该决定可能使事故征候发展到一个非常关键的时刻,从而严重地限制操作上的灵活性。

4. 考虑关闭机上非必要的电源

因为事故征候可能是由电力问题引起的,或因为电力系统可能受到任何事故征候的影响,特别是因为灭火行动等可能损坏电力系统,故应关闭所有非必要的电气设备。仅保持为那些对维持航空器安全必不可少的仪器、系统和控制装置供电。不要恢复电力,直至这样做确实安全时为止。

5. 确定烟/烟雾/火焰的根源

任何烟/烟雾/火焰的根源都有可能是难以查明的。事故征候的根源被查明后,才能最好地完成有效地灭火或控制程序。

6. 对于客舱内的危险物品事故,见客舱乘务员检查单,并协调驾驶舱/客舱机组的行动,协作处置

在客舱内发生事故的征候应由客舱乘务组按相应的检查单和程序来处理。

7. 确定应急处理措施代号

物品被查明后,应在机长特种货物通知单上找到相应的条目。通知单上如果没有给出,也可以通过找出通知单上的正式运输名称或联合国编号,并使用按字母顺序或按数字顺序排列的危险品名表,查出代号。

8. 使用航空器应急响应操作图表上的指南帮助处理事故征候

制定的每一种危险物品的操作方法代号由 1~11 中的一个数字,加上一个字母组成。根据确定的应急处理措施代号,使用机上应急处理措施表(查阅机载运行手册《机上危险品事故应急处理指南》或机载检查单),确定相应的处置程序。

9. 如果情况允许,通知 ATC 和 SOC 飞机上装载的危险物品情况

信息包括:运输专用名称、类别/项别(以及第 1 类的配装组)、主要危险性及任何可识别的次要危险性、数量和装载位置、有关危险物品的联系电话号码(如有)。

10. 在打开任何货舱门之前,让旅客和机组人员下机

虽然在着陆之后已无必要完成紧急撤离,但在试图打开货舱门之前和在采取任何进一步行动来处理危险品事故征候之前,让旅客和机组下机,货舱门打开时应有应急服务人员在场。

11. 通知地面人员/应急服务人员危险品的性质及其存放的地点

到达后,采取必要的步骤为地面工作人员指出物品存放的位置,以可利用的最快方式传递所有关于该物品的信息,适当时包括一份机长通知单。

12. 在飞行记录本做适当的记录

应该在飞行记录本上写明:需要进行检查以确保任何危险品的渗漏或移除均未损坏航空器的结构或系统,以及一些航空器设备(如灭火器、应急响应包等)可能需要补充或更换。

机上应急处理措施如表 7-10 所示。

表 7-10 机上应急处理措施

操作代号	固有的危险性	对飞机的危险	对机上人员的危险	溢出/渗漏处理程序	救火措施	其他考虑因素
1	爆炸可能破坏飞机的结构	起火或爆炸	参照有关措施代码	使用 100%氧气,禁止吸烟	所有使用的灭火剂;使用标准灭火程序	可能突然减压
2	气体、非易燃,在起火情况下压力可能产生危险	最低限	参照有关措施代码	使用 100%氧气,对于操作代码"A""I"或"P",打开并保持最大的通风	所有使用的灭火剂;使用标准灭火程序	可能突然减压
3	易燃液体或固体	起火或爆炸	烟、气和高温,以及有关措施代码所述	使用 100%氧气,打开并保持最大的通风;禁止吸烟;用电保持最低限度	所有使用的灭火剂;对于代码"W"不得使用水作为灭火剂	可能突然减压

续表

操作代号	固有的危险性	对飞机的危险	对机上人员的危险	溢出/渗漏处理程序	救火措施	其他考虑因素
4	暴露空气中自燃	起火或爆炸	烟、气和高温,以及有关措施代码所述	使用100%氧气,打开并保持最大的通风	所有使用的灭火剂;对于代码"W"不得使用水作为灭火剂	可能突然减压;对于操作代码"F""H"用电保持最低限度
5	氧化剂,可能点燃其他物质或在火中受热爆炸	起火或爆炸;可能造成腐蚀性破坏	刺激眼、鼻和咽喉;与皮肤接触造成损害	使用100%氧气,打开并保持最大限度的通风	所有使用的灭火剂;对于代码"W"不得使用水作为灭火剂	可能突然减压
6	有毒物品,吸入、食用或被皮肤吸收可能致命	被有毒液体或固体污染	剧烈中毒,可能以后才有反应	使用100%氧气,打开并保持最大限度的通风;没有手套不得接触	所有使用的灭火剂;对于代码"W"不得使用水作为灭火剂	可能突然减压;对于操作代码"F""H"用电保持最低限度
7	破损或未加防护的包装发出辐射	被渗溢的放射性物质污染	受辐射,人员被放射性物质污染	不得移动包装件;避免接触	所有合适的处理剂	通知专业人员接机处理
8	腐蚀性物质或烟雾,吸入或与皮肤接触可能致残	腐蚀性破坏	刺激眼、鼻和咽喉;与皮肤接触造成损害	使用100%氧气,打开并保持最大限度的通风;没有手套不得接触	所有使用的灭火剂;对于代码"W"不得使用水作为灭火剂	可能突然减压;对于操作代码"F""H"用电保持最低限度
9	无通常固有的危险	见有关操作代码所述	见有关操作代码所述	使用100%氧气,对于操作代码"A",打开并保持最大的通风	所有使用的灭火剂;对于代码"W"不得使用水作为灭火剂	无
10	易燃气体,遇火源起大火	起火或爆炸	烟、气和高温,以及有关措施代码所述	使用100%氧气,打开并保持最大限度的通风;禁止吸烟;尽量不用电器	所有使用的灭火剂	在可能情况下突然减压

操作代码	额外危险	操作代码	额外危险	操作代码	额外危险
A	麻醉	I	刺激性或催泪	S	自燃或引火
C	腐蚀	L	其他较低危险性或无危险性	W	遇湿释放有毒或易燃气体
E	爆炸	M	磁性	X	氧化剂
F	易燃	N	有毒害的		
H	高点燃性	P	毒性		

(二)客舱机组应急措施

1. 初步行动

(1) 通知机长

机上发生的任何危险物品事故,客舱乘务员都应立即通知机长,并将所采取的行动和这些行动所达到的效果,全部通知机长。客舱乘务员和飞行机组应密切合作,共同处理,并随时通报有关信息和处理情况。

(2) 识别涉及的物品

① 要求有关旅客识别发生事故的物品,并且指出该物品潜在的危险性。旅客可能对危险物品及如何进行处置给予说明,如果该旅客能够识别发生事故的危险物品,按照识别后的危险品类别和项别,在手册中查找相应的应急处理措施。

② 对于客舱内只有一名客舱乘务员的飞机,客舱乘务员应该与机长协商,是否需要向旅客寻求帮助以处理危险物品事故。

2. 起火

如果起火,使用标准程序检查水的使用情况。必须使用标准的应急处置程序来处理火灾。一般情况下,危险物品有溢出或有浓烟时不应使用水灭火,因为水会使溢出物的面积扩大或加快浓烟的扩散速度,同时,当使用水灭火时,也必须考虑水对机上电气部件的影响。

3. 发生溢出或泄漏

如果发生溢出或泄漏,应按照下述步骤进行处理。

(1) 收集危险物品处置包或收集其他有用的物品

收集机上所设危险物品处置包,或寻找其他用来处理溢出物或泄漏物的物品,包括:

- 纸巾或报纸或其他具吸附性的纸张或织物(例如:坐垫套,枕套);
- 烤箱手套或防火手套;
- 至少两个大的聚乙烯废品袋;
- 至少三个小一些的聚乙烯塑料袋,例如机上免税物品或吧台出售品的包装袋,如果没有以上物品,也可以使用清洁袋。

(2) 戴上橡胶手套和防烟面罩

① 在接触可疑的包装件或物品之前,应该时刻防护好手。在防火手套或烤箱手套外套聚乙烯塑料袋能够对手进行适当的保护。

② 当处理伴有烟雾、浓烟或火焰的事故时,应该始终戴着气密型烟雾面罩。

(3) 将旅客从发生事故的区域撤离

在充满烟雾或浓烟的客舱内,不能使用带有便携式氧气瓶的医用氧气面罩或供旅客用的坠落式氧气面罩,因为从氧气面罩的阀门或通气孔透入的大量的浓烟会被旅客吸入体内。在充满烟雾或浓烟的情况下,应使用湿毛巾或湿布捂住口鼻,因为湿毛巾或湿布能比干毛巾或干布更有效地帮助过滤空气。如果烟雾扩散,乘务员应该立刻采取行动,将旅客从这一地区转移开,必要时,给旅客提供湿毛巾或湿布,并指导旅客如何利用湿毛巾或湿布进行呼吸。

（4）将危险物品放进聚乙烯塑料袋内

① 有危险物品处置包时：

如果十分肯定危险物品不会产生问题，可以做出不移动危险物品的决定。然而，在大多数情况下，将这些物品移开则更好些，在移动这些物品时，应当按下列具体建议和步骤，将物品放进聚乙烯塑料袋内。

- 准备两个口边卷起的聚乙烯塑料袋，放置在地板上；
- 将危险物品放在第一个袋子里，保证危险物品包装的封口处或泄漏处朝上；
- 脱掉被污染的手套时，应避免皮肤与之接触；
- 将手套放进第二个袋子里；
- 将第一个袋子里多余的空气排尽；
- 将开口的一端绕紧，并用捆扎带将袋口扎紧，但不要扎得太紧，以保持袋子的内外压力均衡；
- 将第一个袋子（装着物品）放进已装着橡皮手套的第二个袋子里，并且以同样的方式将袋口扎紧。

② 无危险物品处置包时：

将危险物品拿起放进聚乙烯塑料袋内，保证其封盖或容器泄漏处方向朝上，在确认用来擦的物品不会和危险物品发生反应后，使用毛巾、纸巾、报纸等，把危险物品溢出物擦净，并将其放在另一个聚乙烯塑料袋内。手套和用于保护手的袋子应单独放入另一个袋子。如果没有多余的袋子，可以把毛巾、手套等和危险物品放在同一个袋子里。把袋子里多余的气体排出以后，将袋口扎紧，但不要封得太紧，以使袋子的内外压力均衡。

（5）存放聚乙烯塑料袋

① 如果机上有食品或饮料储藏箱，可以将箱子腾空后，竖直放在地板上，将装有危险物品和脏毛巾等的塑料袋放进箱子，关上门；把箱子或塑料袋（若没有储藏箱）放在尽量远离驾驶舱和旅客的地方，如最低风险爆炸区。如果机上有厨房或卫生间，且远离驾驶舱，则可以用来存放装危险物品的箱子或塑料袋。最好使用靠近后部的厨房或卫生间，并且不要把箱子或塑料袋紧靠着增压舱壁或机身内壁存放。使用厨房时，可以把箱子或塑料袋放在空垃圾箱内；使用卫生间时，箱子可以放在地板上，塑料袋可以放在空垃圾箱内，并从外将卫生间的门锁上。在增压的飞机上使用卫生间存放危险物品，浓烟会被排到飞机外，而不进入客舱；但是，对非增压的飞机，卫生间内的压力则不足以阻止浓烟进入客舱。

② 移动箱子时，要始终保证箱子的开口朝上；移动塑料袋时，要保证盛装危险物品的容器始终直立，或者包装的泄漏处朝上。

③ 不论将箱子或塑料袋放在什么地方，都应塞牢，防止其移动，并保持直立。保证箱子或塑料袋的存放位置不会妨碍机上的应急撤离。

（6）将被污染的座椅靠垫等按危险物品来处理

撤下被危险物品溢出物污染了的座椅靠垫，与最初覆盖它们的塑料袋一起放入大袋子或聚乙烯塑料袋内，并按与处理造成该污染的危险物品的相同方式来处理。

(7) 覆盖地毯或地板上的危险物品溢出物

若有废袋子或聚乙烯塑料袋,可以用它们覆盖住地毯上或机上设备的危险物品溢出物;如果没有,可以使用清洁袋里面带塑料的一面,或使用带塑料封皮的应急信息卡。

(8) 经常地检查单独放置的物品或被污染的设备

为安全起见,应该经常对被单独放置的或被覆盖的危险物品或被污染的设备等进行检查。

4. 飞机着陆以后

(1) 通知地面人员机上装载的危险物品及其装载位置

飞机一着陆,立即通知地面人员危险物品的装载位置,把关于危险物品的所有情况都告知地面人员。

(2) 在维修记录本上做相应的记录

在飞行维修记录本上做相应的记录,以便对飞机进行适当维修。适当的时候,应该重新补充或更换用过的危险物品处置包或机上设备。

五、地面人员应急措施

危险品事件/事故的一般应急响应程序为:
(1) 立即通知主管人员,并获得帮助。
(2) 识别危险品(如果这样做是安全的)。
(3) 若能保证安全,通过将其他包装件或财产移开来隔离该危险品。
(4) 避免接触危险品。
(5) 若身体或衣服接触到危险品:
- 用大量的清水来冲洗身体;
- 脱掉被污染的衣服;
- 不要吃东西或抽烟;
- 手不要与眼睛、嘴和鼻子接触;
- 寻求医疗帮助。

(6) 应对事件/事故中所涉及的有关人员做好记录。

任何人员接触过第 6 类、第 7 类、第 8 类危险品,应向有关检疫和医务人员报告。

六、灭火措施

(一) 一般规定

(1) 危险物品一旦发生火灾,除了及时报火警之外,在专业消防人员到来之前,现场工作人员还应采取合适的灭火措施积极进行扑救,以尽量减少损失。

(2) 不同性质的物质着火燃烧时,应选用不同的灭火剂。对于普通货物来说,选用任何一种灭火剂都可以达到灭火目的。对危险货物来说,灭火剂的选用有严格的要求,选用不当,不仅达不到灭火的目的,还会造成更大的火灾爆炸危害,给消防工作带来困难。

(二) 各类危险物品灭火措施

各类危险物品的灭火措施见表7-11。

表7-11 各类危险物品灭火措施

危险品种类	灭 火 措 施
爆炸品	1. 现场抢救人员应戴防毒面具　2. 现场抢救人员应站在上风头 3. 用水和各式灭火设备扑救　4. 禁用沙土灭火
易燃气体、非易燃无毒气体、毒性气体	1. 现场抢救人员必须戴防毒面具 2. 现场抢救人员应避免站在气体钢瓶的首、尾部 3. 在情况允许时,应将火势未及区域的气体钢瓶迅速移至安全地带 4. 用水或雾状水浇在气体钢瓶上,使其冷却,并用二氧化碳灭火器扑救
易燃液体	1. 现场抢救人员应戴防毒面具并使用其他防护用具 2. 现场抢救人员应站在上风头 3. 易燃液体燃烧时,可用二氧化碳灭火器、1211灭火器、沙土、泡沫灭火器或干粉灭火器扑救 4. 只有在确认该易燃液体比重大于水或与水互溶时,才可采用水灭火
易燃固体、易自燃物质、遇水释放易燃气体物质	1. 现场抢救人员应戴防毒口罩 2. 易燃固体中的铝铁溶剂及活泼金属,燃烧时可产生上千度的高温,遇水反应,产生可燃气体(如金属钠遇水产生氢气),有燃烧、爆炸的危险,故禁止用水灭火,也不宜用卤代灭火剂。除活泼金属外的易燃固体原则上可以用水、沙土及二氧化碳等灭火 3. 易自燃物质中烷基铝、烷基硼等少数物品不可用水扑救火灾外,其他自燃物品用水和沙土、石棉毯、干粉灭火都能取得良好的效果 4. 对于遇湿易燃物质——金属粉末,应严格禁止使用水、泡沫及潮湿的沙土灭火,可用干燥沙土或石棉毯进行覆盖,也可使用干粉灭火器扑救
氧化性物质或有机过氧化物	1. 这类物品中的过氧化钠、过氧化钾等无机过氧化物及过苯甲酸,过氧酸等有机过氧化物遇水会分解加强燃烧,故不可用水及泡沫灭火器灭火。有机过氧化物着火时,应该用沙土、干粉灭火器、1211灭火器或二氧化碳灭火器扑救 2. 其他氧化剂着火时,应该用沙土或雾状水扑救,并且要随时防止水溶液与其他易燃、易爆物品接触

续表

危险品种类	灭火措施
毒性物质和传染性物质	1. 现场抢救人员应做好全身性的防护,除了防毒面具之外,还应穿戴防护服和手套等 2. 现场抢救人员应站在上风头 3. 此类物品中的氰化钾、氰化钠等氰化物严禁用酸碱灭火器灭火,以免产生剧毒的氰化氢气体,造成扑救人员中毒 如硒化物、氟化锆及有毒金属粉(锑粉、铍粉)也不可用水及酸碱灭火,其他毒害品及传染性物品皆可用水及沙土灭火
放射性物质	1. 现场抢救人员应使用辐射防护用具 2. 现场抢救人员应站在上风头 3. 应该用雾状水灭火,并要防止水流扩散而造成大面积污染
腐蚀性物质	1. 现场抢救人员除了防毒面具外还应穿戴防护服和手套等 2. 现场抢救人员应站在上风头 3. 应该使用沙土、泡沫灭火器或干粉灭火器扑救。因一些强酸(如浓硫酸)、氯化物(如三氯化铝)及溴化物(如三溴化碘)等遇水反应强烈,故只有在确认用水无危险时,才可用水扑灭救火
杂项危险品	就目前列于该类的物品,皆可用水灭火

第七节　危险品事故报告单

当在航空器上、机场和航空货运站发生 CCAR-276-R1 部或《技术细则》中认定的危险品事故和危险品事件时,危险品货物当事人应尽快向发生地所在国的有关单位和人员进行报告,并为救援和事故处理提供所需的资料。

初始报告可以用各种方式进行,但所有情况下都应尽快完成一份书面报告,填写危险品事故报告单(见表 7-12)。

若适用,书面报告应当包括下列内容,并将相关文件的副本与照片附在书面报告上:
(1) 事故或者事故征候发生日期;
(2) 事故或者事故征候发生的地点、航班号和飞行日期;
(3) 有关货物的描述及货运单、邮袋、行李标签和机票等的号码;
(4) 已知的运输专用名称(包括技术名称)和联合国编号;

(5) 类别或者项别以及次要危险性；

(6) 包装的类型和包装的规格标记；

(7) 涉及数量；

(8) 托运人或者旅客的姓名和地址；

(9) 事故或者事故征候的其他详细情况；

(10) 事故或者事故征候的可疑原因；

(11) 采取的措施；

(12) 书面报告之前的其他报告情况；

(13) 报告人的姓名、职务、地址和联系电话。

当在货物或者邮件中发现未申报或者错误申报的危险品时，经营人应当向经营人所在国和事件发生地所在国有关当局报告。当在旅客行李中发现根据《技术细则》要求不允许携带的危险品时，经营人应当向事件发生地所在国有关当局报告。

表 7-12 危险品事故报告单（样表）

表格里的斜体字部分只在需要时填写。

事件类型：	事故 □	事件 □	其他事件 □
1. 操作者：	2. 发生日期：		3. 发生日当地时间：
4. 航班日期：	5. 航班号：		
6. 起飞机场：	7. 目的地机场：		
8. 飞机型别：	9. 飞机注册号：		
10. 发生地点：	11. 货物来源：		
12. 事件描述，包括损害、损伤细节等（如必要另附纸说明）			
13. 正确货物名称（包括技术名称）：			14. UN/ID 号：（若了解）
15. 等级/分类（若了解）：	16. 附加危险：	17. 包装组：	18. 分类（只有 7 级）
19. 包装类别：	20. 包装规格标识：	21. 包装号：	22. 数量（或运输索引，如果合适）
23. 空运单参考号：			
24. 邮袋、行李标签或客票参考号：			
25. 托运人，代理，乘客等姓名和地址：			

续表

26. 其他相关信息(包括疑似原因,及采取的措施):	
27. 报告人的姓名、职位:	28. 电话:
29. 公司/部门代码,电子邮件:	30. 报告人:
31. 地址:	32. 日期/签名:

注释:1. 任何类型的危险品运输都必须报告,无论危险品在货物,邮件还是在行李中。

 2. 危险品事故是由于运输危险品而对人身造成致命的或严重的人身伤害或重大财产损失。基于此,严重伤害指在事故中受到伤害而:(a)需留医超过48h,时间从受到伤害时算起;(b)造成骨折(除了手指、脚趾或鼻子等部位的小骨折);(c)由于撕裂而造成大出血,神经,肌肉或肌腱受伤;(d)内脏器官受伤;(e)二度或三度烧伤;或超过全身5%的面积烧伤;(f)被证实接触细菌或放射性伤害物。危险品事故也可能是飞机事故,在这种情形下必须遵守处理危险品事故的正常程序。

 3. 危险品事件不同于危险品事故,并不一定发生在飞机上。是与运输危险品有关而造成人身财产伤害。如火灾,液体或放射性物质的泄漏,包装破损,溢出,或其他的迹象表明包装不完整,由于运输危险品而对飞机或飞机上的人造成严重威胁的事件就是危险品事件。

 4. 这个表格也可在当发现货物中有未申报或误报的危险品,或当在行李中发现有任何不允许乘客带上飞机的危险物品时使用。

 5. 事件发生后72h内做初始报告,除非另有原因阻止。初始报告可以任何形式做,但手写报告要尽早发出,即使所有信息还不全。

 6. 完整报告通常被送到权威当局。

 7. 所有相关文件的复印件都需附在报告中。

 8. 除非这样做是安全的,所有与事件相关的危险品、包装、文件等都需要保存完好直至初始报告完成。

 9. 每个州和州之间的要求和程序有所不同,建议联系当地权威当局以阐清详细程序,以备在发生危险品事故或事件时遵循。

危险品事故报告单的背面主要内容是地面应急步骤,如下:

第一步:从危险品破损和泄漏发生现场撤离并保护好现场;

第二步:确定危险品及其数量,可能时包括托运人姓名;

第三步:通知主管人员;

第四步:受伤时,打电话给最近的医疗救护部门;

第五步:向能够联系专家支持的最近警察和消防部门寻求救助,明确说出你的位置、包装件托运人、人员受伤情况或货物损害程度;

第六步:安排人员接听回电,并向相应的消防、警察或医疗救护部门指明位置;

第七步:通知局方;

第八步:发生在机场时,要及时告知机场管理当局。

本章小结

- 重点掌握内容:危险品操作的原则、危险品事故的概念及处置方案;
- 一般掌握内容:危险品装载的要求、储存方式;
- 一般了解内容:各类危险品的处置方案、危险品存储管理。

综合练习

一、选择题

1. 将两种性质相抵触的危险品分别用尼龙固定在集装板或飞机机舱地板上,两者间至少间隔( )m。

   A. 1　　　　　　B. 1.5　　　　　　C. 2　　　　　　D. 3

2. 每架次航班所装载的放射性物质的总运输指数,客机不超过( ),货机不超过( )。

   A. 10/50　　　　B. 50/200　　　　C. 10/200

3. 下列哪项是危险品运输托运人的职责?( )

   A. 贴标签　　　B. 装载　　　　C. 收运　　　　D. 保存记录

4. 下列哪项是危险品运输承运人的职责?( )

   A. 正确识别　　B. 分类　　　　C. 储存　　　　D. 加标记

5. 如果危险品出现泄漏和溢洒,则( )。

   A. 询问有关旅客危险品的名称和属性　　B. 报告乘务长并由乘务长报告机长
   C. 把旅客从危险区域移开　　　　　　　D. 全部都对

6. 飞行中出现危险品事故着陆后,以下哪项措施是错误的?( )

   A. 地面人员打开货舱门之前应让旅客下飞机
   B. 打开货舱门之前应让机组下飞机
   C. 打开货舱门之前旅客和机组保留在飞机上
   D. 向地面工作人员指明危险物品及其存放地点

7. 当乘务人员不慎接触到泄漏的危险品时,以下哪项是错误的行为?( )

   A. 迅速将污染的衣物脱掉　　　　B. 将污染的衣物放在垃圾箱内
   C. 用大量的水冲洗　　　　　　　D. 寻求医疗帮助

8. 在飞行途中客舱出现危险品溢出或渗漏时,乘务员不应采取的措施:( )

   A. 存放聚乙烯袋子　　　　　　　B. 将旅客从该区域撤走
   C. 定期检查所存放的物品　　　　D. 马上用水冲洗危险品

9. 当出现危险品事件或事故后,哪一项是错误的处理方法?( )

   A. 所涉及人员应留在现场并被记录姓名
   B. 着陆后向地面工作人员指明危险物品及其存放地点
   C. 将客舱设备损坏情况记录在客舱维修记录本上
   D. 将污染的衣服丢弃

10. 含有溢漏型电池的电动轮椅,在操作中无法做到以直立方式装载、放置、固定和卸机,那么应采取哪些措施?( )

    A. 事先征得承运人同意,做好安排
    B. 卸下电池
    C. 将电池装入坚固的硬质包装中

D. 通知机长轮椅或已包装电池的位置

11. 如果人或衣服上沾上泄漏的危险品,可以采用以下哪些方法?(　　)

A. 用大量的水彻底冲洗　　　　　　B. 脱掉受污染的衣物

C. 寻求医疗处理　　　　　　　　　D. 不要用手接触眼、鼻、口等部位

二、判断题

1. 承运人的职责是准确地识别、分类、包装和标志、标签。填写危险品运输文件及提供24h联络方式。(　　)

2. 飞机在飞行过程中发现有毒化学物品、微生物或不明可疑物品后,在没有配备安全员的情况之下,由乘务组负责处置。(　　)

3. 当我们用危险品处置包把危险品隔离开后,整个处置程序就结束了。(　　)

4. 危险品事件不同于危险品事故,但与危险品航空运输有关联,不一定发生在航空器上,但造成人员受伤、财产损害、起火、破损、溢出、液体或放射性渗漏或包装未能保持完整的其他情况。任何与危险品运输有关并严重危及航空器或机上人员的事件也被认为构成危险品事件。(　　)

5. 根据276部要求,航空器载运危险物品应满足的其中一个条件是航空器营运人事先取得局方颁发的危险物品航空运输许可。(　　)

6. 装有防漏性电池的轮椅或代步工具可以允许随身携带。(　　)

7. 危险品事件和事故的初始报告可以用任何方式进行,公司在6h内至少以口头方式向局方报告上述信息,但应于12~24h之内完成一份书面报告。(　　)

三、简答题

1. 哪些类别/项别的贴有"仅限货机"标签的包装件在货机装载时没有"可接近性"要求?

2. 危险品操作过程中有哪些原则?

3. 4.1项自身反应物质和5.2项有机过氧化物的收运和存储有何特殊要求?

4. 下列危险品包装件是否需要隔离?

(1) 第3类与5.1项;

(2) 4.3项与第8类;

(3) 6.1项与4.1项;

(4) 第7类与第2类。

5. 一件贴有感染性物质标签的包装件被一重物砸破:

(1) 会有什么危险?

(2) 需要采取什么紧急行动?

第八章

危险品运输文件

本章学习目标

- 熟练掌握托运人危险品申报单的填写并检查已填好的申报单。
- 掌握航空货物托运书的填写方法。
- 了解航空货运单相关栏目操作说明栏和品名栏的填制方法。
- 了解几种收运检查单的内容、结构及使用方法。
- 掌握特种货物机长通知单的填制方法。

 适用人员类别

1、3、4、6、7、9、10 类人员

 **导引案例**

夹带、谎报、匿报运输危险品导致受到处罚

2012 年底,A 销售代理公司经某外航航班(中国—B 国)运输了一票普通快件货物。飞机在 B 国降落时,经 B 国民航局抽查,发现该票普货内含疑似危险品。B 国民航局遂将该信息通报至中国民航局。C 地区管理局按照中国民航局的指示对该案进行了调查取证,最终认定托运人 A 销售代理公司构成在普货中夹带危险品,并依据《中国民用航空危险品运输管理规定》(CCAR-276)第 276 和 303 条规定对其给予警告和罚款人民币 2 万元的行政处罚。

托运人或其代理人应负责填写托运人危险物品申报单和货物托运书,并承担相应的责任。运营人或其地面操作代理人按照托运人或其代理人填写的货物托运书填写航空货运单,托运人或其地面代理人对航空货运单承担相应的责任。

运营人或其地面操作代理人应负责填写危险品收运检查单、特种货物机长通知单和危险品事故报告单,并承担相应的责任。

第一节 托运人危险物品申报单

"托运人危险物品申报单"(简称申报单)在通常情况下是托运人在托运每件危险物品时必须填写的运输文件。在交运含有危险物品货物时,托运人必须做到:用正确的方法、格式填写"托运人危险物品申报单";填写的内容准确、清楚;确保在向经营人交运货物时申报单已签署;确保危险物品的交运完全符合有关规则规定。

下面将国际航空运输协会(IATA)"托运人危险物品申报单"的规格和填写的原则、具体要求等进行介绍。

一、申报单的规格

国际航空运输协会(IATA)对"托运人危险物品申报单"有统一的规格要求,凡航协成员航空公司都必须使用统一规格的"托运人危险物品申报单"。该统一规格在文字、颜色、尺寸和格式方面的具体要求如下:

(1) 文字:应使用同一种英文文字。此外,如有需要,可补充印制正确翻译的另一种文字。

(2) 颜色:申报单的表格可用黑色和红色印制在白纸上,或只用红色印制在白纸上。表格左右两边垂直的斜纹影线必须印成红色。

(3) 尺寸:申报单的印制必须使用 ISO 的 A3 或 A4 型纸,或者北美洲等同型号纸。
ISO 标准尺寸:
  A3:297mm×420mm
  A4:297mm×210mm
北美洲等同纸型:
  账单纸:280mm×430mm
  信纸:280mm×215mm

(4) 格式:申报单有两种格式,第一种样本是为计算机填制设计的,第二种样本是为手工填制设计的。两种申报单均可由手工填写,也可用打字机填制。两种申报单的中文和英文样本如图 8-1 和图 8-2 所示。

二、申报单填写的一般原则

(1) 申报单必须用英文填写。在英文后可附加另一种文字的准确译文。

(2) 申报单至少一式三份并签字随货一同交给运营人,可以采用复写纸。一份由收运的运营人保存,一份随货物和货运单送至到达站,一份托运人留存。只有第一运营人需要保留申报单的原件。当货物需要中转,需要更换运营人时,第二运营人可以保存托运人申报单原件的复印件。托运人必须将申报单和其他信息以及 DGR 规定的其他文件至少保留 3 个月。

注意:

最初接收危险品货物的运营人,要求保留申报单的原件。中转运输时,可以接受影印的申报单。

(3) 运营人不接收已经有变更或修改过内容的申报单,除非在修改处有托运人的签名,该签名必须与文件上的签字相一致,货运单号码、始发站机场和目的站机场栏除外。一批物品的申报单被运营人拒收后,托运人在再次交运该批物品时,必须重新填制一份完整的申报单。

Shipper's Declaration For Dangerous Goods (Computerized Form)

托运人 shipper 电话 Tel	航空货运单号码 Air Waybill No. 第　页,共　页 Page　of　Pages 托运人编号(可选择) Shipper's Reference Numbers(optional)
收货人 Consignee 电话 Tel	可选用公司商标,名称和地址
须将两份填好并签字的申报单交给运营人 *Two completed and signed copies of this Declaration must be handed to the operator*	警告 WARNING 未完全按照适用的《危险品规则》办理则可能会触犯有关法律,要受到法律的制裁。 Failure to comply in all Regulations with the applicable Dangerous Goods regulations may be in breach of the Applicable law, subject to legal penalties.
运输说明 TRANSPORT DETAILS	

此货物限定于(不适合用的划掉) This shipment is within the Limitations prescribed for: (*delete non-applicable*)		始发站机场 Airport of Departure	
客机和货机 PASSENCER AND CARGO AIRCRAFT	仅限货机 CARGO AIRCRAFT ONLY		
目的站机场 Airport of Destination			货物种类:(不适合的划掉) Shipment type:(*delete non-applicable*)
			非放射性 NON-RADIOACTIVE	放射性 RADIOACTIVE

危险品的种类和数量 NATURE AND QUANTITY OF DANGEROUS GOODS
UN 编号或识别编号,运输专用名称,类或项,包装等级(如需要)和所有其他需要内容。
UN Number or Identification Number, Proper Shipping name, Class or Division, Packing Group(if required), and all other required information.

附加操作说明 Additional Handling Information:

我在此声明:上述运输专用名称完整准确地表述了货物的内装物品并进行了分类、包装、标记、标签/挂签,各方面状态完好适合运输,且符合国际和国家的有关规定。 I hereby declare that the contents of this consignment are fully and accurately described above by the proper shipping name, and are classified, packaged, marked and labelled/placarded, and are in all respects in proper condition for transport according to applicable international governmental regulations.	签署者姓名/职务 Name/Title of Signatory 地点和日期 Place and Date 签字 Signature (见上述警告)(*see warning above*)

图 8-1　计算机填制的申报单样例

第八章 危险品运输文件

Shipper's Declaration For Dangerous Goods（Manual Form）

托运人 shipper 电话 Tel	航空货运单号码 Air Waybill No. 第 页,共 页 Page of Pages 托运人编号(可选择) Shipper's Reference Numbers(optional)		
收货人 Consignee 电话 Tel	可选用公司商标,名称和地址		
须将两份填好并签字的申报单交给运营人 Two completed and signed copies of this Declaration must be handed to the operator	警告 WARNING 未完全按照适用的《危险品规则》办理则可能会触犯有关法律,要受到法律的制裁。 Failure to comply in all Regulations with the applicable Dangerous Goods regulations may be in breach of the Applicable law, subject to legal penalties.		
运输说明 TRANSPORT DETAILS			
此货物限定于(不适合用的划掉) This shipment is within the Limitations prescribed for： (*delete non-applicable*)	始发站机场 Airport of Departure		
客机和货机 PASSENCER AND CARGO AIRCRAFT	仅限货机 CARGO AIRCRAFT ONLY		
目的站机场 Airport of Destination	货物种类:(不适合的划掉) Shipment type：(*delete non-applicable*)		
	非放射性 NON-RADIOACTIVE	放射性 RADIOACTIVE	
危险品的种类和数量 NATURE AND QUANTITY OF DANGEROUS GOODS			
危险品识别 Dangerous Goods Identification	数量及包装类型 Quantity and Type of Packing	包装说明 Packing Inst.	批准 Author-ization

UN 或 ID 编号 UN or ID No.	运输专用名称 Proper Shipping name	类或项 （次要危险性） Class or Division (Subsidiary Risk)	包装等级 Packing Group	数量及包装类型 Quantity and Type of Packing	包装说明 Packing Inst.	批准 Author-ization

附加操作说明 Additional Handling Information：	
我在此声明:上述运输专用名称完整准确地表述了货物的内装物品并进行了分类、包装、标记、标签/挂签,各方面状态完好适合运输,且符合国际和国家的有关规定。 I hereby declare that the contents of this consignment are fully and accurately described above by the proper shipping name, and are classified, packaged, marked and labeled/placarded, and are in all respects in proper condition for transport according to applicable international governmental regulations.	签署者姓名/职务 Name/Title of Signatory 地点和日期 Place and Date 签字 Signature (见上述警告)(see warning above)

图 8-2 手工填制的申报单样例

(4) 申报单的货运单号码栏、始发站机场栏和目的站机场栏可以由托运人、其代理填写或修改,也可以由收货人员填写或修改,但是其他栏目必须有托运人或其所雇的代表其承担托运人的责任的人或组织填写。受雇于托运人的个人或组织(包括集运人、运输商或国际航协货运代理人),如果能够在托运前期作为代表承担托运人的责任并接受过国际航协(《危险品规则》)要求的培训,方可签署和填制申报单。

(5) 申报单不得包括与本次运送无关的信息,但可以描写与本次运送的危险品共同包装在一起的非危险货物。当申报单中同时列出危险品和非危险品时,必须先列出危险品,或者用其他方式对危险品加以强调。

(6) 集中运输:将始发站多个托运人的多件货物集中托运,当中每一个托运人都与定期航空承运人以外的人签约而空运货物。如果属于集中运输货物,含有危险品的每一票货物的申报单必须交运营人,随货物一起空运。在到达目的地后,运营人须将每份申报单的复本交给集运货物拆分人。若拆分的目的是为了下一步的运输,则前一运营人必须交给后续运营人至少2份危险品申报单的复本。

(7) 申报单必须经托运人签字后才具有法律效力。签字必须使用全称,可以手写,也可以使用印章,但不准使用打字机。

(8) 对于任何一架以上飞机运输的多批货物,第一运营人必须从托运人处取得每架飞机运送的每批货物的申报单复本。

三、申报单例外情况

以下情况托运人不需要填写申报单:
(1) 例外数量的危险品;
(2) UN3373,B级生物物质;
(3) UN2807,磁性物质;
(4) UN1845,固体二氧化碳(干冰),用作非危险品的制冷剂;
(5) UN3245,转基因生物,转基因微生物;
(6) 符合包装说明965-970的第Ⅱ部分的锂离子电池或锂金属电池;
(7) 放射性物质,例外包装件(RRE)。

四、申报单的填写方法

申报单有计算机填制(见图8-1)和手工填制(见图8-2)两种。这两种申报单的功能完全一样,只是在"危险品的种类及数量"(Nature and quantity of dangerous goods)这部分有所不同。手工填制申报单的这一部分所填写的各项内容均对应一个栏目,因此填起来十分方便。计算机填制申报单的这一部分的各项内容并没有相应的栏目将其分开,只是给出了填写顺序。这两种申报单各有其优缺点:手工填制申报单可按照每一栏目所要求的内容填写,不容易出错,但是要受到栏目固定大小的限制,对于初学者使用此申报单不容易出错。计算机填写申报单虽然在每一项内容方面没有手工填写申报单那样轻易可见,但它不受栏目大小的限制,可以连续书写,并可以分成几个部分折行书写。

申报单的具体填写要求如下:

(1) 托运人(Shipper):填写托运人姓名的全称及地址。出现在申报单上的托运人姓名可以不同于航空货运单上的托运人名称。

(2) 收货人(Consignee):填写收货人姓名的全称及地址。若属传染性物质,还应填写负责人的姓名和电话号码,以便紧急情况时联系。出现在申报单上的收货人姓名可以不同于航空货运单上的收货人名称。

(3) 航空货运单号码(Air Waybill Number):填写所对应的货运单号码。填上货运单号码的申报单应随附货运单。货运单号码可由托运人及其代理人或航空公司或其地面服务代理人填写与修改。如果是集运货物,应在货运单号码后填写分运单号码,中间用"/"隔开。

(4) 页数与总页数(Page…of…Pages):填写第……页,共……页。如无续表,应填写"第1页,共1页"(Page 1 of 1 Pages)。

(5) 飞机限制(Aircraft Limitations):根据货物的包装类型是否符合客机运输条件,将"客机和货机"或"仅限货机"两项中一项划掉,另一项保留。如果根据国家差异,在某国境内只能用货机运输,但在该国境外也许可以用客机运输。在这种情况下,在该国管辖范围以外换装有客机运输货物时,必须将包装件上的"Cargo Aircraft Only"标签去掉,并在附加操作说明中注明:"This shipment may be carried on passenger aircraft outside the jurisdiction of ×××"(该货物可在×××国境外装载于客机运输)。如使用上述声明,任何其他"仅限货机"物品不出现在申报单上。当运输的某一货物装有一个(或多个)内含危险物品的废料包装而只限于货机运输时,托运人必须在其危险物品申报单中注明"仅限货机"。

(6) 始发站机场(Airport of Departure):填写始发站机场或城市全称,不允许使用机场或城市的三字代码。如上海浦东国际机场始发,应填写"SHANGHAIPUDONG"字样,而不能使用"PVG"。此项可由托运人及其代理人或航空公司或其地面服务代理人填写或修改。

(7) 目的站机场(Airport of Destination):填写目的站机场或城市全称,不允许使用机场或城市的三字代码。此项可由托运人及其代理人或航空公司或其地面服务代理人填写或修改。

(8) 货物种类(Shipment Type):划掉"放射性"(Radioactive)字样表明该货物不含放射性物质。放射性物质不能与其他危险品包括在同一申报单中,作为冷冻剂用的固体二氧化碳(干冰)除外。

(9) 危险品的种类和数量(Nature and Quantity of Dangerous Goods):填写危险品的类别与数量。对于非放射性货物,各项内容必须严格按下列要求填报。填报顺序必须清楚区分或识别。

程序一——识别

第 1 步 UN or ID NO:填写危险品的 UN 编号或 ID 编号,数字前冠以"UN"或"ID"字样。

第 2 步 Proper Shipping Name:填写运输专用名称,必要时补加技术名称。除运输专用名称中已含有"molten"(熔化)字样外,固体物质交付空运呈熔化状态时,"molten"(熔化)

字样必须加进运输专用名称。

第 3 步 Class or Division：填写危险品的类别及项别号码。对于第 1 类爆炸品还应注明配装组号码。如有次要危险性，则在主要危险性后用括号把次要危险性表示出来。在主要危险性前面可以冠以"class"或"division"代号。

第 4 步 Packing Group：填写适用的包装等级。前面可以冠以"PG"代号。

填写举例：UN1767，Diethyldichlorosilane，8(3)，Ⅱ 或 UN1767，Diethyldichlorosilane，Class8(Class3)，PG Ⅱ。

程序二——包装数量及类型

第 5 步 Quantity and Type of Packing：填写包装件数量、包装类型和每一包装件所装危险品的净数量。其中，包装件数量是指同类型或同内容的包装件的个数。包装类型可用全称或用联合国规格包装代码表示，例如："瓦楞纸箱"(Fibreboard box)、"纤维板箱"(Box, fibreboard)或"4G"。

这一栏的填写要求如下：

① 当包装件内只有一种危险品时，填写包装件的数量、包装件的类型和包装件的净数量和单位；当危险品在品名表中 H、J 或 L 栏(每件最大允许数量栏)中有最大允许毛重"G"时，以毛重代替净重，还要在单位后跟上符号"G"。包装类型的信息和紧跟着填写的数量信息间可用"×"连接。

填写举例：2 Plastic jerrican×2L(2 个塑料方形桶，每个 2L)

          1 Wooden box 50kg G(1 个木桶，毛重 50kg)

② 对于"机器或设备中的危险品"，必须按照物品中的危险品呈现的物理状态，即固体、液体或气体状态，分别填写每一危险品中各自的总数量。

注意：

如果运输专用名称显示出物质的物理状态，则必须按照固体或液体两种不同形态相应填写"kg"或"L"表示的计量单位。

③ 对于化学物品箱或急救箱，填写其中危险物品的总净重或总净容积(包括重量和体积单位)。箱内液体的净重应按 1∶1 的换算率计算其容积，即 1L 等于 1kg。

④ 对于未清洗的、含有残余危险品的空包装，除了第 7 类，必须使用"EMPTY UNCLEANED"或"RESIDUE LAST CONTAINED"的字样进行描述。不需要显示数量，只需要填入包装件件数和包装类型。

⑤ 当两种或两种以上危险品放入同一外包装时，首先填写不同危险品各自的净数量和单位，然后在下面填写"All packed in one…"(填入包装件的类型)，如含有一件以上的包装件，每一包装件含有同一类别并可配装的物品，应这样填写："All packed in one…"(填入包装件的类型)×…(填入实际包装件数)，最后在下面填写 Q 值(精确到小数点后一位，第二位向前进位而不可舍去，如 0.82 应进位为 0.9)，干冰作为冷冻剂无须填写 Q 值。

填写举例：

5L

3L

All packed in one wooden box

Q=0.8

⑥ 当使用合成包装时,"Overpack used"必须写在所有使用合成包装的危险品的最下面;如果多个合成包装件内装物相同,应列出"Overpack used×…(填入相同合成包装件的件数)",多个合成包装件中的包装件不尽相同时,应将它们分别列出。

填写举例:

5 Fibreboard boxes×5L

1 Wooden box 50kg

Overpack used

⑦ 对于放射性物质:

● 如果运输专用名称中无"radioactive material"(放射性物质)字样,应注明。

● 应填写每个核素的名称或符号,对混合放射性核素,应使用适当的一般描述或最严格的核素名称。

● 应填写物质在"其他形式"时的物理和化学状态,或者标明物质是"特殊形式(special form)"或低扩散性放射性物质(UN3332 和 UN3333 无此要求)。对于化学状态,用一般化学描述即可。

● 应根据情况,注明 LSA-Ⅰ、LSA-Ⅱ、LSA-Ⅲ、SCO-Ⅰ、SCO-Ⅱ。

● 应填写包装件或合成包装件的数量、类型和每一包装件的活度。对于裂变物质,可以用裂变物质的质量[用克(g)表示]取代活度。

程序三——包装说明

第 6 步　Packing Instruction:填入包装说明和限量包装说明的序号(及其前缀"Y")。

① 选择使用客机运输时,客机包装说明的序号必须填入申报单,包装件上不得粘贴"仅限货机"标签。

② 限定使用"仅限货机"运输时,货机包装说明序号必须填入申报单,包装件上必须粘贴"仅限货机"标签;如客机包装说明序号显示在申报单上,则不必粘贴"仅限货机"标签。然而,如包装说明序号和每一包装件的允许量适合于客、货两种机型时,"仅限货机"标签不得使用。

③ 对放射性物质:

● 还应填写包装件或合成包装件或专用货箱的等级,"Ⅰ级-白色"(Ⅰ White)、"Ⅱ级-黄色"(Ⅱ-Yellow)和"Ⅲ级-黄色"(Ⅲ-Yellow);

● 应填写运输指数以及每一包装件或合成包装件或专用货箱的尺寸(只适用于Ⅱ级和Ⅲ级放射性物质);

● 应在例外数量裂变物质的情况下,注明"裂变例外"(fissile excepted)。

程序四——准批

第 7 步　Authorizations:填写主管部门的批准和认可。

① 当使用限量包装时,应填入"Limited Quantity"或"LTD. QTY"字样。

② 如特殊规定为 A1、A2、A51、A81、A88、A99 或 A130 时,应填入特殊规定序号。

③ 如物质或包装是经政府当局批准而运输或使用时,应填入政府当局的批准文号。这些情况包括:

● 如物质是经政府当局批准按 A1、A2 运输时,批准或豁免证书应随附申报单。批准内容应包括:数量限制;包装要求;机型(如适用);其他任何有关资料。

● 当危险物品装在轻便罐中运输时,必须附一份主管当局批准的文件。

● 当危险物品按规定装在《危险品规则》5.0.6.7 批准的包装中运输时,必须附带一份主管当局批准的文件。

● 需事先得到批准才能运输的有机过氧化物和自身反应物质,经主管当局批准的文件必须附在申报单的后面。

④ 当运输的爆炸性物质符合包装说明 101 并获得了有关国家当局的批准时必须在托运人危险品申报单上用国际交通机动车辆国家识别符号(见 IATA-DGR 附录 D.1),标注所列的批准当局的名称。标注方法如下:"Packaging authorized by the competent authority of…"(包装已获……国家主管当局批准)。

⑤ 随附申报单的许可、批准及豁免文件,如使用的是英文以外的其他文字,必须附上一份准确的英文译文。

⑥ 托运人可将包装件参考资料或识别号码按程序四最后一项填入申报单。

⑦ 放射性物质应随附:

● 特殊形式放射性物质批准证书;
● B 型包装件设计批准证书;
● B(M)型包装件设计批准证书;
● 裂变物质包装件设计批准证书;
● 裂变物质包装件装运批准证书;
● 特殊安排批准证书;
● 其他相关文件。

注意:

在填写申报单"危险品的种类和数量"部分时,由于申报单格式不同而填写方法不同:

人工填写的申报单,所填内容必须在相关的栏目里按顺序填写。

用计算机填制的申报单,所填内容必须按程序的顺序填写。程序之间用两条斜线分开或分行处理,程序内的步骤必须用逗号分开。

(10) 其他操作说明(Additional Handling Information):填写任何其他有关的特殊操作说明,包括:

① 对于 4.1 项自身反应物质或具有相同特性的其他物质以及 5.2 项品名表 M 栏 A20 特别规定有机过氧化物,填写:"Must be protected from direct sunlight, and all sources of heat and be placed in adequately ventilated areas"(必须避免阳光直射和远离热源,放置在通风良好的地方)。

② 当国家有关当局批准运输一种新的自身反应物质的新配方或某种有机过氧化物新配方时，必须在"其他操作说明"栏中加以说明并指出这是需要经批准的样品。

③ 根据品名表 M 栏中的 A144 来运输保护呼吸装置中的化学氧气发生器时，需填写："air crew protective breathing equipment(smoke hood)in accordance with special provision A144"[符合特殊规定 A144 的机组呼吸保护装置（防烟面罩）]。

④ 对于 A 类 6.2 项（UN2814、UN2900）感染性物质以及根据国家法律或国际公约规定禁止公布其技术名称的感染性物质，填写责任人的姓名及联系电话。

(11) 保证声明。

① 申报单中应有证明或声明，保证货物按照相关的规则进行准备并符合运输条件。声明文字如下：

"I hereby declare that the contents of this consignment are fully and accurately described above by the proper shipping name, and are classified, packaged, marked andlabelled/placarded, and are in all respects in proper condition for transport according to applicable international and national governmental regulations."（我在此声明，以上填写的本批货物的运输专用名称完整无误，其分类、包装、标记与标签/标牌已经完成，且各方面均符合相关的国际和国家政府规定，可以予以交运。）

② 空运时还必须有以下附加声明："I declare that all of the applicable air transport requirements have been met."（我声明符合所有适用的空运要求。）

(12) 签字人的姓名和职别（Name and Title of Signatory）：填写签字人的姓名和职务，既可打印，也可盖章。

注意：

填写签字人的职务及其所在的部门名称都可以。

(13) 地点和日期（Place and Date）：填写签字的地点和日期。

(14) 签字（Signature）：由填写申报单的托运人或托运人的委托代理人签字，签字必须使用全称，可手写或盖章，但不得打印。

五、申报单的填写方法实例

例 8-1：该申报单中，各项危险品均单独包装。4.1 项自反应物质在附加操作栏中有强制性的文字要求。手工填制和计算机填制的申报单分别如图 8-3 和图 8-4 所示。

例 8-2：计算机填制的放射物质申报单，如图 8-5 所示。

例 8-3：手工填制的放射物质申报单，如图 8-6 所示。

例 8-4：两种或两种以上可配装危险品装在同一包装内，须计算 Q 值，如图 8-7 所示。

例 8-5：两种或两种以上可配装的限量危险品装在同一包装内，须计算 Q 值，如图 8-8 所示。

例 8-6：干冰作为冷冻剂与其他危险品装在同一包装内，不要求注明 Q 值，如图 8-9 所示。

Shipper's Declaration For Dangerous Goods

shipper ABC Company 1000 High Street Youngville, Ontario, Canada			Air Waybill No. **800 1234 5686** Page **1** of **1** Pages Shipper's Reference Numbers(optional)		
Consignee CBA Lte 50 Rue de la Paix, Paris 75 006, France			For optional use For Company logo name and address		
Two completed and signed copies of this Declaration must be handed to the operator			WARNING Failure to comply in all Regulations with the applicable Dangerous Goods regulations may be in breach of the Applicable law, subject to legal penalties.		
TRANSPORT DETAILS					
This shipment is within the Limitations prescribed for: (*delete non-applicable*) <s>PASSENGER AND CARGO AIRCRAFT</s> / CARGO AIRCRAFT ONLY		Airport of Departure Youngville			
Airport of Destination Paris, Charles de Gaulle			Shipment type: (*delete non-applicable*) NON-RADIOACTIVE <s>RADIOACTIVE</s>		
NATURE AND QUANTITY OF DANGEROUS GOODS					
Dangerous Goods Identification					
UN or ID No.	Proper Shipping name	Class or Division (Subsidiary Risk)	Packing Group	Quantity and Type of Packing	Packing Inst.	Authorization
UN1816	Propyltrichlorosilane	8(3)	II	3 Plastic drums × 30L	813	
UN3226	Self-reactive solid type D (Benzenesu phonyl hydrazide)	Div·4·1		1 Fibreboard box × 10kg	430	
UN1263	Paint	3	II	2 Fibreboard boxes × 4L	305	
UN1263	Paints	3	III	1 Fibreboard box × 30L	309	
UN3166	Vehicle,, flammable liquid powered	9		1 automobile 1350 kg	900	
UN3316	Chemical kits	9	II	1 Fibreboard box × 3kg	915	
UN2794	Batteries, wet, filled with acid	8		1 wooden box 50 kg G	800	
Additional Handling Information The package containing UN3226 must be protected from direct sunlight, and all sources of heat and be placed in adequately ventilated areas. 24-hour Number: +19051234567					
I hereby declare that the contents of this consignment are fully and accurately described above by the proper shipping name, and are classified, packaged, marked and labeled /placarded, and are in all respects in proper condition for transport according to applicable international governmental regulations.			Name/Title of Signatory B·Smith, Dispatch Supervisor Place and Date Youngville1 January 2017 Signature B·Smith (see warning above)		

图 8-3 实例 8-1：手工填制的申报单

Shipper's Declaration For Dangerous Goods

shipper **ABC Company** **1000 High Street Youngville, Ontario, Canada**		Air Waybill No. **800 1234 5686** Page **1** of **1** Pages Shipper's Reference Numbers(optional)
Consignee **CBA Lte** **50 Rue de la Paix, Paris 75 006, France**		For optional use For Company logo name and address
Two completed and signed copies of this Declaration must be handed to the operator		WARNING
TRANSPORT DETAILS		Failure to comply in all Regulations with the applicable Dangerous Goods regulations may be in breach of the Applicable law, subject to legal penalties.
This shipment is within the Limitations prescribed for: (*delete non-applicable*)	Airport of Departure **Youngville**	
~~PASSENGER AND CARGO AIRCRAFT~~	CARGO AIRCRAFT ONLY	
Airport of Destination **Paris, Charles de Gaulle**		Shipment type:(*delete non-applicable*) NON-RADIOACTIVE ~~RADIOACTIVE~~
NATURE AND QUANTITY OF DANGEROUS GOODS UN Number or Identification Number, Proper Shipping name, Class or Division, Packing Group (if required), and all other required information. **UN1816, Propyltrichlorosilane ,8(3), Ⅱ// 3 Plastic drums× 30L// 813** **UN3226, Self-reactive solid type D (Benzenesu phonyl hydrazide), Div.4.1// 1 Fibreboard box ×10kg // 430** **UN1263, Paint,3, Ⅱ// 2 Fibreboard boxes × 4L // 307** **UN1263, Paints,3, Ⅲ// 1 Fibreboard box × 30L// 309** **UN3166, Vehicle, flammable liquid powered,9// 1 automobile 1350 kg// 900** **UN3316, Chemical kits,9, Ⅱ// 1 Fibreboard box × 3kg// 915** **UN2794, Batteries, wet, filled with acid,8// 1 wooden box 50 kg G// 800**		
Additional Handling Information: **The package containing UN3226 must be protected from direct sunlight ,and all sources of heat and be placed in adequately ventilated areas.** **24-hour Number: +19051234567**		
I hereby declare that the contents of this consignment are fully and accurately described above by the proper shipping name, and are classified, packaged, marked and labelled /placarded, and are in all respects in proper condition for transport according to applicable international governmental regulations.		Name/Title of Signatory **B.Smith, Dispatch Supervisor** Place and Date **Youngville 1 January 2017** Signature *B·Smith* (*see warning above*)

图 8-4   实例 8-1:计算机填制的申报单

Shipper's Declaration For Dangerous Goods

shipper **Advanced Chemical Co.** **345 Main Street** **Reigate,Surrey,England**		Air Waybill No. **800 1234 5686** Page **1** of **1** Pages Shipper's Reference Numbers(optional)
Consignee **ABC Co.Ltd.** **1000 High Street** **Athens,Greece**		For optional use For Company logo name and address
Two completed and signed copies of this Declaration must be handed to the operator		WARNING
TRANSPORT DETAILS		Failure to comply in all Regulations with the applicable Dangerous Goods regulations may be in breach of the Applicable law，subject to legal penalties.
This shipment is within the Limitations prescribed for: （*delete non-applicable*）	Airport of Departure **London Heathrow**	
PASSENGER AND CARGO AIRCRAFT	~~CARGO AIRCRAFT ONLY~~	
Airport of Destination **Athens**		Shipment type:（*delete non-applicable*） ~~NON-RADIOACTIVE~~ | RADIOACTIVE
NATURE AND QUANTITY OF DANGEROUS GOODS UN Number or Identification Number，Proper Shipping name，Class or Division，Packing Group（if required），and all other required information. **UN3328, Radioactive material, Type B(U) package fissile,7** **U-235,(UO2),solid,1 Type B(U) package ×3.4GBq** **Ⅰ-White, CSI=1** **Type B package design approval certificate B/30/B(U)F** **Fissile material package shipment approval certificate B/30/B(U)F/T Attached.**		
Additional Handling Information：		
I hereby declare that the contents of this consignment are fully and accurately described above by the proper shipping name，and are classified，packaged，marked and labelled /placarded，and are in all respects in proper condition for transport according to applicable international governmental regulations.		Name/Title of Signatory **A.Brown, Shipping Manager** Place and Date **Reigate, 1 Jan 2017** Signature *A·Brown* （*see warning above*）

图 8-5   实例 8-2：计算机填制的放射性物质申报单

Shipper's Declaration For Dangerous Goods

shipper ADVANCED CHEMICAL CO. 345 MAINSRTEET, REIGATE, SURREY, ENGLAND	Air Waybill No. 800 1234 5686 Page **1** of **1** Pages Shipper's Reference Numbers(optional)
Consignee ABC CO.LTD. 1000 HIGH STREET, Athens, Greece	For optional use For Company logo name and address
Two completed and signed copies of this Declaration must be handed to the operator	WARNING
TRANSPORT DETAILS	Failure to comply in all Regulations with the applicable Dangerous Goods regulations may be in breach of the Applicable law, subject to legal penalties.
This shipment is within the Limitations prescribed for: (*delete non-applicable*) PASSENCER AND CARGO AIRCRAFT ~~CARGO AIRCRAFT ONLY~~	Airport of Departure London Heathrow
Airport of Destination Athens	Shipment type: (*delete non-applicable*) ~~NON-RADIOACTIVE~~ / RADIOACTIVE

NATURE AND QUANTITY OF DANGEROUS GOODS

Dangerous Goods Identification				Quantity and Type of Packing	Packing Inst.	Authorization
UN or ID No.	Proper Shipping name	Class or Division (Subsidiary Risk)	Packing Group			
UN2916	RADIOACTIVE MATIERIAL, TYPE B(U) PACKAGE	7		IRIDIUM-192 SPECIAL FROM 1TYPE B(U) PACKAGE×1.925 TBq	III-YELLOW TI3.0 DIM 30×30×400CM	SPECIAL FROM CERTIFICATE NO 9999 TYPE B(U) PACKAGE CERTIFICATE UKT735/B(U)S ATTACHED

Additional Handling Information

I hereby declare that the contents of this consignment are fully and accurately described above by the proper shipping name, and are classified, packaged, marked and labeled /placarded, and are in all respects in proper condition for transport according to applicable international governmental regulations.	Name/Title of Signatory A.Brown, Shipping Manager Place and Date Reigate, 1 Jan 2017 Signature A.Brown (*see warning above*)

图 8-6 实例 8-3:手工填制的放射性物质申报单

NATURE AND QUANTITY OF DANGEROUS GOODS

Dangerous Goods Information				Quantity and type of Packing	Packing inst.	Authorization
UN or ID NO.	Proper Shipping Name	Class or division subsidiary Risk)	Packing Group			
UN2339	2-Bromobutance	3	II	2L	305	
UN2653	Benzyl iodide	6.1	II	2L	609	
UN2049	Diethylbenzene	3	III	5L All packed in one wooden box Q=0.9	309	

图 8-7 实例 8-4:危险品申报单

UN2339	2-Bromobutane	3	II	0.2L	Y305	LTD.QTY.
UN2653	Benzyl iodide	6.1	II	0.3L	Y609	
UN2049	Dlethylbenzene	3	III	0.5L All packed in one woden box Q=0.6	Y309	

图 8-8　实例 8-5：危险品申报单

| UN2814 | Infectious Substance. Affecting Humans (Dengue Virus culture) | 6.2 | | 25g | 602 | |
| UN2845 | Dry ice | 9 | III | 20kg
All packed in one Fibreboard box | 904 | |

图 8-9　实例 8-6：危险品申报单

例 8-7：三种危险品，其中两种危险品的包装件组成一个合成包装件，另一种不在合成包装件中。此时，合成包装件的危险品应列于前，后跟文字"组成合成包装件"（Overpack used），如图 8-10 所示。

| NATURE AND QUANTITY OF DANGEROUS GOODS |||||||
| Dangerous Goods Information |||||||
UN or ID NO.	Proper Shipping Name	Class or division subsidiary Risk）	Packing Group	Quantity and type of Packing	Packing inst.	Authorization
UN1203	Motor Spirit	3	II	1 Steel drum×4L	305	
UN1950	Aerosols,flammable	2.1		2 Plastic Jerricans×2L 1 Fibreboard box ×5kg Overpack used	203	
UN1992	Flammable liquid, toxic,n.o.s.(Ptrol,Carbon tetrachloride mixture	3(6.1)	III	1 Fibreboard box ×1L	Y309	LTD.QTY.

图 8-10　实例 8-7：危险品申报单

例 8-8：含有同一种物质同一种规格的多个合成包装件。注意该批货物含有 600 个纤维板箱气溶胶，并组成三个同样规格的合成包装件。为便于识别、装载和通知，经营人要求每一合成包装件都标有识别标记（可按字母顺序号）和危险品的总量。以上事项应填写在申报单上。申报单上的总量必须与合成包装件上的总量相符，如图 8-11 所示。

| NATURE AND QUANTITY OF DANGEROUS GOODS |||||||
| Dangerous Goods Information |||||||
UN or ID NO.	Proper Shipping Name	Class or division subsidiary Risk）	Packing Group	Quantity and type of Packing	Packing inst.	Authorization
UN1950	Aerosols,flammable	2.1		200 Fibreboard boxes × 0.2kg Overpack used ×3 #1234 #2345 #1841 Total quantity per overpack 40 kg	203	

图 8-11　实例 8-8：危险品申报单

例 8-9：含有同一种物质不同规格的多个合成包装件。注意该批货物含有 600 个纤维板箱气溶胶，其中有两个不相同和三个相同的合成包装件。为便于识别、装载和通知，经营人要求每一合成包装件都标有识别标记（可按字母顺序号）和危险品的总量。以上事项应填写在申报单上。申报单上的总量必须与合成包装件上的总量相符，如图 8-12 所示。

例 8-10：承运人不接受经变动或修改的申报单，除非签署人对某项变动或修改再次签名，如图 8-13 所示。

NATURE AND QUANTITY OF DANGEROUS GOODS						
Dangerous Goods Information				Quantity and type of Packing	Packing inst.	Authorization
UN or ID NO.	Proper Shipping Name	Class or division subsidiary Risk)	Packing Group			
UN1950	Aerosols,flammable	2.1		200 Fibreboard boxes × 0.2kg Overpack used ＃AA44 Total net quantity 40kg 100 Fibreboard boxes × 0.1kg Overpack used ＃AB62 Total net quantity 10kg 100 Fibreboard boxes ×0.3kg Overpack used ×3 ＃AA60 ＃AA72 ＃AB84 Total quantity per overpack 30 kg	203	

图 8-12 实例 8-9:危险品申报单

PASSENGER AND CARGO AIRCRAFT	~~CARGO AIRCRAFT ONLY~~					
Airport of Destination STOCKHOLM				Shipment type：(*delete non-applicable*) NON-RADIOACTIVE　~~RADIOACTIVE~~		
NATURE AND QUANTITY OF DANGEROUS GOODS						
Dangerous Goods Identification				Quantity and Type of Packing	Packing Inst.	Authorization
UN or ID No.	Proper Shipping name	Class or Division (Subsidiary Risk)	Packing Group			
UN1920	NONANES	3	III	~~Cartons ×2L~~　*S·Jores* 2 wooden boxes × 2L	355	
Additional Handling Information						
I hereby declare that the contents of this consignment are fully and accurately described above by the proper shipping name, and are classified, packaged, marked and labeled /placarded, and are in all respects in proper condition for transport according to applicable international governmental regulations.				Name/Title of Signatory 　S.Jores, Export Manager Place and Date 　Toronto,　January　1, 2017 Signature　*S·Jores* (*see warning above*)		

图 8-13 实例 8-10:变动或修改的危险品申报单

第二节　货物托运书

货物托运书(如图 8-14 所示)是托运人办理货物托运时填写的书面文件,是填开航空货运单的凭据。托运人及代理人在运营人或其地面操作代理人的货物收运处托运危险品时,应填写货物托运书。在货物托运书上,应声明所托运的货物是否是危险品。货物托运书上如有修改,应由托运人或其代理人在修改处签字确认。"是否属于危险品"一栏不应修改,如有修改,则此货物托运书视为无效。货物托运书的保存期限应不短于 12 个月。

托运人姓名、地址 Shipper's Name and Address	托运人账号 Shipper's Account Number	航空货运单号码 Air Waybill Number	
收货人姓名、地址 Consignee's Name and Address	收货人账号 Consignee' Account Number	本人保证所托运货物已经完全正确地命名。所托运货物中的危险品，根据使用的《危险品规则》中的规定，处于完好状态且适于航空运输，并完全符合航空运输条件。 I certify that the content of consignment are properly identified by name. In so far as any part of the consignment contain dangerous goods, such part is in proper condition for carriage by air according to the applicable Dangerous Goods Regulations.	
		是否属于危险品　　□是　　□否 Dangerous Goods or Not　yes　　no	
始发站 Airport of Departure	目的站 Airport of Destination	随附文件 Document to accompany	
航班/日期 Flight/Date	航班/日期 Flight/Date		
件数 No. of pieces	毛重（千克） Gross Weight(kg)	货物品名和数量 Nature and quantity of goods	包装尺寸和体积 Measurement
航空运费和声明价值附加费 WT/VAL Charges □预付 Prepaid □到付 Collect	其他费用 Other Charges 预付 Prepaid 到付 Collect	供运输用声明价值 Declared Value for Carriage	供海关用声明价值 Declared Value for Customs
储运注意事项和条件 Handling Information and Remarks		托运人签字 Signature 日期 Date	

图 8-14　货物托运书

第三节　航空货运单

本节所述货运单的填写内容，只针对有关的危险品。

一、货运单上"操作说明"栏的填写

（1）对客机与货机均可运输的危险品，应在"操作说明"栏内注明"危险品见随附的托运

人申报单(Dangerous goods as per attached Shipper's declaration or Dangerous goods as per attached DGD)",见图 8-15。(注:为了便于学习,将英文同时翻译成了中文,下同。)

操作说明 Handling Information 危险品见随附的托运人申报单 Dangerous goods as per attached Shipper's Declaration. Or Dangerous goods as per attached DGD					
件数 No.of Pieces RCP	毛重 Gross Weight				货物种类和数量(包括尺寸或体积) Nature and Quantity of Goods (incl. Dimensions or Volume)
					化学品 Chemicals

图 8-15　客机和货机均可运输的危险品

(2)对仅限货机运输的危险品,应在"操作说明"栏内注明"仅限货机运输"(cargo aircraft only or CAO),见图 8-16。

操作说明 Handling Information 危险品见随附的托运人申报单——仅限货机运输 Dangerous goods as per attached Shipper's Declaration—cargo aircraft only or CAO					
件数 No.of Pieces RCP	毛重 Gross Weight				货物种类和数量(包括尺寸或体积) Nature and Quantity of Goods (incl. Dimensions or Volume)
					化学品 Chemicals

图 8-16　仅限货机运输的危险品

(3)若一票货物同时含有危险品和非危险品,还应在"操作说明"栏内注明危险品货物的件数,见图 8-17。

操作说明 Handling Information 5 件危险品件随附的托运人申报单 5 packages Dangerous goods as per attached Shipper's Declaration					
件数 No.of Pieces RCP	毛重 Gross Weight				货物种类和数量(包括尺寸或体积) Nature and Quantity of Goods (incl. Dimensions or Volume)
25					油井设备 Oil well equipment

图 8-17　含有危险品和非危险品的货物

二、货运单上"货物种类和数量"栏的填写

(1) 对不要求填写托运人危险品申报单的危险品货物,其航空货运单的"Nature and Quantity of Goods"(货物种类和数量)栏内应填写如下内容:运输专用名称;类别或项别;UN 或 ID 编号;包装等级;次要危险(如适用);包装件数;每个包装件的净数量;包装说明编号。

(2) 对于固体二氧化碳(干冰),在货运单上不需要注明包装等级和包装说明编号,见图 8-18。

操作说明 Handling Information						
件数 No.of Pieces RCP	毛重 Gross Weight					货物种类和数量(包括尺寸或体积) Nature and Quantity of Goods (incl. Dimensions or Volume)
						在干冰中不受限制的黏合剂 Not restricted adhesives in dry ice. 9,UN 1845,Ⅲ 4×10kg net each (每件净重) 904

图 8-18 使用固体二氧化碳(干冰)作为危险品的冷冻剂的货运单

三、其他填写说明

(1) 对于例外数量危险品货物,应在"Nature and Quantity of Goods"(货物种类和数量)栏内注明"Dangerous goods in excepted quantities"(例外数量危险品),见图 8-19。

操作说明 Handling Information						
件数 No.of Pieces RCP	毛重 Gross Weight					货物种类和数量(包括尺寸或体积) Nature and Quantity of Goods (incl. Dimensions or Volume)
						化学品样品 Chemical sample 例外数量危险品 Dangerous goods in excepted quantities

图 8-19 例外数量危险品的货运单

(2) 非危险品。

若怀疑某种物质或物品为危险品(在隐含危险品表中出现),但根据鉴定并不符合危险品各类别或项别的标准,则该物质或物品应作为非危险品运输。在货运单的"Nature and

Quantity of Goods(货物种类和数量)"栏中注明"Not restricted(不受限制)",表示已做过检查。当某件货物根据品名表 M 栏中的特别规定不受 DGR 限制时,必须在货运单的货物种类和数量栏中注明"Not restricted,as per special provision(不受限制,根据特殊规定 AXX)"的字样来表示已用的特殊规定。

(3) 对于危险品空包装件的运输,在货运单的"Nature and Quantity of Goods(货物种类和数量)"栏内注明"Empty"。

第四节 危险品收运检查单

在收运危险品时,为了检查托运人危险品申报单、货运单及危险品包装件是否完全符合要求,负责营运人危险品收运的人员必须使用危险品收运检查单。检查单必须符合现行有效的 IATA 危险品检查单的最低要求。

收运检查单主要是供运营人收运危险品时使用,同时也可以给货主、货运代理人提供一个准备货件的良好依据。

一、使用说明

(1) 危险品收运检查单由营运人收货人员填写,一式两份,经复核签字后生效。如果收货人员未填写危险品收运检查单或者危险品收运检查单未经复核签字,则不得收运该危险品。

(2) 危险品收运检查单上的各个项目必须全部检查完毕后方能确定该危险品是否可以收运。

(3) 经检查,危险品收运检查单上的各个项目均无问题,该危险品可以收运。

(4) 经检查,危险品收运检查单上如有任意一项或几项结果为否定,则该危险品不得收运。

(5) 危险品收运检查单的正本和托运人危险品申报单与货运单附在一起随同货物运输,其副本由始发站留存。

(6) 对例外数量的危险品不需要做检查单。

二、对检查出问题的处理方法

(1) 如果问题出在托运人危险品申报单上,除货运单号码栏、始发站机场栏和目的站机场栏以外,其他的栏目必须由托运人予以更正,并在更正处签名或盖章。

(2) 如果危险品包装件有损坏或包装方法不正确,航空公司收货人员应该拒绝收该危险品。

三、危险品收运检查单类型

危险品收运检查单分为三种：第一种用来检查非放射性物质；第二种用来检查放射性物质；第三种用来检查不要求托运人危险品申报单的固体二氧化碳（干冰）。

1. 非放射性物质收运检查单

2014
DANGEROUS GOODS CHECKLIST FOR A NON-RADIOACTIVE SHIPMENT

The recommended checklist appearing on the following pages is intended to verify shipments at origin. Never accept or refuse a shipment before all items have been checked.
Is the following information correct for each entry?
SHIPPERS DECLARATION FOR DANGEROUS GOODS(DGS)

YES　NO*　N/A

1. Two copies in English and in the IATA format including the air certification statement [8.1.1,8.1.2,8.1.6,12] ☐ ☐
2. Full name and address of Shipper and Consignee [8.1.6,8.1.6.2] ☐ ☐
3. If the Air Waybill number is not shown, enter it [8.1.6.3] ☐ ☐
4. The number of pages shown [8.1.6.4] ☐ ☐
5. The non-applicable Aircraft Type deleted or not shown [8.1.6.5] ☐ ☐
6. If full name of Airport or City of Departure or Destination is not shown, enter it. [8.1.6.6 and 8.1.6.7] Information is optional ☐ ☐
7. The word "Radioactive" deleted or not shown [8.1.6.8] ☐ ☐

Identification

8. UN or ID Number, preceded by prefix [8.1.6.9.1, Step 1] ☐ ☐
9. Proper shipping Name and the technical name in brackets for asterisked Entries [8.1.6.9.1, Step 2] ☐ ☐
10. Class or Division, and for Class 1, the Compatibility Group, [8.1.6.9.1, Step 3] ☐ ☐
11. Subsidiary Risk, in parentheses, immediately following Class or Division [8.1.6.9.1, Step 4] ☐ ☐ ☐
12. Packing Group [8.1.6.9.1, Step 5] ☐ ☐ ☐

Quantity and Type of Packing

13. Number and Type of Packages [8.1.6.9.2, Step 6] ☐ ☐
14. Quantity and unit of measure (net, or gross followed by "G", as applicable) within Per package limit [8.1.6.9.2, Step 6] ☐ ☐
15. When different dangerous goods are packed in one outer packaging, the following Rules are complied with:
    —Compatible according to Table 9.3.A ☐ ☐ ☐
    —UN packages containing Division 6.2 [5.0.2.11(c)] ☐ ☐ ☐
    —"All packed in one (type of packaging)" [8.1.6.9.2, Step 6(f)] ☐ ☐ ☐
    —Calculation of "Q" value must not exceed 1 [5.0.2.11(g)&(h); 2.7.5.6; 8.1.6.9.2, Step 6(g)] ☐ ☐ ☐
16. Overpack
    —Compatible according to Table 9.3.A ☐ ☐ ☐
    —Wording "Overpack Used" [8.1.6.9.2, Step 7] ☐ ☐ ☐

— If more than one overpack is used, identification marks shown and
total Quantity of dangerous goods [8.1.6.9.2, Step 7] ·················· □ □ □

Packing instructions

17. Packing Instruction Number [8.1.6.9.3, Step 8]························ □ □
18. For lithium batteries in compliance with Section IB, "IB" follows the
packing Instruction [8.1.6.9.2, Step 8] ···································· □ □ □

Authorizations

19. Check all verifiable special provisions. The Special Provision Number if
A1,A2,A4,A5,A51,A81,A88,A99,A130,A190,A191 [8.1.6.9.4, Step 9] ········· □ □ □
20. Indication than governmental authorization is attached, including a copy in English
and additional approvals for other items under [8.1.6.9.4, Step 9] ············· □ □ □

Additional Handling Information

21. The mandatory statement shown for self-reactive and related substances of Division 4.1
and organic peroxides of Division 5.2, or samples thereof, for PBE And for fireworks
[8.1.6.11.1, 8.1.6.11.2, 8.1.6.11.3 and 8.1.6.11.5] ···················· □ □ □
22. Name and Telephone Number of a responsible person for Division 6.2
Infections Substance shipment [8.1.6.11.4] ······························ □ □ □
23. **Name and Title (or Department) of Signatory**, **Place and Date** indicated and
Signature of Shipper [8.1.6.13, 8.1.6.14 and 8.1.6.15] ··············· □ □ □
24. **Amendment** or alteration signed by Shipper [8.1.2.6] ··············· □ □ □

AIR WAYBILL-HANDLING INFORMATION

25. The statement: "Dangerous goods as per attached Shipper's Dangerous Goods as
per attached DGD" [8.2.1(a)] ·· □ □
26. "Cargo Aircraft Only" or "CAO", If applicable [8.2.1(b)] ············· □ □ □
27. When non-dangerous goods are included, the number of pieces of
Dangerous Goods shown [8.2.2] ·· □ □

PACKAGE(S) AND OVERPACKS

28. Packaging conforms with packing instruction and is free from damage or Leakage
[The relevant PI and 9.1.3] ··· □ □
29. Same number and type of packagings and overpacks delivered as
shown on DGD [9.1.3] ··· □ □

Markings

30. UN Specification Packaging, maked according to 6.0.4 and 6.0.5:
— Symbol and Specification Code ·· □ □ □
— X, Y or Z meets or exceeds Packing Group/Packing instruction requirements ······ □ □ □
— Gross Weight within limits (Solids, inner Packagings or IBCs [SP A179]) ······ □ □ □
— Infectious substance package marking [6.5.3.1] ···························· □ □ □
31. The UN or ID number(s) [7.1.4.1(a)] ······································ □ □
32. The Proper Shipping Name(s) including technical name where required
[7.1.4.1(a)] ·· □ □
33. The full name(s) and Address(es) of Shipper and Consignee [7.1.4.1(b)] ········· □ □
34. For consignments of more than one package of all classes (except ID 8000 and Class 7)
the net quantity, or gross weight followed by "G", as applicable, unless contents are
identical, marked on the packages [7.1.4.1(c)] ······························ □ □ □
35. Carbon Dioxide, Solid (Dry Ice), the net quantity marked on the packages
[7.1.4.1(d)] ·· □ □ □
36. The Name and Telephone Number of a responsible person for Division 6.2

Infectious Substances shipment [7.1.4.1(e)] ☐ ☐ ☐
37. The Special Marking requirements shown for Packing instruction 202 [7.1.4.1(f)] ☐ ☐ ☐
38. Limited Quantities mark [7.1.4.2] ☐ ☐ ☐
39. The Environmentally Hazardous Substance Mark [7.1.5.3] ☐ ☐ ☐

Labelling

40. The label(s)identifying the Primary risk as per 4.2,Column D [7.2.3.2;7.2.3.3(b)] ☐ ☐ ☐
41. The label(s)identifying the Subsidiary risk,as per 4.2,Column D [7.2.3.2;7.2.6.2.3] ☐ ☐ ☐
42. Cargo Aircraft Only label [7.2.4.2;7.2.6.3] ☐ ☐ ☐
43. "Orientation"labels on two opposite sides,if applicable [7.2.4.4] ☐ ☐ ☐
44. "Cryogenic Liquid"labels,if applicable [7.2.4.3] ☐ ☐ ☐
45. "Keep Away Form Heat"label,if applicable [7.2.4.5] ☐ ☐ ☐
46. "Lithium battery"label,if applicable [7.2.4.7] ☐ ☐ ☐
47. All required labels are displayed correctly [7.2.6] and all irrelevant marks and labels removed or obliterated [7.1.1;7.2.1] ☐ ☐

For Overpacks

48. Packaging Use markings and hazard and handing labels,as required must be clearly visible or reproduced on the outside of the overpack [7.1.7.1.,7.2.7] ☐ ☐ ☐
49. The word"Overpack"marked if markings and labels are not visible [7.1.7.1] ☐ ☐ ☐
50. If more than one overpack is used,identification marks shown and total quantity of dangerous goods [7.1.7.2] ☐ ☐ ☐
51. "Cargo Aircraft Only"restrictions [5.0.1.5.3] ☐ ☐ ☐

GENERAL

52. State and Operator variations complied with [2.8] ☐ ☐ ☐
53. Cargo Aircraft Only shipments,a cargo aircraft operates on all sectors ☐ ☐ ☐
54. One"lithium battery document"with the required information accompanying the consignment ☐ ☐ ☐

Comments：_____
_____
Checked by：_____
Place：_____ Signature：_____
Date：_____ Time：_____

* IF ANY BOX IS CHECKED"NO", DO NOT ACCEPT THE SHIPMENT AND GIVE A DUPLICATECOPY OF THIS COMPLETED FORM TO THE SHIPPER.

2. 放射性物质收运检查单

2014

DANGEROUS GOODS CHECKLIST FOR A RADIOACTIVE SHIPMENT

The recommended checklist appearing on the following pages is intended to verify shipments at origin. Never accept or refuse a shipment before all items have been checked.
Is the following information correct for each entry?

SHIPPERS DECLARATION FOR DANGEROUS GOODS(DGD)

                               YES NO* N/A

1. Two copies in English and in the IATA format including the air certification statement[10.8.1.2;10.8.1.4;8.1.1and 10.8.3.12.2] ☐ ☐

2. Full name and address of Shipper and Consignee[10.8.3.1,10.8.3.2] ·········· ☐ ☐
3. If the Air Waybill number is not shown, enter it. [10.8.3.3] ············ ☐
4. The number of pages shown[10.8.3.4] ·················· ☐ ☐
5. The non-applicable Aircraft Type deleted[10.8.3.5] ············ ☐ ☐
6. If full name of Airport City of Departure or Destination is not shown, enter it. [10.8.3.6 and 10.8.3.7.]Information is optional ············ ☐ ☐
7. The word "Non-Radioactive" deleted[10.8.3.8] ············ ☐ ☐

Identification

8. UN Number, preceded by prefix "UN"[10.8.3.9.1, Step 1] ············ ☐ ☐
9. Proper Shipping Name[10.8.3.9.1, Step 2] ············ ☐ ☐
10. Class7[10.8.3.9.1, Step 3] ············ ☐ ☐
11. Subsidiary Risk, in parentheses, immediately following Class[10.8.3.9.1, Step 4]and Packing Group if required for Subsidiary Risk[10.8.3.9.1, Step5] ············ ☐ ☐ ☐

Quantity and type of Packing

12. Name or Symbol of Radionuclide(s)[10.8.3.9.2, Step 6(a)] ············ ☐ ☐
13. A description of the physical and chemical form if in other form [10.8.3.9.2, Step 6(b)] ············ ☐ ☐ ☐
14. "Special Form"(not required for UN 3332 or UN3333) or low dispersible material [10.8.3.9.2, Step 6(b)] ············ ☐ ☐ ☐
15. The number and type of packages and the activity of in becquerel or multiples thereof in each package. For Fissile Material the total weight in grams or kilograms of fissile material may be shown in place of activity[10.8.3.9.2, Step 7] ············ ☐ ☐
16. For different individual radionuclides, the activity of each radionuclide and the word "All packed in one"[10.8.3.9.2, Step 7] ············ ☐ ☐ ☐
17. Activity within limits for Type A packages[Table 10.3.A], Type B, or Type C (see attached competent authority certificate) ············ ☐ ☐
18. Word "Overpack Used" shown on the DGD[10.8.3.9.2, Step 8] ············ ☐ ☐ ☐

Packing instructions

19. Category of package(s) or overpack[10.8.3.9.3, Step 9 and Table 10.5.C] ············ ☐ ☐
20. Transport Index and dimensions(Length x Width x Height) for Category II and Category III only[10.8.3.9.3, Step 9] ············ ☐ ☐
21. For Fissile Material the Criticality Safety Index or the words "Fissile Excepted" [10.8.3.9.3, Step 9] ············ ☐ ☐

Authorizations

22. Identification marks shown and a copy of the document in English attached DGD for the following[10.8.3.9.4, Step 10; 10.5.7.2.2]:
    —Special Form approval certificate ············ ☐ ☐ ☐
    —Low dispersible material approval certificate ············ ☐ ☐ ☐
    —Type B package design approval certificate ············ ☐ ☐ ☐
    —Other approval certificates as required ············ ☐ ☐ ☐
23. Additional Handling Information[10.8.3.11] ············ ☐ ☐
24. Name and title(or Department)of Signatory, Place and Date indicated [10.8.3.13 and 10.8.3.14] and Signature of Shipper[10.8.3.15] ············ ☐ ☐
25. Amendment or alteration signed by Shipper[10.8.1.7] ············ ☐ ☐ ☐

AIR WAYBILL-HANDLING INFORMATION

26. The statement: "Dangerous goods as per attached Shipper's Declaration" or

"Dangerous Goods as per attached DGD"[10.8.8.1(a)] ················· □ □
27. Cargo Aircraft Only or CAO, if applicable[10.8.8.1(b)] ············· □ □ □
28. Where non-dangerous goods are included, the number of pieces of dangerous goods shown[10.8.8.2] ··· □ □ □

PACKAGE(S) AND OVERPACKS

29. Same number and type of packaging and overpacks delivered as shown on DGD ········· □ □
30. Unbroken transportation seal[10.6.2.4.1.2] and package in proper condition for carriage[9.1.3;9.1.4] ··· □ □

Markings

31. The UN Number[10.7.1.3.1] ·· □ □
32. The Proper Shipping Name[10.7.1.3.1] ···································· □ □
33. The full Name and Address of the Shipper and Consignee[10.7.1.3.1] ········ □ □
34. The permissible gross weight if it exceeds 50 kg[10.7.1.3.1] ··············· □ □ □
35. Type A packages, marked as per 10.7.1.3.4 ································· □ □
36. Type B packages, marked as per 10.7.1.3.5 ································· □ □
37. Type C packages, Industrial Packages and Packages containing Fissile material marked as per 10.7.1.3.6, 10.7.1.3.3 or 10.7.1.3.7 ·············· □ □ □

Labelling

38. Two correctly completed Radioactive Hazard labels on opposite sides [10.7.3.3;10.7.4.3.1] ··· □ □
39. Applicable label(s) identifying the Subsidiary[10.7.3.2;10.7.4.3] ············ □ □ □
40. Two Cargo Aircraft Only labels, if required, on the same surface near the Hazard labels [10.7.4.2.4;10.7.4.3.1;10.7.4.4.1] ··· □ □
41. For fissile materials, two correctly completed Criticality Safety Index(CSI) labels on the same surface as the hazard labels[10.7.3.3.4;10.7.4.3.1] ···················· □ □
42. All displayed labels correctly located, affixed, and irrelevant marks and labels removed or obliterated[10.7.1.1;10.7.2.1;10.7.4] ··· □ □

For Overpacks

43. Packaging markings as required must be clearly visible or reproduced on the outside of the overpack[10.7.1.4.1] ··· □ □ □
44. If more than one overpack is used, identification marks shown[10.7.1.4.2] ········· □ □ □
45. Hazard labels reflect total for overpack[10.7.3.4] ····························· □ □

GENERAL

46. State and Operator variations complied with[2.8] ····························· □ □
47. Cargo Aircraft Only shipments, a cargo aircraft operates on all sectors ·············· □ □ □
48. Packages containing Carbon dioxide solid(dry ice), the marking, labelling and documentary requirements complied with[Packing Instruction 954;7.1.5.1(d);7.2.3.9] ············ □ □ □

Comments:_____

_____

Checked by:_____

Place:_____ Signature:_____

Date:_____ Time:_____

* IF ANY BOX IS CHECKED "NO", DO NOT ACCEPT THE SHIPMENT AND GIVE A DUPLICATE COPY OF THIS COMPLETED FORM TO THE SHIPPER.

3. 干冰收运检查单

2014
ACCEPTANCE CHECKLIST FOR DRY ICE(Carbon Dioxide, solid)
(For use when a shipper's Declaration
For Dangerous Goods is not required)

A checklist is required for all shipments of dangerous goods(9.1.4)to enable proper acceptance checks to made. The following example checklist is provide to assist shippers and carriers with the acceptance of dry ice when packaged on its own or with non-dangerous goods.

Is the following information correct for each entry?

DOCUMENTATAION

YES NO* N/A

The Air Waybill contains the following information in the"Nature and Quantity of Goods"Box(8.2.3)

1. The UN Number"1845", preceded by the prefix"UN" ················· ☐ ☐
2. The words"Carbon dioxide, solid"or"Dry ice" ························· ☐ ☐
3. The number of packages of dry ice(may be in the pieces field of the AWB when they are the only packages in the consignment) ·············· ☐ ☐
4. The net quantity of dry ice in kilograms ································ ☐ ☐

NOTE: The packing instruction"954"is optional.

Quantity

5. The quantity of dry ice per package is 200'kg or less {4.2} ············· ☐ ☐

PACKAGES AND OVERPACKS

6. The number of packages containing dry ice delivered as shown on the Air Waybill ······ ☐ ☐
7. Packages are free from damage and in a proper condition for carriage ········· ☐ ☐
8. The packaging conforms with Packing instruction 954 and the package in vented to permit the release of gas ·· ☐ ☐

Markings & Labels

9. The UN number"1845"precede7d by prefix"UN"[7.1.4.1(a)] ·············· ☐ ☐
10. The words"Carbon dioxide, solid"or"Dry ice"[7.1.4.1(a)] ··············· ☐ ☐
11. Full name and address of the shipper and consignee[7.1.4.1(b)] ········· ☐ ☐
12. The net quantity of dry ice within each package[7.1.7.1(d)] ············ ☐ ☐
13. Class 9 label affixed[7.2.3.9] ·· ☐ ☐
14. Irrelevant marks and labels removes or obliterated[7.1.1(b);7.2.1(a)] ·············· ☐ ☐ ☐

NOTE: The Marking and labeling requirements do not apply to ULDs containing dry ice

For Over packs

15. Packaging Use markings and hazard and handling labels, as required must be clearly visible or reproduced on the outside of the over pack [7.1.7.1,7.2.7] ············ ☐ ☐ ☐
16. The word"Over pack"marked if markings and labels are not visible[7.1.7.1]·········· ☐ ☐ ☐
17. The total net quantity of carbon dioxide, solid(dry ice)in the over pack[7.1.7.1] ······ ☐ ☐ ☐

Note: The Marking and labeling requirements do not apply to ULDS containing dry ice

State and Operator Variations

18. State and operator variations complied with[2.8] ························ ☐ ☐

Comments: _____

Checked by: _____

Place: _____ Signature: _____

Date: _____ Time: _____

* IF ANY BOX IS CHECKED"NO", DO NOT ACCEPT THE SHIPMENY AND GIVE A DUPLICATE COPY PF THIS COMPLETED FROM TO THE SHIPPER.

4. 使用收运检查单的实例

使用相关检查单，对下面的包装件及其填写的相关单据进行检查。

（1）包装件实物

Date	17 January 20
Proper Shipping Name	Propyltricrosilane
UN Number	UN1816
Net Quantity	5 Litres
Type of Packing	UN 4G Specification fibreboard box
From	Sydney, NSW, Australia
To	Paris, France
Routing and operator	Sydney to Tokyo by Qantas(QF)
	Tokyo to Paris by Air France(AF)
	The Shipment has been booked with QF and AF
Aircraft type	Both flight are operated as cargo aircraft.

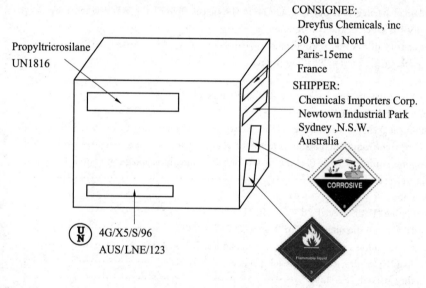

（2）货运单

Handling information
DANGEROUS GOODS AS PER ATTACHED SHIPPER'S DECLATATION

SCI

Nature and Quantity of Goods
(incl. Dimensions or Volume)

CHEMICALS

(3) 托运人申报单

shipper Newtown Industrial Park Sydney ,N·S·W· Australia	Air Waybill No.　777　1234　5675 Page **1** of **1** Pages Shipper's Reference Numbers(optional)	
Consignee Dreyfus Chemicals, inc 30 rue du Nord Paris -15eme France	For optional use For Company logo name and address	
Two completed and signed copies of this Declaration must be handed to the operator	WARNING Failure to comply in all Regulations with the applicable Dangerous Goods regulations may be in breach of the Applicable law, subject to legal penalties.	
TRANSPORT DETAILS		
This shipment is within the Limitations prescribed for: (*delete non-applicable*) PASSENGER AND CARGO ~~AIRCRAFT~~　　~~CARGO AIRCRAFT ONLY~~	Airport of Departure Sydney	
Airport of Destination Paris	Shipment type: (*delete non-applicable*) NON-RADIOACTIVE　　~~RADIOACTIVE~~	

NATURE AND QUANTITY OF DANGEROUS GOODS

Dangerous Goods Identification				Quantity and Type of Packing	Packing Inst.	Authorization
UN or ID No.	Proper Shipping name	Class or Division(Subsidiary Risk)	Packing Group			
UN1816	Propyltrichlorosilane	8(3)	II	1 Fibreboard box × 10kg	813	

Additional Handling Information	
I hereby declare that the contents of this consignment are fully and accurately described above by the proper shipping name, and are classified, packaged, marked and labeled /placarded, and are in all respects in proper condition for transport according to applicable international governmental regulations.	Name/Title of Signatory Joe·Smith, Manager Place and Date Sydney17 January 2017 Signature　Joe ·Smith (*see warning above*)

(4) 收运检查单

2014

DANGEROUS GOODS CHECKLIST FOR A NON-RADIOACTIVE SHIPMENT

The recommended checklist appearing on the following pages is intended to verify shipments at origin. Never accept or refuse a shipment before all items have been checked.
Is the following information correct for each entry?
SHIPPERS DECLARATION FOR DANGEROUS GOODS(DGS)

　　　　　　　　　　　　　　　　　　　　　　　　　　　　　　　　YES　NO*　N/A

1. Two copies in English and in the IATA format including the air certification statement

[8.1.1,8.1.2,8.1.6,12] ·· ☑ ☐
2. Full name and address of Shipper and Consignee[8.1.6,8.1.6.2] ··············· ☑ ☐
3. If the Air Waybill number is not shown,enter it[8.1.6.3] ··················· ☑
4. The number of pages shown[8.1.6.4] ······································ ☑ ☐
5. The non-applicable Aircraft Type deleted or not shown[8.1.6.5] ············· ☐ ☑
6. If full name of Airport or City of Departure or Destination is not shown,enter it.
   [8.1.6.6 and 8.1.6.7]Information is optional ····················· ☑ ☐
7. The word"Radioactive"deleted or not shown[8.1.6.8] ······················· ☑ ☐

Identification

8. UN or ID Number,preceded by prefix[8.1.6.9.1,Step1] ······················ ☑ ☐
9. Proper shipping Name and the technical name in brackets for asterisked Entries
   [8.1.6.9.1,Step2] ··· ☑ ☐
10. Class or Division,and for Class 1,the Compatibility Group,[8.1.6.9.1,Step 3] ········· ☑ ☐
11. Subsidiary Risk,in parentheses,immediately following Class or Division
    [8.1.6.9.1,Step 4] ·· ☑ ☐ ☐
12. Packing Group[8.1.6.9.1,Step 5] ·· ☑ ☐ ☐

Quantity and Type of Packing

13. Number and Type of Packages[8.1.6.9.2,Step 6] ··························· ☑ ☐
14. Quantity and unit of measure(net,or gross followed by"G",as applicable)within
    Per package limit[8.1.6.9.2,Step 6] ···································· ☑ ☐
15. When different dangerous goods are packed in one outer packaging,the following
    Rules are complied with:
    —Compatible according to Table 9.3.A ································· ☐ ☐ ☑
    —UN packages containing Division 6.2[5.0.2.11(c)] ···················· ☐ ☐ ☑
    —"All packed in one(type of packaging)"[8.1.6.9.2,Step 6(f)] ············ ☐ ☐ ☑
    —Calculation of"Q"value must not exceed 1[5.0.2.11(g)&(h);
    2.7.5.6;8.1.6.9.2,Step 6(g)] ·· ☐ ☐ ☑
16. Overpack
    —Compatible according to Table 9.3.A ································· ☐ ☐ ☑
    —Wording"Overpack Used"[8.1.6.9.2,Step 7] ··························· ☐ ☐ ☑
    —If more than one overpack is used,identification marks shown and total Quantity of
    dangerous goods[8.1.6.9.2,Step 7] ···································· ☐ ☐ ☑

Packing instructions

17. Packing Instruction Number[8.1.6.9.3,Step 8] ···························· ☐ ☑
18. For lithium batteries in compliance with Section IB,"IB"follows the packing Instruction
    [8.1.6.9.2,Step 8] ··· ☐ ☐ ☑

Authorizations

19. Check all verifiable special provisions. The Special Provision Number if A1,A2,
    A4,A5,A51,A81,A88,A99,A130,A190,A191[8.1.6.9.4,Step 9] ············· ☐ ☐ ☑
20. Indication than governmental authorization is attached,including a copy in English and
    additional approvals for other items under[8.1.6.9.4,Step 9] ··············· ☐ ☐ ☑

Additional Handling Information

21. The mandatory statement shown for self-reactive and related substances of Division 4.1 and
    organic peroxides of Division 5.2,or samples thereof,for PBE And for fireworks
    [8.1.6.11.1,8.1.6.11.2,8.1.6.11.3 and 8.1.6.11.5] ····················· ☐ ☐ ☑

22. Name and Telephone Number of a responsible person for Division 6.2 Infections Substance shipment[8.1.6.11.4] ☐ ☐ ☑
23. **Name and Title(or Department)of Signatory, Place and Date** indicated and **Signature** of Shipper[8.1.6.13, 8.1.6.14 and 8.1.6.15] ☑ ☐
24. Amendment or alteration signed by Shipper[8.1.2.6] ☐ ☐ ☑

AIR WAYBILL-HANDLING INFORMATION

25. The statement:"Dangerous goods as per attached Shipper's Dangerous Goods as per attached DGD"[8.2.1(a)] ☑ ☐
26. "Cargo Aircraft Only" or "CAO", If applicable[8.2.1(b)] ☐ ☑ ☐
27. When non-dangerous goods are included, the number of pieces of Dangerous Goods shown[8.2.2] ☐ ☐ ☑

PACKAGE(S) AND OVERPACKS

28. Packaging conforms with packing instruction and is free from damage or Leakage [The relevant PI and 9.1.3] ☑ ☐
29. Same number and type of packagings and overpacks delivered as shown on DGD [9.1.3] ☑ ☐

Markings

30. UN Specification Packaging, maked according to 6.0.4 and 6.0.5:
    —Symbol and Specification Code ☑ ☐ ☐
    —X, Y or Z meets or exceeds Packing Group/Packing instruction requirements ☑ ☐ ☐
    —Gross Weight within limits(Solids, inner Packagings or IBCs[SP A179]) ☑ ☐ ☐
    —Infectious substance package marking[6.5.3.1] ☐ ☐ ☑
31. The UN or ID number(s)[7.1.4.1(a)] ☑ ☐
32. The Proper Shipping Name(s) including technical name where required [7.1.4.1(a)] ☑ ☐
33. The full name(s) and Address(es) of Shipper and Consignee[7.1.4.1(b)] ☑ ☐
34. For consignments of more than one package of all classes(except ID 8000 and Class 7) the net quantity, or gross weight followed by "G", as applicable, unless contents are identical, marked on the packages[7.1.4.1(c)] ☐ ☐ ☑
35. Carbon Dioxide, Solid(Dry Ice), the net quantity marked on the packages [7.1.4.1(d)] ☐ ☐ ☑
36. The Name and Telephone Number of a responsible person for Division 6.2 Infectious Substances shipment[7.1.4.1(e)] ☐ ☐ ☑
37. The Special Marking requirements shown for Packing instruction 202[7.1.4.1(f)] ☐ ☐ ☑
38. Limited Quantities mark[7.1.4.2] ☐ ☐ ☑
39. The Environmentally Hazardous Substance Mark[7.1.5.3] ☐ ☐ ☑

Labelling

40. The label(s) identifying the Primary risk as per 4.2, Column D [7.2.3.2; 7.2.3.3(b)] ☑ ☐ ☐
41. The label(s) identifying the Subsidiary risk, as per 4.2, Column D [7.2.3.2; 7.2.6.2.3] ☑ ☐ ☐
42. Cargo Aircraft Only label[7.2.4.2; 7.2.6.3] ☐ ☑ ☐
43. "Orientation" labels on two opposite sides, if applicable[7.2.4.4] ☐ ☑ ☐
44. "Cryogenic Liquid" labels, if applicable[7.2.4.3] ☐ ☐ ☑
45. "Keep Away Form Heat" label, if applicable[7.2.4.5] ☐ ☐ ☑

46. "Lithium battery"label, if applicable[7.2.4.7] ········ ☐ ☐ ☑
47. All required labels are displayed correctly[7.2.6]and all irrelevant marks and labels removed or obliterated[7.1.1;7.2.1] ········ ☐ ☑

For Overpacks

48. Packaging Use markings and hazard and handing labels,as required must be clearly visible or reproduced on the outsideof the overpack[7.1.7.1.,7.2.7] ········ ☐ ☐ ☑
49. The word"Overpack"marked if markings and labels are not visible[7.1.7.1] ········ ☐ ☐ ☑
50. If more than one overpack is used,identification marks shown and total quantity of dangerous goods[7.1.7.2] ········ ☐ ☐ ☑
51. "Cargo Aircraft Only"restrictions[5.0.1.5.3] ········ ☐ ☐ ☑

GENERAL

52. State and Operator variations complied with[2.8] ········ ☑ ☐ ☐
53. Cargo Aircraft Only shipments,a cargo aircraft operates on all sectors ☑ ☐ ☐
54. One"lithium battery document"with the required information accompanying the consignment ········ ☐ ☐ ☑

Comments:＿＿＿＿＿＿＿＿＿＿＿＿＿＿＿＿＿＿＿＿＿＿＿＿＿＿＿＿＿＿＿＿＿
＿＿＿＿＿＿＿＿＿＿＿＿＿＿＿＿＿＿＿＿＿＿＿＿＿＿＿＿＿＿＿＿＿＿＿＿＿＿
Checked by:＿＿＿＿＿＿＿＿＿＿＿＿＿＿＿＿＿＿＿＿＿＿＿＿＿＿＿＿＿＿＿＿
Place:＿＿＿＿＿＿＿＿＿＿＿＿＿＿＿＿ Signature:＿＿＿＿＿＿＿＿＿＿＿＿＿
Date:＿＿＿＿＿＿＿＿＿＿＿＿＿＿＿＿＿ Time:＿＿＿＿＿＿＿＿＿＿＿＿＿＿＿

* IF ANY BOX IS CHECKED"NO", DO NOT ACCEPT THE SHIPMENT AND GIVE A DUPLICATECOPY OF THIS COMPLETED FORM TO THE SHIPPER.

第五节 特种货物机长通知单

根据国际民航组织关于危险物品运输的规定,对已装机的危险物品,必须在起飞前向机长做出书面通知。空中出现紧急情况时,机长可根据该机长通知单(SPECIAL LOAD-NOTIFICATION TO CAPTAIN——NOTOC)将机上危险物品的种类、数量及装载位置通知空中交通管制部门,同时还应通知所在航空公司运行控制中心。

一、特种货物机长通知单的填写

1. 特种货物机长通知单通用栏的填写

(1) Station of Loading:装机站名称,使用IATA规定的机场三字代码;

(2) Flight Number:航班号;

(3) Date:航班离港日期;

(4) Aircraft Registration:飞机注册号;

(5) Prepared By:货物配载人员签字;

(6) ULD Built-UpBy:集装器监装员签字;

(7) Loaded By：飞机货物监装员签字；

(8) Captain's Signature：执行该航班的机长签字；

(9) Next Captain's Signature：接班机长签字；

(10) Received By：目的站接机人签字。

2. 特种货物机长通知单危险品栏目的填写

(1) Station of Unloading：卸机站名称，使用 IATA 规定的机场三字代码。

(2) Air Waybill Number：货运单号码。

(3) Proper Shipping Name：危险品运输专用名称，必要时填写技术名称。当遵照特殊规定 A144 运输安装在呼吸保护装置(PBE)中的化学氧气发生器时，必须在运输专用名称"Oxygen generator, chemical（化学氧气发生器）"后添加声明"Air Crew Protective Breathing Equipment(smoke hood)in accordance with Special provlslOn A144."［符合特殊规定 A144 的机组呼吸保护装置(防烟面罩)］。

(4) Class or Division：for class 1,Compatibility group：危险品类别或项别，如果是第一类爆炸品，还要求注明配装组代码。

(5) UN or ID Number：危险品联合国编号或国际航协编号。

(6) Subsidiary Risk：次要危险性的类别或项别。

(7) Number of Packages：危险品的包装件数量。

(8) Net Quantity or Transport Index Per Package：填写每一包装件内危险品的净重，如果运输放射性物质，则此栏填写包装件的运输指数。

(9) Radioactive Category：放射性物质包装等级和标签颜色。

(10) Packing Group：危险品运输包装等级。

(11) Code(See reverse)：危险品的三字代码(见背面)。

(12) CAO：如果该危险品包装件仅限货机运输，在此栏标注"×"。

(13) Loaded ULD Number：装有危险品的集装器编号。

(14) Loaded Position：危险品的装机位置。

(15) ERG Code：由当班机长填写机上应急处置代码。

二、签收与存档

特种货物机长通知单一式 4 份，中英文对照，背面附有危险品代码(IMP 代码)表和装载隔离表。

(1) 随航空货运单带往目的站 1 份；

(2) 交配载部门 1 份；

(3) 交机长 1 份；

(4) 始发站留存 1 份。

三、特种货物机长通知单样例

SPECIAL LOAD NOTIFICATION TO CAPITAIN (NOTOC)
特种货物机长通知单

| STATION OF LOADING：
装机站： | FLIGHT NO：
航班号： | DATE：
离港日期： | AIRCRAFT REGISTRATION：
飞机注册号： | PREPARED BY
填写人签字： | | CHECKED
检查人签字： | | |

DANGEROUS GOODS:
危险物品：

There is no evidence that any damaged or leaking packages containing dangerous goods have been loaded on the aircraft
已确定本架飞机上的危险物品的包装件无任何破损和泄漏迹象

Station of Unloading 卸机站	Air Waybill No 货运单号	Proper Shipping Name 运输专用名称	Contents Description 货物品名及说明	Class or Division For Class1 comp Grp 类或项（一类爆炸品的配装组）	and	No of Packages 包装件数	UnorID NO. UN 或 ID 编号	Sub. risk 次要危险性	No of pkgs 包装件数	Net Qty. Or Tranp. index 单件净重和运输指数	Radioactive Material Categ. 放射性物质等级	Packing Group 包装等级	Code (see reverse) 代号见背面	CAO 仅限货机	Loaded 装载信息		Moved to Position 变更后位置
															ULD ID 集装器识别编号	Position 装机位置	

OTHER SPECIAL LOAD:
其他特种货物：

Station of Unloading 卸机站	Air Waybill No 货运单号	Contents Description 货物品名及说明	Quantity 包装件数	Supplement information 附加说明	Code (see Reverse) 代号见背面	Loaded 装载信息		Moved to Position 变更后位置
						ULD ID 集装器识别编号	Position 装机位置	

Temperature Requirements:
温度要求
☐ Heating Requred for ℃
加温要求（Specify 指定温度）
☐ Cooling Requirement for ___15___ ℃
降温要求（Specify 指定要求）

Load Master's Signature:
监装负责人签字：

Position Changed by:
装载位置变更人签字：

Captain's Signature:
机长签字：

Captain's Signature:
接受机长签字：

Original:For Original Station　　Copy1:For Load Master　　Copy2:For Capitain　　Copy3:For Destination
正本：始发站留存　　　　　　　副本1：监装人留存　　　副本2：机长留存　　　　副本3：目的地留存
Copy4:Extra Copy
副本4：额外副本（随机）

特种货物机长通知单 NOTOC 样式－背面

代码 Code	全称 Meaning	代码 Code	全称 Meaning	代码 Code	全称 Meaning
REX	1.3 爆炸品 Explosives 1.3	RFW	4.3 遇水释放易燃气体物质 Flammable when wet	RMD	9 杂项危险物品 Miscellaneous dangerous goods
RX_	1.4 项爆炸品配装组 Explosives 1.4	ROX	5.1 氧化性物质 Oxidizer	REQ	例外数量危险品 Dangerous goods in excepted quantities
RNG	2.2 非易燃无毒气体 Non-flammable Non-toxic gas	ROP	5.2 有机过氧化物 Organic peroxide	RRE	放射性物质例外包装 Excepted packages of radioactive material
RFG	2.1 易燃气体 Flammable gas	RPB	6.1 毒性物质 Toxic substance	CAO	仅限货机 Cargo aircraft only
RCL	2.2 深冷液化气体 Cryogenic liquid	RIS	6.2 传染性物质 Infectious substance	AVI	活体动物 Live animals
RPG	2.3 毒性气体 Toxic gas	RRW	7 放射性—白色 Radioactive-white	EAT	食品 Food
RFL	3 易燃液体 Flammable liquid	RRY	7 放射性—黄色 Radioactive-yellow	HEG	种蛋 Eggs
RFS	4.1 易燃固体 Flammable solid	RCM	8 腐蚀性物质 Corrosive	FIL	未显影的胶片 Film
RSC	4.2 易自燃物质 Spontaneously Combustible	RSB	9 聚合物颗粒 Polymeric beads	HUM/ASH	灵柩/骨灰 Human remains/ashes
MAG	9 磁性材料 Magnetized material	ICE	9 干冰 Dry ice	PER	鲜活易腐物品 Perishable cargo
RCX	1.3C 爆炸品 Explosives 1.3C	RHF	6 与食物隔离装载 Harmful-stow aways from foods	LHO	人体活器官 Live human organ
RDS	6.2 诊断样本 Diagnostic specimens	RGX	1.3G 爆炸品 Explosives 1.3G	VAL	贵重物品 Valuable cargo

"仅限货机"危险品的装机要求
loading requirement for CAO shipment
标有"仅限货机"的危险品包装件或合成包装件的装载方式，应确保机组人员或其他负责人员能够看见且能够接近。在大小和重量允许的条件下，在飞行中可以把这样的包装件或合成包装件与其他货物隔离，危险性标签和"仅限货机"标签应清晰可见，但以下情况例外：
Packages or overpacks of dangerous goods bearing the CAO label shall be loaded in such a manner that a crew member or other atuhorized person can see and handle, where size and weight permit, separate such packages or overpacks from other cargo in flight. Hazard warning labels and the CAO label shall be visible. These provisions do not apply to：
——第 3 类，包装等级Ⅲ，无次要危险性；
substances of class 3, packing group Ⅲ, without a subsidiary risk；
——毒性物质和感染性物质(第 6 类)；
toxic and infectious substances(class 6)；
——放射性物质(第 7 类)；
radioactive materials(class 7)；
——杂项危险品(第 9 类)
miscellaneous dangerous goods(class 9).

类别或项别 Class or Division	类别或项别 Class or division							
	1	2	3	4.2	4.3	5.1	5.2	8
1	注1 Note 1	注2 Note 2	注2 Note 2	注2 Note 2	注2 Note 2	注2 Note 2	注2 Note 2	注2 Note 2
2	注2 Note 2	—	—	—	—	—	—	—
3	注2 Note 2	—	—	—	—	×	—	—
4.2	注2 Note 2	—	—	—	—	×	—	—
4.3	注2 Note 2	—	—	—	—	—	—	×
5.1	注2 Note 2	—	×	×	—	—	—	—
5.2	注2 Note 2	—	—	—	—	—	—	—
8	注2 Note 2	—	—	—	×	—	—	—

表中行列交叉处的"×"表示这些类项的危险品包装件应隔离,不可放置在一旦泄漏可导致相互反应的位置。例如:3类危险品包装件应与5.1类危险品包装件隔离,不可相邻放置或互相接触。
An "×" at the intersection of a row and a column indicates that packages containing these classes/divisions of dangerous goods shall be segregated.

注1:见ICAO文件Doc9284-AN/905《危险品航空安全运输技术细则》7;2.2.2.2至7;2.2.2.4
Note 1:see ICAO TI 7;2.2.2.2 至 7;2.2.2.4

注2:这一类或项应与除1.4S项以外的爆炸品隔离。
Note 2:this class or division shall be segregated from explosives except 1.4S.

注3:内含多种危险性且依据此表需隔离的危险品包装件与相同UN编号的包装件不必隔离。
Note 3:packages containing dangerous goods with multiple hazards in the class or divisions,which require segregation in accordance with this table need not be segregated from packages bearing the same UN number.

SPECIAL LOAD NOTIFICATION TO CAPITAIN (NOTOC)
特种货物机长通知单

STATION OF LOADING: 装机站: PVG	FLIGHT NO: 航班号: CK235		DATE: 离港日期: 2016.07.04		AIRCRAFT REGISTRATION: 飞机注册号: N740SA		PREPARED BY 填写人签字: 雷鸣		CHECKED 检查人签字: 武力		

DANGEROUS GOODS:
危险物品:

已装在本架飞机上的危险物品的包装件中无任何破损和泄漏现象
There is no evidence that any damaged or leaking packages containing dangerous goods have been loaded on the aircraft

Station of Unloading 卸机站	Air Waybill No 货运单号	Proper Shipping Name 运输专用名称	Class or Division For Class1 comp Grp 类或项（一类爆炸品的配装组）	UnorID NO. UN 或 ID 编号	Sub. risk 次要危险性	No of pkgs 包装件数	Net Qty. Or Tranp. index per pkg 单件净重和运输指数	Radioactive Material Categ. 放射性物质等级	Packing Group 包装等级	Code (see reverse) 代号见背面	CAO 仅限货机	Loaded 装载信息		
												ULD ID 集装器识别编号	Position 装机位置	Moved to Position 变更后位置
ORD	781-45182491	ACRYLIZCAOID,STABILIZED	8	UN2218	3	1	2.5L	-	II	RCM	×	PMC	23(KL)	
	781-45182480	ESTERS, n.o.s. (TRZUETHYL QRTHOVALERATE)	3	UN3272	-	26	27L	-	III	RFL	-	24864	23(RL)	
	781-45182454	AVZATION REGULATED LIQUIO,N.O.S (2-ACETYL THIAEOLE)	9	UN3334	-	6	23L	-	-	RMD	-	MU	23(KL)	

Supplement information
附加说明

Temperature Requirements:
温度要求
☐ Heating Required for (Specify 指定温度) ℃
加温要求 (Specify 指定温度)
☐ Cooling Requirement for 15 ℃
降温要求 (Specify 指定要求)

Captain's Signature:
机长签字: 向左

OTHER SPECIAL LOAD: 其他特种货物:					
Station of Unloading 卸机站	Air Waybill No 货运单号码	Contents and Description 货物品及说明	Quantity 包装件数	Code (see Reverse) 代号见背面	Loaded 装载信息
					ULD ID 集装器识别编号	Position 装机位置	Moved to Position 变更后位置

Position Changed by:
装载位置变更人签字:

Load Master's Signature:
监装负责人签字: 张三丰

Captain's Signature:
接班机长签字:

Original:For Original Station Copy1:For Load Master Copy2:For Capitain Copy3:For Destination
Copy4:Extra Copy
正本: 始发站留存 副本 1: 监装人留存 副本 2: 机长留存 副本 3: 目的地留存
副本 4: 额外副本（随机）

本章小结

- 重点掌握内容：托运人危险品申报单的填写；
- 一般掌握内容：货物托运书和航空货运单的填写；
- 一般了解内容：危险品收运检查单的使用，机长通知单的填写。

综合练习

一、选择题

1. 危险品航空运输相关文件至少应包括（　　）。
   A. 收运检查单　　　　　　　　B. 托运人危险品申报单
   C. 航空货运单　　　　　　　　D. 特种货物机长通知单

2. 以下哪些情况托运人不需要填写申报单？（　　）
   A. 例外数量的危险品
   B. UN3373,B级生物物质
   C. UN2807,磁性物质
   D. UN1845,固体二氧化碳（干冰），用作非危险品的制冷剂

3. 货物托运书上如有修改，应由（　　）在修改处签字确认。
   A. 托运人或其代理人　　　　　B. 运营人或其地面代理人
   C. 不用签字确认

二、判断题

1. 危险品国内运输时，运输文件和包装上的标记应加用英文。（　　）

2. 运营人应负责填写托运人危险物品申报单和货物托运书，并承担相应的责任。（　　）

3. 申报单必须经托运人签字后才具有法律效力。签字必须使用全称，可以手写，也可以使用印章打字机。（　　）

4. 危险品申报单中"始发站机场"一栏填写的是始发站机场或城市全称，不允许使用机场或城市的三字代码。（　　）

5. 承运人不接受经变动或修改的申报单，除非签署人对某项变动或修改再次签名。（　　）

三、简答题

1. 危险品运输文件主要有哪些？
2. 托运人的代理人是否可以为托运人修改申报单上的错误？
3. 干冰作为冷冻食品的冷却剂时是否需要填写托运人危险品申报单？
4. 对于客机和货机均可运输的危险品，在"操作说明"栏应注明什么？如是仅限货机运输危险品应注明什么？
5. 运营人在收运危险品时，为什么需要使用危险品收运检查单？
6. 危险品收运检查单分为几种？收运检查单如出现"No"，此危险品可以收运吗？
7. 什么情况下需填写特种货物机长通知单？哪些物品和物质不需要填写特种货物机长通知单？

第八章　危险品运输文件

四、下列货物准备使用 2016 年 12 月 10 日的货机从上海浦东国际机场运输至英国伦敦，**Benzonitrile**，10 个玻璃瓶每个内装 2L，外包装为 UN 胶合板箱。

托运人：ABC Chemicals，Amager Vej 60 Kastrup(nr. Copenhagen)DK-1234 Denmark

收货人：H. Robinson CO. Ltd，549 Kingsbury Road London NW9 9 EN，England

货运单号：781-12345675

（1）作为 ABC 化工厂出口部经理的 J. Anderson 先生，你需要完成以下托运人申报单。

Shipper's Declaration For Dangerous Goods

shipper			Air Waybill No. Page of Pages Shipper's Reference Numbers(optional)		
Consignee			For optional use for Company logo name and address		
Two completed and signed copies of this Declaration must be handed to the operator			WARNING Failure to comply in all Regulations with the applicable Dangerous Goods regulations may be in breach of the Applicable law, subject to legal penalties.		
TRANSPORT DETAILS					
This shipment is within the Limitations prescribed for:（*delete non-applicable*）	Airport of Departure				
PASSENGER AND CARGO AIRCRAFT	CARGO AIRCRAFT ONLY				
Airport of Destination:			Shipment type:（*delete non-applicable*）		
			NON-RADIOACTIVE	RADIOACTIVE	
NATURE AND QUANTITY OF DANGEROUS GOODS					
Dangerous Goods Identification					
UN or ID No.	Proper Shipping name	Class or Division(Subsidiary Risk)	Packing Group	Quantity and Type of Packing	Packing Inst.	Authorization
Additional Handling Information					
I hereby declare that the contents of this consignment are fully and accurately described above by the proper shipping name, and are classified, packaged, marked and labeled /placarded, and are in all respects in proper condition for transport according to applicable international governmental regulations.			Name/Title of Signatory Place and Date Signature （*see warning above*）		

(2) 完成以下航空货运单"操作信息"与"货物种类和数量"栏的填写。

Handling Information						
No.of Pieces RCP	Gross Weight	Rate class	Chargeable Weight	Rate/ Charge	Total	Nature and Quantity of Goods (incl. Dimensions or Volume)

(3) 完成以下包装件上的标记与标签。

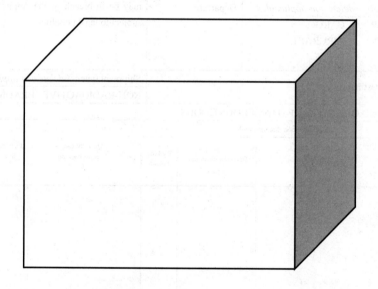

五、(1) 改正以下托运人申报单中所有的错误。

第八章　危险品运输文件

SHIPPER'S DECLARATION FOR DANGEROUS GOODS

Shipper	Tai Chi Chemical 3 Kanda Mitoshiro Cho, Chiyoda Ku, Tokyo, JAPAN	Air Waybill No. 160-1234 4398 Page of Pages Shipper's Reference Number (optional)

| Consignee | Asian Laboratory
88 New Mercury House
Fenwick Street
Hong Kong |

Two completed and signed copies of this Declaration must be handed to the operator.

TRANSPORT DETAILS

| This shipment is within the limitations prescribed for: (delete non-applicable)

PASSENGER AND CARGO AIRCRAFT / CARGO AIRCRAFT ONLY | Airport of Departure:

NRT |

WARNING

Failure to comply in all respects with the applicable Dangerous Goods Regulations may be in breach of the applicable law, subject to legal penalties.

Airport of Destination: HKG

Shipment type: (delete non-applicable)
NON-RADIOACTIVE / RADIOACTIVE

NATURE AND QUANTITY OF DANGEROUS GOODS

UN or ID No.	Proper Shipping Name	Class or Division (Subsidiary Risk)	Packing Group	Quantity and type of packing	Packing Inst.	Authorization
1767	Diethyldichlorosilane	3		2 Fibreboard 27L	813, II	

Additional Handling Information

I hereby declare that the contents of this consignment are fully and accurately described above by the proper shipping name, and are classified, packaged, marked and labelled/placarded, and are in all respects in proper condition for transport according to applicable international and national governmental regulations. I declare that all of the applicable air transport requirements have been met.

Name/Title of Signatory T. Kimura

Place and Date

Signature *Tanaka Kimura*
(see warning above)

CX 6153 05/08

(2) 以下外包装即为(1)题中所给两个外装件中的一件,请纠正标记和标签的错误。

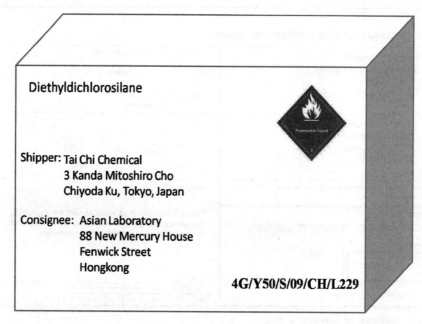

六、以下的两种危险物质被装入一个纤维板箱,将从 **Frankfurt** 空运至 **Singapore**。整个包装件的毛重为 **6kg**。

物质名称:Pentanes,内包装:1 个玻璃瓶,0.5L;

物质名称:Phenyhydrazine,内包装:3 个玻璃瓶,每瓶 0.5L。

(1) 根据以上信息,完成下面的航空货运单中"操作信息"栏与"货物种类与数量"栏的填写:

Handling Information						
No.of Pieces RCP	Gross Weight	Rate class	Chargeable Weight	Rate/ Charge	Total	Nature and Quantity of Goods (incl. Dimensions or Volume)

（2）更正下列托运人申报单中的错误。

shipper **Chemiport** **Verpackungsges GmbH** **D-60549 Frankfurt** **Germany**			Air Waybill No.　160-12345705	
^			Page　　of Pages Shipper's Reference Numbers(optional)	
Consignee **Asia Chemicals Import co.Ltd.** **98 Penjuru Lane** **Singapore 609198** **SINGAPORE**			For optional use For Company logo name and address	
Two completed and signed copies of this Declaration must be handed to the operator			WARNING	
TRANSPORT DETAILS			Failure to comply in all Regulations with the applicable Dangerous Goods regulations may be in breach of the Applicable law, subject to legal penalties.	
This shipment is within the Limitations prescribed for：(*delete non-applicable*)		Airport of Departure	^	
PASSENGER AND CARGO AIRCRAFT	CARGO AIRCRAFT ONLY	**Singapore**	^	
Airport of Destination **Frankfurt**			Shipment type:(*delete non-applicable*)	
^			NON-RADIOACTIVE	RADIOACTIVE
NATURE AND QUANTITY OF DANGEROUS GOODS				
Dangerous Goods Identification				Packing Inst.	Authorizat-ion
UN or ID No.	Proper Shipping name	Class or Division(Subsidiary Risk)	Packing Group	Quantity and Type of Packing	^	^
1265 2572	Pentanes Phenyhydrazine	3 6.1		0.5L 0.5L×3	351，Ⅰ 654，Ⅱ	
Additional Handling Information					
I hereby declare that the contents of this consignment are fully and accurately described above by the proper shipping name, and are classified, packaged, marked and labeled /placarded, and are in all respects in proper condition for transport according to applicable international governmental regulations.				Name/Title of Signatory	
^				Place and Date	
^				Signature (*see warning above*)	

（3）以下的外包装件表面可能存在一些错误和遗漏，请更正或增补。

```
Shipper:
Chemiport
Verpackungsges GmbH
D-60549 Frankfurt
GERMANY

Consignee:
Asia Chemicals Import Co. Ltd.
98 Penjuru Lane
Singapore 609198
SINGAPORE


4D/Z30/S/09/NL/NCB43I9
```

七、根据所给信息填写一份机长通知单。

始发站：北京（PEK）　　　　　　　　　到达站：东京（TYO）

航班号：CA925　　　　　　　　　　　　日期：2017年2月26日

飞机注册号：2849　　　　　　　　　　　填单人：李强

机长：王明　　　　　　　　　　　　　　监装人：刘飞

危险物品1：Methyl acetate　　　　　　**危险物品2：Selenium oxychloride**

运单号：999-7593 9662　　　　　　　　运单号：999-7593 9663

件数：20件　　　　　　　　　　　　　　件数：4件

每件含量：5L　　　　　　　　　　　　　每件含量：0.5L

包装等级：Ⅱ级　　　　　　　　　　　　包装等级：Ⅰ级

集装器代号：CA2101　　　　　　　　　集装器代号：CA5040

货位：A12　　　　　　　　　　　　　　货位：A23

SPECIAL LOAD NOTIFICATION TO CAPITAIN (NOTOC)
特种货物机长通知单

AIR CHINA CARGO

STATION OF LOADING： 装机站：	FLIGHT NO： 航班号：	DATE： 离港日期：	AIRCRAFT REGISTRATION： 飞机注册号：	PREPARED BY 填写人签字：	CHECKED 检查人签字：

DANGEROUS GOODS:
危险品：

There is no evidence that any damaged or leaking packages containing dangerous goods have been loaded on the aircraft
已装在本架飞机上的危险物品的包装件无任何破损和泄漏迹象

Station of Unloading 卸机站	Air Waybill No 货运单号	Proper Shipping Name 运输专用名称	Class or Division ClassI comp Grp 类或项（一类爆炸品的配装组）	UnorID NO. UN或ID编号	No of pkgs 包装件数	Net Qty. Or Trnsp. index per pkg 单件净重和运输指数	Radioactive Material Categ. 放射性物质种等级	Sub. risk 次要危险性	Packing Group 包装等级	Code (see reverse) 代号见背面	CAO 仅限货机	Loaded 装载信息		
												ULD ID 集装器识别编号	Position 装机位置	Moved to Position 变更后位置

OTHER SPECIAL LOAD:
其他特种货物：

Station of Unloading 卸机站	Air Waybill No 货运单号码	Contents and Description 货物品名及说明	No of Packages 包装件数	Quantity 包装件数	Supplement information 附加说明	Code (see Reverse) 代号见背面	Loaded 装载信息		
							ULD ID 集装器识别编号	Position 装机位置	Moved to Position 变更后位置

Temperature Requirements:
温度要求
☐ Heating Required for _____ ℃ 加温要求（Specify 指定温度）
☐ Cooling Requirement for 15 ℃ 降温要求（Specify 指定要求）

Load Master's Signature: 监装负责人签字：	Position Changed by: 装载位置变更人签字：	Copy1:For Load Master 副本1：监装人留存	Copy2:For Captain 副本2：机长留存	Captain's Signature: 机长签字：	Copy3:For Destination 副本3：目的地留存

Original:For Original Station
Copy4:Extra Copy
正本：始发站留存
副本4：额外副本（随机）

第九章

危险品运输限制

本章学习目标

- 了解危险品运输限制的总体要求。
- 熟练掌握旅客和机组人员携带危险品的规定。
- 掌握隐含危险品的种类及其危险性表现。
- 掌握限制数量、例外数量危险品的规定。
- 了解在危险品运输中国家和运营人差异。

 适用人员类别

1、3、4、6、7、9、10~12类人员。所有人员均应熟悉隐含的危险品及旅客和机组人员携带危险品的规定。

 导引案例

托运行李中夹带危险品，受到处罚

2015年8月22日晚，首都机场公安分局接到安检报警称，飞往埃塞俄比亚的某航班上，有一件托运行李内有多个打火机，民警立即前往调查。行李的主人韩某称，自己要去非洲旅游，乘机之前领队曾告知不能携带打火机，但因为在非洲购买打火机比较困难，为了抽烟方便，他便在托运行李内携带了13个一次性塑料打火机。根据相关规定，韩某的行为构成托运人在托运货物中夹带危险物品，首都机场公安分局依法对其处以行政罚款1 500元的处罚并没收所托运的打火机。

第一节 禁止航空运输的危险品

在严格遵守危险品航空运输相关规定的前提下，大部分危险品可以通过航空进行安全运输。但是，有一部分危险品因其危险性太高，在任何条件下都禁止航空运输，还有一部分危险品只能由货机运输而禁止用客机运输。此外，部分危险品虽然被禁运，但在有关国家的特殊批准下又可以进行航空运输。这些限制是依据IATA《危险品规则》而设置的。相关的国家和承运人可以公布更严格的限制。

一、在任何情况下都禁止航空器运输的危险品

由于航空运输对安全的要求很高，因此，对于危险性很大的危险品及在正常航空运输条件下不能保证安全的危险品，譬如易爆炸、易发生危险性反应、易起火或易产生导致危险的

热量、易散发导致危险的毒性、腐蚀性或易燃性气体或蒸气的物质禁止航空运输。

凡符合下列情况的危险品,在任何情况下都禁止航空器运输,通常称之为绝对禁运的危险品。

(1) 在温度 75℃、48 小时内能够自燃或分解的爆炸品;

(2) 既含氯酸盐又含铵盐的爆炸品;

(3) 含有氯酸盐与磷的混合物的爆炸品;

(4) 对机械振动极为敏感的固体爆炸品;

(5) 对机械振动比较敏感的液体爆炸品;

(6) 在正常航空运输条件下,易产生危险的热量或气体的任何物品或物质;

(7) 经测试证明,具有爆炸性的易燃固体和有机过氧化物,即按危险物品分类程序要求其包装件使用爆炸品标签,以作为次要危险性标签的易燃固体和有机过氧化物。

在《危险品规则》(IATA-DGR)中,将已经明确属于绝对禁运危险品的品名列出,列出的没有 UN 编号并在 I、J、K、L 四栏里写有"Forbidden"(禁运)字样的均属禁运危险品,如表 9-1 所示。但应注意的是,《危险品规则》(IATA-DGR)不可能将所有在任何情况下都禁止航空运输的危险品一一列出,因此对该类物质的交运应格外注意,以保证这类物品不会被交付运输。

表 9-1 列在 DGR 表 4.2 中的客机及货机禁运的物质

UN/ID 编号	运输专用名称	类别或项别(次要危险)	危险性标签	包装等级	例外数量(见2.6)	客机和货机 限量		客机和货机		仅限货机		S.P. 参见 4.4	ERC 码
						包装说明	每个包装件最大净重	包装说明	每个包装件最大净重	包装说明	每个包装件最大净重		
A	B	C	D	E	F	G	H	I	J	K	L	M	N
	Copper amine azide Copper acetylide					— —			Forbidden		Forbidden		

二、经豁免可以航空器运输的禁运危险品

有些危险品在一般情况下禁止航空运输,但在非常紧急的情况下,或当其他运输方式不合适,或完全按照所规定的要求而违背公众利益时,有关国家(指货物运输的始发国、中转国、飞越领空国、到达国和运营人注册国)可以豁免有关禁运的规定而进行航空运输。豁免是指由国家有关当局颁发的免于执行技术细则某些条款的许可。豁免的要求是,须保证运输整体安全水平与《技术细则》所规定的安全水平至少相当。

经豁免的危险品应附豁免文件。豁免批准文件内容必须包括:UN/ID 编号、运输专用

名称、分类、包装及适用的数量、任何特别操作要求、任何特别应急措施、收货人及托运人的姓名和地址、始发及目的地机场、飞行航路、运输日期以及豁免的有效期限等内容。

经豁免可以航空器运输的禁运危险品包括以下：

（1）放射性物质。

① 带通气设施的 B(M)型包装件。

② 要辅助冷却系统进行外部冷却的包装件。

③ 在运输过程中需要操作控制的包装件。

④ 具有爆炸性的放射性物质。

⑤ 可自燃的放射性液体。

（2）除民航总局规定外,在国际航协《危险品规则》4.2 危险品表中标明禁止运输的物质和制品。

（3）具有传染性的活动物,如带有鼠疫细菌的实验鼠。

（4）属于 I 级包装,吸入其雾气可引起中毒的液体,如汞。

（5）在液体状态下,交运的物质温度相当于或超过 100℃（212℉），或在固体状态下温度相当于或超过 240℃（464℉）。

（6）国家主管当局指定的任何其他物品或物质。

第二节　隐含的危险品

在托运人使用笼统描述申报的货物中,可能隐含某些危险品。而这些危险品不易从托运人的申报中确定其属性,这样的危险品通常称为隐含危险品。货运收运人员应该了解常常使用笼统描述的货物中可能含有的危险品,按照 IATA《危险品规则》中关于危险品分类规则和运营人危险品运输手册的有关规定对怀疑含有危险品的货物进行检查,交运的货物如含有隐含的危险品,收运人员应要求托运人仔细检查其货物并到委托指定的机构办理鉴定并出具证明,若经鉴定证明该货物不属于危险品,托运人则必须在"航空货运单"上注明其包装件内物品不具有危险性,比如,在"航空货运单"的货物品名栏内注明"Not Restricted as per special provision A—"（国际运输）或"根据特殊规定 A—,此货物为非限制性物品"（国内运输）。

为了避免未经申报的危险品被装上飞机,同时防止旅客在其行李中携带不可携带的危险品登机,在怀疑货物或行李中可能含有危险品时,货物收运人员和办理乘机手续人员应从托运人和旅客那里证实每件货物或行李中所装运的物品。同时必须向货物收运人员及办理乘机手续人员提供以下信息,且信息必须能随时获得：

（1）关于可能包含危险品的货物和行李的一般介绍；

（2）其他说明可能含有危险品的标记（例如：标识、标签）；

（3）根据《危险品规则》2.3 节内容允许旅客携带的危险品。

典型的运输物品和其隐含的危险性及图例如表 9-2 所示。

表 9-2　隐含危险品的危险性及图例

物品名称	隐含的危险性	典型图例
1. 紧急航材（AOG）/飞机零备件/飞机设备	可能含爆炸物品（照明弹或其他烟雾弹）、化学氧气发生器、不能使用的轮胎装置、钢瓶或压缩气体（氧气、二氧化碳或氮气）、灭火器、油漆、胶黏剂、气溶胶、救生器材、急救箱、设备中的油料、湿电池或锂电池、火柴等	
2. 汽车/汽车零部件、供应品	（轿车、机动车、摩托车）可能含磁性物质，此类物质虽不符合对磁化物质的规定，但可能符合特殊装载要求而可能影响航空器仪器的铁磁性物质；也可能含有发动机、化油器或含有装过燃料的燃料箱、湿电池、轮胎充气装置中的压缩气体、灭火器、含氮振荡/撑杆，气袋冲压泵/气袋舱等	
3. 呼吸器	可能含有压缩空气或氧气钢瓶、化学氧气发生器或深冷液化氧气	
4. 野营用具	可能含有易燃气体（丁烷、丙烷等）、易燃液体（煤油、汽油等）、易燃固体（乙胺、火柴等）或其他危险物品	
5. 化学品	可能含符合危险品所有标准的项目，尤其是易燃液体、易燃固体、氧化剂、有机过氧化物、有毒或腐蚀物质	
6. 经营人物资（COMAT）	如航空零件，可能含有不可或缺的危险物品，如旅客服务设备（PSU）中的化学氧气发生器，各种压缩气体，如氧气、二氧化碳和氮气；气体打火机、气溶胶、灭火器；易燃液体，如燃油、油漆和胶黏剂；腐蚀性材料，如电池；其他物品，如照明弹、急救包、救生设备、火柴、磁性物质等	
7. 集运货物	可能含任何类别的危险品	

续表

物品名称	隐含的危险性	典型图例
8. 低温物品/液体	指冷冻液化气体,如氩、氖、氮、氦等	
9. 钢瓶	可能有压缩或液体气体	
10. 牙科器械	可能包含易燃树脂或溶剂、压缩或液化气体、汞或放射性物质	
11. 诊断标本	可能含有感染性物质	
12. 潜水设备	可能含有压缩气瓶(空气、氧气等),如自携式潜水气缸、潜水装气瓶等,具有高照明度的潜水灯具,当在空气中运转时可能产生极高的热量。为载运安全,灯泡或电池必须断开连接	
13. 钻探及采掘设备	可能含有爆炸品或其他危险物品	
14. 液氮干装	可能含有液体氮,只有在包装以任何朝向放置液氮都不会流出的情况下,才不受限制	

续表

物品名称	隐含的危险性	典型图例
15. 电气设备	可能有带磁性的物质,或在开关传动装置和电子管中可能含汞,或可能含湿电池	
16. 电动器械	(轮椅、割草机、高尔夫拖车等)可能装有湿电池或锂电池,可能含有燃料的燃料电池或燃料罐	
17. 探险设备	可能含爆炸品(照明弹)、易燃液体(汽油)、易燃气体(丙烷、野营燃气)或其他危险物品	
18. 影片摄制组或媒体设备	可能含爆炸性烟雾装置、内燃机发生器、湿电池、燃料、热能发生器具等	
19. 冷冻胚胎	可能含制冷液化气体或固态二氧化碳(干冰)	
20. 冷冻水果、蔬菜等	可能包装在固态二氧化碳(干冰)中	

续表

物品名称	隐含的危险性	典型图例
21. 燃料	可能含有易燃液体、易燃固体或易燃气体	
22. 燃料控制器	可能含有易燃液体	
23. 热气球	可能含有易燃气体的钢瓶、灭火器、内燃机、电池等	
24. 家居物品	可能含符合任一危险物品标准的物品,包括易燃液体,诸如溶剂型油漆、黏合剂、上光剂、气溶胶(对于旅客,根据国际航协《危险品规则》2.3 节的规定将禁止携带)、漂白剂,腐蚀性的烤箱或下水道清洗剂、弹药、火柴等	
25. 仪器	可能掩藏气压计、血压计、汞开关、整流管、温度计等含有汞的物品	
26. 实验/试验设备	可能含符合任一危险物品标准的物品,特别是易燃液体、易燃固体、氧化剂,有机过氧化物、毒性或腐蚀性物质	
27. 机械备件	可能含胶黏剂、油漆、密封胶、胶溶剂、湿电池和锂电池、汞、含压缩或液化气体的钢瓶等	

续表

物品名称	隐含的危险性	典型图例
28. 磁铁或类似物	其单独或累积效应可能符合磁性物质的定义	
29. 医疗用品	可能含符合任一危险物品标准的物品,特别是易燃液体、易燃固体、氧化剂、有机过氧化物、毒性或腐蚀性物质	
30. 金属建筑材料、金属栅栏、金属管材	可能含影响航空器仪器而需符合特殊装载要求的铁磁性物质	
31. 汽车零部件	(轿车、机动车、摩托车)可能含湿电池	
32. 旅客行李	可能含符合任一危险物品标准的物品,如烟花、易燃家用液体、腐蚀性的烤箱或下水道清洗剂、易燃气体或液态打火机燃料储罐,或野营炉的气瓶、火柴、火器、弹药、漂白粉等。根据国际航协《危险品规则》2.3节的规定不允许携带的气溶胶	
33. 药品	可能含符合任一危险物品标准的物品,特别是放射性物品、易燃液体、易燃固体、氧化剂,有机过氧化物、毒性或腐蚀性物质	
34. 摄影器材/设备	可能含符合任一危险物品标准的物品,特别是热发生装置、易燃液体、易燃固体、氧化物,有机过氧化物、毒性或腐蚀性物质	

续表

物品名称	隐含的危险性	典型图例
35. 赛车或摩托车队设备	可能装有发动机、化油器或含油料或残油的油料箱、易燃气溶胶、压缩气体钢瓶、硝基甲烷,其他燃油添加剂或湿电池等	
36. 电冰箱	可能含液化气体或氨溶液	
37. 维修工具箱	可能含有机过氧化物和易燃胶黏剂、溶剂型油漆、树脂等	
38. 试验样品	可能含符合任一危险物品标准的物品,特别是感染性物质、易燃液体、易燃固体、氧化物,有机过氧化物、毒性或腐蚀性物质	
39. 精液	可能用固态二氧化碳(干冰)或制冷液化气包装,参见"液氮干装"	
40. 船舶备件	可能含有爆炸品(照明弹)、压缩气体钢瓶(救生筏)、油漆、锂电池(应急探测器等)	
41. 演出、电影、舞台与特殊效果设备	可能含易燃物质、爆炸品或其他危险品	

续表

物 品 名 称	隐含的危险性	典型图例
42. 游泳池化学品	可能含氧化性或腐蚀性物质	
43. 电子设备或仪器开关	可能含汞	
44. 工具箱	可能含爆炸品（射钉枪）、压缩气体或气溶液，易燃气体（丁烷气瓶或焊枪）、易燃胶黏剂或油漆、腐蚀性液体、锂电池等	
45. 火炬发光棒	微型火炬及发光棒可能含有易燃气体且装备有电打火器。大型火炬可能有火炬头（通常带有自燃开关）和含有易燃气体的容器或气瓶组成	
46. 旅客的无人陪伴行李/私人物品	可能含符合任一危险物品标准的物品，如烟火、家庭用的易燃液体、腐蚀性的烤箱或下水道清洗剂、易燃气体或液态打火机燃料储罐，或野营炉的气瓶、火柴、火器、弹药、漂白粉、气溶胶等	
47. 疫苗	可能用固体二氧化碳（干冰）包装	

第三节　旅客和机组人员携带的危险品

旅客和机组人员在乘坐飞机时，可能携带有危险品，其可能对航空器飞行安全构成一定威胁。因而，为了保障航空器安全飞行，必须严格遵守关于旅客和机组人员携带危险品的相关规定,具体见表 9-3。

表 9-3　旅客与机组人员携带危险品的规定

危险品不得由旅客或机组人员放入或作为交运行李或手提行李携带,下列情况例外。

2016 年 1 月 1 日起执行

	须经承运人批准	允许在交运行李中或作为交运行李	允许随身携带	必须通知机长装载位置
酒精饮料,在零售包装内体积浓度 24% 以上但不超过 70% 的酒精饮料,装于不超过 5L 的容器内,每个人携带的总净数量不超过 5L	否	是	是	否
包装牢固的 1.4S 项弹药(弹药筒)(仅限 UN0012 或 UN0014),仅供自用条件下,每人可携带毛重不超过 5kg,且不包括爆炸性或燃烧性弹药。两名或两名以上的旅客所携带的弹药不得合并成一个或数个包件	是	是	否	否
雪崩救援包,每人允许携带一个,内可装含有净重不超过 200mg 的 1.4S 项物质的焰火引发装置及净重不超过 200mg 的 2.2 项的压缩气体气瓶,这种背包的包装方式必须保障不会意外开启。背包中的气袋必须装有减压阀	是	是	是	否
所有备用锂电池,包括备用锂金属或锂离子电池芯或电池,这种轻便电子设备的电池只允许旅客在手提行李中携带,且这些电池必须进行单独保护以防止短路	否	否	是	否
装有易燃液体燃料的野营炉具和燃料罐,带有空燃料罐或燃料容器	是	是	否	否
化学武器监控设备,由禁止化学武器组织(OPCW)的官方人员公务旅行携带的(见 DGR 2.3.4.4)	是	是	否	否
使人丧失行为能力的装置,含有刺激性的和使人丧失能力的物质,如催泪瓦斯、胡椒喷雾剂等,禁止随身、放入交运行李和手提行李携带	禁止携带			
固体二氧化碳(干冰),用于不受 DGR 限制的鲜活易腐品食品保鲜的干冰,每位旅客携带不得超过 2.5kg,可以作为手提或交运行李,但包装要留有释放二氧化碳气体的通气孔。每件交运行李,必须标注"干冰"或"固体二氧化碳"及其净重,或标明其数量小于或等于 2.5kg	是	是	是	否
电子烟(包括电子雪茄、电子烟袋或电子喷雾器)内含电池必须单独保护以防意外启动	否	否	是	否
电击武器(如泰瑟枪),含有注入爆炸品、压缩气体、锂电池等危险品,禁止放入手提行李或交运行李或随身携带	禁止携带			
燃料电池及备用燃料罐,为轻便电子装置供电(如:照相机、手机、笔记本电脑及小型摄像机等)详见 DGR 2.3.5.10	否	是	否	否
小型非易燃气瓶,为自动充气救生衣配备的装有二氧化碳或其他 2.2 项气体的小型气瓶,每人携带不超过 2 个备用气瓶。其他设备用的最多 4 个水容量不超过 50mL 的气瓶	是	是	是	否

续表

	须经承运人批准	允许在交运行李中或作为交运行李	允许随身携带	必须通知机长装载位置
非易燃无毒气体气瓶,用于操纵机械假肢的气瓶,以及为保证旅途中的使用而携带的同样大小的备用气瓶	否	是	是	否
含烃类气体的卷发器,如果卷发器的加热器上装有严密的安全盖,则每名旅客或机组人员最多可带一个。这种卷发器在任何时候都禁止在航空器上使用,其充气罐不准在手提行李或交运行李中携带	否	是	是	否
产生热量的物品,如水下电筒(潜水灯)和焊接设备(详见DGR 2.3.4.6)	否	是	是	否
含有冷冻液氮的隔热包装(液氮干装),液氮被完全吸附于多孔物质中,内装物仅为非危险品	否	是	是	否
内燃机或燃料电池发动机,必须符合特殊规定A70(详见DGR 2.3.5.15)	否	是	否	否
节能灯泡,供个人和家庭使用的装载在零售包装内的节能灯泡	否	是	是	否
装有锂电池的保安型设备(详见DGR 2.3.2.6)	是	是	否	否
锂电池:旅客或机组人员携带的内含锂金属或锂离子电池芯或电池的轻便携电子装置,包括医疗装置,比如轻便的氧气瓶和电子产品,如照相机、手机、笔记本电脑、平板电脑和移动电源(见DGR 2.3.5.9),锂金属电池不超过2g和锂离子电池瓦特小时不超过100Wh	否	是	是	否
备用锂离子电池,供消费电子设备使用的瓦特小时大于100Wh但不大于160Wh和内含锂电池超过2g但不超过8g的心脏起搏器。最多只能在手提行李中携带2个备用电池,且这些电池必须作单个保护包装以防止短路	是	否	是	否
锂离子电池供电的设备,供便携式电子设备的锂电池,所含电池瓦特小时大于100Wh但不大于160Wh。供便携式医疗设备的锂电池,锂金属电池含量超过2g但不超过8g	是	是	是	否
安全火柴(一小盒)或一个香烟打火机,个人使用的在身上的不含未被吸附的液体燃料且非液化气体的打火机,打火机燃料或燃料充装罐不允许随身携带,也不允许放入交运或手提行李中 注:擦拭火柴、"蓝焰"或"雪茄"打火机禁止运输	否		因人而定	否
装有密封型湿电池或符合特殊规定A123的电池的电动轮椅或其他类似助行器(详见2.3.2.2)	是	是	否	否
装有非密封型电池或锂电池的轮椅或其他类似的电动助行器(详见2.3.2.3和2.3.2.4)	是	是	否	是
装有锂离子电池(可拆卸)的电动轮椅(助行器),锂离子电池必须拆下,且在客舱内携带(详见2.3.2.4(d))	是	是	否	是

续表

	须经承运人批准	允许在交运行李中或作为交运行李	允许随身携带	必须通知机长装载位置
非放射性药品或化妆用品(包括气溶胶),如发胶、香水、科隆香水以及含有酒精的药品。家庭或运动用的2.2项中非易燃无毒气溶胶,无危险,总净重不得超过2kg或2L,每单个物品的净数量不得超过0.5kg或0.5L。气溶胶的阀门必须由盖子或其他的方法保护,以防止意外打开阀门释放内容物	否	是	是	否
氧气或空气气瓶,用于医学用途,气瓶毛重不得超过5kg。注:液氧装置禁止航空运输	是	是	是	是
渗透装置,必须满足特殊规定A41(详见DGR 2.3.5.16)	否	是	否	否
含有密封型电池的轻便电子装置,电池必须符合A67且等于或小于12V和等于或小于100W。最多可携带2个备用电池(详见DGR 2.3.5.13)	否	是	是	否
放射性同位素心脏起搏器或其他装置,包括那些植入体内以锂电池为动力装置,或作为治疗手段植入体内的放射性药剂	否	因人而定		否
保险型公文箱、现金箱、现金袋等,除2.3.2.6之外,装有锂电池或烟火装置等危险品,是完全禁运的,参见DGR 4.2危险品品名表的条目	禁止			
非感染性样本,与少量易燃液体包装在一起,必须符合特殊规定A180(详见DGR 2.3.5.14)	否	是	是	否
医疗或临床用温度计,含汞,供个人使用时允许每人携带一支,但要放在保护盒内	否	是	否	否
水银气压计或温度计,由政府气象局或其他类似官方机构携带(详见DGR 2.3.3.1)	是	否	是	是

一、禁运的危险品

(1) 内装锂电池和烟火装置等危险品的保险型公文箱,外交公文箱、现金箱、现金袋。
(2) 装有压缩液态毒气、胡椒喷雾器等带刺激性或使人致残的器具。
(3) 电击武器(如泰瑟枪),含有注入爆炸品、压缩气体、锂电池等危险品。
(4) 使用液态氧作为主要或次要氧气液的个人医用氧气装置。

二、经运营人批准仅作为交运行李接收的物品

(1) 装有密封型湿电池或符合特殊规定A123的电池的电动轮椅或其他类似助行器(详见DGR 2.3.2.2),只要电池已被拆下,电池两极已做绝缘处理以防发生意外短路且电池已牢固地安装在轮椅或电动的代步工具上。

注：

使用凝胶体类型电池的轮椅或代步工具，只要电池两极已做绝缘处理以防发生意外短路即可，不需要拆下电池。

(2) 装有非密封型电池或锂电池的轮椅或其他类似的电动助行器(详见 DGR 2.3.2.3 和 2.3.2.4)。装有可溢电池的轮椅和其他电动代步工具应确保在垂直状态下安全装卸，并使电池处于断开状态，防止短路，且电池需牢固地固定在轮椅和代步工具上。如果在垂直状态下轮椅和代步工具不能装卸，则拆掉电池后，可作为交运行李放入货舱运输。被拆掉的电池应被存放在如下坚硬的包装盒内：

① 包装必须要能防止电池液渗漏，装载时应采取适当措施予以固定并保持垂直。

② 电池应垂直放置在包装内且不得短路，并保证包装内有足够的吸附材料吸收渗出的液体。

③ 包装上必须标注"湿电池，轮椅"(BATTERY, WET, WITH WHEELCHAIR)或"湿电池，代步工具"(BATTERY, WET, WITH MOBILITY AID)，并且贴有"腐蚀性"和"向上"标签。

(3) 装有锂离子电池(可拆卸)的电动轮椅(助行器)。锂离子电池必须拆下，且在客舱内携带[详见 2.3.2.4(d)]，必须通知机长该物品的装载位置。

(4) 装有锂电池的保安型设备(详见 2.3.2.6)。

(5) 装有易燃液体燃料的野营炉具和燃料罐，带有空燃料罐或燃料的容器。野营炉具及其燃料箱必须排空所有的易燃液体。为避免危险，作为行李运输的野营炉具的燃料箱或容器必须已排空燃料 1h 以上，并打开盖子至少 6h，以使残留的燃料得以蒸发；或把烹饪油倒入燃料箱或容器，以此将残留燃料的闪点提高至易燃液体的闪点之上，然后倒空燃料箱或容器。

(6) 包装牢固的 1.4S 项弹药(弹药筒)(仅限 UN0012 或 UN0014)。仅供自用条件下，每人可携带毛重不超过 5kg，且不包括爆炸性或燃烧性弹药。两名或两名以上的旅客所携带的弹药不得合并成一个或数个包装件。除分类为 1.4S 的弹药外，严禁在行李中装有任何其他爆炸品，如焰火制品、信号烟火、闪光弹、爆炸性玩具等。

三、经运营人批准仅作为随身携带的物品

(1) 水银气压计或温度计。由政府气象局或其他类似官方机构携带(详见 DGR 2.3.3.1)的水银气压计或温度计必须使用密封的内衬或坚固的防漏防刺穿的内包装和坚固的外包装，防止水银漏出。必须通知机长该物品的装载位置。

(2) 备用锂离子电池。供消费电子设备使用的瓦特小时大于 100Wh 但不大于 160Wh 和内含锂电池超过 2g 但不超过 8g 的心脏起搏器。最多只能在手提行李中携带 2 个备用电池，且这些电池必须作单个保护包装以防止短路。

注：

额定瓦特小时(Wh)是一种规范锂离子电池的计量标准。2009 年 1 月 1 日以后生产的锂离子电池都要求用额定瓦特小时在电池壳的外部标明。

四、经运营人批准允许作为行李运输的物品(交运行李和随身携带)

(1) 雪崩救援包。每人允许携带一个,内可装含有净重不超过 200mg 的 1.4S 项物质的焰火引发装置及净重不超过 200mg 的 2.2 项的压缩气体气瓶,这种背包的包装方式必须保障不会意外开启。背包中的气袋必须装有减压阀。

(2) 化学武器监控设备。由禁止化学武器组织(OPCW)的官方人员公务旅行携带(见 2.3.4.4),指放射性物质不超过 DGR 表 10.3.D 规定的活度范围的设备,也就是化学剂检测设备(CAM)或快速报警和识别设备检测器(RAID-M),当它们由禁止化学武器组织的工作人员以官方的渠道携带时,要进行安全的包装并且不能装有锂电池。

(3) 小型非易燃气瓶。为自动充气救生衣配备的装有二氧化碳或其他 2.2 项气体的小型气瓶,每人携带不超过 2 个小型气瓶和不超过 2 个备用气瓶。其他设备用的最多 4 个水容量不超过 50mL 的气瓶。

(4) 固体二氧化碳(干冰)。用于不受 DGR 限制的鲜活易腐品食品保鲜的干冰,每位旅客携带不得超过 2.5kg,可以作为手提或交运行李,但包装要留有释放二氧化碳气体的通气孔。每件交运行李,必须标注"干冰"或"固体二氧化碳"及其净重,或标明其数量小于或等于 2.5kg。

(5) 锂离子电池供电的设备。供便携式电子设备的锂电池,所含电池瓦特小时大于 100Wh 但不大于 160Wh。

(6) 供便携式医疗设备的锂电池。锂金属电池含量超过 2g 但不超过 8g。

(7) 氧气或空气气瓶。用于医学用途,气瓶毛重不得超过 5kg。

注:
液氧装置禁止航空运输。

五、无须运营人批准可接收的物品

(1) 酒精饮料。在零售包装内体积浓度 24% 以上但不超过 70% 的酒精饮料,装于不超过 5L 的容器内,每个人携带的总净数量不超过 5L。

(2) 所有备用锂电池,包括备用锂金属或锂离子电池芯或电池。这种轻便电子设备的电池只允许旅客在手提行李中携带,且这些电池必须进行单独保护以防止短路。

(3) 电子烟(包括电子雪茄、电子烟袋或电子喷雾器)内含电池必须单独保护,以防意外启动。

(4) 燃料电池及备用燃料罐。为轻便电子装置供电(如照相机、手机、笔记本电脑及小型摄像机等)详见 DGR 2.3.5.10。

(5) 非易燃无毒气体气瓶。用于操纵机械假肢的气瓶,以及为保证旅途中的使用而携带的同样大小的备用气瓶。

(6) 含烃类气体的卷发器。如果卷发器的加热器上装有严密的安全盖,则每名旅客或机组人员最多可带一个。这种卷发器在任何时候都禁止在航空器上使用,其充气罐不准在手提行李或交运行李中携带。

(7) 产生热量的物品。如水下电筒(潜水灯)和焊接设备(详见 DGR 2.3.4.6)。

(8) 含有冷冻液氮的隔热包装。(液氮干装)液氮被完全吸附于多孔物质中,内装物仅为非危险品。

(9) 内燃机或燃料电池发动机。必须符合特殊规定 A70(详见 DGR 2.3.5.15)。

(10) 节能灯泡。供个人和家庭使用的装载在零售包装内的节能灯泡。

(11) 锂电池。旅客或机组人员携带的内含锂金属或锂离子电池芯或电池的轻便携电子装置,包括医疗装置,比如轻便的氧气瓶和电子产品,如照相机、手机、笔记本电脑、平板电脑和移动电源(见 2.3.5.9),锂金属电池不超过 2g 和锂离子电池瓦特小时不超过 100Wh。

(12) 安全火柴(一小盒)或一个香烟打火机。个人使用的在身上的不含未被吸附的液体燃料且非液化气体的打火机。打火机燃料或燃料充装罐不允许随身携带,也不允许放入交运或手提行李中。

注:
擦拭火柴、"蓝焰"或"雪茄"打火机禁止运输。

(13) 非放射性药品或化妆用品。(包括气溶胶)如发胶、香水、科隆香水以及含有酒精的药品。家庭或运动用的 2.2 项中非易燃无毒气溶胶,无危险,总净重不得超过 2kg 或 2L,每单个物品的净数量不得超过 0.5kg 或 0.5L。气溶胶的阀门必须由盖子或其他的方法保护,以防止意外打开阀门释放内容物。

(14) 渗透装置。必须满足特殊规定 A41(详见 DGR 2.3.5.16)。

(15) 含有密封型电池的轻便电子装置。电池必须符合 A67 且等于或小于 12V 和等于或小于 100W。最多可携带 2 个备用电池(详见 DGR 2.3.5.13)。

(16) 放射性同位素心脏起搏器或其他装置。包括那些植入体内以锂电池为动力装置,或作为治疗手段植入体内的放射性药剂。

(17) 医疗或临床用温度计。含汞,供个人使用时允许每人携带一支,但要放在保护盒内。

(18) 非感染性样本。与少量易燃液体(还是气体?)包装在一起,必须符合特殊规定 A180(详见 DGR 2.3.5.14)。

第四节 其他形式的危险品

一、航空邮件中的危险品

根据国际民航组织《技术细则》(ICAO-TI)、万国邮政联盟《万国邮政公约》(简称 UPU)、国际航协《危险品规则》(IATA-DGR)及我国《民用航空危险品运输管理规定》

(CCAR-276-R1)的有关规定：不得通过航空邮件邮寄危险品或者在航空邮件内夹带危险品。不得将危险品匿报或谎报为普通物品作为航空邮件邮寄。规定可以邮寄的危险品除外。对于某些物品（如化工产品等），如邮政部门不能确定其是否为危险品时，应先将该物品送至航空公司指定的鉴定机构进行鉴定。如经鉴定是危险品，不能按航空邮件运输，必须作为危险货物在航空公司收货柜台办理交运。

二、运营人资产中的危险品

运营人资产中的一些物品和物质可能归类为危险品，当安装在飞机上时不受国际航协《危险品规则》(IATA-DGR)的限制，但作为货物运输时，必须按照危险品办理运输。

（一）不受相关法规限制的运营人物资

运营人物资中的下述物品，不受相关法规限制：

（1）航空器设备。已分类为危险品，但根据有关适航要求、运行规定或按照运营人所属国家规定，为满足特殊要求而装载于航空器上的物品或物质。

（2）消费品。在航班或续程航班上，在航空器上使用或出售的气溶胶、酒精饮料、香水、科隆香水、液化气打火机，但不包括一次性气体打火机和在减压条件下易漏气的打火机。

（3）固体二氧化碳（干冰）。在航空器上用于冷藏食物和饮料的固体二氧化碳（干冰）。

（二）受相关法规限制的运营人物资航空器备件

（1）除非经运营人国家另有授权，否则运输拟替换上述（一）（1）中所列的物品、物质或被替换下的上述（一）（1）中所列的物品、物质时，必须遵守国际航协《危险品规则》(IATA-DGR)的规定。但是，运营人使用专门设计的容器运输上述物品、物质时可以例外，条件是此类容器必须满足国际航协《危险品规则》(IATA-DGR)中有关此种物品包装的基本要求。

（2）除非经运营人国家另有授权，否则运输上述（一）（2）和（一）（3）中所列的物品或物质的替换物时，一定要遵守国际航协《危险品规则》(IATA-DGR)的规定。

三、限制数量的危险品

有一部分危险品，倘若符合国际航协《危险品规则》(IATA-DGR)关于限制数量危险品包装、数量限制和件测试等规定，可作为限制数量危险品进行运输。除另有规定外，对于限制数量危险品的所有要求同样适用客机和货机。

（一）准许客机运输的限制数量危险物品

仅被许可由客机载运并符合下列类别、项别和包装等级的危险物品可按限制数量危险物品的规定进行载运：

（1）第2类：仅第2.1项和2.2项中的UN1950，无次要危险性的第2.1项和2.2项中的 UN2037。

(2) 第 3 类：属 Ⅱ、Ⅲ 级包装的易燃液体。

(3) 第 4 类：第 4.1 项中属 Ⅱ、Ⅲ 级包装的易燃固体，但自身反应物质除外（不考虑包装等级）；第 4.3 项中属 Ⅱ、Ⅲ 级包装的物质，只限固体。

(4) 第 5 类：第 5.1 项中属 Ⅱ、Ⅲ 级包装的氧化剂；第 5.2 项中仅限包装在化学物品箱或急救箱内的有机过氧化物。

(5) 第 6 类：第 6.1 项中属于 Ⅱ、Ⅲ 级包装的毒性物品。

(6) 第 8 类：属 Ⅱ、Ⅲ 级包装的第 8 类腐蚀性物品，但不包括 UN2794（注入酸液的蓄电池，已蓄电的）、UN2795（注入碱液的蓄电池，已蓄电的）、UN2803（镓）、UN2809（汞）及 UN3028（干电池，含固体氢氧化钾，已蓄电的）危险物品。

(7) 第 9 类：仅限于第 9 类物质中的 UN1941（二溴二氟甲烷）、UN1990（苯甲醛）、UN2071（硝酸铵肥料）、UN3077（危害环境物质，固体，泛指名称 Environmentally hazardous substance, Solid, n.o.s.）、UN3082（危害环境物质，液体，Environmentally hazardous substance, Liquid, n.o.s.）、UN3316（化学物品箱或急救箱）。

（二）不允许以限制数量运输的危险物品

下列物品或物质不可以按限量数量危险品的规定载运：

(1) 在任何情况下都禁止运输的危险物品。

(2) 仅限货机载运的危险物品。

(3) 属于 Ⅰ 级包装的危险物品。

(4) 第 1 类：爆炸品。

(5) 第 2 类：2.1 项（除 UN1950 和 UN2037）、2.2 项（除 UN1950 和 UN2037）、2.3 项有毒气体。

(6) 第 4 类：4.1 项中自身反应的物质、4.2 项或在第 4.2 项中具有次要危险性的危险物品。

(7) 第 6 类：6.2 项感染性物质。

(8) 第 7 类：放射性物质。

(9) 第 8 类：腐蚀性物质 UN2794、UN2795、UN2803、UN2809 及 UN3028。

(10) 第 9 类：杂项危险品，除 UN1941（二溴二氟甲烷）、UN1990（苯甲醛）、UN2071（硝酸铵肥料）、UN3077（危害环境物质，固体，泛指名称 Environmentally hazardous substance, Solid, n.o.s.）、UN3082（危害环境物质，液体，Environmentally hazardous substance, Liquid, n.o.s.）、UN3316（化学物品箱或急救箱）以外。

（三）数量限制

限制数量危险品的每一包装件净重不得超过危险品表所对应的"H"栏内所规定的数量，如表 9-4 所示。限制数量危险品的每一包装件毛重不得超过 30 kg(66lb)。

表 9-4 限制数量危险品的数量

UN/ID编号	运输专用名称	类别或项别（次要危险）	危险性标签	包装等级	例外数量	客机和货机 限量 包装说明	客机和货机 限量 每个包装件最大净重	客机和货机 包装说明	客机和货机 每个包装件最大净重	仅限货机 包装说明	仅限货机 每个包装件最大净重	S.P.	EPG码
A	B	C	D	E	F	G	H	I	J	K	L	M	N
1655	Nicotine preparation, solid, n.o.s	6.1	Toxic	Ⅰ Ⅱ Ⅲ	E5 E4 E1	— Y613 Y619	— 1kg 10kg	606 613 619	5kg 25kg 100kg	607 615 619	50kg 100kg 200kg	A3 A5 A6	6L 6L 6L
1657	Nicotine salicylate	6.1	Toxic	Ⅳ	E4	Y613	1kg	613	25kg	615	100kg		6L

（四）包装及包装件性能试验

限制数量危险品的包装应按照危险品表所对应的"G"栏内的前缀为"Y"的限制数量包装说明的要求进行包装。不允许使用单一包装，必须使用组合包装，且须应通过跌落和堆码测试。

其中，跌落试验是指准备载运的包装件，必须有能力承受由 1.2m 高度最易造成最大损坏的位置跌落于坚硬的、无弹性的水平面上。经测试后，该包装件在运输过程中不得影响安全，造成损坏及内包装亦不得渗漏。堆压试验是指交运的每一包装件，必须有能力承受压在其上表面、历时 24 小时的与同样包装件堆叠至 3m 高的总重量的压力（包括受试物），其内包装不发生损坏或渗漏及作用也不减低。

包装件的外表面上没有任何规格标记，但必须标有"LIMITED QUANTITY"或"LTD. QTY."字样（如图 9-1 所示）。

图 9-1 限制数量包装标记

四、例外数量的危险品

极少量的危险品可以作为例外数量危险品载运，并可以免受 IATA《危险品规则》关于危险品标记、装载和文件要求的限制,该货物称为"例外数量危险品"。

(一) 适用范围

极少量的危险品可以作为例外数量危险品载运,并可以免受 IATA《危险品规则》关于危险品标记、装载和文件要求的限制,但必须遵守 DGR 中如下的规定:

(1) 培训的要求;
(2) 航空邮件中的危险品;
(3) 分类和包装等级标准;
(4) 装载限制;
(5) 危险品事故、事件或其他紧急情况的报告;
(6) 例外包装里的放射性材料的要求;
(7) 附录 A 中的定义。

(二) 允许以例外数量运输的危险物品

只有允许在客机上载运且符合下列类别、项别、包装等级(如适用)标准的危险物品才可按例外数量危险物品的规定运输:

(1) 无次要危险性的 2.2 项的物质,但不包括 UN1950、UN2037、UN2857 和 UN3164;
(2) 第 3 类物质,所有包装等级,不包括有次要危险性的 I 级包装和 UN1204、UN2059 和 UN3473;
(3) 第 4 类物质,II 级和 III 级包装,但不包括所有自身反应的物质和 UN2555、UN2556、UN2557、UN2907、UN3292 和 UN3476;
(4) 5.1 项的物质,II 级和 III 级包装;
(5) 仅限于装在化学品箱、急救箱或聚酯树脂中的 5.2 项物质;
(6) 除了有吸入毒性的包装等级为 I 级的物质外,所有 6.1 项的物质;
(7) 第 8 类物质,II 级和 III 级包装,但 UN1774、UN2794、UN2795、UN2800、UN2803、UN2809、UN3028 和 UN3477 除外;
(8) 第 9 类物质,仅限固体二氧化碳、转基因生物、转基因微生物。

注意:

以上类别、项别、包装等级的物品和物质也可以是例外包装件中的放射性物质,关于放射性物质例外包装件参见本书第六章。

(三) 包装数量和代码识别

为了遵守 UN《规章范本》(橙皮书),53 期 DGR 对例外数量危险品的要求进行了修订,包括分配了一个由 E0 到 E5 的"EQ"代号,以便识别一种物质是否可以例外数量运输,以及内包装和外包装的允许数量(例外数量危险品代号见表 9-5)。

表 9-5 例外数量危险品代号

代码	每件内包装的最大允许数量	每件外包装的最大允许数量
E0	不允许作为例外数量运输	
E1	30g/30mL	1kg/1L
E2	30g/30mL	500g/500mL
E3	30g/30mL	300g/300mL
E4	1g/1mL	500g/500mL
E5	1g/1mL	300g/300mL

(四) 托运人的责任

在向经营人交运货物之前,托运人必须确保内装例外数量危险物品的包装件能够承受正常航空运输的条件而不需要特别操作、仓储和装载的条件,即可能需要避开直射阳光、通风及远离热源等。

例外数量的危险物品不可置于交运行李或手提行李中,更不能置于航空邮件内进行运输。

(五) 包装要求

(1) 必须有内包装,且每个内包装必须使用塑性材料(当用于液体危险品包装时,最低不少于 0.2mm 的厚度),或者用玻璃、瓷器、陶器或金属材料。每一内包装或封装气体的容器必须牢固地包装在带有衬垫材料的中间包装内。设有活动封口的内包装的封口必须用金属丝、带子或者其他有效措施固定。配有定型螺旋纹带颈的容器,必须有纹状防漏盖完全封闭容器内物品。

(2) 每一内包装或封装气体的容器必须牢固地包装在带有衬垫材料的中间包装内。当发生破损或泄漏时,无论包装件的方向如何,中间包装都必须有防止破损或泄漏的材料。关于液体危险物品,中间包装必须装有充足的吸附性材料,以完全吸收内包装的液体为准。在这种情况下,吸附材料可作为衬垫材料,吸附材料和衬垫材料不得与危险品发生危险反应或影响其性能。

(3) 中间包装必须安全地装入坚固的外包装之内(木料、纤维板或其他类似的坚固材料)。

(4) 整个包装件必须符合 IATA-DGR 2.7.3 的规定。

(5) 每个包装件上必须有足够的空间用于标注必要的标记。

(6) 可以使用合成包装件,且其中可以装有危险品包装件或不受 IATA-DGR 限制的物品包装件。

(7) 例外数量危险品的包装件内不允许含有其他的需要危险品申报单进行运输的危险品。

(8) 当一个包装件中例外数量的危险品和干冰包装在一起,必须符合包装说明 954 的规定。

（六）标记

内装例外数量危险物品的包装件必须粘贴与图 9-2 所示样本一致的标记。如有次要危险性，必须在标记上标明。

图 9-2　例外数量包装件标记

标记最小尺寸为 100mm×100mm。

合成包装件内含有例外数量危险品时，必须按照标记的要求在包装件上注明。标记必须牢贴或印在包装件的明显位置上。如有次要危险性，必须在标记上标明。

托运人必须检查标签上的方框内是否填有内装物品的内容：* 危险品的类别和项别。** 托运人或收货人必须填写他们的姓名、地址、名称、日期并签名。签名可以手写，亦可将印章以形式复印或印于标签上。不允许用机打署名。集运人、送货人或国际航协货运代理人不得填写或签署标签。

（七）文件

收运例外数量危险品时，不要求提供托运人危险品申报单、检查单、特种货物机长通知单。

但航空货运单（Air Waybill）内"Nature and Quantity of Goods"（货运种类及数量）一栏应填写"Dangerous Goods in Excepted Quantities"（例外数量危险物品）。

例外包装件内装有放射性物质时，要求另须加注适当的说明，如"Radioactive material, excepted package…"（放射性物质……，例外包装件）。

第五节　国家和运营人差异

如果不同国家和承运人对危险品运输有不同于《危险品规则》的更严格的规定，可以向国际民用航空组织或国际航空运输协会申报差异，并列在《危险品规则》的国家、运营人中。任何国家或运营人都有权在《危险品规则》登记更严格的差异。在收到或运输危险品之前，应该查阅国家及运营人差异的适用范围。

国家差异以三个英文字母组识别，最后一个字母都是"G"（意指政府），随后的是两个数字，严格按顺序排列，自01开始，如"AUG—01"。差异按其指定的代码的字母顺序列出。

AUG（澳大利亚 Australia）

AUG—01 在特殊规定 A1 或 A2 示于《危险品表》M 栏时，这些物质或物品，在事先无民航安全当局书面许可时，不得以客机运至、始发于澳大利亚或在澳大利亚境内运输。

AUG—02 下列物质在事先无民航安全当局书面许可时不得以客机或货机运至、始发于澳大利亚或在澳大利亚境内运输。

一、已申报差异条款的国家和地区

已申报差异条款的国家和地区如表 9-6 所示。

表 9-6 已申报差异条款的国家和地区

澳大利亚 AUG	德国 DEG	马来西亚 MYG	斯里兰卡 VGG
巴林 BHG	中国香港 HKG	荷兰 NLG	瑞士 CHG
比利时 BEG	印度 ING	巴基斯坦 PKG	土耳其 TRG
文莱达鲁萨兰国 BNG	伊朗 IRG	波兰 PLG	乌克兰 UKG
加拿大 CAG	意大利 ITG	罗马尼亚 ROG	阿拉伯联合酋长国 AEG
中国 CNG	牙买加 JMG	俄罗斯联邦 RUG	英国 GBG
丹麦 DKG	日本 JPG	沙特阿拉伯 SAG	美国 USG
埃及 EGG	韩国 KPG	新加坡 SGG	瓦努阿图 VUG
斐济 DQG	卢森堡 LUG	南非 ZAG	法国 FRG
中国澳门 MOG	西班牙 ESG		

二、已申报差异条款的运营人

运营人差异以航空公司的二字代码加编号的形式表示，编号始于"01"，例如"CA-01"。

下列国家和地区已申报差异条款：

航空公司名称	二字代码
ABSA Cargo；ABSA 货运	M3
Adria Airways——亚德里亚航空公司（南斯拉夫）	JP
Aer Lingus——爱尔兰航空公司	EI
Aerolineas Argentinas——阿根廷航空公司	AR
AeroPeru——秘鲁航空公司	PL
Mexicana——墨西哥航空公司	MX
Air Algerie——阿尔及利亚航空公司	AH
Air Australia——澳大利亚航空公司	UU

Air Berlin——柏林航空公司	AB
Air Canada——加拿大航空公司	AC
Air China——中国国际航空公司	CA
Air Europa——欧罗巴航空公司	UX
Air France——法国航空公司	AF
Air Hongkong——香港航空公司	LD
Indian Airlines——印度航空公司	IC
Air Kenya Express Ltd.——肯尼亚快运有限公司	P2
Air Madagascar——马达加斯加航空公司	MD
Air Mauritius——毛里求斯航空公司	MK
Air Namibia——纳米比亚航空公司	SW
Air New Zealand——新西兰航空公司	NZ
Air Niugini——新几内亚航空公司	PX
Air Pacific——太平洋航空公司	FJ
Air Tehiti Nui——塔西堤航空公司	VT
Air Tehiti Nui——波利西亚塔希提航空公司	TN
Air Wisconsin——威斯康星航空公司（美国）	ZW
Alaska Airlines Inc.——阿拉斯加航空公司（美国）	AS
Alitalia Airlines——意大利航空公司	AZ
All Nippon Airways——日本全日空航空公司	NH
American Airlines Inc.——美国航空公司	AA
Asiana——韩亚航空公司	OZ
Austrian Airlines——奥地利航空公司	OS
Avianca Airlines——哥伦比亚航空公司	AV
Bangkok Airways——曼谷航空公司	PG
Bimain Bangladesh Airlines——孟加拉比曼航空公司	BG
British Airways——英国航空公司	BA
Brussels Airlines——布鲁塞尔航空公司	SN
Cameroon Airlines——喀麦隆航空公司	UY
Cargolux Airlines——卢森堡货运航空公司	CV
Caribbean Airlines——加勒比航空公司	BW
Carpatair SA——卡皮特航空公司	V3
Cathay Pacific Airways Limited——香港国泰航空公司	CX
China Airlines Ltd.——中华航空公司（中国台湾）	CI
China Eastern Airlines——中国东方航空公司	MU
China Southern——中国南方航空公司	CZ
Comair——商业（控股）航空公司	MN

Comdor Flugdienst GmbH/Comdor Berlin——秃鹰柏林航空公司	DE
Copa Airlines-Cargo——巴拿马空运公司(货运)	CM
Czech Airlines——捷克航空公司	OK
Corsair——克尔斯航空公司	SS
Corse Mediterranee——地中海科西嘉航空公司	XK
Croatia Airlines——克罗地亚航空公司	OU
Delta Air Lines, Inc.——三角航空公司(美国)	DL
Deutsche Lufthansa A. G. (Lufthansa)——德国汉莎航空公司	LH
DHL Air Lines——英国敦豪航空公司	DO
EI AI Israel Airlines Limited——以色列航空公司	LY
Era Aviation——时代航空公司(美国)	ZH
EVA Airways Corp.——台湾长荣航空公司	BR
Egypt Air——埃及航空公司	MS
Emirates Airline——阿联酋航空公司	EK
Etihad Airways——阿联酋水晶航空公司	EY
European Air Transport-DHL——欧洲货运航空公司	QY
Federal Express Corporation——联邦捷运航空公司(美国)	FX
Finn Air——芬兰航空公司	AY
Gulf Air——海湾航空公司(中东地区海湾四国)	GF
Great Wall Airlines——长城航空有限公司	IJ
Garuda Indonesia——印度尼西亚鹰航空公司	GA
Hapag-Lioyd Glug GmbH——哈帕克-劳埃德航空公司	HF
Hawaiian Airlines——夏威夷航空公司	HA
Hong Kong Dragon Airlines Limited——香港港龙航空公司	KA
IBERIA, Lineas Aereas de Espana——西班牙航空公司	IB
Iran Air——伊朗航空公司	IR
Japan Airlines Co. Limited——日本航空公司	JL
JAT-Yugoslav Airlines——南斯拉夫航空公司	JU
Jetstar——捷星航空公司	JQ
Jette 8 Airlines Cargo——杰特8货运航空公司	JX
KLM-Royal Dutch Airlines——荷兰皇家航空公司	KL
Korean Airlines——大韩航空公司	KE
Kenya Airways——肯尼亚航空公司	KQ
Lauda Air Luftfahrt AG——劳达航空公司和汉莎航空公司	NG
Luxair——卢森堡航空公司	LG
LAN Airlines——智利国家航空公司	LA
Malev Hungarian Airlines——匈牙利航空公司	MA

MIAT Mongolian Airlines——蒙古航空公司	OM
Malaysia Airlines——马来西亚航空公司	MH
Martinair Halland——荷兰马丁航空公司	MP
Middle East Airlines——中东航空公司	ME
NIPPON CARGO AIRLINES. CO. LTD——日本货运航空公司	KZ
Northwest Airlines——美国西北航空公司	NW
PAL Philippine Airlines——菲律宾航空公司	PR
Qatar Airways Company Q. C. S.——卡塔尔航空公司	QR
Qantas Airways——澳洲航空公司	QF
Royal Jordanian Airlines——约旦皇家航空公司	RJ
Scandinavian Airlines System——北欧航空公司	SK
SAUDI ARABIAN AIRLINES——沙特阿拉伯航空公司	SV
Singapore Airlines——新加坡航空公司	SQ
Swiss International Air Line——瑞士航空公司	SR
Southem Air Transport——南方航空运输公司	SJ
Skywest Airlines——西天航空公司	OO
TAM Airlines——巴西天马航空公司	JJ
Tampa Cargo QT——坦帕货物运输公司	QT
Thai Airways International P——泰国国际航空公司	TG
Turkish Airlines——土耳其航空公司	TK
Transavia Holland N. V——荷兰泛航航空公司	HV
Tunis Air——突尼斯航空公司	TU
Ukraine International Airlin——乌克兰国际航空公司	PS
United Airlines, Inc.——美国联合航空公司	UA
United Airlines——联合航空公司（美国）	UA
United Parcel Service——联合包裹服务公司（美国）	5X
USAfrica Airways——美非航空公司	E8
Vietnam Airlines——越南航空公司	VN
Virgin Atlantic Airways——维珍航空公司	VS
Varig S. A.——瓦力格航空公司（巴西）	RG
Yemen Airways——也门航空公司	IY

经营人差异一览表范例：

CA（中国国际航空公司——Air China）

CA-01　作为集运货物的危险物品，不收运。

CA-02　使用同一货运单与一般货物混装的危险物品不运收。

CA-03　所有从中国始发的危险物品必须包装于组合包装件内。拒收单一包装件。

CA-04　属于Ⅰ、Ⅱ、Ⅲ级包装的含有液体危险物品的组合包装，必须使用足够的吸附材料以能吸附所有内包装的内装物。

CA-05 应急措施:收货人电话或传真号码必须在货运单中和在危险物品包装件的外部注明。

本章小结

● 重点掌握内容:旅客和机组人员携带危险品的规定、隐含危险品的种类及其危险性表现等。

● 一般掌握内容:限制数量、例外数量危险品的规定等。

● 一般了解内容:危险品运输中国家和运营人差异等。

综合练习

一、单选题

1. 第 1 类危险品中只有（　　）可以装在客机上运输。
   A. 1.4B　　　　　B. 1.4C　　　　　C. 1.4D　　　　　D. 1.4S

2. 航空救生衣属于第（　　）类危险品。
   A. 1　　　　　　B. 2　　　　　　C. 3　　　　　　D. 4

3. 下列选项中（　　）是空运 2.2 项非易燃无毒气体的例子。
   A. 含易燃气体的打火机　　　　　B. 氧气瓶
   C. 丙烷　　　　　　　　　　　　D. 丁烷

4. 下列（　　）不属于经常空运的第 3 类危险品。
   A. 汽油　　　　B. 指甲油　　　　C. 胶水　　　　D. 胶棒

5. 安全火柴属于（　　）。
   A. 4.1 易燃固体　　　　　　　　B. 4.2 易于自燃的物质
   C. 4.3 遇水释放易燃气体的物质　　D. 5.1 氧化剂

6. 以下（　　）属于 5.1 项氧化剂的危险性。
   A. 起助燃作用　　　　　　　　　B. 对碰撞和摩擦敏感
   C. 速燃　　　　　　　　　　　　D. 损伤眼睛

7. 具有吞入、吸入或皮肤接触后进入人体可导致死亡或危害健康等特征的危险品属于（　　）。
   A. 6.1 项毒性物质　　　　　　　B. 6.2 项感染性物质
   C. 第 8 类腐蚀性物质　　　　　　D. 2.3 项毒性气体

8. 老鼠药属于（　　）。
   A. 第 8 类腐蚀性物质　　　　　　B. 2.4 项毒性气体
   C. 6.1 项毒性物质　　　　　　　D. 6.2 项感染性物质

9. 第 7 类放射性危险品的危险等级随着数字的增加,危险性（　　）。
   A. 越大　　　　　　　　　　　　B. 越小

10. 室内建筑材料释放的气体氡属于（　　）。

A. 毒性物质　　　　B. 感染性物质　　　　C. 放射性物质　　　　D. 毒性气体

11. 托运人在托运危险品时,需要填写(　　)。
A. 托运人危险品申报单　　　　B. 危险物品收运检查单
C. 航空货运单　　　　　　　　D. 机长通知单

12. 承运人在收运危险品前,需要填写(　　)。
A. 托运人危险品申报单　　　　B. 危险物品收运检查单
C. 航空货运单　　　　　　　　D. 机长通知单

13. 动物、食品、饲料和可食用物质不可以与第(　　)类危险品装在同一货舱内。
A. 3　　　　B. 4　　　　C. 5　　　　D. 6

14. 以下哪些物品在采用航空运输时,需要得到运营人的许可?(　　)
A. 安全火柴　　　B. 啤酒　　　C. 芬必得(药)　　　D. 运动子弹

15. 在正常的运输状态下,易爆炸、易发生危险反应、易起火或易放出导致危险的热量、易释放毒性、腐蚀性或易燃性气体或蒸气的物质,(　　)。
A. 经运营人批准,可以作为普货运输
B. 托运人填写危险品申报单,可作为危险品运输
C. 在任何情况下都禁止用航空器运输
D. 托运人与运营人达成共识,可按危险品运输

16. (　　)可以作为例外数量危险品载运,并可以免受IATA《危险品规则》关于危险品标记、装载和文件要求的限制,该货物定义为例外数量危险品。
A. 单一包装件的危险物品
B. 货物的危险性对空运不构成威胁的物品
C. 极少量的危险品
D. 大量的危险品,但危险性对空运不构成威胁的物品

17. 由于自身的低温而在运输包装内部分呈现液态的气体,它指的是气体的哪一类物理状态?(　　)
A. 压缩气体　　　B. 液化气体　　　C. 冷冻液化气体　　　D. 溶解气体

18. 在正常运输的情况下,容易快速燃烧或经摩擦容易起火的固体定义为(　　)。
A. 自燃物质
B. 具有整体爆炸危险性而敏感度极低的物质
C. 易燃固体
D. 无整体爆炸危险性且敏感度极低的物品

19. 危险品处置的最基本原则是(　　)。
A. 飞机安全　　　　　　　　　B. 财产安全
C. 旅客财产和人身安全　　　　D. 旅客和机组人员的人身安全

20. 包装牢固的1.4S项的弹药(仅限UN0012或UN0014),仅供自用条件下,每人携带毛重不超过(　　)kg。
A. 2　　　　B. 2.5　　　　C. 3　　　　D. 5

21. 用于包装不受本规则限制的易腐物品的干冰,如每人携带总量不超过(　　)kg。
A. 2　　　　　　B. 2.5　　　　　　C. 3　　　　　　D. 5

22. 下列(　　)是属于旅客或机组人员不得随身携带或作为行李运输的危险品。
A. 气溶胶　　　B. 放射性药剂　　　C. 胡椒喷雾器　　　D. 医用氧气

23. 政府气象局或类似官方机构的代表每人可以携带(　　)支汞气压计或汞温度计。
A. 1　　　　　　B. 2　　　　　　C. 3　　　　　　D. 4

24. 公司资产中的一些物品和物质可能归类为危险品,安装在飞机上时不受本手册的限制,而在运输过程中,必须按照(　　)办理运输。
A. 危险品　　　B. 普通货物　　　C. 视情而定　　　D. 限量包装

25. 下列哪些物品经运营人批准仅允许作为手提行李?(　　)
A. 运动子弹
B. 消费用锂电池
C. 含有冷冻液氮的隔热包装
D. 野营炉及装有易燃液体燃料的燃料容器

二、多选题

1. 有关国家在(　　)情况下,可以豁免有关禁运的规定而进行危险品航空运输。
A. 在非常紧急的情况下　　　　　　B. 其他运输方式不合适
C. 完全按照所规定的要求而违背公众利益　　D. 一般都可以

2. 公司物资危险品包括(　　)。
A. 安装在飞机上的航材　　　　　　B. 供应品
C. 机上食品制冷剂　　　　　　　　D. 机上娱乐设施

3. 锂电池驱动电子医疗装置的要求是(　　)。
A. 电池瓦时额定值不得超过300Wh　　B. 无须保护设备防意外启动
C. 医疗使用　　　　　　　　　　　　D. 备用电池放置到客舱

4. 极少量的危险品可以作为例外数量危险品载运,但必须遵守(　　)。
A. 分类和包装等级标准
B. 装载限制
C. 危险品事故、事件或其他紧急情况的报告
D. 例外包装里的放射性材料的要求

5. 下列物品或物质不可以按限量数量危险品的规定载运的有(　　)。
A. 在任何情况下都禁止运输的危险物品　　B. 仅限货机载运的危险物品
C. 属于Ⅰ级包装的危险物品　　　　　　　D. 第1类:爆炸品

6. 仅被许可由客机载运的有(　　)。
A. 第3类:属Ⅱ、Ⅲ级包装的易燃液体
B. 第6类:第6.1项中属于Ⅱ、Ⅲ级包装的毒性物品
C. 第2类:仅2.1项和2.2项中的UN1950,无次要危险性的第2.1项和2.2项中的UN2037

D. 第5类：第5.1项中属Ⅱ、Ⅲ级包装的氧化剂；第5.2项中仅限包装在化学物品箱或急救箱内的有机过氧化物

7. 以下被禁运的危险品有（　　）。
A. 内装锂电池和烟火装置等危险品的保险型公文箱，外交公文箱、现金箱、现金袋
B. 装有压缩液态毒气、胡椒喷雾器等带刺激性或使人致残的器具
C. 电击武器（如泰瑟枪），含有注入爆炸品、压缩气体、锂电池等危险品
D. 使用液态氧作为主要或次要氧气液的个人医用氧气装置

8. 经豁免可以航空器运输的禁运危险品包括（　　）。
A. 具有传染性的活动物，如带有鼠疫细菌的实验鼠
B. 国家主管当局指定的任何其他物品或物质
C. 属于Ⅰ级包装，吸入其雾气可引起中毒的液体，如汞
D. 放射性物质

9. 下列物品中可能含有危险物品的是（　　）。
A. 牙科器械　　　B. 家用电器　　　C. 野营设备　　　D. 潜水设备

10. 下列物品中可能含有危险物品的是（　　）。
A. 汽车零备件　　B. 呼吸器　　　　C. 蓄电池　　　　D. 冻鱼

11. 下列物品中可能含有危险物品的是哪些？（　　）
A. 诊断标本　　　B. 探险设备　　　C. 药品　　　　　D. 仪器

三、判断题

1. 危险品申报单必须由托运人签字，签字可以手写，也可以使用印章或打字机。（　　）
2. 一位装了含有放射性同位素的心脏起搏器的旅客，在乘坐飞机时，不需要承运人的特许。（　　）
3. 当腐蚀性物质发生洒漏时，为避免对飞机或其他物品产生腐蚀，应立即对洒漏部分用大量的水进行冲刷，而且尽量加大水流，以便进行快速处理。（　　）
4. 在托运人使用笼统描述申报的货物中，可能隐含有某些危险品，而这些危险品可以作为普通货物进行运输，无须填写危险品申报单。（　　）
5. 公司资产中的一些物品和物质可能归类为危险品，安装在飞机上时不受手册的限制，而在运输过程中，必须按照危险品办理运输。（　　）
6. 除放射性物质的例外包件，公司可以收运从中国始发的例外数量包装件。（　　）
7. 不同的爆炸品能否混装在一起进行安全运输，取决于它们的配装组。（　　）
8. 不可拆卸的锂电池电动轮椅不需要运营人批准。（　　）
9. 对传染性物质的标记标签，要求托运人必须在包装件表面标注有关负责人的姓名、地址和电话号码，该负责人应具备处理该传染性物质的突发事件的能力。（　　）
10. 含有干冰的包装件必须密封。（　　）
11. 行李中的危险品的收运工作应严格遵守运输过程中有关国家适用的法律、政府规定、命令或条例以及有关承运人的规定。（　　）
12. 干冰，只有用于保护随身携带的易腐蚀物品，每人最多携带5kg。（　　）

13. 旅客每人只能作为手提行李携带一支水银气压计或温度计,无须事先通知机长。( )

14. 旅客可以带现金箱上飞机。( )

15. 充电宝在行李运输中视为备用电池。( )

16. 节能灯不含危险品,旅客可以携带登机。( )

17. 对于有方向性标签或标记危险品货物,操作人员在搬运、装卸、集装板或集装箱以及装机的全过程中,必须按该指向使包装件始终保持直立向上。( )

18. 驾驶舱及载有旅客的客舱不得装载作为货物运输的危险品。( )

19. 锂电池驱动的电动轮椅中的锂电池没有电量限制。( )

20. 消毒用喷雾罐旅客可以携带登机。( )

21. 锂电池为9类危险品,法规对符合相关规定的锂电池标示了例外条款。( )

四、简答题

1. 下述行李中可能会隐含有何种危险性的物品?

露营装备_____

冷冻食品_____

潜水设备_____

2. 根据机组人员和旅客携带的危险品要求的表格回答问题:

对于由锂电池或其他有泄漏危险性的液体电池驱动的电动轮椅:

可否随身携带?_____

可否放入或作为交运行李?_____

可否放入或作为手提行李?_____

是否需要征得承运人同意?_____

是否需要通知机长其位置?_____

第十章

锂电池的航空运输

本章学习目标

- 了解锂电池航空运输的知识。
- 掌握锂电池行李及货物的运输限制条件。
- 掌握锂电池标签的使用。
- 了解锂电池的应急处置。

 适用人员类别

2、7、8、9、10、11、12 类人员

 **导引案例**

大批锂电池货物运输引发火灾

UPS(即美国联合包裹运输公司)6号班机是从香港国际机场经过迪拜国际机场飞往德国科隆的定期班机。2010年9月3日,该航班由一架波音747-400F执飞,从迪拜机场起飞后不久因货舱失火,失去控制坠毁。机上两名机组人员全部死亡。

事故调查组在外围现场发现了一粒烧焦并炸裂的锂电池,据飞机货舱单显示,UPS 6号班机装载了多达8 100粒锂电池或含有锂电池的电子产品。而在飞行途中,由于装运问题,锂电池因挤压而起火,导致飞机操作困难,机组人员不得已只能采用自动驾驶来保持平衡。尽管这样,因火势越来越大而得不到控制,飞机最后还是在迪拜一个军事基地的附近坠毁,两名机组人员死亡,但是副驾驶在最后关头避开了迪拜的居民区,避免了更大的伤亡。

锂电池作为清洁、高效、无污染能源已经走向各行各业,随着锂电池在各个电子应用领域的不断扩展,其需求量也逐年递增,当今锂电池行业已不仅仅局限于一般的消费电子产品,比如手机、笔记本电脑及其他数码消费类电子产品。它已逐步向电动自行车、混合动力汽车、医疗及航空航天等新兴领域拓展。随着消费类电子产品市场的持续火热,锂离子电池市场发展迅猛,不仅其应用范围和数量不断扩大,单只电池的能量也越来越高。

锂电池的主要运输方式为航空运输,除了生产性贸易外,旅客行李中也包含大量的锂电池驱动设备。近年来,在航空运输过程中不同程度地发生过一些关于锂电池货物运输的不安全事故或事件;此外,也发生过旅客携带锂电池发生着火燃烧的事件。这些与锂电池相关的不安全事故或事件,对航空运输的安全性影响十分严重,不断曝出的锂电池安全事故,也使得人们越来越关注锂电池的安全性。

第一节　锂电池运输的基础知识

一、锂电池的定义

"锂电池"是一类由锂金属或锂合金为负极材料、使用非水电解质溶液的电池。在 DGR 中,锂电池分成锂金属电池和锂离子电池两类:

锂金属电池(如图 10-1 所示)一般由锂金属或锂混合物充当阳极的一次性电池(不可充电的)。正极一般为二氧化锰、亚硫酰氯等,负极为锂金属或合金;电解液为锂盐的有机溶液。锂金属电池一般用作手表、计算器、相机、温度数据记录仪的能源。

图 10-1　锂金属电池

锂离子电池(如图 10-2 所示)(有时缩写成 Li-ion batteries)是一种可二次使用的电池(可充电的),正极一般为锂-过渡金属氧化物(如钴酸锂、锰酸锂、三元、磷酸铁锂等),负极多为石墨,电解液主要是六氟磷酸锂的有机溶液。一般用于消费者电子行业。包含在锂离子电池里的还有锂聚合物电池。锂离子电池通常用于移动电话、手提电脑等。

图 10-2　锂离子电池

锂聚合物电池(如图 10-3 所示)是锂离子电池的一种。用聚合物来凝胶化液态有机溶剂,或者直接用全固态电解质。在形状上,锂聚合物电池具有超薄化特征,可以配合各种产品的需要,制作成任何形状与容量的电池。

从电芯发展过程上说,锂电池分为第一代钢壳锂电池、第二代铝壳锂电池、第三代聚合物锂电池,如图10-4所示。

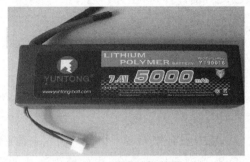

图10-3 锂聚合物电池

图10-4 锂电池芯

在联合国检测和标准的手册里提到的电池和电池芯的技术定义如下:

"电池"是用电路连接在一起的两个或多个电池芯,并安装有使用所必需的装置,如外壳、电极端子、标记和保护装置等。单芯电池被认为是"电池芯",在进行UN38.3测试时按电池芯处理。(又见"电池芯"的定义)。

"电池芯"是由一个正极和一个负极组成且两个电极之间有电位差的单一的、封闭的电化学装置。无论在这些规则和联合国测试标准和手册之外,这种电化单元被称作"电池"还是"单芯电池",在我们的规则和联合国测试标准和手册中,它们被称为"电池芯"而不是电池。

纽扣电池和电池组是指总高度小于直径的圆形小电池和电池组,如图10-5所示。

锂离子电池和电池组是指可再充电的电化学电池或电池组,其正、负电极都夹杂混合物(离子和准原子形态的锂与电极材料网格夹杂在一起),两个电极都没有金属锂。利用锂离子化学性质的锂聚合物电池和电池组在本章中当作锂离子电池和电池组处理。锂电池组如图10-6所示。

图10-5 纽扣电池

图10-6 锂电池组

小型电池组是指由小型电池组成的、完全充电时其所有电池阳极的合计锂含量不大于500g的电池组。

小型电池是指完全充电时其阳极的锂含量不大于12g的电池。

大型电池组是指完全充电时其所有阳极的合计锂含量大于500g的电池组。

大型电池是指完全充电时其阳极的锂含量或锂当量含量大于12g的电池。

二、锂和锂电池的危险性

1. 锂的危险性

锂电池的危险性取决于其所含的锂,锂金属属于危险品第 4.3 项。锂是化学周期表上直径最小也最活泼的金属。体积小所以容量密度高,广受消费者和工程师的欢迎。但是化学特性太活泼,则带来了极高的危险性。

锂是一种特别容易发生反应的金属,外观呈银白色,非常柔软、可伸展,且易燃。其特性如下:

(1) 遇水或潮湿空气会释放易燃气体;

(2) 呈固体状态时,当温度超过其熔点 180℃时,可自己燃烧;

(3) 呈粉末时,可在环境温度条件下燃烧;可导致严重灼伤及腐蚀。

由于锂金属活性非常高,一旦锂金属电池在运输过程中受到撞击,电池中的锂就会发生剧烈的反应产生大量的热,从而引燃周围的物质发生火灾。

2. 锂电池的危险性

在进行航空运输时,锂电池属于第 9 类危险品,主要危险性如下:

(1) 锂电池自身易燃

锂离子电池中的钴酸锂在充电状态下容易高温分解,有导致电池爆炸、燃烧的风险。

锂金属电池中的锂是活泼的碱性金属,锂离子电池中的负极在充电后性质类似锂金属,在空气中会迅速氧化,可引发自燃,遇水剧烈反应放出氢气,有爆炸、燃烧的风险。

(2) 短路引发燃爆

过度的充电,极高或极低的温度,操作错误或其他错误都有可能造成电池的短路,其危害的直观表现又分三种:一是造成漏液,电池内部温度上升较慢时,外壳会逐渐熔化,保护层起不到保护的作用,导致有腐蚀性的电解液的泄漏。二是造成锂电池的自燃,由于锂电池的电解液是由易燃的混合溶剂构成的,当电池短路时,产生的火花将会瞬间点燃电解液,燃烧着的电解液会随后引燃塑料机身,导致锂电池的燃烧,如果此时锂电池的周围还有其他易燃的物质,就会造成火灾。三是造成爆炸,锂电池短路时,其内部温度会上升得较快,而其外壳不像在温度上升较慢时会逐渐熔化,从而导致其内部容纳不了体积过大的膨胀气体,锂电池容器会因压力过大而爆炸。

(3) 过度充电引发燃爆

完全充电是指可再充电的电池和电池组被充电到其设计标定电容量。过度充电会造成电池体系破坏,甚至于爆炸。

电池芯长期过充,锂电池在特殊的温度、湿度以及接触不良等情况或环境下可能瞬间放电产生大量电流,引发自燃或爆炸。过充后极片上到处都是针状锂金属结晶,刺穿点到处都是,到处都在发生微短路。因此,电池温度会逐渐升高。最后高温将电池汽化。这种情形,不论是温度过高使材料燃烧爆炸,还是外壳先被撑破,使空气进去与锂金属发生剧烈氧化,都是以爆炸收场。但是过充引发内部短路造成的爆炸,并不一定发生在充电的当时。有可能电池温度还未高到让材料燃烧、产生的气体也不足以撑破电池外壳时,消费者就终止充电,带手机出门。这时众多的微短路所产生的热量,慢慢地将电池温度提高,经过一段时间后,才发生爆炸。

(4) 强制放电引发燃爆

完全放电是指下述两种情况之一:一是原电池或电池组被放电到失去其标定电容量的100%;或可再充电的电池或电池组被放电到制造商给定的终端电压。二是强制放电,会造成电池体系破坏,电解液中的锂最容易被激发,从而造成危险。

(5) 中毒窒息

锂金属电池中的亚硫酰氯有毒性、刺激性,有中毒、灼伤的风险。此外,锂电池燃烧过程中也会产生氰化氢等毒性气体,有中毒窒息的风险。

三、锂电池的特点

锂电池作为一种新型能源电池,有如下特点:

(1) 高能量密度:锂离子电池的重量是相同容量的镍镉或镍氢电池的一半,体积是镍镉的40%~50%,镍氢的20%~30%。

(2) 高电压:一个锂离子电池单体的工作电压为3.7V(平均值),相当于三个串联的镍镉或镍氢电池。

(3) 无污染:锂离子电池不含有诸如镉、铅、汞之类的有害金属物质。

(4) 不含金属锂:锂离子电池不含金属锂,因而不受飞机运输关于禁止在客机携带锂电池等规定的限制。

(5) 循环寿命高:在正常条件下,锂离子电池的充放电周期可超过500次。

(6) 无记忆效应:记忆效应是指镍镉电池在充放电循环过程中,电池的容量减少的现象。锂离子电池不存在这种效应。

(7) 快速充电:使用额定电压为4.2V的恒流恒压充电器可以使锂离子电池在一至两个小时内得到满充。

四、锂电池的能量

民航局下发《关于加强旅客行李中锂电池安全航空运输的通知》(局发明电〔2011〕1888号),要求民航各相关单位进一步做好旅客行李中锂电池的安全运输管理工作,新标准有一个明显区别于以往的地方:以锂含量作为规范锂金属电池的计量标准,以锂能量(单位:瓦特小时)作为规范锂离子电池的计量标准。

1. 锂离子电池额定能量的判定方法

若锂电池上没有直接标注额定能量Wh(瓦特小时),则锂电池额定能量可按照以下方式进行换算：

(1) 如果已知电池的标称电压(V)和标称容量(Ah)，可以通过计算得到额定瓦特小时的数值：

$$Wh = V \times Ah \tag{10-1}$$

标称电压和标称容量通常标记在电池上。

(2) 如果电池上只标记有毫安时(mAh)，可将该数值除以1 000得到安培小时(Ah)。

例如：锂电池标称电压为3.7V，标称容量为760mAh，其额定瓦特小时数为：

$$760\text{mAh}/1\ 000 = 0.76\text{Ah}$$

$$3.7\text{V} \times 0.76\text{Ah} = 2.9\text{Wh}$$

2. 锂金属额定能量的判定方法

锂金属电池额定能量的判定方法使用锂金属含量作为计量标准。

电池的锂含量是指锂金属或锂合金电池阳极中的锂质量，对于原电池，锂含量是在电池为放电的状态下测量的；对于可再充电电池，锂含量是在电池完全充电的状态下测量的。电池组的锂含量等于电池组各组成电池的锂含量克数之和。

电池的锂当量含量按以安培小时为单位的电池标定电容量乘以0.3计算，乘积用克表示。电池组的锂当量含量等于电池组各组成电池的锂当量含量克数之和。

如果锂电池上标记有电流(mAh)，使用电流除以1 000再乘以0.3，就能够得到该电池锂含量的克数。

$$锂金属电池的锂含量(g) = 标称电压(V) \times 0.3 \tag{10-2}$$

例如：电池电流为5 000mAh，则锂的含量就是5 000mAh÷1 000×0.3＝1.5g，锂含量小于2g的，完全符合安全标准。

第二节　锂电池航空运输限制要求

一、空运限制要求

(1) 电池须通过UN 38.3测试要求，以及1.2m的跌落包装试验。

(2) 托运人提供的危险品申报文件，标注UN编号。

(3) 外包装均须贴相应的标记和标签。

(4) 其设计应保证在正常运输条件下防止爆裂，并配置有防止外部短路的有效措施。

(5) 坚固的外包装，电池应被保护以防止短路，在同一包装内须预防与可引发短路的导电物质接触。

(6) 电池安装在设备中运输的额外要求：

设备应进行固定以防止电池在包装内移动，包装的方式应防止电池在运输途中意外启动。

外包装应能够防水,或通过使用内衬(如塑料袋)达到防水,除非设备本身的构造特点已经具备防水特性。

(7) 锂电池应使用托盘装载,避免搬运过程受到强烈振动,托盘的各垂直和水平边使用护角保护。

(8) 单个包装重量小于35kg。

(9) 航空公司操作注意:

- 仅限全货机运输。
- 锂电池空运信息出现在机长通知单上。
- 增强机组意识和在紧急情况下的决策可能因此改变。
- 告知第一到场人员货舱内电池的种类和数量。
- 美国 FAA 要求锂电池应装载在飞机货舱等级为 C 级货舱内,货舱内须有烟雾探测系统,报警系统,灭火系统。

二、锂电池航空运输的 UN 38.3 测试

确保航空运输安全,并满足客户对含锂电池货物的运输需求,根据国际航协《危险品规则》的相关规定,制定出可充电型锂电池操作规范,即 UN 38.3(UNDOT) 的测试。

所有类型的电池芯及电池,必须经测试证明其符合《联合国危险物品运输试验和标准手册》第 3 部分 38.3 款(简称 UN 38.3 测试)的所有要求。

UN 38.3 测试专门针对准备用航空运输的锂电池的检测。通过模拟航空运输中在正常的运输条件下可能出现的各种情况,以检测锂电池是否符合航空运输的必要条件。

UN 38.3 是指在联合国针对危险品运输专门制定的《联合国危险物品运输试验和标准手册》的第 3 部分 38.3 款,即要求锂电池运输前,必须要通过高度模拟、温度实验、振动试验、冲击试验、外短路、撞击试验、过充电试验、强制放电试验,才能保证锂电池运输安全。如果锂电池与设备没有安装在一起,并且每个包装件内装有超过 24 个电池芯或 12 个电池,则还须通过 1.2m 自由跌落试验。

UN 38.3 测试一共包括 8 个试验,分别是:

试验 T.1——高度模拟

试验 T.2——温度

试验 T.3——振动

试验 T.4——冲击

试验 T.5——外短路

试验 T.6——撞击/挤压

试验 T.7——过度充电

试验 T.8——强制放电

每一电池和电池组型号必须经受试验 1~8。小型电池或电池组必须按顺序进行试验 1~5,试验 6 和 8 应使用未另外试验过的电池或电池组。试验 7 可以使用原先在试验 1~5

中使用过的损坏电池组进行,以便测试交替充电放电过的电池组。UN 38.3 试验测试流程如图 10-7 所示。

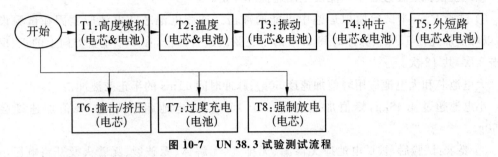

图 10-7　UN 38.3 试验测试流程

1. T.1 高度模拟试验

该试验模拟空运时低气压环境。

① 试验方法:被试电池在压力为 11.6kPa 或更低,温度为(20±5)℃的环境下至少放置 6h。

② 要求:试验后,被试电池应无渗漏、无排气、无解体、无破裂、无着火及开路电压不小于本项目测试前的开路电压的 90%。

2. T.2 温度试验

该试验用来评估温度快速变化的条件下电池的密封完善性和内部电连接。

① 试验方法:被试电池在(75±2)℃的温度下至少放置 6h,接着在(-40±2)℃的温度下至少放置 6h,两个温度之间转换的最长时间为 30min。温度冲击共进行 10 次后,被试电池应在环境温度为(20±5)℃试验条件下放置 24h。对大电池芯和电池,极端温度下储存时间至少为 12 h。

② 要求:试验后,被试电池应无渗漏、无排气、无解体、无破裂、无着火及开路电压不小于本项目测试前的开路电压的 90%。修订后的标准对电芯电池高温的耐受性要求更高。

3. T.3 振动试验

该试验模拟在运输情况下的振动。

① 试验方法:本试验模拟运输中的振动。

电池芯和电池紧固在振动设备的平台上

振动应用正弦波在 7Hz～200Hz 之间进行对数扫频,15min 内回到 7Hz。该循环应对电池芯的 3 个互相垂直的面,分别重复 12 次,各 3h。

对电池芯和小电池从 7Hz 保持 $1g_n$ 的峰值加速度直至达到 18Hz。保持振幅为 0.8mm(总偏移 1.6mm),增加频率直至峰值加速度达到 $8g_n$。之后保持峰值加速度 $8g_n$ 直至频率增加至 200Hz。

对大电池从 7Hz 保持 $1g_n$ 的峰值加速度直至达到 18Hz。保持振幅为 0.8mm(总偏移 1.6mm),增加频率直至峰值加速度达到 $2g_n$。保持峰值加速度 $2g_n$ 直至频率增加到 200Hz。

② 要求:试验后,被试电池应无渗漏、无排气、无解体、无破裂、无着火及开路电压不小于本项目测试前的开路电压的 90%。

4. T.4 冲击试验

该试验模拟运输过程中可能发生的碰撞和冲击。

① 试验方法:本试验模拟运输中可能的冲击。被测电池芯和电池应紧固在试验设备上,以峰值加速度 $150g_n$、脉冲时间 6ms 的半正弦波进行冲击,在 3 个垂直方向上的正、反各冲击 3 次,共 18 次。

大电池芯和大电池应用峰值加速度 $50g_n$、脉冲时间 11ms 的半正弦波冲击。

小电池超过 4.48kg,峰值加速度会小于 $150g_n$,大电池超过 12kg,峰值加速度会小于 $50g_n$。

② 要求:试验后,被试电池应无渗漏、无排气、无解体、无破裂、无着火及开路电压不小于本项目测试前的开路电压 90%。

渗漏是指物质从电池或电池组漏出。试验 T.1~T.4 中的无"渗漏",在电池质量损失方面的要求参考表 10-1。

表 10-1 锂电池质量损失限制表

电池或电池组质量	质量损失限值
$M<1g$	0.5%
$1g \leqslant M \leqslant 75g$	0.2%
$M>75g$	0.1%

注:M 为电池或电池芯的质量

5. T.5 外短路试验

该试验模拟处理电池时可能发生的外短路情况。

① 试验方法:电池应在 (57 ± 4)℃ 的环境下达到温度平衡后,在相同的温度下经受外电路总阻值小于 0.1Ω 的短路,短路持续至电池外壳温度回落至 (57 ± 4)℃ 后,持续 1h 以上,再观察被试电池 6h 以后才能结束本项试验。

② 要求:被试电池在短路试验中其外壳温度不应超过 170℃。在试验后 6h 内,电池无解体、无破裂、无起火。温度范围值更广,要求更为严格。

6. T.6 撞击/挤压试验

该试验模拟在运输过程中可能发生的撞击或挤压等可能造成内部短路的情形。

① 试验方法——撞击(适用于直径不小于 18mm 的圆柱形电池)。

将被试样品放置在平面上,将一个直径为 15.8mm 的圆棒交叉放置在样品上,一个重量为 9.1kg 的重物自 (61 ± 2.5)cm 高处落至电池表面。

② 试验方法——挤压(适用于其他电池芯)。

将电池芯放在两个平面之间挤压,接触点的速度大约为 1.5cm/s。

终止条件为:

(a) 挤压力达到 13kN±0.78kN。

(b) 电池芯电压降至少达到 100mV。

(c) 电池厚度和最初比较,变形至少 50%。

③ 要求:被试电池在(重物)冲击中其外壳温度不应超过170℃。在试验后6h内,电池无解体、无破裂、无着火。

7. T.7 过度充电试验

该试验评估可充电电池承受过度充电状况的能力。

① 方法:被试电池在两倍的制造商建议的最大连续充电电流的条件下进行24h充电试验。

(a) 制造商建议的充电电压不大于18V时,试验的最小电压应是电池组的最大充电电压的两倍或22V两者中的较小者。

(b) 制造商建议的充电电压大于18V时,试验的最小电压应为最大充电电压的1.2倍。

② 要求:如果电池在7天内无解体、无着火现象出现,可再充电池符合要求。

8. T.8 强制放电试验

该试验评估原电池或可再充电池承受强制放电状况的能力。

① 方法:

(a) 每个电池必须在环境温度下与12V的直流电电源串联在起始电流等于制造商给定的最大放电电流的条件下强制放电。

(b) 给定的放电电流由将一个适当大小的电阻负荷与试验电池串联计算得出,每个电池被强制放电的时间(小时)应等于其标定电容量除以起始试验电流(安培)。

② 要求:原电池或可充电电池如在进行试验后7d内无解体和无燃烧,即符合这要求。

三、1.2m跌落测试

电池、电池芯单独出货的情况下,要做1.2m跌落测试。

1.2m跌落测试(包装后)包装好的锂电池在20℃±5℃条件下,从1.2m(电池最低点)跌落至18～20mm厚的硬木板上(木板铺在水泥地面上),从X、Y、Z正负六个方向,每个方向跌落1次。(跌6个面,3条边,1个角),判定标准:

(a) 包装无破损。

(b) 电池和电池芯无损坏,无渗漏。

(c) 电池和电池之间没有触碰。

图10-8和图10-9将为锂金属和锂离子电池的分类提供一个指南。

四、特殊规定

有一些关于锂电池运输的特殊规定,允许在指定的情况或限制外运输锂电池,或是要求托运人在准备托运锂电池时要注意附加的事先警告。

A88:原型或低产量(如年产量不大于100块锂电池或电池芯)锂电池或电池芯,没有经过UN 38.3试验的,若经始发国有关当局批准,可按照下列条件仅限货机运输:

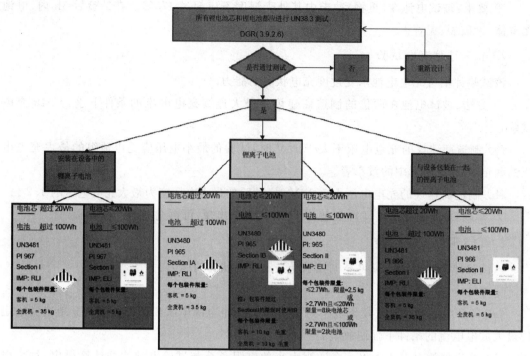

图 10-8 锂离子电池划分流程

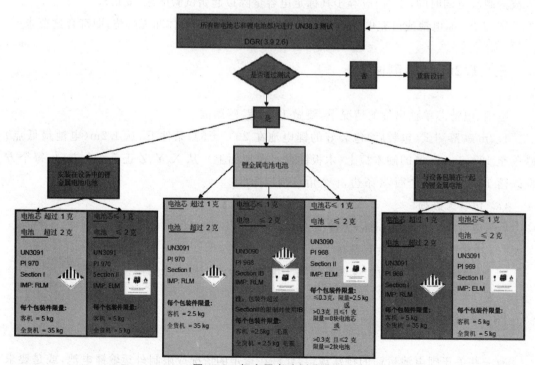

图 10-9 锂金属电池划分流程

（a）电池或电池芯必须使用Ⅰ级测试的金属、塑料或胶合板圆桶或箱子；c段描述的情况除外。

(b) 每个电池或电池芯必须有独立的内包装，内包装放置于外包装内，且周围使用不燃烧、不导电的衬垫材料保护。必须防止短路。

(c) 具有坚固、耐撞击外壳的单个大于等于 12kg 的锂电池，或此类电池的电池组件，可以使用未按照第六章要求测试过的包装，但此包装应坚固。电池或电池组件应防止短路。

(d) 一套批注文件必须伴随货物运输，批准文件上应注明数量限制。

无论品名表第 L 栏规定的限制为何，准备交运的电池或电池组件的毛重可以超过 35kg。

空运时，包装件内的锂电池净重有特殊数量限制。仅限货机的每个包装件内锂电池的最大净重是 35kg。但是，有条款规定，净重超过 35kg 的大的电池须在符合 A99 的特殊规定时可以在货机上运输，如下：

A99：尽管在品名表 L 栏有限量，且包装说明 965、966、967、968、970 的第一部分也有限量，锂电池或电池组件（UN3090、UN3480），包括在设备中或与设备包装在一起的锂电池或电池组件（UN3091、UN3481），只要满足相应包装说明第一部分，重量可超过 35kg，前提是经过始发国有关当局的批准。一套批准文件必须随货物运输。

有时，制造厂商希望将一些有缺陷的电池召回做分析。但是，这样的电池可能会引起安全风险而禁止空运，如特殊规定 A154 所提出的，具体如下：

A154：禁止运输制造商认为安全性有缺陷的锂电池，或出现破损、会造成潜在受热、火灾或短路的电池（例如，由于安全原因而被制造商召回的电池）。

有关电池和以电池为动力的仪器运输的其中一个主要的风险是由于电池的两极跟其他电池或是金属物体接触而引起的短路。A164 要求所有的电池和以电池为动力的仪器必须防止因疏忽大意造成的短路，具体如下：

A164：任何电池或以电池驱动的设备、装置或车辆，如果会产生危险品放热，其运输必须采取以下保护措施：

(1) 防短路（例如：将蓄电池裸露的电极进行有效的绝缘；或者将设备中的蓄电池断开并保护裸露的电极）。

(2) 防止意外启动。

如果包装件既含有装在设备中的锂电池，也含有与设备包装在一起的锂电池，可按特殊规定 A181 的要求分类。

A181：如果包装件既含有装在设备中的锂电池，也含有与设备包装在一起的锂电池，则适用以下要求：

(1) 托运人必须确保符合两项包装说明的所有适用部分。所有包装件中含有的锂电池的总质量不得超过适用情况下的客机或货机的限制。

(2) 包装件必须根据情况，标明"UN3091 Lithium metal batteries packed with equipment"（与设备包装在一起的锂金属电池）或"UN3481 Lithium ion batteries packed with equipment"（与设备包装在一起的锂离子电池）。如果包装件既含有与设备包装在一起的锂金属电池，也含有装在设备中的锂金属电池，还含有锂离子电池，则包装件必须根据要求标明这两种电池类型。但是不需考虑装在设备中（包括线路板在内）的纽扣电池。

(3) 危险物品运输文件必须根据情况，标明"UN3091 Lithium metal batteries packed with equipment"（与设备包装在一起的锂金属电池）或"UN3481 Lithium ion batteries packed with equipment"（与设备包装在一起的锂离子电池）。如果包装件既含有与设备包装在一起的锂金属电池和锂离子电池，也含有装在设备中的锂金属电池和锂离子电池，则危险物品运输文件必须既标明"UN3091 Lithium metal batteries packed with equipment"（与设备包装在一起的锂金属电池），也要标明"UN3481 Lithium ion batteries packed with equipment"（与设备包装在一起的锂离子电池）。

我们又面临有关区分以锂电池作为电池动力仪器还是仅仅是将锂电池包含在仪器内的问题。特殊规定 A182 在此澄清。当那些电池存在的时候，就适用锂电池特殊规定的要求，A182 仅含有锂电池的设备必须划为 UN3091 或 UN3481。

特殊规定 A183 澄清了废电池禁止空运。

A183：除非经过始发国和运营人所属国的国家有关当局批准，否则禁止航空运输废电池或以回收或处理为目的运输的电池。

关于如何区分仅以锂电池为动力的交通工具问题。特殊规定 A185 在此澄清，要求用电池驱动交通工具。

A185 仅以锂金属或锂离子电池为动力的车辆归为 UN3171，电池驱动的车辆。

A331 交运的锂离子电池芯和电池的荷电状态不得超过其标称容量的 30%。荷电状态超过其标称容量 30% 的电池芯或电池只有在获得了始发国和经营人所在国主管当局的批准，根据这些主管当局制定的书面条件方可运输。在考虑给予批准时至少应考虑下列标准，以降低装有锂电池芯或电池的包装件发生过热、冒烟或失火事件所带来的风险。

（1）不允许在包装件外有可造成危害的火焰量；

（2）包装件外表面温度不能超过可点燃邻近包装材料或导致邻近包装件内电池或电池芯发生热逸散的温度值；

（3）不能从包装件内掉出可造成危害的碎片，包装必须保持结构完好；

（4）易燃蒸气的数量不得超过这一气体量——如与空气混合且点燃，可导致形成一个能使航空器货舱内的过压板移位或造成航空器货舱衬板损坏的压力脉冲。

五、禁止航空运输的锂电池

由于锂电池具有易于自燃，容易引发火灾、爆炸、中毒窒息等事故，在航空运输时要严格按照规范的要求进行。根据规范要求，及未经 UN 38.3 测试，也未获得 A88 批准文件的情况下，任一特定型号的锂电池芯或锂电池，不应进行航空运输。

根据 ICAO TI 和 IATA DGR 特殊规定 154 条款，因为安全原因被制造商确认为有缺陷或已被损坏的锂电池（例如因安全原因被生产商召回的电池），有可能会演变发生发热、燃烧和短路的潜在危险，不应进行航空运输。

根据 ICAO TI 和 IATA DGR 特殊规定 183 条款，禁止航空运输废电池和以回收或处理为目的而运输的电池，除非获得了始发国和运营所属国主管当局的书面批准。

根据 IATA《锂电池航空运输指南》(2013)规定,禁止用客机运输装在设备中或与设备包装在一起的(不可再充电的)原锂金属电池和电池芯(UN3091),除非它们满足下列条件:

(1) 设备和电池与电池芯是酌情按照包装说明 969 或 970 运输的;
(2) 包装件所含的锂金属电池或电池芯数目不超过为拟供电设备供电所需的数目;
(3) 每个电池芯在完全充电时,其锂含量不超过 5g;
(4) 每个电池在完全充电时,电池阳极的合计锂含量不超过 25g;
(5) 锂电池的净重不超过 5kg(11lb)。

按照包装说明 969 或 970 第Ⅰ节运输的装在设备中或与设备包装在一起的(不可再充电的)原锂金属电池和电池芯(UN3091),如不符合上述规定,则禁止用客机运输,且必须贴有"CARGO AIRCRAFT ONLY"(仅限货机)标签。

按照包装说明 969 或 970 第Ⅱ节运输的装在设备中或与设备包装在一起的(不可再充电的)原锂金属电池和电池芯(UN3091),如不符合上述规定,则禁止用客机运输,且必须标明"PRIMARY LITHIUM BATTERIES-FORBIDDEN FOR TRANSPORT ABOARD PASSENGER AIRCRAFT"(原锂电池—禁止用客机运输)或"LITHIUM METAL BATTERIES-FORBIDDEN FOR TRANSPORT ABOARD PASSENGER AIRCRAFT"(锂金属电池—禁止用客机运输)。

同时,根据中国民航总局民航发〔2015〕19 号文件,根据国际民航组织对 2015—2016 版《技术细则》发布第 1 号更正,修订特殊规定 A201,明确单独包装的锂金属电池货物(UN3090)只有获得国家豁免,才可以使用客机运输。为了落实国际民航组织的最新要求,中国民航总局也颁布了锂金属电池货物航空运输应遵守的相关规定:

(1) 单独包装的锂金属电池货物(UN3090),禁止使用客机运输,除非获得始发国、经营人所属国、过境国、飞越国和目的地国家豁免。
(2) 单独包装的锂金属电池货物(UN3090),可以按照《技术细则》相关规定,使用货机运输。
(3) 与设备包装在一起的锂金属电池(UN3091)和安装在设备中的锂金属电池(UN3091),可以按照《技术细则》相关规定,使用客机和货机运输。

第三节 锂电池航空运输方式

锂电池的航空运输是锂电池进出口贸易主要的运输途径,在进行航空运输时,锂电池的运输方式如图 10-10~图 10-12 所示,主要有三种:一是单独运输的锂电池或锂电池芯,二是与设备包装在一起运输,三是安装在设备中进行运输。常见的运输情况有两种,一种是作为货物运输,另一种是在航空中最常见的作为旅客的行李运输。

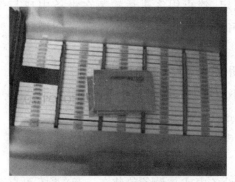
图 10-10　单独运输的锂电池

图 10-11　与设备包装在一起运输的锂电池

图 10-12　安装在设备中的锂电池

一、锂电池作为货物运输

锂电池作为货物运输时,被分在第 9 类——杂项类危险品里,作为货物航空运输时,锂电池分为 6 种情况,UN 编号如下:

UN3090,锂金属电池(lithium metal batteries)。

UN3480,锂离子电池(lithium ion batteries)。

或将其安装在设备内,或与设备分开包装在一个包装件内,见:

UN3091,锂金属电池安装在设备中(lithium metal batteries contained in equipment)。

UN3091,锂金属电池与设备包装在一起(lithium metal batteries packed with equipment)。

UN3481,锂离子电池安装在设备中(lithium ion batteries contained in equipment)。

UN3481,锂离子电池与设备包装在一起(lithium ion batteries packed with equipment)。

表 10-2 为锂电池航空运输的危险品名表。

从表 10-2 中可以看出,锂电池在航空运输中要遵循的包装说明分别 PI965、PI966、PI967、PI968、PI969、PI970。以 PI965 说明锂电池航空运输包装说明的组成,如表 10-3 所示。

表 10-2 锂电池航空运输的危险品名表

UN/ID no	Proper Shipping Name/Description	Class or Div. (Sub Risk)	Hazard Label(s)	PG	Passenger and Cargo					Cargo Aircraft Only		S. P.	ERG Code
					EQ	Ltd Qty		Pkg Inst	MaxNet Qty/Pkg	Pkg Inst	MaxNet Qty/Pkg		
						Pkg Inst	MaxNet Qty/Pkg						
3480	Lithium ion batteries † (including lithium ion polymer batteries)	9	Miscellaneous		E0	Forbidden		See 965		See 965		A88 A99 A154 A164 A183 A331	9F
3481	Lithium ion batteries contained in equipment † (including lithium ion polymer batteries)	9	Miscellaneous		E0	Forbidden		967	5kg	967	35kg	A48 A99 A154 A164 A181 A185	9F
3481	Lithium ion batteries packed with equipment † (including lithium ion polymer batteries)	9	Miscellaneous		E0	Forbidden		966	5kg	966	35kg	A88 A99 A154 A164 A181 A185	9F
3090	Lithium metal batteries † (including lithium alloy batteries)	9	Miscellaneous		E0	Forbidden		Forbidden		See 968		A99 A154 A164 A183 A201 A88	9FZ

续表

UN/ID no	Proper Shipping Name/Description	Class or Div. (Sub Risk)	Hazard Label(s)	PG	Passenger and Cargo					Cargo Aircraft Aircraft Only			S. P.	ERG Code
					EQ	Ltd Qty		Pkg Inst	MaxNet Qty/Pkg	Pkg Inst	MaxNet Qty/Pkg			
						Pkg Inst	MaxNet Qty/Pkg							
3091	Lithium metal batteries contained in equipment † (including lithium alloy batteries)	9	Miscellaneous		E0	Forbidden		970	5kg	970	35kg	A48 A99 A154 A164 A181 A185	9FZ
3091	Lithium metal batteries packed with equipment † (including lithium alloy batteries)	9	Miscellaneous		E0	Forbidden		969	5kg	969	35kg	A99 A154 A164 A181 A185	9FZ

表 10-3 包装说明表 965

说明

本说明适用于客机装载的和仅限货机装载的锂离子或锂聚合物电池芯及电池(UN3480)

适用于使用该包装说明进行运输的所有锂离子电池和锂离子电池芯的一般要求

- Section 1A 适用于锂离子电池芯额定的瓦特小时超过 20Wh 和锂离子电池额定的瓦特小时超过 100Wh,或者锂离子电池芯和锂离子电池的数量超过本包装说明 Section 1B 节部分规定的,按照第 9 类危险品进行运输,受该规则限制
- Section 1B 适用于锂离子电池芯额定的瓦特小时不超过 20Wh 和锂离子电池额定的瓦特小时不超过 100Wh,但进行包装时数量超过表 965-Ⅱ中 Section Ⅱ所列的数量
- Section Ⅱ 节 适用于锂离子电池芯额定的瓦特小时不超过 20Wh 和锂离子电池额定的瓦特小时不超过 100Wh,但进行包装时数量不超过表 965-Ⅱ中 Section Ⅱ所列的数量

总体要求

以下要求适用于所有的锂离子电池或者是锂聚合物电池芯和电池

(1) 因为安全原因被制造商确认为有缺陷或已被损坏的锂电池,有可能会演变发生发热、燃烧和短路的潜在危险,被禁止运输(例如:因安全原因被生产商召回的电池)

(2) 除非得到始发国和运营人所属国的国家有关当局批准,禁止航空运输废旧锂电池,以及以回收或丢弃为目的运输的锂电池

(3) 电池芯和电池必须被保护,防止短路,保护包括防止和统一包装中的导电物质接触,这接触可能会造成短路

Section 1A

Section 1A 节适用于瓦特小时额定值超过 20Wh 的锂离子电池芯,以及瓦特小时额定值超过 100Wh 的锂离子电池,符合第 9 类危险品标准

满足 5.0.2 包装总体要求

电池芯和电池应满足

(1) 满足 3.9.2.6 的要求

(2) 满足上述提到的总体要求

Section 1A 附加要求

- 锂电池完全封装在内包装内,位于坚固的外包装中。完成包装件应满足Ⅱ级包装的性能要求
- 经始发国有关当局批准,质量超过 12kg 且具有耐冲撞坚固外壳的锂电池或此类电池组合体,可以放在不受 DGR 第 6 部分要求限制的坚固外包装或保护罩中(如完全封闭的箱子或木质板条箱)进行运输。批准文件必须随附托运货物
- 2011 年 12 月 31 日之后生产的电池必须标明 Wh

表 965-1A

UN	每个包装件净重 客机	每个包装件净重 仅限货机
UN3480 锂离子电池	5kg	10kg

外包装

类型	桶						方形桶			箱						
描述	钢	铝	胶合板	纤维板	塑料	其他金属	钢	铝	塑料	钢	铝	木材	胶合板	再生板	纤维板	塑料	其他金属
规格	1A2	1B2	1D	1G	1H2	1N2	3A2	3B2	3H2	4A	4B	4C1 4C2	4D	4F	4G	4H2	4N

续表

Section 1B
航空运输的锂离子电池和电池芯要求满足 3.9.2.6(a)和(e)，同时还要满足以下要求：
(1) 锂电池芯的额定瓦特小时不能超过 20Wh
(2) 锂离子电池的额定瓦特小时不能超过 100Wh，除了 2009 年 1 月 1 日前生产的锂离子电池外，锂离子电池必须在外壳标注瓦特小时率

Section 1B 的要求适用于锂离子电池芯和锂离子电池的包装数量超过第二节中的 965-II 表所示的允许运输数量

除了第 6 部分的条款，符合这个规定的锂离子电池芯或电池必须归纳为第 9 类危险品，并服从该类危险品的所有适用条款(包括包装说明的总的要求)

按照 Section 1B 运输的电池芯或电池必须在托运单上第 8 部分和航空货运单上有托运人声明的描述，托运单被使用时，必须包含 8.2.1 和 8.2.2 所要求的适用信息

电池和电池芯必要使用符合 5.0.2.4、5.0.2.6 和 5.0.2.12.1 要求的坚硬的外包装进行包装

Section 1B 的附加要求
锂电池和电池芯完全封装在内包装内，位于坚固的外包装中
包装件能够承受 1.2m 跌落试验，没有
- 损坏内含的电池芯或电池
- 内装物移动导致电池和电池的接触
- 内装物的泄漏

每个包装件除应贴有 9 类危险性标签外，还应贴有锂电池操作标签
每个包装件有 7.1.4.1(a)和(b)规定的标记，7.1.4.1(c)规定的包装的毛重也必须标记在包装上：(a) UN 运输专用名称等；(b)托运人和收件人信息

表 965-1B

UN	每个包装件净重 客机	每个包装件净重 仅限货机
锂离子电池芯和电池	10kg	10kg

外包装													
类型	桶					方形桶			箱				
描述	钢	铝	胶合板	纤维板	塑料	其他金属	钢	铝	塑料	钢	铝	木材	胶合板	再生板	纤维板	塑料	其他金属

Section II
除应满足：
- 旅客和机组人员行李中携带危险品的规定(分段 2.3)，只有特别允许的锂离子电池可以在随身行李中携带
- 邮件运输危险品(分段 2.4)
- 危险品事故事件的报告(9.6.1 和 9.6.2)

交运的锂离子电池如果满足本节要求，则不受本细则其他的限制
锂离子电池要符合总体要求和：
- 锂离子电池芯，额定瓦时数不超过 20Wh
- 锂离子电池，额定瓦时数不超过 100Wh

2009 年 1 月 1 日之后生产的电池组必须标明 Wh
电池芯和电池必须包装在坚固的外包装中，外包装符合 5.0.2.4、5.0.2.6.1、5.0.2.12.1

Section II 附加要求
锂电池完全封装在内包装内，位于坚固的外包装中
包装件能够承受 1.2m 跌落试验，没有

第十章 锂电池的航空运输

续表

- 损坏内含的电池芯或电池
- 内装物移动导致电池和电池的接触
- 内装物的泄漏

每个包装件应贴有锂电池操作标签

托运人的申报单不需要,如果使用运单,必须在运单上写明"锂离子电池符合包装说明 965-Ⅱ",填在运单的"物品特性和数量"中

为电池进行运输准备或将其交付运输的人员,必须接受与其责任相符的指导

合成包装—Section Ⅱ

每个符合 Section Ⅱ 的包装可以放置在组合包装中,合成包装也可含有危险品或不受规则限制的物品,不过物质间不能有产生危险的反应。组合包装外标注 OVERPACK 字样,贴锂电池标签(图 7.4H),除非包装件上的标签清晰可见

表 965-Ⅱ

内装物	≤2.7Wh 锂电池	2.7Wh<容量≤20Wh 锂电池芯	2.7Wh<容量≤100Wh 锂电池组
1	2	3	4
每个包装件内最大电池数量	不限制	8	2
每个包装件内最大净重	2.5kg	不适用	不适用

在表 965-Ⅱ 中的第 2、3 和 4 列的电池芯或电池一定不能放在同一个包装件中

外包装														
类型	桶					方形桶			箱					
描述	钢	铝	胶合板	纤维板	塑料	其他金属	钢	铝	塑料	钢	铝	木材	胶合板	再生板	纤维板	塑料	其他金属

从表中可以看出,包装说明分为两个部分,按照包装说明 965IA 运输的锂离子电池如果在 2011 年 12 月 31 日之后生产的必须在电池外壳标注瓦特小时额定值,按照包装说明 965IB、965II 运输的锂离子电池如果在 2009 年 1 月 1 日之后生产的必须在电池外壳标注瓦特小时额定值。另外,通过包装说明的构成,锂电池作为货物运输时的几种情况:

1. 按包装说明 965~970 第Ⅰ节运输

锂电池货物进行航空运输时,应符合 ICAO TI 和 IATA DGR 规定的所有相关要求。按包装说明 965~970 第Ⅰ节运输的锂电池货物,包装应符合 ICAO TI 和 IATA DGR 包装说明 965~970 第Ⅰ节(包括 IA 及 IB)的规定,见表 10-4。

表 10-4 符合 PI965~970 第一部分要求的锂电池运输要求一览表

联合国编号和运输专用名称	锂离子电池			锂金属电池		
	UN3480 锂离子电池	UN3481 锂离子电池与设备包装在一起	UN3481 锂离子电池安装在设备中	UN3090 锂金属电池	UN3091 锂金属电池与设备包装在一起	UN3091 锂金属电池安装在设备中
包装说明	965 IA	965 IB	966	967	968 IA	968 IB	969	970

续表

IMP代码	RLI	RLI	RLI	RLI	RLM	RLM	RLM	RLM
测试要求	——	包装件1.2m跌落试验[a]	——	——	——	包装件1.2m跌落试验[a]	——	——
	锂电池芯或电池 UN 38.3 试验							
制造要求	电池芯或电池的制造应按照IATA或DGR规定的质量管理体系进行							
锂含量和额定能量限制[f]	锂离子电池芯的额定能量超过20Wh[b],锂离子电池的额定能量超过100Wh[b]	锂离子电池芯的额定能量不超过20Wh[b],锂离子电池的额定能量不超过100Wh[b],但每个包装件内电池芯或电池的个数及净重超过了表10-2允许的数量限制	锂离子电池芯的额定能量超过20Wh[b],锂离子电池的额定能量超过100Wh[b]		锂金属电池芯的锂含量超过1g,锂金属电池的锂含量超过2g	锂金属电池芯的锂含量不超过1g,锂金属电池的锂含量不超过2g,但每个包装件内电池芯或电池的个数和净重超过了表10-2允许的数量限制		锂金属电池芯的锂含量超过1g,锂金属电池的锂含量超过2g
包装规格	UN规格	——	UN规格	——	UN规格	——	UN规格	——
包装限量	每个包装件的净重在客机上不超过5kg,在货机上不超过35kg[c]	每个包装件的毛重在客机及货机上均不超过10kgG	每个包装件中锂电池的净重在客机上不超过5kg,在货机上不超过35kg[c]	每个包装件中锂电池的净重在客机上不超过5kg,在货机上不超过35kg[c]	每个包装件的净重在客机上不超过2.5kg,货机上不超过2.5kgG	每个包装件的毛重在客机及货机上均不超过2.5kgG	每个包装件的净重在客机上不超过5kg,货机上不超过35kg[c]	每个包装件中锂电池的净重在客机上不超过5kg,在货机上不超过35kg[c]
包装要求	1. 锂电池芯和电池应装入能将电池芯或电池完全封装的内包装中,然后再放入外包装;应采取措施保护电池芯和电池防止发生短路(包括防止在同一包装内与导电材料接触,导致发生短路) 2. UN规格包装应符合包装等级Ⅱ级的性能标准 3. PI966和PI968的IA:质量为12kg或更大的且具有耐冲撞坚固外壳的锂电池或此类电池组件,经始发国有关当局批准,可放在非UN规格的坚固外包装和保护封罩中(如完全密闭的箱子或木质板条箱)进行运输。批准文件应随附托运货物 4. 除安装在设备中的锂电池外,交付客机运输的锂金属电池芯和电池,应装入中层或外层硬金属包装,并用不可燃、不导电的衬垫材料将锂金属电池芯和电池裹好,然后将其放入外包装内 5. 其他包装要求详见ICAO TI和IATA DGR包装说明965~970的第Ⅰ部分							

续表

标记	托运人和收货人全称和地址、联合国编号和运输专用名称、锂电池净重或毛重"合成包装件"(OVERPACK)字样(如适用)等
标签	1. 每个包装件应粘贴第 9 类危险性标签、仅限货机标签(如适用),按照 IB 运输的包装件还应粘贴填写完整的锂电池操作标签,见附录 A 2. 合成包装件(overpack)上应粘贴第 9 类危险性标签及适用的仅限货机标签、锂电池操作标签,除非合成包装件内的所有标签都清晰可见
文件	1. 应填写托运人危险品申报单(参见附录 B)、收运检查单、机长通知单等 2. 按照 IB 运输时,托运人可使用其他书面文件(如航空货运单)来替代危险品申报单,条件是按如下顺序描述了规定的危险品信息:(a)托运人和收货人的名称及地址;(b)"UN3090 或 UN3480";(c)"锂金属电池 PI968 IB",或"锂离子电池 PI965 IB";(d)包装件的数量及每个包装件的毛重
随附文件	对于 PI968 和 PI965 的 IB,每票货物都应随附文件,文件应注明:(a)包装件内装有锂电池芯或电池;(b)应小心操作,如包装件破损,有易燃危险性;(c)包装件破损时应遵守的特殊程序,包括必要时的检查和重新包装货物;(d)能获取更多信息的联系电话。上述信息也可标注在航空货运单上
差异	遵守适用的国家和运营人差异

a. 每个包装件均应能承受任何取向的 1.2m 跌落试验,而且不损坏包装件内的锂电池芯或电池,未改变包装件内装物的位置以至锂电池芯之间或锂电池之间互相接触,没有内装物自包装件中漏出
b. 额定能量应在电池上标明。2011 年 12 月 31 日之后生产的锂离子电池芯和电池,应在外壳上标明瓦特小时额定值
c. 根据特殊规定 A99,锂电池已经通过 UN 38.3 要求的测试且其包装符合 ICAO TI 和 IATA DGR 包装说明 965~970 的要求,如果经始发国主管当局批准,并将一份该文件随机,则货机运输的每个包装件的数量可超过 35kg 的最大限制
d. 根据特殊规定 A181,如果包装件既含有装在设备中的锂电池,也含有与设备包装在一起的锂电池,则包装件应根据情况,标明 UN3091 Lithium metal batteries packed with equipment(与设备包装在一起的锂金属电池)或 UN3481 Lithium ion batteries packed with equipment(与设备包装在一起的锂离子电池)。如果包装件既含有锂金属电池,也含有锂离子电池,则包装件应根据要求标明这两种电池类型。但是不必考虑装在设备中(包括线路板在内)的纽扣电池
e. 在本规范中,"设备"是指如果没有与其包装在一起的锂离子电池则无法运行的仪器
f. 由于电池上标注不清晰或未标注,也没有其他证明,无法确定电池中锂含量或电池额定能量的电池,运营人可以拒绝运输

2. 按包装说明 965~970 第 II 节运输

按包装说明 965~970 第 II 节运输的锂电池货物,包装应符合 ICAO TI 和 IATA DGR 包装说明 965~970 第 II 节的规定,见表 10-5,满足本要求的锂电池货物,除应符合 ICAO TI 关于邮件运输危险品和危险品事故事件报告的要求外,交运的锂电池芯和电池如果不是禁止运输的,则不受 ICAO TI 其他要求的限制。

此类货物运输时托运人不必填写危险品申报单。

表 10-5　符合 PI965~970 第二部分要求的锂电池运输要求一览表

联合国编号和运输专用名称	锂离子电池			锂金属电池		
	UN3480 锂离子电池	UN3481 锂离子电池与设备包装在一起	UN3481 锂离子电池安装在设备中	UN3090 锂金属电池	UN3091 锂金属电池与设备包装在一起	UN3091 锂金属电池安装在设备中

续表

包装说明	965	966	967	968	969	970
IMP 代码	ELI	ELI	ELI	ELM	ELM	ELM
测试要求	包装件1.2m跌落试验			包装件1.2m跌落试验		—
	锂电池芯或电池 UN 38.3 试验					
制造要求	电池芯或电池的制造必须按照 IATA 或 DGR 规定的质量管理体系进行					
锂含量和额定能量限制[c]	锂离子电池芯的额定能量不超过 20Wh[a] 锂离子电池的额定能量不超过 100Wh			锂金属电池芯的锂含量不超过 1g 锂金属电池的锂含量不超过 2g		
包装规格和类型	可使用非 UN 规格包装。外包装应坚固,适用的类型为圆形桶、方形桶、箱					
包装限量	若锂电池芯或锂电池的能量不超过 2.7Wh:个数不限,每个包装件净重不超过 2.5kg;若锂电池芯的能量超过 2.7Wh 但不超过 20Wh:每个包装件最多 8 块电池芯,净重不限;若锂电池的能量超过 2.7Wh 但不超过 100Wh:每个包装件最多 2 块电池,净重不限。以上数量不得合并用于同一个包装件	每个包装件内锂电池的净重在客机和货机上均不超过 5kg,同时每个包装件内电池的个数不超过为设备供电所需的电池最小数量加上 2 块备用电池	每个包装件内锂电池的净重在客机和货机上均不超过 5kg	若锂电池芯或锂电池的锂含量不超过 0.3g:个数不限,每个包装件净重不超过 2.5kg;若锂电池芯的锂含量超过 0.3g 但不超过 1g:每个包装件最多 8 块电池芯,净重不限;若锂电池的锂含量超过 0.3g 但不超过 2g:每个包装件最多 2 块电池,净重不限。以上数量不得合并用于同一个包装件	每个包装件内锂电池的净重在客机和货机上均不超过 5kg,同时每个包装件内电池的个数不超过为设备供电所需的电池最小数量加上 2 块备用电池	每个包装件内锂电池的净重在客机和货机上均不超过 5kg
包装要求	1. 锂电池芯和电池应装入能将电池芯或电池完全封装的内包装内,然后再放入外包装;应保护电池芯和电池防止发生短路(包括防止在同一包装内与导电材料相互接触,导致发生短路) 2. 除安装在设备中的情况外,每个包装件均应能够承受任何取向的 1.2m 跌落试验,而且不损坏包装件内的锂电池芯或电池,未改变包装件内装物的位置以至锂电池芯之间或锂电池之间互相接触,没有内装物自包装件中漏出 3. 除安装在设备中的情况外,电池芯和电池应置于可完全封闭的内包装中,且实际采用的包装应与进行 1.2m 跌落试验所使用的包装一致 4. 设备应在外包装内得到固定以免移动,并配备防止发生意外启动的有效装置 5. 除非安装电池的设备已经对电池提供了等效保护,否则,设备应装在由合适材料制成坚固的外包装内,材料的强度和设计应与包装容量和用途相符 6. 其他包装要求见 ICAO TI 和 IATA DGR 包装说明 965~970 的第Ⅱ部分					

续表

标签	1. 每个包装件外部均应粘贴填写完整的锂电池操作标签(见附录A) 2. 对于锂电池安装在设备中运输的情况,当单个包装件中不超过四个电池芯或两个电池时,可不贴此标签 3. 合成包装件(OVERPACK)上应贴锂电池操作标签,除非合成包装件(OVERPACK)内的所有标签都清晰可见
标记	如适用,注明"合成包装件"(overpack)字样
随附文件	1. 每票货物都应随附文件,文件应注明: (a) 包装件内装有锂电池芯或电池; (b) 应小心操作,如包装件破损,有易燃危险性; (c) 包装件破损时应遵守的特殊程序,包括必要时的检查和重新包装货物; (d) 能获取更多信息的联系电话; (e) 如使用航空货运单,货运单上应注明锂电池符合相应包装说明第Ⅱ部分的规定,例如"锂离子电池,符合ICAO TI 和 IATA DGR 包装说明 965 第Ⅱ部分"(lithium ion batteries, in compliance with Section II of PI965) 2. 对于锂电池安装在设备中运输的情况,如包装件上未粘贴有锂电池操作标签,可不随附该文件
差异	遵守适用的国家和运营人差异

a. 额定能量应在电池上标明。2009年1月1日后制造的锂离子电池,应在电池盒外壳上标明额定瓦特小时数

b. 根据特殊规定 A181,如果包装件既含有装在设备中的锂电池,也含有与设备包装在一起的锂电池,则包装件应根据情况,标明"UN3091 Lithium metal batteries packed with equipment"(与设备包装在一起的锂金属电池)或"UN3481 Lithium ion batteries packed with equipment"(与设备包装在一起的锂离子电池)。如果包装件既含有锂金属电池,也含有锂离子电池,则包装件应根据要求标明这两种电池类型。但不必考虑装在设备中(包括线路板在内)的纽扣电池

c. 由于电池上标注不清晰或未标注,也没有其他证明,无法确定电池中锂含量或电池额定能量的电池,运营人可以拒绝运输

3. 依据 A88 批准的锂电池运输要求

根据特殊规定 A88,原型样品锂电池芯或锂电池,以及未经过 UN 38.3 测试的年产量不超过 100 块的低产量电池芯或锂电池,始发国有关当局可以批准,采用货机运输,但需要满足以下条件:

(1) 电池或电池芯必须使用 Ⅰ 级测试的金属、塑料或胶合板圆桶或箱子。

(2) 每个电池或电池芯必须有独立的内包装,内包装放置于外包装内,且周围使用不燃烧、不导电的衬垫材料保护。必须防止短路。

(3) 具有坚固、耐撞击外壳的单个大于等于 12kg 的锂电池,或此类电池的电池组件,可以不使用 UN 规格包装,但此包装应坚固。电池或电池组件应防止短路。

(4) 一套批注文件必须伴随货物运输,批准文件上应注明数量限制。

从表 10-4、表 10-5 可以看出,在进行运输时,应注意下面几个问题:

1. 能量限制

(1) 按照包装说明 965IA 和 965IB 运输的锂离子电池芯和电池必须在荷电状态不超过其额定容量 30% 的情况下交运。电池芯和电池在荷电状态大于 30% 的情况下,仅可在始发

国和运营人所属国的批准下根据这些当局规定的书面条件来运输。

(2) 按照包装说明965Ⅱ运输的锂离子电池芯和电池必须在荷电装载不超过其额定容量30%的情况下交运。

2. 随附文件

(1) 凡按包装说明Ⅰ收运的锂电池均要填写托运人危险品申报单、收运检查单、机长通知单等。

(2) 对于按照包装说明ⅠB和Ⅱ的运输的货物,每票货物都应随附应急处置的文件(可标注在航空货运单上),文件应注明:

① 包装件内装有锂××电池芯或电池;

② 包装件必须小心轻放,如包装件损坏有着火危险;

③ 包装件破损时应遵守的程序,包括检查和必要时重新包装货物;

④ 能够提供其他信息的电话号码。

(3) 按照包装说明Ⅱ运输的货物,应在航空货运单的"货物性质和数量"栏注明"锂××电池符合包装说明9××第Ⅱ部分"的字样。

3. 包装要求

电池和电池动力设备运输时,最主要的风险之一就是电池两极接触其他电池、金属物体或其他导电体而引起的电池短路。因此,必须将包装好的电池芯和电池使用适当的方式隔开,以防止发生短路和电极破损。

包装要求如下:

(1) 电池和电池芯还必须包装在坚固的外包装内,或者安装在设备中。

(2) 锂电池芯和锂电池应装入能将其完全密封的内包装中,再装入外包装。

(3) 电池芯和电池应由防短路保护措施,包括采取措施防止电池与同一包装内导电物质的相互接触。

(4) 如锂电池安装在设备上或与设备包装在一起,则设备应在内包装得到固定以免移动,并配备防止发生意外启动的有效装置。

(5) 符合包装说明965第Ⅱ部分的不同能量的电池不可包装在同一包装中(符合包装说明968第Ⅱ部分的也一样)。

(6) 作为危险品运输的锂离子电池(芯)或锂金属电池(芯)在与设备包装在一起或安装在设备中时,电池或电池芯均应安装有安全排气装置,或其设计能防止在正常运输中突然破裂,并装有防止外部短路的有效措施;包含并联的多个电池芯的电池已安装防止危险的反向电流所需的有效装置。

(7) 作为非危险品运输的锂离子电池(芯)或锂金属电池(芯)安装在设备中时,除非该设备已经对电池提供了等效保护,否则设备应装在坚固的外包装中,材料强度与设计应与包装容量和用途相符。

(8) 射频识别标签、手表和温度记录仪等不会产生危险热量的装置,在开启状态下可以运输。这些装置在开启状态下,必须符合规定的电磁辐射标准,确保此装置的运行不会对航空器系统产生干扰。必须确保运输途中该装置不会发出干扰信号(如蜂鸣警报、灯光闪烁等)。

(9) 符合规定的包装样如图 10-13 所示。

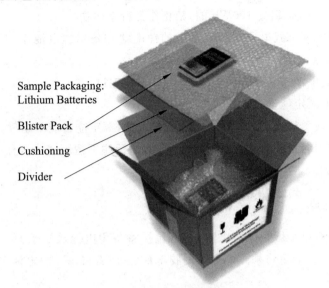

图 10-13　锂电池包装样

二、锂电池作为旅客行李进行运输的要求

旅客在乘坐飞机时,经常会携带一些手机、笔记本电脑等便携式电子设备及一些锂电池备用电池,所以旅客行李中会经常夹带一些锂电池及含有锂电池的设备,作为旅客行李的锂电池运输的方式也是航空运行中常见的一种方式。

备用电池运输也有风险,当乘客把锂金属或锂离子电池作为行李携带时,也有某些限制,例如备用电池不可以放在乘客的托运行李中被运输,必须放在手提行李里。再次声明,只有已经成功通过了 UN 测试和标准手册第 38.3 小节 Part Ⅲ 测试程序的电池,才可能被携带。

(一) 适用范围

可作为行李运输的锂电池包括:

(1) 旅客自用的内含锂电池的电子设备(如手表、计算器、照相机、手机、手提电脑、便携式摄像机等)及备用锂电池。

(2) 旅客自用的作为医疗用途携带的内含锂电池的便携式电子医疗装置(如自动体外除颤器、喷雾器、持续气道正压呼吸器等)及备用锂电池。

(3) 旅客自用的内含锂离子电池的电动轮椅或类似的代步工具。

(二) 锂含量和额定能量限制

(1) 旅客自用的电子设备中的锂电池和备用锂电池作为行李运输时,锂含量和额定能量限制如下:

① 对于锂金属电池或是锂合金电池,锂含量不能超过 2g。

② 锂离子电池,额定能量应不超过 100Wh,如果大于 100Wh 但不超过 160Wh,经航空承运人批准后,方可运输,超过 160Wh 的,禁止作为行李运输。

(2) 旅客自用的便携式电子医疗装置中的锂电池和备用锂电池作为行李运输时,其锂含量和额定能量限制如下:

① 对于锂金属电池或是锂合金电池,锂含量不能超过 2g。

② 锂离子电池额定能量应不超过 160Wh。

(3) 电动轮椅或类似代步工具中可拆卸的锂电池,额定能量应不超过 300Wh。

(4) 无法确定锂含量或额定能量的锂电池(例如标注不清晰或未标注,且无其他证明),运营人可以拒绝运输。

(三)保护措施

(1) 备用电池应单个做好保护以防短路,包括将备用电池放置于原厂零售包装中或对电极进行绝缘处理,例如可将暴露的电极用胶布粘住,或者将每一块电池单独装在塑料袋或者绝缘保护袋中。

防止电池短路包括但不限于以下方法:

① 在可行的情况下,用非导电材料(如塑料袋)制成的完全封闭的内包装来装每个电池或每个电池动力设备;

② 使用适当的方式对电池进行隔离或包装,使其无法与包装件内的其他电池、设备或导电材料(如金属)相互接触;

③ 对裸露的电极或插头使用不导电的保护帽、绝缘带或其他适当的方式进行保护。

如果外包装不能抵挡碰撞,那么就不能仅使用外包装作为防止电池电极破损或短路的唯一措施。电池还应使用衬垫防止移动,否则由于移动导致的电极帽松动,或者电极改变方向易引起短路。

电极保护方法包括但不限于以下措施:

① 将电极牢固地附上有足够强度的盖;

② 将电池包装在刚性塑料包装内;

③ 电池电极使用凹陷设计或有其他保护方式,这样即使包装件跌落,电极也不会破损。

(2) 安装有锂电池的设备应有防止设备意外启动的措施。

防止"意外启动"的措施是电池安装在设备中时,设备的包装方式应该能够防止意外启动,或者有防止意外启动的单独措施(如:包装能防止接触开关、有开关保护帽或锁、开关使用凹陷设计、触动锁、温度感应断流器等)。此要求不适用于运输中启动的设备(如 RFID 转换器、手表、感应器等),也不适用于不能产生足以危害包装或人身安全的热量的设备。

(四)备用电池的数量

(1) 对于旅客自用的便携式电子设备的备用锂电池,如果锂金属电池的锂含量不超过 2g,锂离子电池的额定能量不超过 100Wh,允许旅客携带的备用电池的数量应以其在行程中使用设备所需的合理数量为判断标准,如果锂离子电池的额定能量超过100Wh但不超过160Wh,经航空运营人批准后,每位旅客可携带的备用电池的数量应不超过2块。

(2) 对于旅客自用的便携式电子医疗装置的备用锂电池,每位旅客携带应不超过2块。

(3) 对于可以卸下的轮椅用锂电池,可以携带1块不超过300Wh的备用电池,或者2块不超过160Wh的备用电池。

(五) 行李类型

1. 无须运营人批准可接收的锂电池

(1) 含锂电池的轻便电子装置。

旅客或机组携带个人自用的内含锂金属或锂离子电池芯或电池的轻便电子装置(包括医疗装置)如便携式制氧机、消费电子产品、照相机、手机、手提电脑、平板电脑和充电宝等应放在手提行李中携带。

(2) 备用电池或用来为另一装置提供能源的(如移动电源)含锂金属或锂离子电池芯或电池的物品,只允许放在手提行李中。

以上电池或备用电池都必须满足以下条件:

① 锂金属电池或锂合金电池,锂含量不超过2g;

② 锂离子电池,能量不超过100Wh;

③ 电池必须通过UN 38.3测试;

④ 单个电池做好防短路保护。

(3) 含锂电池的电子香烟只允许在手提行李中。

2. 经运营人批准,可作为行李接收的物品

(1) 装有锂金属或锂离子电池芯或电池的轻便医疗电子设备,如便携式制氧机、体外心脏去颤器、持续阳压呼吸辅助器。

① 锂离子电池或锂金属电池,锂含量超过2g但不超过8g;

② 锂离子电池,能量超过100Wh但不超过160Wh;

③ 电池必须通过UN 38.3测试。

(2) 含锂电池的轻便电子设备,如电动工具、小型摄像机和笔记本电脑。

① 锂离子电池,能量超过100Wh但不超过160Wh;

② 电池必须通过UN 38.3测试。

3. 经运营人批准,仅作为手提行李接收的锂电池

备用电池

(1) 便携式理疗设备的备用锂电池

① 额定瓦特小时数超过100Wh但不超过160Wh的锂离子电池或锂含量超过2g但不超过8g的锂金属电池可携带2块;

② 电池必须单独包装以防止短路;

③ 电池必须通过UN 38.3测试。

(2) 轻便电子设备的备用电池

① 额定瓦特小时数超过 100Wh 但不超过 160Wh 的锂离子电池可携带 2 块；

② 电池必须单独包装以防止短路；

③ 电池必须通过 UN 38.3 测试。

4. 经运营人批准，仅作为交运行李接收的锂电池

装有锂电池的轮椅或助行器

作为托运行李并经运营人批准，由锂离子电池驱动的代步工具（例如轮椅），供由于残障、健康或年龄原因而行动受限或暂时行动不便（例如腿部骨折）的旅客使用，但须受以下条件限制：

① 电池必须通过 UN 38.3 测试；

② 电池两级必须作防短路保护，例如封入电池容器；

③ 电路已经绝缘，做好防止意外启动措施；

④ 必须牢固装在轮椅或助行器上，运营人必须保证承运的轮椅或助行器再运输过程中不会受到损坏；

⑤ 通知机长轮椅或助行器的装载位置；

⑥ 如锂电池可卸下，则应按照正确的方法取下，做好防短路和防损坏的保护措施后，作为手提行李带入客舱；

⑦ 电池能量不得超过 300Wh，如因操作要求需安装两个电池，则每个电池的能量不得超过 160Wh，可携带一个不超过 300Wh 的备用电池或两个不超过 160Wh 的备用电池；

⑧ 建议旅客事先和运营人做好安排。

备注：大多数轮椅有钥匙，可以转到停止位置，拔下并交给乘客保管。但是，大多数驱动椅子可以通过一个按钮来启动和停止，这样就有可能在飞行过程中由于行李或货物的移动被误启动。据此，要求进一步的程序来防止电路接通。例如，通过断开电线插头或连接器，或插入禁止插头来分离电池和轮椅之间的电源。任何暴露的电极必须绝缘以防短路。电池不宜经常被断开或卸下，因为这往往是非常困难的事，如果操作不当可能会增加火灾危险。

检查电路是否已被禁用，把设备调到动力模式（如：非自由轮模式），试着按下 on/off 键启动设备，看使用操纵杆是否导致轮椅移动。还必须检查：电池是否安全地紧附在助行器材上，电池末端已被保护以防短路。如果助行器材明显不安全，则不得装载。

一旦被装载在飞机上或是装入 ULD 内，电子助行器材应该被返回到驱动模式，因为这会有助于防止移动而导致潜在的损坏。设备必须牢固安全以防移动，可能有更多装载要求。（详细内容参考航空公司地面操作手册）。

5. 含有锂电池芯或锂电池的保安型设备

① 电池必须通过 UN 38.3 测试；

② 必须安装有效避免意外启动的装置；

③ 对于锂金属电池芯，锂含量≤1g；

④ 对于锂金属电池,锂总含量≤2g;
⑤ 对于锂离子电池芯,其额定瓦特小时≤20Wh;
⑥ 对于锂离子电池,其额定瓦特小时≤100Wh。

第四节　锂电池航空运输的标记和标签

一、锂电池常用标记和标签

锂电池在运输过程中,因为自身具有一定的危险性,按照危险品进行运输,在外包装上也要粘贴相应的标记和标签。

1. 锂电池危险性标签

锂电池按照第9类危险品货物进行运输,要粘贴第9类杂项危险品标签。ICAO在UN第43次会议上提出了一个提案,要求对电池的危险信息传递(标签)是否足够进行考虑。尽管初衷是针对锂电池,但是在会议讨论中扩展成针对所有的第9类物质或物品。大家意识到,第9类危险性的标签,不足以如实充分地传递某些特定第9类危险品的危险性信息,比如电击、电池短路。

根据DGR最新版文件(58版)要求,危险品货物运输要使用新的锂电池9类危险品(UN Class 9)标签,新标签图案是在原9类标签中的黑白垂直条纹的下半部分增加了锂电池图案,其外形尺寸不变;原9类标签仍可继续使用,过渡期至2018年12月底,如图10-14、图10-15所示。

图10-14　杂项危险品标签

图10-15　锂电池危险性标签

2. 锂电池操作标签

根据DGR最新版文件要求,自2017年1月1日起将使用新的锂电池操作标签以取代旧版的锂电池操作标签。新版操作标签颜色和尺寸与旧版一致,但所有文字的部分已被删除,同时需要写上UN编号。新旧操作标签之间有两年的过渡期,旧标签可以继续使用到

2018 年 12 月 1 日,如图 10-16、图 10-17 所示。

图 10-16　旧版锂电池操作标签

图 10-17　新版锂电池操作标签

在新版标签中:

＊处写 UN 编号　＊＊处写电话号码

如包装件中装有不同联合国编号的锂电池芯或电池,必须用一个或多个标记表明所有适用的联合国编号。

在锂电池操作标签上填写电话号码的目的是为了了解到货物的信息,而不是为了获取应急指导,因此这个电话号码并不要求在货物运输的全过程中随时保持有人接听,只要在公司正常上班时间可以打通即可,电话的主要目的是要获取与货物有关的产品详细信息。当然,在锂电池操作标签上填写 24h 应急电话也是可以接受的。

注意:

新版标签从 2017 年 1 月 1 日后开始使用;旧版标签可以继续使用到 2018 年 12 月 31 日;在这段时间内两个标签可以共用。

标签的主要更改如下:

(1) 删除了:"DO NOT LOAD OR TRANSPORT PACKAGE IF DAMAGED";

(2) "＊"旧标签填写的内容为:"Lithium ion battery"或"lithium metalbattery";新标签须填写 UN 号,如 UN3480、UN3090;

(3) 旧标签:"For moreinformation,call ×××.×××.×××"(电话号码)改为"＊＊"(电话号码)。

关于锂电池操作标签使用注意事项:

(1) 标签的常规最小尺寸为 120mm(宽)×110mm(高);如果包装箱尺寸不足,可以将标签尺寸缩小到最小 105mm×74mm,不能再小(这种情况增加包装箱尺寸满足标签要求);

(2) 红色边框一定需要,且其宽度不能少于 5mm;

(3) 建议操作标签和 9 类危险标签贴在同一个面;

(4) 标签如果使用到文字,则英文是必需的,同时可以加上翻译的其他文字。

3. 仅限货机标签

仅限货机标签如图 10-18 所示。

图 10-18　仅限货机标签

二、包装标记标签图例

（1）按照 Section IA 运输的锂电池货物包装粘贴锂电池危险性标签、仅限货机标签（如适用）标记注明。例如：

UN 3480 Lithium Battery，Net Qty 3kg

Shipper：

Consignee：

等信息。UN 规格标记，必须满足Ⅱ级包装要求，包装样例如图 10-19 所示。

（2）按照 Section IB 运输的锂电池货物包装粘贴第 9 类危险品标签、锂电池操作标签和仅限货机标签。标记注明例如：

UN 3480 Lithium Batteries，Net Qty 3kg

Shipper：

Consignee：

等信息。包装样例如图 10-20 所示。

图 10-19　按照 IA 运输包装样例　　　　图 10-20　按照 IB 运输包装样例

（3）按照 Section Ⅱ 运输的锂电池货物包装粘贴锂电池操作标签和仅限货机标签。标记注明 OVERPACK（如适用），包装样例如图 10-21 所示。

总体的原则是所有的锂电池的包装件均需通过标签或标记（危险性标签或标记）进行告知。但是对于安装在设备中的锂离子电池 UN3481 和安装在设备中的锂金属电池

UN3091,若其包装件符合包装说明 967 和 970 第Ⅱ节的规定,且其安装在设备中的电池芯不超过 4 个或电池不超过 2 个。这些包装件也不需要粘贴锂电池操作标签。此时安装在设备中的纽扣电池芯可不考虑。由于这些包装件不需要粘贴锂电池操作标签,对于包装说明 967 和 970 第Ⅱ节其他包装要求规定的附加随机文件也无须提供。

图 10-21　按照 Section Ⅱ 运输包装样例

符合包装说明 966、967、969、970 第Ⅰ节规定(即贴有第 9 类危险性标签)的包装件不需要粘贴锂电池操作标签。符合包装说明 965、968 第Ⅰ节规定的包装件不需要粘贴锂电池操作标签。

包装说明 967 和 970 第Ⅱ节规定"每个包装件内如安装在设备的电池芯超过 4 个或电池超过 2 个,则该包装件必须粘贴操作标签"。本条规定适用于电池或电池芯安装在设备中进行运输的情况。当包装件中的设备内含的电池不超过 2 个或电池芯不超过 4 个时,本规定允许该包装件交运时不粘贴操作标签。例如,包装件内装有一个笔记本电脑,1 个锂离子电池和 2 个锂金属纽扣电池芯被安装在电脑中。在这种情况下,这个包装件是不需要粘贴锂电池操作标签的。此时,锂离子电池中的电池芯数量不计算在 4 个电池芯的限制中,因为交运的是安装在设备中的电池。此外,内装不超过 2 个电池或 4 个电池芯的包装件,可以多个组合制成合成包装件,无论是单个包装件还是合成包装件都不需要贴标签。

第五节　锂电池航空运输事故应急处置

(注 1:此应急指南摘自北美版应急指南(ERG)2012 版,在此仅作参考,实际应急操作时应服从当地应急指挥部门的要求。

注 2:锂金属电池的应急请参照公司危险品运输手册中遇湿释放易燃气体危险品的应急措施)

一、潜在危险

1. 火灾或爆炸

锂离子电池如果损坏或处理不当(物理损伤或电荷过载),其中的易燃液态电解质可能会泄漏、燃烧，而且在温度高于150℃时会产生火花。该类物质可能闪燃。可能会引燃临近的其他电池。

2. 健康

电池的电解液会刺激皮肤、眼睛和体内黏膜。燃烧可产生刺激性、腐蚀性或有毒的气体。电池燃烧后可能产生有毒的氟化氢气体。烟气可能导致头晕或窒息。

3. 公众安全

首先拨打货运单或随附应急文件上的应急处置电话，如果无法获得电话或无人接听，可以拨打当地应急机构的救援电话。立即向泄漏区四周至少隔离23m撤离无关人员。停留在上风口。不得进入地势低洼的区域。

二、应急措施

锂电池属于第9类杂项危险品，一旦发生事故，要严格按照危险品应急响应程序进行上报。

1. 火灾

（1）使用标准程序灭火。

地面可以使用干粉灭火器，空中使用Halon灭火器。虽然经验证，Halon对于处理锂金属火情是无效的，但在对付锂金属周围材料的继发火情或对付锂离子电池火情方面则有效。

（2）在装置上洒水（或其他不可燃液体），以使电池芯冷却并防止相邻电池芯起火。

应该使用水灭火器（如有），使起火的电池内的电池芯冷却，防止热扩散到相邻电池芯。如果没有水灭火器，可使用任一不可燃液体来冷却电池芯和装置（如餐车或其他地方的水或其他不含酒精的饮料）。

不要使用冰或其他物品覆盖在计算机上，这样做会造成热绝缘，防止设备向外散热，容易造成电池中更多的电池芯热失控。

锂金属电池不可用水及含水灭火剂灭火。

2. 泄漏

（1）消除所有点火源（泄漏区附近，严禁吸烟、火花或任何形式的明火）。

（2）不要接触或穿越泄漏区。

（3）用土、沙或其他不易燃物质吸收泄漏物。

（4）泄漏的电池盒收集泄漏物的材料需要存放在金属容器中。

3. 急救

（1）将患者移到空气新鲜处。

（2）呼叫120或者其他急救医疗服务中心。

（3）如果患者停止呼吸，应实施人工呼吸。

（4）如果出现呼吸困难要进行吸氧。

(5) 脱去并隔离受污染的衣服和鞋子。

(6) 若皮肤或眼睛不慎接触到该类物质,要立即用自来水冲洗至少 20min。

(7) 确保医护人员知道事故中涉及的有关物质,并采取自我防护措施。

本章小结

- 重点掌握内容:锂电池航空运输的法律法规、锂电池航空运输方式及限量要求、锂电池的能量计算、锂电池的标记及标签;
- 一般掌握内容:哪些锂电池禁止航空运输、需要通过 UN 38.3 测试;
- 一般了解内容:锂电池的特殊要求、锂电池的应急处置。

综合练习

一、选择题

1. 满足包装说明 967 的第Ⅱ部分的与设备安装在一起的锂离子电池是否需要危险品申报单?(　　)

　A. 需要　　　　　　B. 不需要　　　　　　C. 可有可无

2. 满足包装说明 968 的第Ⅱ部分的锂金属电池,其包装件外应粘贴(　　)。

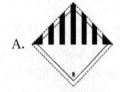
A.

B.

C.

D.

3. 下列哪些属于航空禁运的锂电池?(　　)

　A. 存在安全缺陷或已经损坏的　　　　B. 因安全原因被制造商召回的

　C. 未通过 UN 38.3 测试的　　　　　　D. 加以保护防止短路的

二、简答题

1. 一个锂离子电池的额定电压为 7.4V,额定容量为 4 400mA,请计算它的能量。

2. 禁止运输的锂电池有哪些?

3. 如何对电池进行有效的防短路保护?

4. 航空运输锂电池的形式有哪几种?

第十一章

航空承运人危险品类航材的运输

本章学习目标

- 了解危险品类航材的定义与特点。
- 掌握航空承运人中常见的危险品类航材所属类别。
- 掌握危险品类航材运输管理的相关内容。
- 掌握 MSDS 的使用、结构和内容。

 **导引案例**

美国 VALUJET 空难

危险品类航材是一种特殊的航材,因为其危险性具有很强的隐蔽性等特点往往使与之相关的从业人员在工作中容易犯错导致严重的事故。其中最著名的是美国 VALUJET 航空公司客机因运载的危险品航材在飞行过程中着火而导致飞机坠毁。1996 年,美国 VALUJET 航空公司 DC-9 型客机航班,从迈阿密飞往亚特兰大,在起飞 10min 后飞机坠毁在附近沼泽地,机上 110 人,包括 5 名机组人员全部遇难。事故原因是由于货舱内装有 119 个使用过的氧气发生器,氧气发生器是供民航客机紧急情况下给旅客供氧时使用的,是一种在几毫秒内能产生大量氧气的烟火产品。可由拉发火帽或电点火,还可用手持火柴引燃。一旦点燃就无法终止反应,会产生高热,是飞机上必备的航材。事故发生时这些氧气发生器并没有作为危险品进行申报,同时机务维修人员并没有按照标准操作程序清空氧气发生器中残留的化学反应物质,也没有按照要求将氧气发生器的点火端子进行绝缘保护处理,而是简单地将点火端子固定在氧气发生器上,也没有套上绝缘保护措施。在进行包装过程中也没有采取固定的措施,没有填加衬垫材料。飞机起飞后,由于飞机震动,使点火端子相互接触,使残留的化学试剂发生剧烈的反应,产生了大量的热。同时地勤人员在装机时,将充气的轮胎错误地放置在氧气发生器周围,导致货舱起火爆炸。航空公司最终也因为这起事故而破产。

从案例可以看出,危险品类航材具有危险性,在使用、存储、运输管理上出现问题,可以引发机毁人亡的航空事故。航空公司的航材管理人员应就危险品类航材的属性、使用、存储、运输的专业性对直接作业人员进行航材危险品仓储运输专业安全知识、安全操作技术技能的教育培训,提高安全意识。本章对航空公司常用的危险品航材的相关知识进行讲解。

第一节 危险品航材的基础知识

一、危险品航材的定义

航材的全称是航空器材,是指用于航空器上的动力装置、螺旋桨、机械设备、零部件和其他航空材料等,主要是用于维护和修理飞机、发动机等。并不是所有的航材都具有危险性,只有符合《技术细则》对危险品的定义的航材才称为危险品类航材。

二、危险品类航材的特点

航材的管理工作是航空公司非常重要的工作,即使某个航空公司并没有开展危险品运输的业务,但危险品类航材的管理也是每个航空公司都会面对的。要管理好危险品类的航材,就必须了解这类航材的特点。

1. 危险品类的航材种类会"由少变多"

大部分的航材本身都不是危险品,但由于很多航材的使用会用到燃油、滑油、液压油,而燃油、滑油、液压油属于第3类易燃液体,所以,这些航材使用了这些油,此时的航材就变成了危险品,它的运输、使用、储存都必须按照危险品的要求来。由于很多航材都可能会用到这些油品,这样一来,本身较少的种类会增多。而且这还会导致某个航材有时候是危险品,有时候又不是危险品。例如上述的情况,如果将这类航材中的油全部放掉,并且经过专业的清洗烘干,这类航材又会变回非危险品。所以,这些现状增加了从业人员的识别难度。

2. 危险品类的航材识别难

除了上述因为种类增多而导致从业人员的识别难度增加以外,危险品航材的运输专用名称也会导致识别难度增加。上文中提到,每一种危险品都有一个运输专用名称,这个名称是英文的,而且与它的商品名称、技术名称和化学名称还不一样。而我们在生产生活中往往听到得比较多的是商品名称和化学名称。这使得单从名称上难以识别。同时,某些航材的内部结构是非常复杂的,可能因为内部的一个部件让整个航材变成危险品。比如救生筏能在危机时刻瞬间充气,就是因为里面含有自动充气的装置和气体发生器,而这个气体发生器就属于第2类气体中的第2项非易燃无毒气体。这种复杂的构造使得从业人员必须有一定的专业知识才能正确识别。

3. 危险品类航材通常属于隐含的危险品

通常来说,飞机的零配件和飞机设备中可能含有一些隐性的危险品。例如可能含有爆炸物品(照明弹或其他烟火信号弹,飞机在海上迫降时需要)、化学氧气发生器、不能使用的轮胎组件、压缩气(氧气、二氧化碳、氮气或灭火器)钢瓶、油漆、黏合剂、气溶胶、救生用品、急救包、设备中的燃料、湿或锂电池、火柴等。

第二节 危险品航材的分类

飞机执行航班任务时,飞机上有很多设备和飞机零配件具有危险品的性质,属于危险品航材,具体见图11-1。

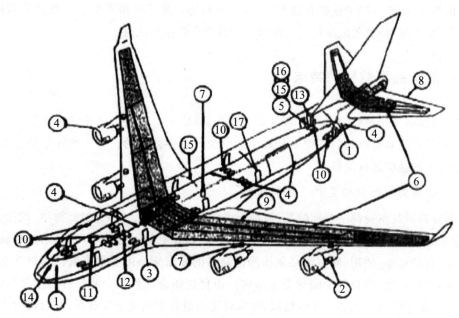

图 11-1 飞机上的危险品

注：① 飞机电池；② 发动机滑油(仅作为危险性废物)；③ 逃生滑梯/救生筏(所有登机门/选装的救生阀)；④ 灭火瓶(APU,发动机,低部货舱,卫生间废品容器)；⑤ 灭火器(乘务员位,储藏室,厨房等)；⑥ 燃油；⑦ 储压器里的液压油(仅作为废物)；⑧ 铀(贫化,用于配平)；⑨ 爆破装置(翼上逃生出口)；⑩ 便携式气体氧气瓶；⑪ 机组系统气体氧气瓶；⑫ 旅客系统气体氧气瓶(标准配置)；⑬ 氧气发生器(选装：每个 PSU；标准配置：每一乘务员位和厕所)；⑭ 排雨剂；⑮ 制冷剂(位于每个厨房)；⑯ 防烟面罩；⑰ 氚指示标(过道和应急出口)

从图 11-1 中可以看出，飞机在执行航班任务时，很多的航材都属于危险品航材，在《技术细则》的危险品清单中列明和根据《技术细则》进行分类的物品或物质，这其中涉及了许多航材。常见的危险品航材有爆炸帽、灭火瓶、航空氧气瓶、罐装压缩气体、油脂、油漆、燃油、氧气发生器、电瓶、除冰液、发动机、飞机辅助动力装置、滑梯、救生筏、燃油调节组件等。下面详细介绍航空公司常用的危险品航材的分类情况。

危险品航材的类别包括以下几种。

一、第 2.2 项——非易燃无毒气体

1. 灭火瓶(FIRE-EXTINGUISHANT BOTTLE)

包括飞机上各个区域和各种功能用途的灭火瓶，UN1044，包装说明代号为 213，注：灭火瓶如包含爆炸帽，只要爆炸帽中所含炸药(分类为 UN0323)量不超过 3.2g，灭火瓶仍然分类为 2.2 项危险品(非易燃无毒气体)；爆炸帽单独运输按照 UN0323，包装说明按 PI:134 操作，DGR 无详细包装要求，只要求包装在坚实的外包装内，需要防止在运输中被触发(安装爆炸帽保护盖)；对此类航材运输包装建议尽量使用原包装，如果没有原包装，必须使用坚固的外包装箱，瓶体和包装箱的空间必须用衬垫材料(海绵或者发泡材料)添满，使瓶体在运输

的时候不能在包装箱内自由移动。

2. 航空氧气瓶(AIR GASEOUS OXYGEN BOTTLE)

飞机上共有两套供氧系统,供飞行机组人员使用的供氧系统的氧气来源使用氧气瓶。氧气瓶在使用时:UN1072;包装说明代号:200;包装要求简述:同灭火瓶外,增加瓶体测试周期要求(如果没有其他相关的更严格要求,DGR 的最低要求测试周期是 10 年);增加了瓶体清洁处理要求,要求瓶体和包装材料都不允许粘油。对于所有压缩气体,工作压力都不允许超过测试压力的 2/3,如果瓶体有释压装置或者保险锁销的,一定要确保处于完好状态,并按照应有的安全锁销。

3. 罐装压缩气体(CARTRIDGE-PRESSURED GAS)

二、第 3 类——易燃液体

航班上,易燃液体比较多,主要包括:
(1) 部分溶解剂(SOLVENT);
(2) 部分油脂(GREASE OIL);
(3) 燃油(FUEL);
(4) 洗涤剂(CLEANING AGENT)(具体的定性依据厂家提供的 MSDS);
(5) 油漆(PAINT)。

对于各类油漆、胶等化工品,因为涉及具体判断油漆等的危险性是易燃或者是腐蚀或者两者兼有,并且包装等级是Ⅰ、Ⅱ、Ⅲ之一,各个具体类别的组合很多,需要根据危险品表具体查明 UN 代号后,根据 DGR 查找包装说明代号。

目前中国民航局运输司使用的Ⅰ、Ⅱ型除冰液不属于民航危险品,运输的时候只要求包装达到液体物品的正常包装要求就可以。但是目前的运输实践:在北京运输的时候,收货方(国航和 BGS)要求去 DGM 做产品特性鉴定。如果运输需要,则必须提前在 DGM 做鉴定,获得鉴定报告,方可以运输。

三、第 5 类——氧化剂

1. AB 胶(AB BOND)

AB 胶是两液混合硬化胶的别称,一液是本胶,一液是硬化剂,两液相混才能硬化,是不需靠温度来硬应熟成的,所以是常温硬化胶的一种。

A 组分是丙烯酸改性环氧或环氧树脂,或含有催化剂及其他助剂,B 组分是改性胺或其他硬化剂,或含有催化剂及其他助剂。按一定比例混合。催化剂可以控制固化时间,其他助剂可以控制性能(如黏度、钢性、柔性、黏合性等)。市场上所售 AB 胶性能在配方上已经确定,一般改变不大,要有较大的改变,需要向生产厂家提出定做。

丙烯酸改性环氧或环氧树脂胶黏剂具有快干特性,A、B 混合后,25℃时 5min 即干透,温度越高,干透时间越短。可以黏结塑料与塑料、塑料与金属、金属与金属,黏结后剥离需要刀具或热熔分离。

2. 化学氧气发生器

(包括 PBE 和包含在 PSU 中的氧气发生器,其中 PBE 简称为防烟面罩)运输专用名称为 OXYGEN GENERATOR,CHEMICAL,UN3356,包装说明代号:523;包装要求简述:一般来说,化学氧气发生器仅限货机运输(PBE 按照 A144 特殊规定用客机运输除外);包装必须进行严格的 1.8m 跌落测试;包装必须有两种以上启动装置被意外触发的防护措施,其中保险销(非启动销)可以作为第一种防护措施,原包装的坚固罐体(铁等材料制成)可以作为第二种防护措施;如果多个化学氧气发生器装在一个包装件内运输,必须保证如果一个化学氧气发生器被触发,不会引起其他的氧气发生器被触发,包装材料不会着火,整个包装件的外表面温度不会超过 100℃。对此类器材的运输,如果承运人无满足包装要求的包装设计能力,一定要保留和使用原包装进行运输(陆运)。

注:

A111 特殊规定:禁止运输已经过期的、不能使用的或者使用过的化学氧气发生器。
A144 特殊规定:PBE 必须是可用的并且封装在制造商生产的原始未打开过的内包装内(即真空密封包装和防护容器);PBE 必须由航空运营人和其代表来办理托运,目的是为了按照适航和运行规则的要求,替换已经失效或者被使用的 PBE;每一个包装内最多装两个 PBE;需要在托运人危险品申报单和包装上的运输专用名称旁边注明:符合特殊规定 A144 的机组人员呼吸保护设备。并且使用客机运输时候不能粘贴 CAO 标签。

3. 氧气面罩(OXYGEN MASK)

旅客的供氧系统是由旅客座椅上方的下落式氧气面罩提供氧气。飞行在遇到紧急情况时,需要拉下氧气面罩供氧救命。而且,其实面罩并不是连接的一个带有开关阀门的氧气瓶,而是通过化学氧气发生器制氧,利用化学物质燃烧后释放的氧气作为供应源,任何除氧气之外的化学物质都被面具过滤掉,直到化学物全部燃烧殆尽才停止。

四、第 8 类——腐蚀性物品

1. 电瓶(电池)(BATTERY)

(1) 含酸性电解液的蓄电池 BATTERIES,WET,FILLED WITH ACID,UN2794,包装说明代号:800,包装要求简述:包装必须满足 II 级包装的性能标准,包装必须有强度足够的酸或碱防护衬里,内包装可以用两层塑料袋来增加防漏性能。包装必须密封,防止电池破损时电解液溢出。必须粘贴向上标签指示操作方向;必须要防止电池短路,对电池两极进行绝缘材料包裹,电池必须牢固固定在包装件内。外包装可以使用的材料为胶合板、塑料、木材、合成木材、纤维板等。每个包装件的限量为:飞机电池限量为每个包装件毛重 100kg(按照 A51 特殊规定),普通非飞机电池蓄电池限量为每个包装件毛重 30kg。

(2) 含碱性电解液的蓄电池 BATTERIES,WET,FILLED WITH ALKALI,UN2795（其他的同酸性蓄电池）。

(3) 不易漏电解液的蓄电池（湿电池）BATTERIES, WET, NON-SPILLABLE, UN2800,8 类,包装说明代号 806,不易漏电解液电池包装的时候只要注意绝缘两极,防止短路即可；要求将电池牢固包装在结实的外包装内,并用衬垫材料防止电池在包装内随意移动。如果满足包装说明代号 806 并且满足 A67 特殊规定：在 55℃时电解液不会流出破裂的外壳,则不属于危险品。

(4) ELT（含锂金属的电池包含在 ELT 中一起运输,目前很多含锂电池的应急设备都可以使用此 UN 编号运输,比如 FDR、黑匣子等）LIFE-SAVING APPLIANCES,NOT SELF-INFLATING,UN3072,9,包装说明代号：905,包装要求简述：必须装在坚固的外包装中以防止意外触发,除救生衣（救生船）外必须置于内包装中,以防止移动。对此类器材包装没有 UN 规格包装的限制。ELT 开关旋钮必须置于 OFF 状态,并且有防止运输中旋钮拨回 ON 的防护装置。内包装可以用两层塑料袋以增加安全性。（如果 ELT 里的锂金属电池拆下单独运输,它的 UN 编号是 UN3090,运输专用名称为 LITHIUM METAL BATTERIES 9 类 包装说明代号：968）。

(5) 各类干电池（包括碱锰、锌碳、镍金属氧化物、镍镉电池等）都属于 DGR 不受限制物品,但包装的时候必须注意要做好两极防护,避免短路。

2. 消毒剂（DISINFECTOR）

人们也常称消毒剂为"化学消毒剂"。

消毒剂按照其作用的水平可分为灭菌剂、高效消毒剂、中效消毒剂、低效消毒剂。灭菌剂可杀灭一切微生物使其达到灭菌要求,包括甲醛、戊二醛、环氧乙烷、过氧乙酸、过氧化氢、二氧化氯、氯气、硫酸铜、生石灰、乙醇等。

3. 黏结胶（FELT BOND）

黏结胶俗称黏结剂、黏合剂、黏接密封胶等。黏结胶是指同质或异质物体表面用黏结材料连接的一种特殊材料,具有应力分布连续、体积重量轻,密封效果佳,黏结胶特别适用于不同材质、不同厚度、超薄规格和复杂构件的连接。

合成黏结胶由主剂和助剂组成,主剂又称为主料、基料或黏料；助剂有固化剂、稀释剂、增塑剂、填料、偶联剂、引发剂、增稠剂、防老剂、阻聚剂、络合剂、乳化剂等,根据要求与用途还包括阻燃剂、发泡剂、消泡剂、着色剂和防霉剂等成分。

黏结胶工业突飞猛进的发展,为社会提供了许多新胶种,同时也给环境带来了新的污染问题。黏结胶的环保问题主要是对环境的污染和人体健康的危害,这是由于黏结胶中的有害物质,如挥发性有机化合物、有毒的固化剂、增塑剂、稀释剂以及其他助剂、有害的填料等所造成的。

很多黏结胶都不同程度地存在着对环境污染的潜在因素,只有清楚地了解其中的污染物类型及危害,才能设法消除与防止。黏结胶中的有害物质主要是苯、甲苯、甲醛、甲醇、苯乙烯、三氯甲烷、四氯化碳、1,2-二氯乙烷、甲苯二异氰酸酯、间苯二胺、磷酸三甲酚酯、乙二胺、二甲基苯胺、防老剂 D、煤焦油、石棉粉、石英粉等。

五、第 9 类——杂项危险品

（1）飞机发动机(ENGINE)

APU ENGINES, INTERNAL COMBUSTION, FLAMMABLE GAS POWERED, UN3166,包装说明代号：900,包装要求简述：要求其中的燃油系统中的燃油被排空,并尽量密封住液体燃油管线。其他的满足一般包装要求,比如用塑料薄膜封盖。A70 特殊规定：如果单独运输内燃机,如果它的油箱从来没有装过燃料,整个燃料系统是空的,那么不属于 DGR 调整的范围,可以不做危险品运输。如果按照不受限制物品运输,必须在货运单上注明：NOT RESTRICTED 字样。

（2）飞机辅助动力装置(APU)

（3）减震支柱(SHOCKMOUNT)

（4）燃油泵(FUEL PUMP)

（5）燃油调节组件(FUEL CONTROL ASSY)

（6）飞机紧急滑梯(AIRCRAFT EMERGENCY SLIDE)

（7）救生衣(LIFE VEST)、救生筏(LIFE RAFT)

（8）紧急定位发射装置(ELT-EMERGENCY LOCATOR TRANSMITTER)

救生衣、救生船（包括飞机撤离充气滑梯和某些充气飞机救生设备）LIFE-SAVING APPLIANCES,SELF-INFLATING,UN2990,9 包装说明代号：905,包装要求简述：必须装在坚固的外包装中以防止意外触发,除救生衣（救生船）外必须置于内包装中,以防止移动。对此类器材包装没有 UN 规格包装的限制。

在第 9 类危险品航材中,有很多属于带油航材（DANGEROUS GOODS IN APPARATUS),包括燃油控制组件、燃油泵、HMU-大发燃调、带燃油的动力控制组件、燃油热交换器等。在 DGR 中使用 UN3363,包装说明代号：916,包装要求简述：必须尽可能地清空燃料系统部件（旧的要求是清空燃油至倒置的情况下残油下滴不再呈线状,并打开部件所有开口,在通风处放置 6 小时,让燃油充分挥发,新的 DGR 没有此项要求）,并牢固密封所有开孔。有足够的吸附材料,能吸收清空后可能残余的最大量液体;如果外包装未采用液体密封的情况下,必须采用防漏密封衬里、塑料袋或者其他有效方式,防止在出现液体泄漏的情况下,液体溢出外包装;外包装必须结实;无 UN 规格包装的包装要求。

另外,有些航材的危险性情况比较复杂,识别困难,例如飞机轮胎的识别,可查阅 DGR 特殊规定 A59。已充气的轮胎组件属于危险品,分类为 2.2 项,暂无 UN 编号及运输专用名称,但是,轮胎组件在满足下列条件时可以按照非限制性物品运输：

① 符合适航标准的可使用的轮胎组件,且轮胎的充气压力未超过最大额定充气压力,并具有保护措施以防止其（包括阀门组件）在运输过程中被损坏;

② 已放掉气体的不可使用的或破损的轮胎组件。

下列条件下的轮胎组件禁止空运：

① 任何轮胎组件，其轮胎的充气压力已超过其最大额定压力；
② 不可使用的或破损的轮胎组件，未放掉气体。

除此之外还有火警探测器，现在很多民航客机中都安装了火灾自动报警系统，常见的火警探测器里面含有少量的放射性物质。作为制成品的火警探测器本身运输时要求申报为放射性物质的例外包装件。因为目前北京对于放射性物质的监管要求，中国民航局运输司没有明文规定的放射性物质存储、使用等的资质，在北京机场以放射性物质例外包装件进出口运输无法操作。在国内运输的时候，必须使用结实严固包装，防止运输时内装物品受到挤压等导致破裂，尽量使用原包装。将来可以进出口运输的时候运输专用名称：RADIOACTIVE MATERIAL，EXCEPTED PACKAGE-INSTRUMENTS UN2911。

常用的危险品航材见表11-1。

表 11-1　常用危险品航材索引

品　名	UN 编号	类　别	包装说明
滑梯	UN2990	9	905
氧气瓶	UN1072	2.2(5.1)	200
救生筏	UN2990	9	905
灭火瓶	UN1044	2.2	213
发动机	UN3166	9	900
油漆	UN1263	3	302、305、309
化学氧气发生器	UN3356	5.1	523
救生衣	UN2990	9	905
救生包	UN2990	9	905

第三节　危险品航材的运输管理

近年来，随着人们安全意识的不断增强，危险品航材的运输管理正逐渐受到重视。危险品航材作为运营人物资的一类，它的运输与商用危险品有所不同。首先风险不同。由于危险品航材是在运营人控制与使用下，危险属性都基本确定，出现恶意瞒报的风险较小。其次危险品属性相对比较集中，危险品分为9类，而危险品航材的危险属性主要集中在不易燃无毒气体、腐蚀性物质与杂项物质；还有在运输过程中航空公司充当的角色不同，在商用危险品的航空运输中，航空公司充当的是运营人的角色，而在危险品航材的运输中，航空公司既充当托运人的角色，又充当运营人的角色。最后是对于航空公司的迫切性不同，由于航材的及时供应对于航空公司自身的运行是必不可少的，相对于以取酬为目的的商用危险品的运输，航空公司对于危险品航材运输的迫切性要远甚于商用危险品的运输。但由于国内对危险品航材类物品尚未形成规范的、明确的检查方法和检查流程，而在实际检查中经常遇见由于航材介于危险品与非危险品之间，导致无法及时运输或出现不安全事件的情况。

2008年10月，南航某航材部门在氧气面罩（件号：E1R124-25，内含化学氧气发生器）的送修过程中，由于：(1)从该航材外观和品名上无法判别是否为危险品；(2)当时的M&E系统并未显示该件号为危险品,又没有该件号的 MSDS 文件。于是送修人员将其错误地按照非危险品类航材发往美国,被美国有关部门发现,课以经济处罚,并严重影响公司声誉。FAA 也于 2008 年 11 月就此事致函公司领导。我国南航也曾因为送美国维修的一件燃油调节器,因未对其进行放油处理,导致器材中残留的燃油渗漏,造成一起未申报危险品事故,为此南航被美国 FAA 处以 1 万美元的罚款。

由此可以看出,部分航空公司在危险品航材的识别、入库、存放、标识以及出库发运等环节的工作程序不完善;个别危险品航材没有物质安全数据表,M&E 系统中个别已立卡的危险品件号没有 UN 代码;个别员工对危险品的识别能力欠缺,业务技能有待提高。由于危险品航材的管理既要符合危险品有关规定的要求,又要满足飞机正常维护的需要,具有很强的专业性,技术难度大,安全责任大,关系到航空公司的飞行保障能力,处理不好会直接影响到航空公司的正常运营和飞行安全。那么如何做好危险品类航材的运输、储存、使用,是摆在危险品类航材管理人员面前的重要课题。本节详细地介绍危险品航材的储存、运输等内容。

一、危险品航材的储存

1. 储存危险品航材库的要求

危险品类航材应存放于危险物品专用的仓库或局方认可的指定区域,有明显的分隔,和普通航材分开存放。按其危险性的不同类别、项别分别放置在不同的区域中。

库区内有醒目的标志,工作场所张贴有危险品标签识别图,便于工作人员识别危险品标签。

库区应具备如下条件:通风良好,无阳光直射,远离各种热源,夏季温度不宜过高;消防设备完善,消防器材齐备;离其他货物较远,出事故时便于迅速抢运出库。

危险物品专用的仓库由消防部门和安全生产监督部门批准许可。

危险物品仓库内外明显位置应有应急电话号码。危险物品仓库内还应配备必要的报警设施。

危险物品仓库的每一库房必须有相应的通风设施,以有效地消除危险物品散发出的化学物品气味。

根据消防部门要求,危险物品仓库应配备个人专用防护用品,如防护服、防毒面具、工作帽、橡皮手套等。危险物品仓库必须保证水源及一定数量的各类灭火瓶,以备在发生不正常时,能够及时采取措施。

2. 不同类别危险品航材储存的要求

对于存放第 7 类放射性物质的仓库,其墙壁及仓库大门必须在一定程度上具有降低放射性物质辐射水平的功能。

带有液体的器材如燃油以及气动部件的所有出入口都应封闭,应使用堵盖将连接口封严再装入塑料包中,将此件包一圈包好,然后用海绵包装或泡沫塑料上下左右再包装一次,以防受到碰撞。

氧气面罩和呼吸管应用塑料包包装,避免变形,而且要存放在凉爽干燥的区域,远离任何油液及油脂。

机轮和轮胎应竖立存放,最好存放在带空调的仓库内。轮胎必须充气并且按照维护手册进行维护。

作动连杆和驱动轴的两端应使用塑料箔加以保护。它们应该存放在瓦楞纸板上或者类似的软材料上,以避免受到来自储存架及邻近设备的外部损伤。

镍镉电池应该存放在干燥、充分通风的仓库内,还必须和铅酸电池及其他部件分开存放。

氧气瓶应当包装于可以预防放电及刮伤的软性材料中,最后用纸箱或木箱装钉好(一般保持原始包装),并在外包装箱贴上向上标签及标记说明,存放在泡沫橡胶或类似的材料上,储存货架不应有锋利边缘,并且应避免互相接触,须与油脂、涂抹了油脂或润滑油的部件分开存放;搬运时应避免擦损。便携式氧气设备仅在储存及运输时可以用袋子来进行包裹。

灭火器应当包在塑料箔中并存放在容器中。灭火器可以和已引爆的爆炸帽一起存放,其出口应用合适的盖子盖好。未引爆的爆炸帽应按照当地和国际的有关 C 等级易爆物的规定进行储存和装运。

减震支柱在存放时应完全压缩,无任何充气压力。应将其加好油,并且保护其免受损伤。裸露金属部位应当根据有关的翻修手册进行保护,以免受腐蚀。

可充气救生筏、救生衣以及滑梯应当存放在黑暗、干燥的区域;为了延长储存时间,还应存放在无臭氧区域。如有要求,滑梯的气瓶应当分开存放。

用于救生筏和逃生滑梯的压力气瓶,如果要求分开存放,则应当使用专门容器来存放和装运,存放场所不应有腐蚀性蒸气存在。压力气瓶在存放时应去除触发索。瓶子的出口阀应用盖子盖好。

油液、油脂、溶解剂和清洁剂必须存放在其原有的容器中,分别标上件号、名称、批号、规格说明,并确保容器不会倾斜、翻倒、翻滚或跌落。

二、危险品航材出入库的管理

1. 收料和入库

装有危险物品的包装件、合成包装件和装有放射性物质的专用货箱在进入库区之前,应当检查是否有泄漏和破损的迹象。泄漏或破损的包装件、合成包装件或专用货箱不得进入库区。

任何包装件,如果发生泄漏或损坏,必须根据公司、机场和政府的程序妥善处理。如果放射性物质或感染性物质泄漏,则应通知相应的国家行业主管部门。

库房管理员(收料人员)根据待收料器材包装上的标记、标签把危险品器材和普通器材隔离存放;并按照不同类别危险品的隔离要求对性质相抵触的危险品按照 2m 距离隔离存放。

库房管理员对危险器材进行收料检查时遵守危险品器材操作原则,对于各类有保险装置或者压力释放装置的要特别检查保险装置是否完好。

库房管理员打开包装的时候尽量不破坏原包装,如果原包装完好,尽量采用原包装上架位。

危险品器材上架位进行库房存储时要遵守隔离原则,存放危险品器材的架位要与普通器材隔离,化工品存放在化工品库。

航材入库流程如图 11-2 所示。

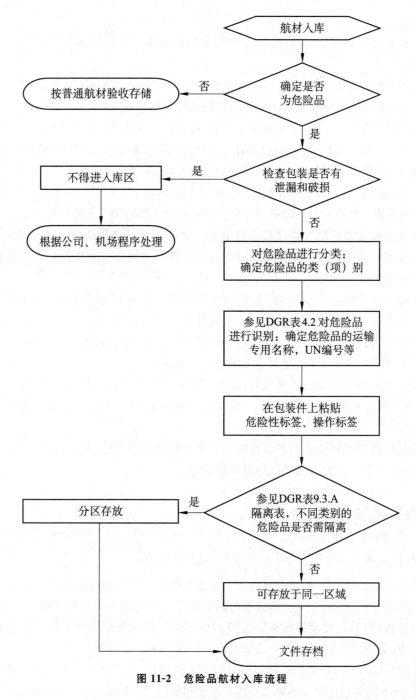

图 11-2　危险品航材入库流程

2. 退料和退库

机务人员将旧件退回库房时,库房管理员需要对旧件进行检查。查询公司软件系统定义和危险品网站上"危险物品清单",确认旧件是否属于危险物品,属于哪一类危险品航材。在挂签上"危险品"处打"×",并写明属于哪一类危险品航材及 UN 编号。

1) 带油航材

如果是带油的航材,对于所有危险品清单中的危险品,机务人员拆下旧件后,需要将里面的油放掉(流出来不能成线),用堵头堵好所有的接头,拧紧堵头后,才可以退库。

退库时,航材库房发料组人员需要检查此航材里的油是否放掉(倒置时流出来不能呈线状),器材表面是否擦干净,如果里面的油还成线向外流,机务人员必须重新进行放油后才能退库,当里面的油不成线向外流时,发料组人员将此件接收入库。

库房发料组人员接收入库后,必须通知库房包装组或相关值班员将此航材放油口打开,再进行放油 6h(视情)。

库房发料组人员进行危险品识别,UN 号为 3363。将 UN 号标在挂签上,并在挂签上"危险品"打"×"。

包装规范:

(1) 包装材料:木箱、纸箱、海绵、塑料薄膜。

(2) 包装步骤:

① 确认放油时间达到 6h(视情);

② 将器材装入透明的塑料薄膜中,并使用封口机封口;

③ 在外包装(木箱或纸箱)中放入一层塑料薄膜,再放入海绵或牛皮纸作吸附材料和衬垫材料(注:放入的吸附材料应能吸干剩余的所有油液);

④ 将封口后的器材放入其中;

⑤ 用衬垫材料将器材固定,不晃动,将木箱扣紧或用胶带将纸箱封好。

2) 发动机和 APU

对于所有 APU 和发动机,机务人员拆下旧件后,需要将油管和油箱里面的油放掉,用堵头堵好所有的接头并拧紧,才可以退库。退库时,航材库房发料组人员需要检查所有堵头是否堵好,如果全部堵好,并确定没有油液流出,发料组人员将此件接收入库。

库房发料组人员进行危险品识别,UN 号为 3166,将 UN 号标在挂签上,并在挂签上"危险品"打"×"。

包装规范:(1) 使用原包装箱;(2) 用塑料薄膜将 APU 或 ENGINE 包好;(3) 在箱底放入一层塑料薄膜,再放入海绵或牛皮纸作吸附材料和衬垫材料(注:放入的吸附材料应能吸干剩余的所有油液);(4) 用发泡衬垫将 APU 固定,扣紧包装箱。

对于使用运输托架裸装的发动机,必须用塑料薄膜包装完好后才能运输。

按照 9 类危险品进行标识和标签。

按照要求进行危险品运输申报。

3) 压力容器和救生设备

如果是不可用压力容器。对于所有压力容器(包含在救生艇、救生衣、应急逃离滑梯等),机务人员拆下的不可用件退库后,航材库房人员需要将氧气瓶里面的氧气放掉,对于可以放掉氮气的气瓶要将氮气放掉(注:大于 50psi 小于 100psi)。

库房发料组人员进行危险品识别,UN 编号为:自动充气的救生设备 UN2990;氧气瓶 UN1072;灭火瓶 UN1044。将 UN 编号标在挂签上,并在挂签上"危险品"打"×"。

包装规范:

(1) 包装材料:木箱或者符合要求的纤维板箱、海绵、发泡材料。

(2) 包装步骤:检查确认各个要求的保险销扣已经按照要求扣好;定做木箱或者使用合格的纤维板箱;将海绵或发泡衬垫放入木箱中;将器材放入其中固定,不晃动;将木箱扣紧。

按照危险品进行标识、标签。

按照危险品进行运输申报。

4) 氧化剂

对于氧化剂:包括 PBE、带有氧气发生器的 PSU 等。

机务人员拆下旧件,需按照维护手册中的规定对 PSU 上的氧气发生器安装保险销。对 PBE 等含有氧化剂的航材应轻拿轻放,放入航材库房危险品包装区域。

对于拆掉氧气发生器的 PSU 按非危险品正常运输。

库房发料组人员进行危险品识别,UN 编号为:UN3356。将 UN 号标在挂签上,并在挂签上"危险品"打"×"。

包装规范:

(1) 包装材料:木箱、海绵。

(2) 包装步骤:

① 检查氧气发生器上是否已经扣上保险销,如果没有,应通知机务人员打上保险;

② 定做合格的木箱或者使用原包装箱;

③ 在箱中装入海绵;

④ 放入器材,用海绵固定,不晃动,扣紧木箱。

按照危险物品规则中的规定粘贴合适的标识和标签,填开危险品托运人申报单进行申报运输。

满足运输规定的 PBE 可以用客机运输;带有氧气发生器的 PSU 只能用货机运输,上述包装规定如果没有使用厂家原包装,仅限于车辆陆运。

5) 腐蚀品和易燃液体

腐蚀品、清漆 UN2931、清洗剂 UN1139、电瓶(酸性)UN2794、电瓶(碱性)UN2795、油漆(易燃)UN1263、油漆(腐蚀性)UN3066,航材腐蚀品主要是包含飞机电瓶。

常用电瓶主要有以下几类:

① 充有酸性电解液的电瓶:属于第 8 类危险品,UN 编号为 2794;

② 充有碱性电解液的电瓶:属于第 8 类危险品,UN 编号为 2795;

③ 有液体但不外溢的电瓶:属于第 8 类危险品,UN 编号为 2800。

库房发料组人员进行危险品识别,UN 号为 UN2794/2795/2800。将 UN 编号标在挂签上,并在挂签上"危险品"打"×"。

包装规范:

(1) 包装材料:UN 规格木箱、纤维板箱、海绵。

(2) 包装步骤:

① 定做木箱;

② 将海绵放入木箱中;

③ 将器材放入其中,用海绵固定,不晃动;

④ 将木箱扣紧,并在正对面分别贴"向上"标签。

按照规定进行标记、标签后填开托运人危险品申报单托运。易燃液体包装规范:

(1) 包装材料、UN 规格木箱、纤维板箱、不易燃烧海绵。

(2) 不允许使用单一包装,必须使用组合包装,至少有内、外两层包装和吸附材料。

按照规定进行标记、标签(包括向上标签)后填开托运人危险品申报单托运。

三、危险品航材的托运

在进行危险品航材托运时,重要的环节在于危险品类航材的识别,避免将危险品航材按普通航材进行运输,引发不安全事故。另外在进行托运的时候还要注意的一个问题就是航空公司危险品运输批准许可的确认。航空公司的航材一般都是航空公司自行运输,但是对于危险品类航材的运输还要确认危险品航材的类别和项别是否属于航空公司运输许可范围内,如果不在运输许可范围内,要采用其他运输方式或者是其他航空公司的航班进行运输。

危险品航材的托运流程如图 11-3 所示。

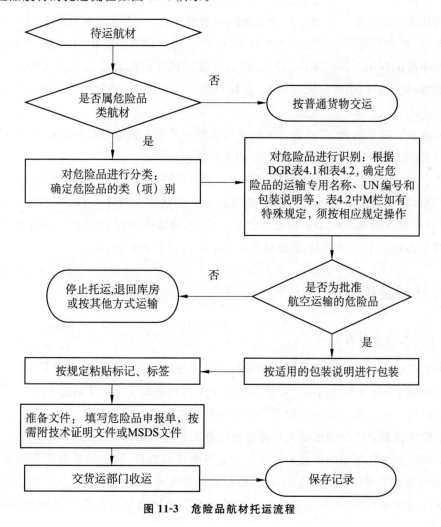

图 11-3 危险品航材托运流程

第四节 MSDS 介绍

MSDS(Material Safety Data Sheet)即化学品安全说明书,亦可译为化学品安全技术说明书或化学品安全数据说明书,是化学品生产商和进口商用来阐明化学品的理化特性(如 pH 值、闪点、易燃度、反应活性等)以及对使用者的健康(如致癌、致畸等)可能产生的危害的一份文件。在欧洲国家,MSDS 也被称为安全技术/数据说明书(Safety Data Sheet, SDS)。国际标准化组织(ISO)11014 采用 SDS 术语,然而美国、加拿大、澳大利亚以及亚洲许多国家则采用 MSDS 术语。

MSDS 也是一份关于危险化学品的燃、爆性能,毒性和环境危害,以及安全使用、泄漏应急救护处置、主要理化参数、法律法规等方面信息的综合性文件;还是传递化学品危害信息的重要文件。

MSDS 简要说明了一种化学品对人类健康和环境的危害性并提供如何安全搬运、储存和使用该化学品的信息。作为提供给用户的一项服务,生产企业应随化学商品向用户提供安全说明书,使用户明了化学品的有关危害,使用时能主动进行防护,起到减少职业危害和预防化学事故的作用。目前美国、日本、欧盟等发达国家已经普遍建立并实行了 MSDS 制度,要求危险化学品的生产厂家在销售、运输或出口其产品时,同时提供一份该产品的安全说明书。

MSDS 的目标是迅速、广泛地将关键性的化学产品安全数据信息传递给用户,特别是面临紧急情况的人,避免他们受到化学产品的潜在危害。

世界各国,无论是国内贸易还是国际贸易,卖方都必须提供产品说明性的法律文件。由于各个国家,甚至美国各个州的化学品管理及贸易的法律文件不一样,有的每个月都有变动,所以如果提供的 MSDS 不正确或者信息不完全,将面临法律责任追究。因此,MSDS 的编写质量是衡量一个公司实力、形象以及管理水平的一个重要标志。

一、法律责任

1. 生产企业的责任

(1)生产企业必须按照产品销往国化学产品管理的法律法规撰写符合标准要求的化学品安全说明书,全面翔实地向用户提供有关化学品的正确的安全卫生信息。

(2)确保所提供化学品安全说明书的内容易于被操作人员理解和接受。

(3)确保接触化学品的作业人员能方便地查阅相关物质的安全说明书。

(4)确保接触化学品的作业人员已接受过专业培训教育,能正确掌握化学品安全使用、储存和事故处理的操作规程和方法,以及能够做到安全自我防护。

(5)在紧急事态下,及时向医务人员提供涉及商业秘密的有关化学组成及其他相关产品信息。

(6) 负责更新本企业产品的安全说明书(要求 5 年,如有法律法规变动以及化学品安全性新发现与规定,则应及时更新升级)。

2. 使用企业的责任

(1) 向产品供应商索取最新版本的化学品安全说明书。

(2) 评审从供应商处索取的化学品安全说明书,针对本企业生产此种化学产品的具体应用情况对其进行增补。

(3) 对生产企业修订后的安全说明书应及时索取。根据生产实际情况,务必向生产企业提供增补化学品安全说明书内容的详细资料,并据此修改本企业危险化学品生产使用的安全技术操作规程。

(4) 确保接触化学品的作业人员已接受过专业培训教育,能正确掌握化学品安全使用、储存和事故处理的操作规程和方法,以及能够做到安全自我防护。

3. 经营、销售企业的责任

(1) 经营和销售化学品的企业所经营的化学品必须附有化学品安全说明书,作为提供给用户的一种服务。

(2) 经营进口化学品的企业,应负责向供应商、进口商索取最新版本的安全说明书,随商品提供给用户。

二、化学品安全技术说明书的内容

根据中华人民共和国标准《化学品安全技术说明书内容和项目顺序》(GB/T 16483—2008),MSDS 化学产品安全技术说明书包含的数据信息包括:化学产品与公司标识符;化合物信息或组成成分;正确使用或误用该化学产品时可能出现的危害人体健康的症状及有危害物标识;紧急处理说明和医生处方;化学产品防火指导,包括产品燃点、爆炸极限值以及适用的灭火材料;为使偶然泄漏造成的危害降低到最小程度应采取的措施;安全装卸与储存的措施;减少工人接触产品以及自我保护的装置和措施;化学产品的物理和化学属性;改变化学产品稳定性以及与其他物质发生反应的条件;化学物质及其化合物的毒性信息;化学物质的生态信息,包括物质对动植物及环境可能造成的影响;对该物质的处理建议;基本的运输分类信息;与该物质相关的法规的附加说明;其他信息,一共 16 部分内容。16 部分的每部分的标题、编号和前后顺序不应随意变更。

1. 第 1 部分——化学品及企业标识

主要标明化学品的名称,该名称应与安全标签上的名称一致,建议同时标注供应商的产品代码。

应标明供应商的名称、地址、电话号码、应急电话、传真和电子邮件地址。

该部分还应说明化学品的推荐用途和限制用途。

2. 第 2 部分——危险性概述

该部分应标明化学品主要的物理和化学危险性信息,以及对人体健康和环境影响的信息,如果该化学品存在某些特殊的危险性质,也应在此处说明。

如果已经根据 GHS 对化学品进行了危险性分类,应标明 GHS 危险性类别,同时应注明 GHS 的标签要素,如象形图或符号、防范说明、危险信息和警示词等。象形图或符号如火焰、骷髅和交叉骨可以用黑白颜色表示。GHS 分类未包括的危险性(如粉尘爆炸危险)也应在此处注明。

应注明人员接触后的主要症状及应急综述。

注:

GHS 分类是根据物质或混合物的物理、健康、环境危害特性,按《全球化学品统一分类和标签制度》(GHS)的分类标准,对物质的危险性进行的分类。

3. 第 3 部分——成分/组成信息

该部分应注明该化学品是物质还是混合物。

如果是物质,应提供化学名或通用名、美国化学文摘登记号(CAS 号)及其他标识符。如果某种物质按 GHS 分类标准分类为危险化学品,则应列明包括对该物质的危险性分类产生影响的杂质和稳定剂在内的所有危险组分的化学名或通用名,以及浓度或浓度范围。

如果是混合物,不必列明所有组分。

如果按 GHS 标准被分类为危险的组分,并且其含量超过了浓度限值,应列明该组分的名称信息、浓度或浓度范围。对已经识别出的危险组分,也应该提供被识别为危险组分的那些组分的化学名或通用名、浓度或浓度范围。

4. 第 4 部分——急救措施

该部分应说明必要时应采取的急救措施及应避免的行动,此处填写的文字应该易于被受害人和(或)施救者理解。

根据不同的接触方式将信息细分为:吸入、皮肤接触、眼睛接触和食入。

该部分应简要描述接触化学品后的急性和迟发效应、主要症状和对健康的主要影响,详细资料可在第 11 部分列明。

如有必要,本项应包括对保护施救者的忠告和对医生的特别提示。如有必要,还要给出及时的医疗护理和特殊的治疗。

5. 第 5 部分——消防措施

该部分应说明合适的灭火方法和灭火剂,如有不合适的灭火剂也应在此处标明。应标明化学品的特别危险性(如产品是危险的易燃品)。

标明特殊灭火方法及保护消防人员特殊的防护装备。

6. 第 6 部分——泄漏应急处理

该部分应包括以下信息:

(1)作业人员防护措施、防护装备和应急处置程序。

(2) 环境保护措施。

(3) 泄漏化学品的收容、清除方法及所使用的处置材料（如果和第 13 部分不同），列明恢复、中和和清除方法。

(4) 提供防止发生次生危害的预防措施。

7. 第 7 部分——操作处置与储存

(1) 操作处置

应描述安全处置注意事项，包括防止化学品人员接触、防止发生火灾和爆炸的技术措施和提供局部或全面通风、防止形成气溶胶和粉尘的技术措施等。还应包括防止直接接触不相容物质或混合物的特殊处置注意事项。

(2) 储存

应描述安全储存的条件（适合的储存条件和不适合的储存条件）、安全技术措施、同禁配物隔离储存的措施、包装材料信息（建议的包装材料和不建议的包装材料）。

8. 第 8 部分——接触控制和个体防护

列明容许浓度，如职业接触限值或生物限值。

列明减少接触的工程控制方法，该信息是对第 7 部分内容的进一步补充。如果可能，列明容许浓度的发布日期、数据出处、试验方法及方法来源。

列明推荐使用的个体防护设备。

例如：(1) 呼吸系统防护；(2) 手防护；(3) 眼睛防护；(4) 皮肤和身体防护。

标明防护设备的类型和材质。化学品若只在某些特殊条件下才具有危险性，如量大、高浓度、高温、高压等，应标明这些情况下的特殊防护措施。

9. 第 9 部分——理化特性

该部分应提供以下信息：化学品的外观与性状，例如：物态、形状和颜色；气味；pH 值，并指明浓度；熔点/凝固点；沸点、初沸点和沸程；闪点；燃烧上下极限或爆炸极限；蒸气压；蒸气密度；密度/相对密度；溶解性；n-辛醇/水分配系数；自燃温度；分解温度。

如果有必要，应提供下列信息：气味阈值；蒸发速率；易燃性（固体、气体）。

也应提供化学品安全使用的其他资料，例如放射性或体积密度等。

应使用 SI 国际单位制单位，见 ISO1000：1992 和 ISO1000：1992/Amd 1：1998。

可以使用非 SI 位，但只能作为 SI 单位的补充。必要时，应提供数据的测定方法。

10. 第 10 部分——稳定性和反应性

该部分应描述化学品的稳定性和在特定条件下可能发生的危险反应。包括以下信息：

(1) 应避免的条件（例如：静电、撞击或震动）。

(2) 不相容的物质。

(3) 危险的分解产物，一氧化碳、二氧化碳和水除外。

(4) 填写该部分时应考虑提供化学品的预期用途和可预见的错误用途。

11. 第 11 部分——毒理学信息

该部分应全面、简洁地描述使用者接触化学品后产生的各种毒性作用（健康影响）。

应包括以下信息:急性毒性;皮肤刺激或腐蚀;眼睛刺激或腐蚀;呼吸或皮肤过敏;生殖细胞突变性;致癌性;生殖毒性;特异性靶器官系统毒性——一次性接触;特异性靶器官系统毒性——反复接触;吸入危害。

还可以提供下列信息:

(1) 毒代动力学、代谢和分布信息。

注:

体外致突变试验数据如 Ames 试验数据,在生殖细胞致突变条目中描述。如果可能,分别描述一次性接触、反复接触与连续接触所产生的毒作用;迟发效应和即时效应应分别说明。

(2) 潜在的有害效应,应包括与毒性值(例如急性毒性估计值)测试观察到的有关症状、理化和毒理学特性。

应按照不同的接触途径(如:吸入、皮肤接触、眼睛接触、食入)提供信息。如果可能,提供更多的科学实验产生的数据或结果,并标明引用文献资料来源。如果混合物没有作为整体进行毒性试验,应提供每个组分的相关信息。

12. 第12部分——生态学信息

该部分提供化学品的环境影响、环境行为和归宿方面的信息,如:化学品在环境中的预期行为,可能对环境造成的影响/生态毒性;持久性和降解性;潜在的生物累积性;土壤中的迁移性。

如果可能,提供更多的科学实验产生的数据或结果,并标明引用文献资料来源。

如果可能,提供任何生态学限值。

13. 第13部分——废弃处置

该部分包括为安全和有利于环境保护而推荐的废弃处置方法信息。

这些处置方法适用于化学品(残余废弃物),也适用于任何受污染的容器和包装。

提醒下游用户注意当地废弃处置法规。

14. 第14部分——运输信息

该部分包括国际运输法规规定的编号与分类信息,这些信息应根据不同的运输方式,如陆运、海运和空运进行区分。

应包含以下信息:

(1) 联合国危险货物编号(UN号);

(2) 联合国运输名称;

(3) 联合国危险性分类;

(4) 包装组(如果可能);

(5) 海洋污染物(是/否);

(6) 提供使用者需要了解或遵守的其他与运输或运输工具有关的特殊防范措施。

可增加其他相关法规的规定。

15. 第15部分——法规信息

该部分应标明使用本SDS的国家或地区中,管理该化学品的法规名称。

提供与法律相关的法规信息和化学品标签信息。

提醒下游用户注意当地废弃处置法规。

16. 第16部分——其他信息

该部分应进一步提供上述各项未包括的其他重要信息。

例如:可以提供需要进行的专业培训、建议的用途和限制的用途等。

参考文献可在本部分列出。

在第16部分填写相关的信息,该项如果无数据,应写明无数据原因。第16部分中,除第16部分"其他信息"外,其余部分不能留下空项。

工业酒精的化学品安全技术说明书样例见表11-2。

表11-2 工业酒精的化学品安全技术说明书样例

一、化学品及企业标识
物品中英文名称:乙醇、酒精　ethyl alcohol、ethanol
二、成分/组成信息
主要成分:纯品
有害物成分:乙醇
三、危险性概述
危险性类别:第3.2类 中闪点液体
侵入途径:吸入、食入
健康危害:本品为中枢神经系统抑制剂。首先引起兴奋,随后抑制。急性中毒:主要见于过量饮酒者,职业中毒者少见。轻度中毒和中毒早期表现为兴奋、欣快、言语增多、颜面潮红或苍白、步态不稳、轻度动作不协调、判断力障碍、语无伦次、眼球震颤,甚至昏睡。重度中毒可出现昏迷、呼吸表浅或呈潮式呼吸,并可因呼吸麻痹或循环衰竭而死亡。吸入高浓度乙醇蒸气可出现酒醉感、头昏、乏力、兴奋和轻度的眼、上呼吸道黏膜刺激等症状,但一般不引起严重中毒。慢性中毒:长期酗酒者可见面部毛细血管扩张、皮肤营养障碍、慢性胃炎、胃溃疡、肝炎、肝硬化、肝功能衰竭、心肌损害、肌病、多发性神经病等。皮肤长期反复接触乙醇液体,可引起局部干燥、脱屑、皲裂和皮炎。
环境危害:对环境有害。
燃爆危险:易燃,其蒸气与空气混合,能形成爆炸性混合物
四、急救措施
皮肤接触:脱去污染的衣着,用肥皂水和清水彻底冲洗皮肤。如有不适感,就医。
眼睛接触:提起眼睑,用流动清水或生理盐水冲洗。如有不适感,就医。
吸入:迅速脱离现场至空气新鲜处。就医。
食入:饮足量温水,催吐。就医
五、消防措施
危险特性:易燃,其蒸气与空气可形成爆炸性混合物,遇明火、高热能引起燃烧爆炸。与氧化剂接触发生化学反应或引起燃烧。在火场中,受热的容器有爆炸危险。蒸气比空气重,沿地面扩散并易积存于低洼处,遇火源会着火回燃。
有害燃烧产物:一氧化碳。
灭火方法:用抗溶性泡沫、干粉、二氧化碳、沙土灭火。
灭火注意事项及措施:消防人员须佩戴防毒面具,穿全身消防服,在上风向灭火。尽可能将容器从火场移至空旷处。喷水保持火场容器冷却,直至灭火结束

续表

六、泄漏之紧急应变

应急行动:消除所有点火源。根据液体流动和蒸气扩散的影响区域划定警戒区,无关人员从侧风、上风向撤离至安全区。建议应急处理人员戴正压自给式呼吸器,穿防静电服。作业时使用的所有设备应接地。禁止接触或跨越泄漏物。尽可能切断泄漏源。防止泄漏物进入水体、下水道、地下室或密闭性空间。小量泄漏:用沙土或其他不燃材料吸收。使用洁净的无火花工具收集吸收材料。大量泄漏:构筑围堤或挖坑收容。用抗溶性泡沫覆盖,减少蒸发。喷水雾能减少蒸发,但不能降低泄漏物在受限制空间内的易燃性。用防爆泵转移至槽车或专用收集器内。喷雾状水驱散蒸气、稀释液体泄漏物

七、操作处理与储存

操作注意事项:密闭操作,全面通风。操作人员必须经过专门培训,严格遵守操作规程。建议操作人员佩戴过滤式防毒面具(半面罩),穿防静电工作服。远离火种、热源,工作场所严禁吸烟。使用防爆型的通风系统和设备。防止蒸气泄漏到工作场所空气中。避免与氧化剂、酸类、碱金属、胺类接触。灌装时应控制流速,且有接地装置,防止静电积聚。配备相应品种和数量的消防器材及泄漏应急处理设备。
储存注意事项:储存于阴凉、通风的库房。远离火种、热源。库温不宜超过 37 ℃,保持容器密封。应与氧化剂、酸类、碱金属、胺类等分开存放,切忌混储。采用防爆型照明、通风设施。禁止使用易产生火花的机械设备和工具。储区应备有泄漏应急处理设备和合适的收容材料

八、接触控制/个体防护

mAC(mg/m³):未制定标准　　　　PC-TWA(mg/m³):未制定标准
PC-STEL(mg/m³):未制定标准
TLV-TWA(mg/m³):1 000ppmEL(mg/m³):
工程控制:生产过程密闭,全面通风。提供安全淋浴和洗眼设备。
呼吸系统防护:一般不需要特殊防护,高浓度接触时可佩戴过滤式防毒面具(半面罩)。
眼睛防护:一般不需特殊防护。
身体防护:穿防静电工作服。
手防护:戴一般作业防护手套。
其他防护:工作现场严禁吸烟

九、理化特性

外观与性状:无色液体,有酒香。
沸点(℃):-114.1　　　　　　　　熔点(℃):78.3
相对密度(水=1):0.79　　　　　　对蒸气密度(空气=1):1.59
饱和蒸气压(kPa):5.8(20℃)　　　　燃烧热(kJ/mol):1 365.5
临界温度(℃):243.1　　　　　　　临界压力(mPa):6.38
辛醇/水分配系数的对数值:-0.32
闪点(℃):13　　　　　　　　　　引燃温度(℃):363
爆炸上限[%(V/V)]:19.0　　　　　爆炸下限[%(V/V)]:3.3
溶解性:与水混溶,可混溶于醚、氯仿、甘油等多数有机溶剂。
主要用途:用于制酒工业、有机合成、消毒以及用作溶剂

十、稳定性和反应性

稳定性:稳定
禁配物:强氧化剂、酸类、酸酐、碱金属、胺类
聚合危害:不聚合

十一、毒理学资料

急性毒性:动物急性毒性主要作用于中枢神经系统,小剂量表现出神经兴奋,随摄入量增加依次出现兴奋抑制、运动失调、嗜睡、衰竭、无力、麻醉以至死亡。急性吸入病理损伤主要为呼吸道病变,如肺水肿、肺充血和支气管肺炎等。

续表

LD_{50}:	大鼠经口 LD_{50}(mg/kg):7 060
	小鼠经口 LD_{50}(mg/kg):3 450
	兔经口 LD_{50}(mg/kg):6 300
	兔经皮 LD_{50}(mg/kg):7 430
LC_{50}:	大鼠吸入 LC_{50}(mg/m³):20 000ppm/10h

刺激性:亚急性与慢性毒性:大鼠经口 10.2g/kg/d,12 周,体重下降,脂肪肝。
致突变性:微生物致突变:鼠伤寒沙门(氏)菌 11ppm。显性致死试验:小鼠经口 1~1.5g/kg/d,2 周,阳性。
细胞遗传学分析:人淋巴细胞 2.5ppm/24h。
姐妹染色单体交换:人淋巴细胞 500ppm/72h。
DNA 抑制:人淋巴细胞 220mmol/L。
微核试验:狗淋巴细胞,400μmol/L。
致畸性:猴孕后 2~17 周经口给予最低中毒剂量(TDLo)32 400mg/kg,致中枢神经系统和颅面部(包括鼻、舌)发育畸形。大鼠、小鼠、豚鼠、家畜孕后不同时间经口、静脉内、腹腔内径给予不同剂量,致中枢神经系统、泌尿生殖系统、内分泌系统、肝胆管系统、呼吸系统、颅面部(包括鼻、舌)、眼、耳发育畸形。雄性大鼠交配前 30 天经口给予 240g/kg,致泌尿生殖系统发育畸形。
致癌性:IARC 致癌性评论:对动物致癌性证据有限。其他:小鼠腹腔最低中毒剂量(TDLo):7.5g/kg(孕9 天),致畸阳性

十二、生态学资料

生态毒理毒性:
半数致死浓度 LC_{50}:13 480mg/L/96h(鱼)
半数抑制浓度 LC_{50}:1 450mg/L/72h(藻类)
生物降解性:
BOD5:63%
土壤半衰期-高(小时):24
土壤半衰期-低(小时):2.6
空气半衰期-高(小时):122
空气半衰期-低(小时):12.2
地表水半衰期-高(小时):26
地表水半衰期-低(小时):6.5
地下水半衰期-高(小时):52
地下水半衰期-低(小时):13
水相生物降解-好氧-高(小时):26
水相生物降解-好氧-低(小时):6.5
水相生物降解-厌氧-高(小时):104
水相生物降解-厌氧-低(小时):26
水相生物降解-二次沉降处理-高(小时):67%
非生物降解性:
水中光氧化半衰期-高(小时):3.2×10^5
水中光氧化半衰期-低(小时):8 020
空气中光氧化半衰期-高(小时):122
空气中光氧化半衰期-低(小时):12.2
其他有害作用:
该物质对环境可能有危害,对水体应给予特别注意

十三、废弃处置

废弃物性质:危险废物 废弃
废弃处置方法:建议用焚烧法处置
废弃注意事项:处置前应参阅国家和地方有关法规

续表

十四、运输信息

危险货物编号:32061　　　　　　　　　　UN 编号:1170
包装类别:Ⅱ类包装　　　　　　　　　　　包装标志:易燃液体
包装方法:小开口钢桶;小开口铝桶;安瓿瓶外普通木箱;螺纹口玻璃瓶、铁盖压口玻璃瓶、塑料瓶或金属桶(罐)外普通木箱。
运输注意事项:本品铁路运输时限使用钢制企业自备罐车装运,装运前需报有关部门批准。运输时运输车辆应配备相应品种和数量的消防器材及泄漏应急处理设备。夏季最好早晚运输。运输时所用的槽(罐)车应有接地链,槽内可设孔隔板以减少震荡产生静电。严禁与氧化剂、酸类、碱金属、胺类、食用化学品等混装混运。运输途中应防暴晒、雨淋,防高温。中途停留时应远离火种、热源、高温区。装运该物品的车辆排气管必须配备阻火装置,禁止使用易产生火花的机械设备和工具装卸。公路运输时要按规定路线行驶,勿在居民区和人口稠密区停留。铁路运输时要禁止溜放。严禁用木船、水泥船散装运输

十五、法规信息

下列法律法规和标准,对化学品的安全使用、储存、运输、装卸、分类和标志等方面均作了相应的规定:《中华人民共和国安全生产法》(2002年6月29日第九届全国人大常委会第二十八次会议通过);《中华人民共和国职业病防治法》(2001年10月27日第九届全国人大常委会第二十四次会议通过);《中华人民共和国环境保护法》(1989年12月26日第七届全国人大常委会第十一次会议通过);《危险化学品安全管理条例》(2002年1月9日国务院第52次常务会议通过);《安全生产许可证条例》(2004年1月7日国务院第34次常务会议通过);《常用危险化学品的分类及标志》(GB 13690—92);《危险化学品名录》

十六、其他数据

三、获得化学品安全说明书的途径

从上述内容可以看出,化学品安全技术说明书(MSDS),包含了大量的数据信息,包括了基本的理化性质、储存、运输、操作的注意事项等,所以对于承运危险品类航材的航空公司的相关航材管理人员,应该能够了解 MSDS,学会阅读 MSDS,并知道如何获取 MSDS。总体来讲,MSDS 的获取可以有以下五种途径。

1. 通过查询化学/化工等相关公司的 MSDS 报告数据库获得 MSDS 报告

通常正规的化学/化工公司都会花费相当的精力来维持与本公司经营相关物料的 MSDS 数据库,原料的 MSDS 通常由供应商处获得,但是产品的 MSDS 一般由公司自己编制。当然不是每个公司都可以自行编制 MSDS,DuPont、Rohm and Haas、BASF 等公司都维护着一个很大的 MSDS 数据库。另外,大家会观察到一个现象,那就是对于同样一个产品,比如苯乙烯(Styrene,ST)会有好几个版本的 MSDS,并且每个版本都不一样,之所以会有这样的现象是因为,一些基础化工原料,不止是一家公司生产,而是有很多公司生产(比如 BASF,Dow Chemicals,Atofina 等),自然每个公司生产的原料成分配比等其他数据都不尽

然一致,所以出现了很多版本的 MSDS。如果你遇到这样的状况,可以互相验证。一般情况,大公司的 MSDS 是比较可靠的。当然,在查阅 MSDS 的时候,万一发现常识性的错误,可以纠正下。

2. 可以向专业的第三方机构申请 MSDS 编制

如果航空公司相应的航材没有对应的 MSDS,且供应商无法提供的时候,可以聘请专业的第三方机构来进行编制。这里罗列一些在办理 MSDS 比较权威、专业的机构。

(1) 诚通 MSDS 专业服务中心;
(2) 上海化工研究院;
(3) 上海通标 SGS。

3. 网络上比较专业的 MSDS 数据库

专业 MSDS 数据库的主要功能是集合各家企业发布的 MSDS 数据,把相关数据集合到一起,通过一个搜索程序,为查询 MSDS 的企业或个人提供服务。这些专业数据库有的需要付费服务。一般网络上免费的是不可靠或者不全面的,可能无法通过海关或者船公司进出口。

4. 向您的供货商索取相关产品的 MSDS

对于出售产品工厂来说,提供 MSDS 就像提供产品的使用说明书,某种程度上可以说是他们的义务,所以也可以向供货商索要。

5. 搜索引擎直接查找

有的客户会在百度、Google 等搜索引擎中直接搜索关键词,就可以直接找到相关的 MSDS。

本章小结

- 重点掌握内容:危险品航材的定义、特点、分类及其特点;
- 一般掌握内容:MSDS 的结构、内容及获得的途径;
- 一般了解内容:危险品航材储存、托运等。

综合练习

一、判断题

1. 危险品类航材的运输不受 DGR 的限制。(　　)
2. 航空公司的危险品类航材都是由航空公司自己运输的。(　　)
3. MSDS 是由使用者编制的。(　　)
4. 危险品航材进行托运的时候应附带安全技术说明书。(　　)
5. 装卸人员在卸机时,应严格按规定操作,同时应检查包装件是否有破损或泄漏的迹象。如发现破损或泄漏迹象,应立即报告货运调度室,由其报请机务部对飞机载运危险品的部位进行破损或污染的检查。(　　)

二、说明下列危险品航材的类别或项别

1. 逃生滑梯_____
2. 使用过的发动机_____
3. 化学氧气发生器_____
4. 航空汽油_____
5. 润滑油_____
6. 电池_____
7. 氧气面罩_____
7. AB 胶_____

三、思考题

1. 危险品航材托运流程中需要注意的问题有哪些?
2. 航材类中的电池常见的有哪些类型,哪些不受 DGR 的限制?
3. 可以从哪些途径获取 MSDS?

参 考 文 献

[1] IATA 2016. Dangerous Goods Regulations 57th edition. Montreal. IATA.

[2] 《中国民用航空危险品运输管理规定》(2013 年 9 月 22 日中国民用航空总局令第 216 号).

[3] 《民用航空安全信息管理规定》(CCAR-396-R3)(2016 年 3 月 4 日中华人民共和国交通运输部第 8 号令).

[4] 中国南方航空公司. 危险品运输手册.

[5] 王益友. 航空危险品运输[M]. 北京:化学工业出版社,2013.

[6] 肖瑞萍. 民用航空危险物品运输[M]. 北京:科学出版社,2011.

[7] 杜珺,陆东. 民航危险品运输[M]. 北京:中国民航出版社,2015.

[8] 马丽珠,吴卫锋. 民航危险品货物运输[M]. 北京:中国民航出版社,2008.

[9] 中华人民共和国行业标准. 锂电池航空运输规范,MH/T 1020—2013.

[10] 中华人民共和国行业标准. 航空运输锂电池测试规范,MH/T 1052—2013.

[11] 《常用化学品贮存通则》(GB/T 15603—2015).

[12] IATA. 锂电池风险防范指南(英文版),2015.

[13] Emergency response guidebook 2012.

[14] IATA. 锂电池航空运输指南,2013.

[15] 赵飞. 对锂电池安全问题的风险管理[D]. 上海:华东理工大学,2012.

[16] 马颖培. 锂电池航空运输中的安全问题[J]. 化工管理,2014(24).

[17] 杜珺,梁晓瑜. 锂电池航空运输安全风险管理研究[J]. 安全与环境学报,2012,12(6):212-215.

[18] 中华人民共和国国家标准. 化学品安全技术说明书内容和项目顺序(GB/T 16483—2008).

[19] 汪娅. 危险品类航材的几点管理建议[J]. 企业技术开发,2016,35(18):134-135.

[20] 赵玮华. 危险品航材运输管理浅析[J]. 航空保障,2007,18:91-92.

[21] 董梁睿. 浅谈航空器材危险品库房的建筑规划[J]. 商界论坛,2015(6):287.

[22] 曾烨. 浅谈航材危险品的仓储运输安全管理[J]. 科技咨询,2008,13:194-195.

[23] 万朝晖. 航空运输安全不可忽视的因素——危险品类航材运输[EB/OL]. [2011-10-10]. http://www.airacm.com.

[24] 熊辉. 浅谈航材危险品的运输安全管理[J]. 中国科技纵横,2014(22):254.

附录 A 品名表（部分）

UN/ID no	Proper Shipping Name/ Description	Class or Div	Sub Risk	Hazard Label(s)	Pg	Passenger and Cargo Aircraft Ltd Qty Pkg Inst	Passenger and Cargo Aircraft Ltd Qty Max Qty per Pg	Passenger and Cargo Aircraft Pkg Inst	Passenger and Cargo Aircraft Max Qty Per Pkg	Cargo Aircraft Only Pkg Inst	Cargo Aircraft Only Max Qty Per PKg	S. P. See 4.4	ERG Code
A	B	C	D	E	F	G	H	I	J	K	L	M	N
1088	Acetal	3		Flamm. Liquid	II	Y305	1L	305	5L	307	60L		3H
1090	Acetone	3		Flamm. Liquid	II	Y305	1L	305	5L	307	60L		3H
1716	Acetyl bromide	8		Corrosive	II	Y808	0.5L	808	1L	812	30L		8L
2332	Acetaldehyde oxime	3		Flamm. Liquid	III	Y309	10L	309	60L	310	220L		3L
2621	Acetyl methyl carbinol	3		Flamm. Liquid	III	Y309	10L	309	60L	310	220L		3L
	Acid potassium sulphate, see **Potassium hydrogen sulphate**(UN2509)												
2506	Ammonium hydrogen sulphate	8		Corrosive	II	Y814	5kg	814	15kg	816	50kg		8L
1729	Anisoyl chloride	8		Corrosive	II	Y808	0.5L	808	1L	812	30L		8L
2188	Arsine	2.3	2.1			—	—	Forbidden	Forbidden	Forbidden	Forbidden	A2	10P
	Barium alloys, see **Alkaline earth metal alloy, n. o. s.** (UN1393)												
1854	Barium alloys, pyrophoric	4.2				—	—	Forbidden	Forbidden	Forbidden	Forbidden		4W
	Barium superoxide, see **Barium peroxide**												
1449	Barium peroxide	5.1	6.1	Oxidizer, Toxic	II	Y509	1kg	509	5kg	512	25kg		5P
2224	Benzonitrile	6.1		Toxic	II	Y609	1L	609	5L	611	60L		6L

附录 A 品名表（部分）

续表

UN/ID no	Proper Shipping Name/ Description	Class or Div	Sub Risk	Hazard Label(s)	Pg	Passenger and Cargo Aircraft Ltd Qty Pkg Inst	Passenger and Cargo Aircraft Ltd Qty Max Qty per Pg	Passenger and Cargo Aircraft Pkg Inst	Passenger and Cargo Aircraft Max Qty Per Pkg	Cargo Aircraft Only Pkg Inst	Cargo Aircraft Only Max Qty Per Pkg	S. P. See 4.4	ERG Code
A	B	C	D	E	F	G	H	I	J	K	L	M	N
2514	Bromobenzene	3		Flamm. liquid	Ⅲ	Y309	10L	309	60L	310	220L		3L
2709	Butylbenzenes	3		Flamm. Liquid	Ⅲ	Y309	10L	309	60L	310	220L		3L
	Sec-butylbenzene, see Butylbenzenes(UN2709)												
1012	Butylene	2.1		Flamm. Gas			—	Forbidden	Forbidden	200	150kg	A1	10L
2516	Carbon tetrabromide	6.1		Toxic	Ⅱ	Y619	10kg	619	100kg	619	200L		6L
1846	Carbon trtrachloride	6.1		Toxic	Ⅱ	Y610	1L	610	5L	612	60L		6L
8000	Consumer commodity	9		Miscellaneous		—	—	910	30kg G	910	30kg G	A112	9L
	Cosmetics, n.o.s. in small packagings see Consumer commodity(ID8000)												
1767	Diethyldichlorosilane	8	3	Corrosive & flamm. liquid	Ⅱ	—	—	Forbidden	Forbidden	813	30L	A1	8F
2079	Diethylenetriamine	8		Corrosive	Ⅱ	Y808	0.5L	808	1L	812	30L		8L
2052	Dipentene	3		Flamm. liquid	Ⅲ	Y309	10L	309	60L	310	220L		3L
1181	Ethyl chloroacetate	6.1	3	Toxic & flamm. liquid	Ⅱ	Y609	1L	609	5L	611	60L		6F
1323	Ferrocerium	4.1		Flamm. Solid	Ⅱ	Y415	5kg	415	15kg	417	50kg	A42	3L
1202	Gas oil	3		Flamm. Solid	Ⅲ	Y309	10L	309	60L	310	220L	A3	3L
1328	Hexamethylenetetramine	4.1		Flamm. Solid	Ⅲ	Y419	10kg	419	25kg	420	100kg		3L
	Lighter flints, see Ferrocerium												
3090	Lithium metal batteries (including lithium alloy batteries)	9		Miscellaneous	Ⅱ	—	—	968	2.5kg G	968	35kg G	A88 A99 A154 A164 A183	9F
2528	Isobutyl isobutyrate	3		Flamm. liquid	Ⅲ	Y344	10L	355	60L	366	220L		3L

续表

UN/ID no	Proper Shipping Name/ Description	Class or Div	Sub Risk	Hazard Label(s)	Pg	Passenger and Cargo Aircraft Ltd Qty			Passenger and Cargo Aircraft		Cargo Aircraft Only		S. P. See 4.4	ERG Code
						Pkg Inst	Max Qty per Pg	Pkg Inst	Max Qty Per Pkg	Pkg Inst	Max Qty Per PKg		
A	B	C	D	E	F	G	H	I	J	K	L	M	N
1638	Mercury iodide solution	6.1		Toxic	II	Y610	1L	610	5L	612	60L		6H
2300	2-Methyl-5-ethylpyridine	6.1		Toxic	III	Y611	2L	611	60L	618	220L		6L
1231	Methyl acetate	3		Flamm. Liquid	II	Y305	1L	305	5L	307	60L		3H
	Metramine, see Hexamethylenetetramine												
1108	1-Pentene	3		Flamm. Liquid	I	—	Forbidden	302	1L	303	30L		3H
1265	Pentanes liquid	3		Flamm. Liquid	I	—	Forbidden	351	1L	361	30L		3H
					II	Y341	1L	353	5L	364	60L		3H
2572	Phenylhydrazine	6.1		Toxic	II	Y641	1L	654	5L	662	60L		6L
2509	Potassium hydrogen sulphate	8		Corrosive	II	Y815	5kg	815	15kg	817	50kg		8L
2611	Propylene chlorohydrin	6.1	3	Toxic & Flamm. liquid	II	Y609	1L	609	5L	611	60L		6F
2879	Selenium oxychloride	8	6.1	Corrosive & toxic	I	—	—	807	0.5L	809	2.5L		8P
1495	Sodium chlorate	5.1		Oxidizer	II	Y509	2.5kg	509	5kg	512	25kg		5L
1384	Sodium dithionite	4.2		Spontaneously combustible	II	—	—	416	15kg	418	50kg		4L
1828	sulphur chlorides	8		Corrosive	I	—	—	Forbidden	Forbidden	809	2.5L	A1	8W

附录 B　"智学 VR" AR 教学内容互动指南

1. "智学 VR" APP 使用说明

当前书本上的很多内容都需要我们自己展开立体化的想象,但介于书本这种载体的局限性,这些内容在书本上只能以平面的方式呈现。有了 VR/AR 技术,这些问题都可以得到解决,学生可以通过下载注册官方航空智慧教育移动端 APP,进行航空专业 VR 教学视频观看以及 AR 教学素材互动。学生在教室只需拿起手机或平板对准相关图片或设备,通过光学追踪就能够自动识别相关知识点,并实时立体展现书中难以理解的知识点相关信息,这样就补足了教科书在这方面的缺陷。

航空 VR 实训一体机(下图右)是在硬件平台上将 VR 图形工作站、VR 立体眼镜、高清液晶显示屏、输入/输出设备、音响等合为一体的教学设备,能把参与者的视觉、听觉和其他感觉封闭起来,并提供一个新的、虚拟的感觉空间,通过位置跟踪器、手控输入设备、声音等使得参与者产生一种身临其境、全身心投入和沉浸其中的感觉,它可真实再现机场与飞机客舱工作环境并明确各职业人员的工作任务与岗位职责。学员通过模拟航空服务职业(空乘,地勤)岗位操作,能快速了解并掌握企业工作流程以及日常岗位操作要求。VR/AR 技术不但可以帮助学生完成自主学习,增加探索和学习的乐趣,而且可以大大减轻老师的大量基础教学工作,提高了教学效率和教学效果!

通过教材结合手机移动 VR 头盔、航空 VR 实训一体机、信息化教学管理平台等构建航空 VR 实践教学中心,进一步完善校内实训基地的虚实一体化建设,实现多样化功能。通过虚拟航空岗位工作任务和职业环境,探索航空专业虚实结合实践教学新模式,进一步提高学生的职业意识和操作技能。整体提升学校信息化和教研成果转化应用水平,为创建区域乃

至全国示范性特色品牌,以及区域经济转型升级培养高素质技能人才发挥重要作用。

2. 下载"智学 VR"APP

使用手机扫描下列二维码,下载"智学 VR"APP,选择苹果 iOS 或 Android 版本进行安装。

3. 注册/登录

启动 APP,进入注册/登录界面。已注册用户在界面中输入手机号码以及登录密码即可登入至 APP 首页;未注册用户点击界面上的"账号注册"先进行注册再登录。

4. 选择视频课程

登录 APP 后,点击界面上的"视频课程"按钮,进入视频课程界面。

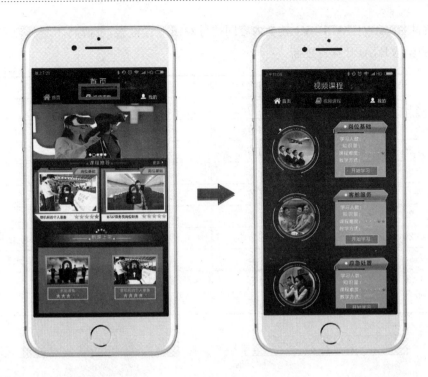

5. 观看 AR 教学内容

在视频课程界面中,选择"VR/AR 教材",在"VR/AR 教材"界面,选择《民航危险品运输》教材,使用手机摄像头对准教材上带有 ◎√R 标识的图片扫一扫,即可观看相对应的 AR 教学内容。

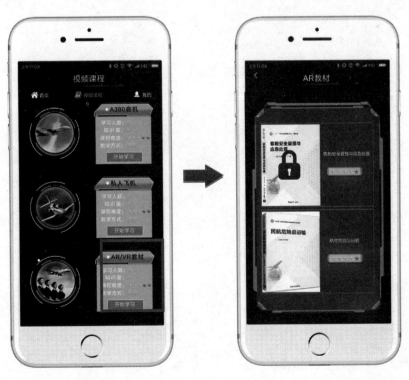

本教材"智学 VR"APP AR 教学内容图片可对照下表检索,资源将不断补充完善,请随时关注"智学 VR"APP 资源更新。

图 号	所属章节	视 频 内 容
图 2-6	第二章 第三节	易燃气体——氢气
图 2-19	第二章 第四节	易燃液体——乙醇(酒精)
图 2-20	第二章 第四节	易燃液体——甲醇汽油
图 2-23	第二章 第五节	易燃固体——红磷
图 2-24	第二章 第五节	易燃固体——硫黄
图 2-27	第二章 第五节	易自燃物质——黄磷
图 2-29	第二章 第五节	遇水释放易燃气体的物质——碳化钙
图 2-35	第二章 第六节	氧化性物质——过氧化氢(双氧水)
图 2-36	第二章 第六节	氧化性物质——漂白粉
图 2-44	第二章 第九节	腐蚀性物质——硝酸